Vol.9
第九卷

现代有机反应

碳-氮键的生成反应 II
C-N Bond Formation

胡跃飞　林国强　主编

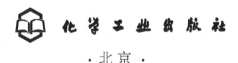

化学工业出版社

·北京·

本书是《现代有机反应》第二卷《碳-氮键的生成反应》的补充与延伸，书中精选了第二卷之外的一些重要的碳-氮键的生成反应。对每一种反应都详细介绍了其历史背景、反应机理、应用范围和限制，着重引入了近年的研究新进展，并精选了在天然产物全合成中的应用以及 5 个左右代表性反应实例，参考文献涵盖了较权威的和新的文献。可以作为有机化学及相关专业的本科生、研究生，以及相关领域工作人员的学习与参考用书。

图书在版编目 (CIP) 数据

碳-氮键的生成反应 II / 胡跃飞，林国强主编. —北京：化学工业出版社，2012.11
（现代有机反应：第九卷）
ISBN 978-7-122-15416-3

Ⅰ.①碳… Ⅱ.①胡… ②林… Ⅲ.①碳-化学键-化学反应②氮-化学键-化学反应 Ⅳ.①O613.71②O613.61

中国版本图书馆 CIP 数据核字（2012）第 231711 号

责任编辑：李晓红　　　　　　　　　　　　装帧设计：尹琳琳
责任校对：吴　静

出版发行：化学工业出版社（北京市东城区青年湖南街 13 号　邮政编码 100011）
印　　装：北京虎彩文化传播有限公司
710mm×1000mm　1/16　印张 25　字数 450 千字　2013 年 1 月北京第 1 版第 1 次印刷

购书咨询：010-64518888　　　　　　　　　　售后服务：010-64518899
网　　址：http://www.cip.com.cn
凡购买本书，如有缺损质量问题，本社销售中心负责调换。

定　　价：128.00 元

序　一

翻开手中的《现代有机反应》，就很自然地联想到 John Wiley & Sons 出版的著名丛书 "Organic Reactions"。它是我们那个时代经常翻阅的一套著作，是极有用的有机反应工具书。而手中的这套书仿佛是中文版的 "Organic Reactions"，让我感到亲切和欣慰，像遇见了一位久违的老友。

《现代有机反应》第 1~5 卷，每卷收集 10 个反应，除了着重介绍各种反应的历史背景、适用范围和应用实例，还凸显了它们在天然产物合成中发挥的重要作用。有几个命名反应虽然经典，但增加了新的内容，因此赋予了新的生命。每一个反应的介绍虽然只有短短数十页，却管中窥豹，可谓是该书的特色。

《现代有机反应》是在中国首次出版的关于有机反应的大型丛书。可以这么说，该书的编撰者是将他们在有机化学科研与教学中的心得进行了回顾与展望。第 1~5 卷收录了 5000 多个反应式和 8000 余篇文献，为读者提供了直观的、大量的和准确的科学信息。

《现代有机反应》是生命、材料、制药、食品以及石油等相关领域工作者的良师益友，我愿意推荐它。同时，我还希望编撰者继续努力，早日完成其余反应的编撰工作，以飨读者。

此致

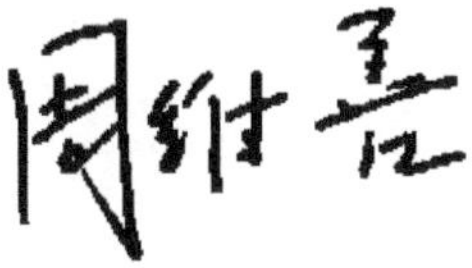

周维善

中国科学院院士
中国科学院上海有机化学研究所
2008 年 11 月 26 日

序 二

美国的"*Organic Reactions*"丛书自 1942 年以来已经出版了七十多卷，现在已经成为有机合成工作者不可缺少的参考书。十多年后，前苏联也开始出版类似的丛书。我国自上世纪 80 年代后，研究生教育发展很快，从事有机合成工作的研究人员越来越多，为了他们工作的方便，迫切需要编写我们自己的"有机反应"工具书。因此，《现代有机反应》丛书的出版是非常及时的。

本丛书根据最新的文献资料从制备的观点来讨论有机反应，使读者对反应的历史背景、反应机理、应用范围和限制、实验条件的选择等有较全面的了解，能够更好地利用文献资料解决自己遇到的问题。在"*Organic Reactions*"丛书中，有些常用的反应是几十年前编写的，缺少最新的资料。因此，本书在一定程度上可以弥补其不足。

本丛书对反应的选择非常讲究，每章的篇幅恰到好处。因此，除了在科研工作中有需要时查阅外，还可以作为研究生用的有机合成教材。例如：从"科里氧化反应"一章中，读者可以了解到有机化学家如何从常用的无机试剂三氧化铬创造出多种多样的、能满足特殊有机合成要求的新试剂。并从中学习他们的思想和方法，培养自己的创新能力。因此，我特别希望本丛书能够在有机专业研究生的学习和研究中发挥自己的作用。

胡宏纹

中国科学院院士
南京大学
2008 年 11 月 16 日

前　言

许多重要的有机反应被赞誉为有机化学学科发展路途上的里程碑，因为它们的发现、建立、拓展和完善带动着有机化学概念上的飞跃、理论上的建树、方法上的创新和应用上的突破。正如我们所熟知的 Grignard 反应 (1912)、Diels-Alder 反应 (1950)、Wittig 反应 (1979)、不对称催化氢化和氧化反应 (2001)、烯烃复分解反应 (2005) 和钯催化的交叉偶联反应 (2010) 等等，就是因为对有机化学的突出贡献而先后获得了诺贝尔化学奖的殊荣。

与有机反应相关的专著和工具书很多，从简洁的人名反应到系统而详细的大全巨著。其中，"*Organic Reactions*" (John Wiley & Sons, Inc.) 堪称是经典之作。它自 1942 年出版以来，至今已经有 76 卷问世。而 1991 年由 B. M. Trost 主编的 "*Comprehensive Organic Synthesis*" 是一套九卷的大型工具书，以 10400 页的版面几乎将当代已知的重要有机反应类型涵盖殆尽。此外，还有一些重要的国际期刊及时地对各种有机反应的最新研究进展进行综述。这些文献资料浩如烟海，是一笔非常宝贵的财富。在国内，随着有机化学研究的深入及相关化学工业的飞速发展，全面了解和掌握有机反应的需求与日俱增。在此契机下，编写一套有特色的《现代有机反应》丛书，对各种有机反应进行系统地介绍是一种适时而出的举措。本丛书的第 1~5 卷已于 2008 年底出版发行，周维善院士和胡宏纹院士欣然为之作序。在广大热心读者的鼓励下，我们又完成了丛书第 6~10 卷的编撰，适时地奉献给热爱本丛书的读者。

丛书第 6~10 卷传承了前五卷的写作特点与特色。在编著方式上注重完整性和系统性，以有限的篇幅概述了每种反应的历史背景、反应机理和应用范围。在撰写风格上强调各反应的最新进展和它们在有机合成中的应用，提供了多个代表性的操作实例并介绍了它们在天然产物合成中的巧妙应用。丛书第 6~10 卷共有 1954 页和 226 万字，涵盖了 45 个重要的有机反应、4760 个精心制作的图片和反应式、以及 6853 条权威和新颖的参考文献。作者衷心地希望能够帮助读者快捷而准确地对各个反应产生全方位的认识，力求满足读者在不同层次上的特别需求。我们很高兴地接受了几位研究生的建议，选择了一组"路"的图片作为第 6~10 卷的封面。祈望本丛书就像是一条条便捷的路径，引导读者进入感兴趣的领域去探索。

丛书第 6~10 卷的编撰工作汇聚了来自国内外 23 所高校和企业的 45 位专家学者的热情和智慧。在此我们由衷地感谢所有的作者，正是大家的辛勤工作才保证了本丛书的顺利出版，更得益于各位的渊博知识才使得本丛书丰富而多彩。尤其需要感谢王歆燕副教授，她身兼本丛书的作者和主编秘书双重角色，不仅完成了繁重的写作和烦琐的联络事务，还完成了书中全部图片和反应式的制作工作。这些看似平凡简单的工作，却是丛书如期出版不可或缺的一个重要环节。本丛书的编撰工作被列为"北京市有机化学重点学科"建设项目，并获得学科建设经费 (XK100030514) 的资助，在此一并表示感谢。

非常遗憾的是，在本丛书即将交稿之际周维善先生仙逝了，给我们留下了永远的怀念。时间一去不返，我们后辈应该更加勤勉和努力。最后，值此机会谨祝胡宏纹先生身体健康！

胡跃飞
清华大学化学系教授

林国强
中国科学院院士
中国科学院上海有机化学研究所研究员

2012 年 10 月

物理量单位与符号说明

在本书所涉及的所有反应式中，为了能够真实反映文献发表时具体实验操作所用的实验条件，反应式中实验条件尊重原始文献，按作者发表的数据呈现给读者。对于在原文献中采用的非法定计量单位，下面给出相应的换算关系，读者在使用时可以自己换算成相应的法定计量单位。

另外，考虑到这套书的读者对象大多为研究生或科研工作者，英文阅读水平相对较高，而且日常在查阅文献或发表文章时大都用的是英文，所以书中反应式以英文表达为主，有益于读者熟悉与巩固日常专业词汇。

压力单位　atm, Torr, mmHg 为非法定计量单位，使用中应换算为法定计量单位 Pa。换算关系如下：

$$1 \text{ atm} = 101325 \text{ Pa}$$

$$1 \text{ Torr} = 133.322 \text{ Pa}$$

$$1 \text{ mmHg} = 133.322 \text{ Pa}$$

摩尔分数　催化剂的用量国际上多采用 mol% 表示，这种表达方式不规范。正确的方式应该使用符号 x_B 表示。x_B 表示 B 的摩尔分数，单位 %。如：

1 mol% 表示该物质的摩尔分数是 1%。

eq. (equiv)　代表一个量而非物理量单位。本书中采用符号 eq.（当量粒子）表示化学反应中不同物质之间物质的量的倍数关系。

目　录

比吉内利反应

(Biginelli Reaction)

王朝晖　姚其正[*]

1 历史背景简述

比吉内利反应 (Biginelli reaction) 是合成二氢嘧啶酮类化合物的重要有机多组分反应 (Multicomponent reaction)。1893 年，意大利佛罗伦萨大学的化学家 Pietro Biginelli 首次报道了该反应。

Biginelli (1860-1937) 生于意大利 Palazzolo Vercellese，他求学于都灵大学，师从于意大利著名的化学家和化学历史学家 Icilio Guareschi。1891 年，Biginelli 在佛罗伦萨大学的化学实验室工作，两年后他开发了现在被称之为"Biginelli 嘧啶合成"的方法。1897 年，他以编外讲师的身份移居罗马。从 1901 年起，Biginelli 作为 Bartolomeo Gosio (含砷气体的发现者) 的助手在罗马国家药物所化学实验室工作。1925-1928 年，他担任意大利国家药物所化学实验室主任。

Biginelli 第一个著名的科研工作是他与导师 Icilio Guareschi 合作完成的氯代或溴代萘合成及其性质的研究。在佛罗伦萨大学工作期间，Biginelli 发现了一个三组分成环反应：将乙酰乙酸乙酯 (**1**)、苯甲醛 (**2**) 和尿素 (**3**) 混合物的乙醇溶液在盐酸催化下回流，"一锅法"得到一类含氮杂环化合物 4-苯基-3,4-二氢嘧啶-2(1H)-酮 (**4**) (式 1)[1]。这一反应现在被人们称为"Biginelli 反应"，也常被称为"Biginelli 嘧啶酮合成"。

在该反应发现后的一个多世纪间很少有人研究它，但从 20 世纪 70 年代中期开始人们注意到：在大量具有显著的治疗作用和药理活性的化合物以及具有生物活性的天然产物分子中都含有 3,4-二氢嘧啶-2(1H)-酮结构骨架[2~5]。从此，人们对 Biginelli 反应的应用、方法学研究[2,3]和相关天然产物[3,6~12]全合成的兴趣日益浓厚。在新世纪前后期间，人们对 Biginelli 反应的研究达到最高潮，在全球主流刊物上每个月都有与 Biginelli 反应相关的论文发表。现在，含 3,4-二氢嘧啶-2(1H)-酮结构的化合物已经成为现代药物发现中最受追捧的化合物之一。

Biginelli 反应令人感兴趣的另一原因是：Biginelli 反应不仅可以方便地合成官能团化的嘧啶产物，而且这些官能团可以在进一步反应中转换成其它官能团，因此在有机合成中有着广泛的应用。

2　Biginelli 反应的定义和机理

2.1　Biginelli 反应的定义

在酸催化下，芳香醛、β-酮酯和脲经三组分环缩合反应生成多官能团的二氢嘧啶酮衍生物，这样的缩合反应被称为"Biginelli 反应"，也常被称为"Biginelli 缩合反应"或"Biginelli 二氢嘧啶合成反应"。后来，人们对 Biginelli 反应中的三种原料结构范围进行了扩展，将凡是用醛、含 α-C-H 键的羰基化合物和脲类衍生物（或称为"N-C-N"型二氨基化合物）作原料进行的杂环缩合反应都称作 Biginelli 反应。该反应的通式如式 2 所示，缩合产物二氢嘧啶酮 (dihydropyrimidon) 常用其英文缩写"DHPM"来表示。

$$E = \text{ester, amide, acyl, nitro}$$
$$Z = O, S, NR$$
$$R^1 \sim R^3 = \text{H, alkyl, (het)aryl}$$

(2)

2.2　Biginelli 反应的机理

最初使用的三组分原料 **1~3** 完成的 Biginelli 反应被称为"模板反应"，常常被用于反应机理的研究。在过去几十年中，人们提出了多种不同类型的 Biginelli 反应机理。

1933 年，Folkcrs 等人首先提出：由苯甲醛 (**2**) 和两分子尿素 (**3**) 的初级双分子缩合产物双酰脲 **5** 是该反应的第一个中间体。然后，**5** 再与乙酰乙酸乙酯经亲核加成反应，生成中间体 **6**。最后，**6** 经分子内环合反应脱去一分子脲和水，生成 4-苯基-3,4-二氢嘧啶-2(1H)-酮 **4**[13]（式 3）。

1973 年，Sweet 和 Fissekis 提出了另一完全不同的反应机理[14]。他们认为：在酸催化下，乙酰乙酸乙酯 (**1**) 和苯甲醛 (**2**) 首先发生羟醛缩合反应，生成 β-羟基羰基化合物 **7**。然后，**7** 在酸性条件下脱水后生成共振稳定的碳正离子 **8**，而且是反应的速率控制步骤。最后，碳正离子 **8** 与尿素 (**3**) 反应生成酰脲 **9**，

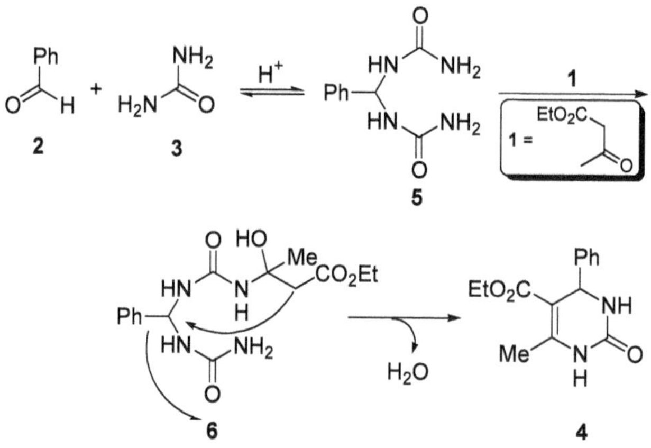

$$(3)$$

并经环合脱水后生成 3,4-二氢嘧啶-2(1*H*)-酮 **4** (式 4)。在酸性条件下，碳正离子 **8** 与其 *α,β*-不饱和羰基化合物 **10** 之间可以互相转换。一般来说，酸催化下的羟醛缩合反应产物大多以 *α,β*-不饱和羰基化合物 **10** 的形式存在，而不是以 *β*-羟基羰基化合物 **7** 的形式存在[15]。

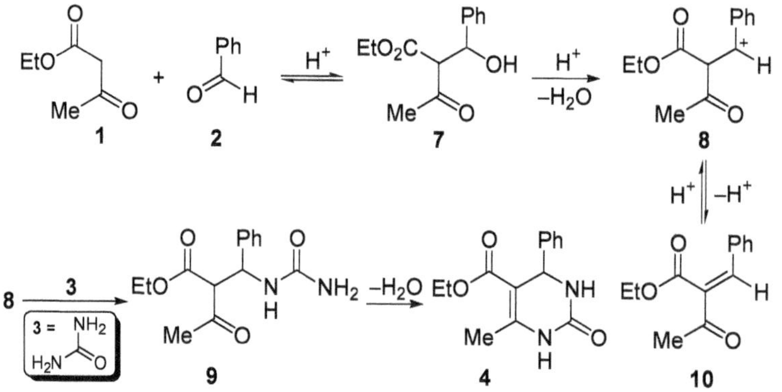

$$(4)$$

1997 年，Kappe 通过 ^{1}H 和 ^{13}C NMR 方法捕获和检测中间体的实验详细地研究了 Biginelli 反应机理。试验结果表明：三组分缩合反应的顺序应有三种可能的路径，第一步的两组分缩合反应的途径也各不相同。三种路径如下：

(1) 乙酰乙酸乙酯 + 苯甲醛 + 脲；

(2) 乙酰乙酸乙酯 + 脲 + 苯甲醛；

(3) 苯甲醛 + 脲 + 乙酰乙酸乙酯。

第一种可能路径 (乙酰乙酸乙酯 + 苯甲醛 + 脲) 对应了 Sweet 和 Fissekis 提出的酸催化下经羟醛缩合反应生成的碳正离子机理 (式 4)。一方面，按使用频率来说，羟醛缩合反应常常在碱催化下进行，但也不排除酸催化下苯甲醛与 1,3-二羰基化合物 (例如：乙酰乙酸乙酯) 的羟醛缩合反应。在酸催化下，羟醛缩合反应产物以 α,β-不饱和羰基化合物 (例如：**10**) 而非 β-羟基羰基化合物 (例如：**7**) 为主[15]。将苯甲醛 (**2**) 和乙酰乙酸乙酯 (**1**) 在 CD_3OH/HCl 中室温反应，其反应过程经 ^1H 和 ^{13}C NMR 方法检测不到任何羟醛缩合或其它反应的产物。

另一方面，用硫脲 (**11a**) 或 *N*-甲基硫脲 (**11b**) 代替尿素，在标准的 Biginelli 反应条件下与苯甲醛和乙酰乙酸乙酯缩合，可以生成所期望的目标产物二氢嘧啶-2-硫酮[2,13,16]。相反地，Kappe 使用制备好的 α,β-不饱和羰基化合物 **10** 与硫脲 (**11a**) 或 *N*-甲基硫脲 (**11b**) 反应，却以较好的产率生成异构体 2-氨基-1,3-噻嗪 **12a** 和 **12b**[17](式 5)。

上述两方面的研究结果排除了形成碳正离子机理作为一种反应路径的结论。因为按照此机理，此羟醛缩合反应是第一步，α,β-不饱和羰基化合物 **10** 应为其主要的中间体。

若将 α,β-不饱和羰基化合物 **10** 与 *N*-甲基脲反应，经过 2 周反应也只得到中等产率 (36.5%) 的嘧啶酮产物 **4b**[14](式 6)。而 **10** 与 *N*-甲基硫脲 (**11b**) 的反应时间只需 3~5 h (式 5)，这可以归结为硫的亲核性高。

如果反应按第二条路径 (乙酰乙酸乙酯 + 脲 + 苯甲醛) 进行，当 *N*-甲基脲 (**3b**) 与乙酰乙酸乙酯 (**1**) 反应后，在 Biginelli 反应酸性条件下只能得到脱水反应中间体 **13b**，**13b** 中 *N*-甲基应在端位的氨基上 (式 7)。使用制备好的中间体烯酰胺 **13b**[18,19]在催化量的酸或水存在下都易迅速水解，这说明在 Biginelli 反应条件下平衡偏向乙酰乙酸乙酯/脲一侧。所以，在制备 **13b** 时须用绝对无水条件且长时间反应。

$$(7)$$

假定的中间体 **13b** 进一步与苯甲醛作用，应该经 [5+1] 环缩合方式生成 *N*3-取代的 Biginelli 反应产物 **14b** (式 7)。但是，反应的最终结果是唯有 *N*1-取代的 Biginelli 反应产物 **4b** 生成[19]。因此，以上研究结果表明第二条路径不易成立。

在第三条路径的假设中，Kappe 等人认为缩合中的关键步骤是：在酸催化下，苯甲醛 (**2**) 和尿素 (**3**) 经亲核加成反应生成中间体 *N*-(1-羟基苄基)脲 (**15**)，**15** 在酸性条件下立即脱水生成 *N*-酰基亚胺鎓离子中间体 **16**。乙酰乙酸乙酯 (**1**) 的烯醇异构体与缺电子的中间体 **16** 发生亲核加成反应，生成具有开链结构的酰脲 **9**，随后环合成为四氢嘧啶 **17**。在酸催化下，由 **17** 脱水生成终产物 **4**[17](式 8)。Kappe 同时证实：当 1,3-二羰基化合物 (例如：**1**) 不存在情况下，中间体 **16** 与过量的 **3** 加成得到 Folkers 等人提出的机理中的双酰脲 **5**。这些结果说明：由 Folkers 和 Johnson 在 1933 年提出的机理是正确的，首先由苯甲醛 (**2**) 和尿素 (**3**) 发生缩合反应。

$$(8)$$

在该反应中不能捕获和检测到中间体 **15**，似乎第一步加成反应为反应的决速步骤。因为随后的酸催化脱水反应 (**15**→**16**) 和 **16** 与过量脲的加成反应 (**16**→**5**) 速度极快，直接妨碍了光谱方法对中间体 **15** 的检测。

虽然不能捕获或直接观察到机理中所提及的高活性中间体 **15** 或 *N*-酰基亚胺鎓离子 **16**，但分别将带有大位阻基团的乙酰乙酸酯或三氟乙酰乙酸酯加到反应体系中，可以分离得到中间体 **18**[20]和 **19**[21](式 9)。这些结果进一步证明了式

8 表述的 Biginelli 反应机理 (以及式 3) 的正确性。

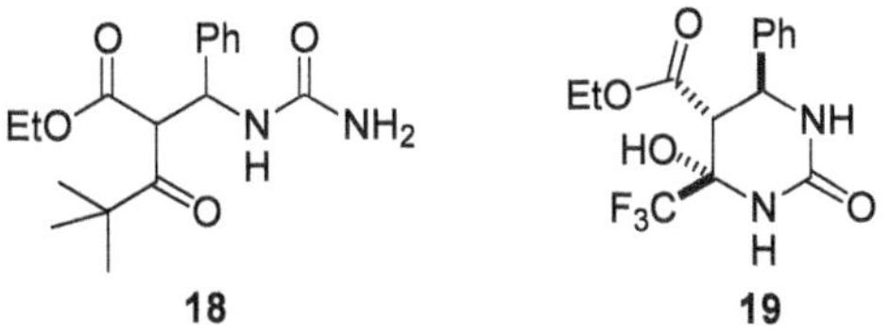

$$(9)$$

18   **19**

综上所述，Biginelli 反应机理仅有一种可能：三组分间结合的次序将以第三种路径进行。也就是式 8 所描述的过程，其中也已包含了式 3 的情况。

2.3 Biginelli 反应的副反应

Biginelli 反应是从链状化合物生成环状化合物的反应，它很大的优势是具有较高的选择性 (见上述对机理的讨论)。但是，在某些情况下存在一些副反应。

当含 α-C-H 键的羰基化合物为环状 1,3-二羰基化合物 (例如：环内酯或环内酰胺等) 时，生成较低产率的 Biginelli 反应产物 DHPM (11%~25%)，而主产物则是螺杂环化合物 **20**。其一般反应通式如式 10 所示[22~24]：

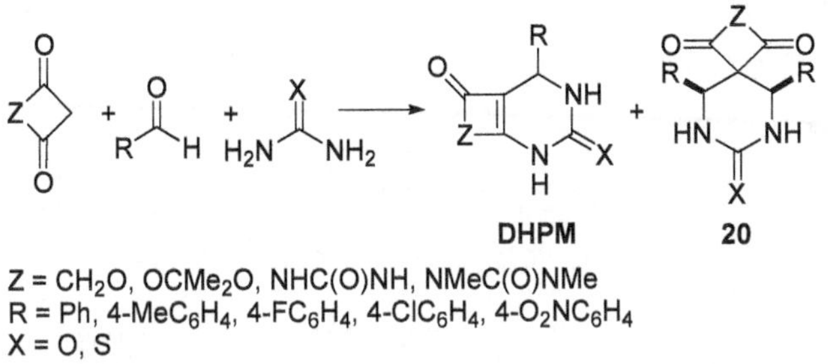

$$(10)$$

DHPM   **20**

Z = CH₂O, OCMe₂O, NHC(O)NH, NMeC(O)NMe
R = Ph, 4-MeC₆H₄, 4-FC₆H₄, 4-ClC₆H₄, 4-O₂NC₆H₄
X = O, S

当环状 1,3-二羰基化合物为 1,3-环己二酮时，用 H_2SO_4 催化和水作溶剂的条件下，可得高产率的 Biginelli 反应产物八氢喹唑啉酮等[25](式 11)。

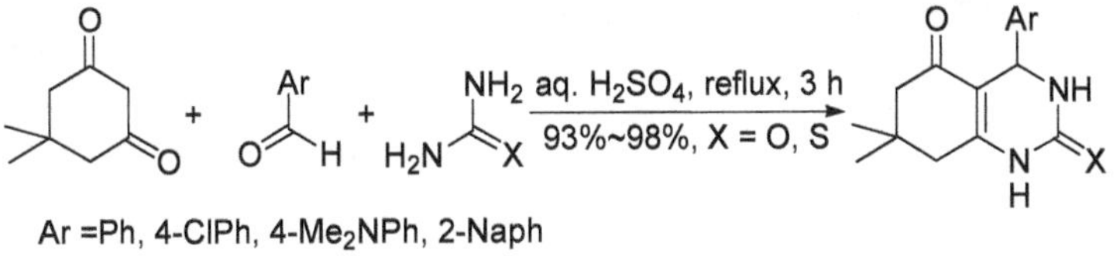

$$(11)$$

Ar = Ph, 4-ClPh, 4-Me₂NPh, 2-Naph

然而，1,3-环己二酮在三甲基氯硅烷 (TMSCl) 催化下，随着反应中醛和脲的不同而生成的产物和产率也有所不同 (式 12)[22]。

X = O, R = C$_6$H$_5$, rt, 2 h: **21** (86%)
X = O, R = 4-MeC$_6$H$_4$, rt, 2 h: **DHPM** (78%), **21** (15%)
X = O, R = 4-FC$_6$H$_4$, rt, 2 h: **DHPM** (70%), **21** (23%)
X = O, R = 4-NO$_2$C$_6$H$_4$, rt, 2 h: **DHPM** (69%), **21** (25%)
X = S, R = C$_6$H$_5$, rt, 3 h: **DHPM** (77%), **21** (21%)
X = S, R = 4-ClC$_6$H$_4$, rt, 2 h: **DHPM** (80%), **21** (13%)
X = S, R = 4-MeC$_6$H$_4$, rt, 2 h: **DHPM** (79%), **21** (11%)
X = S, R = 4-FC$_6$H$_4$, rt, 3 h: **21** (76%)
X = S, R = 4-NO$_2$C$_6$H$_4$, rt, 3 h: **21** (74%)
X = O, R = 2(3)-F(Br,NO$_2$)C$_6$H$_4$, rt, 2 h: **21** (90%~93%)
X = S, R = 2(3)-F(Br,NO$_2$,OMe)C$_6$H$_4$, rt, 2 h: **21** (80%~92%)
X = O, R = alkyl, 80 °C, 3 h: **21** (82%~93%)
X = S, R = alkyl, 80 °C, 3 h: **21** (77%~85%)

从上式反应结果可以看出：当尿素、芳香醛和 1,3-环己二酮发生反应时，无论芳醛基的对位是供电子基还是吸电子基皆生成以螺杂环为主的产物 (69%~78%)，DHPM 只有 15%~25%。硫脲、芳香醛和 1,3-环己二酮发生反应时，对位有供电子基的芳醛生成螺杂环为主的产物，但对位有吸电子基时则生成 DHPM 产物。其它情况，例如：使用邻或间位取代的苯甲醛或脂肪醛作为原料时，则较高产率地得到单一的 Biginelli 反应产物 DHPM。

如式 13[22]所描述的反应过程所示：螺杂环的生成与 TMSCl 的作用密切相关。当芳甲醛中的取代基处于醛基的邻或间位时，空间位阻效应阻碍了生成螺杂环所须经过的亲核加成反应，因此仅生成 DHPM 衍生物。

当环状 1,3-二羰基化合物是不对称的季酮酸 **22** 时，其在标准的 Biginelli 反应条件下与两分子苯甲醛和一分子脲反应仅生成互为立体异构体的螺杂环化合物 **23a** 和 **23b**。如式 14 所示：该反应没有生成任何 Biginelli 反应产物 DHPM，而只生成苯基以顺式构型连接的两个螺杂环产物[23,24]。

$$\text{(14)}$$

22   **23a**   **23b**

在 Biginelli 反应过程中，还有可能出现的副反应是 Hantzsch 缩合。例如：使用 TAFF (一种墨西哥黏土) 作为催化剂和以红外辐射作为能源，在无溶剂条件下的反应主产物仍是二氢嘧啶酮[26](式 15)，但同时产生 6%~11% 的副产物二氢吡啶 **24**。副产物形成原因可能是在红外辐射条件下脲或硫脲发生少量的分解，生成的氨与醛和乙酰乙酸乙酯经 Hantzsch 缩合反应生成相应的 **24**。

$$\text{(15)}$$

R = CO$_2$Et; X = O, S
R^1 = Ph, 4-MeC$_6$H$_4$, 4-OMeC$_6$H$_4$, 2-ClC$_6$H$_4$ DHPM   **24**

3　Biginelli 反应的基本概念

Biginelli 多组分反应的反应物分别为醛、含 α-C-H 键的羰基化合物和脲。其中，醛的种类最多，而脲的结构变化最少。以下分别介绍 Biginelli 反应中的三组分物质。

3.1　含 α-C-H 键的羰基化合物

Biginelli 反应中的原料之一是含 α-C-H 键的羰基化合物，它们为形成的二氢嘧啶酮分子骨架提供 5,6-位两个碳原子。有许多种含 α-C-H 键的羰基化合物，可以根据结构将它们的反应进行分类。

3.1.1 β-羰基酯和 β-羰基酰胺的 Biginelli 反应

β-羰基酯和 β-羰基酰胺可以与醛和脲发生 Biginelli 反应。图 1 列出了部分重要而常用的 β-羰基酯和 β-羰基酰胺类化合物的结构。

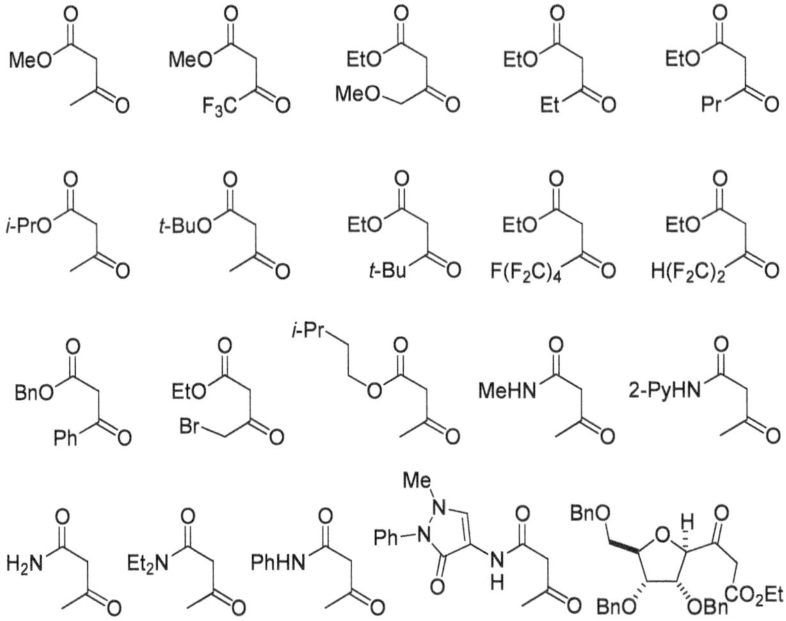

图 1 能与醛和脲素发生反应的β-羰基酯、β-羰基酰胺类化合物

在 Biginelli 反应中，不对称的 β-羰基酯和 β-羰基酰胺类化合物显示出较强的区域选择性。其中，底物的羰基 C-原子就是二氢嘧啶酮环产物中的 C-6。羰基所连的基团以给电子的短链烷基为主时，通常可以得到较高产率的二氢嘧啶酮。羰基连接在苯基上的例子非常少，因为苯甲酰基的存在使嘧啶环不易形成[20,27~29]。如式 16 所示：在 Lewis 酸 Yb(OTf)$_3$ 的催化下，苯甲酰基底物的反应产率只有 40%[27]。

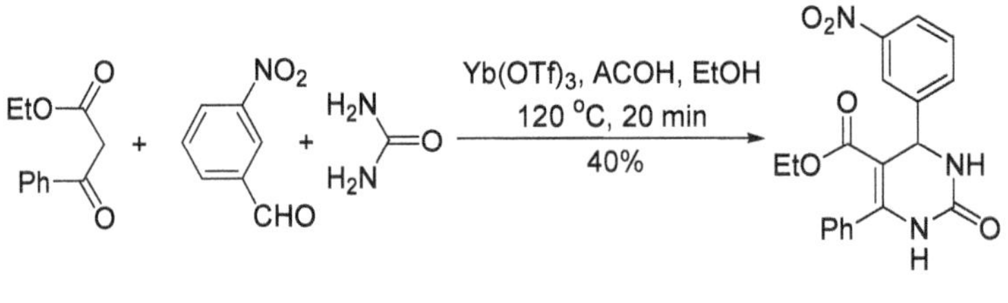

Reddy 等人发现：在反应体系中加入催化量的三甲基氯硅烷和碘化钠，在乙腈溶剂中室温反应可以获得较高的产率。如式 17 所示：4,6-二苯基-3,4-二氢嘧啶-2(1H)-酮衍生物的收率可以达到 83%[30]。

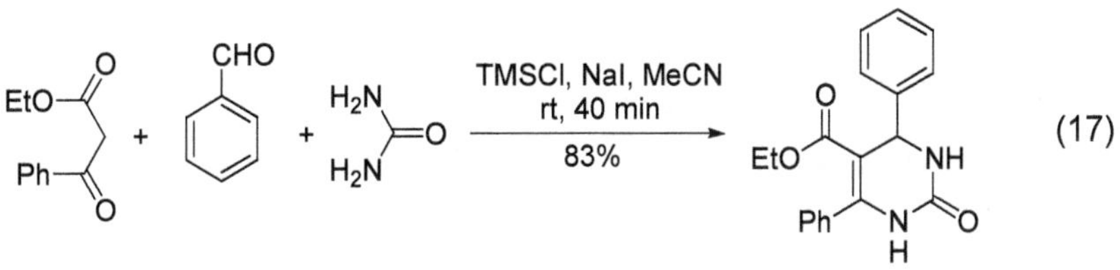

$$(17)$$

当三氟乙酰乙酸乙酯作为含 α-C-H 键的羰基化合物时，在 HCl/EtOH[31]或 PPE/THF[32]条件下可以得到四氢嘧啶 **25** (式 18)，延长反应时间并不能将 **25** 转变为 **26**。这主要是因为 CF₃ 的强吸电子性使酸催化下的 E1 消除反应的碳正离子中间体不易产生，阻碍了 **25** 脱水生成产物 **26**。但在对甲苯磺酸存在下，**25** 在甲苯中经共沸带水可以转化成为 Biginelli 反应产物 **26**[33]。

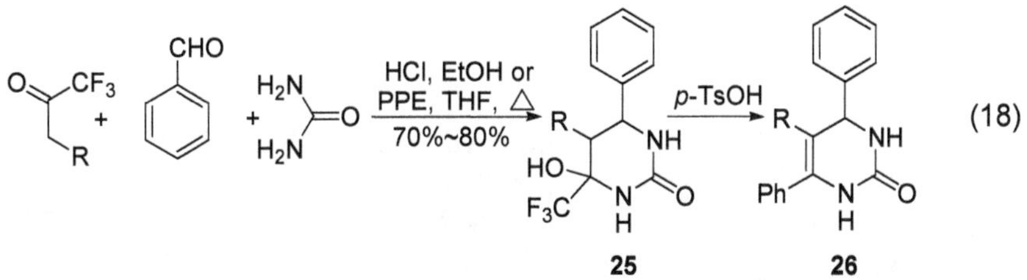

$$(18)$$

Reddy 等人使用 ZrCl₄ 作为催化剂可以得到四氢嘧啶 **27** (式 19)[34]。

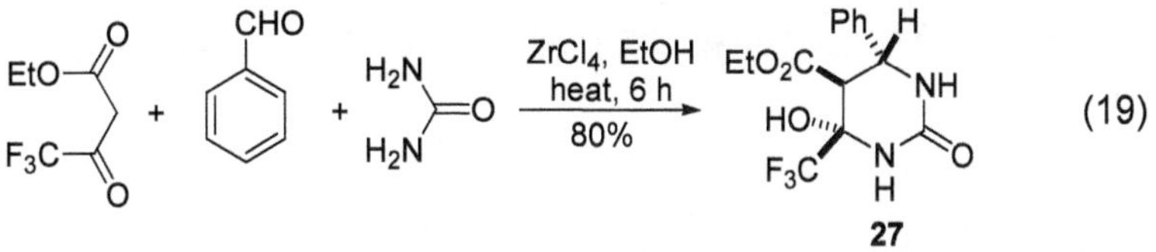

$$(19)$$

3.1.2 β-二酮的 Biginelli 反应

β-二酮与醛和脲可以发生 Biginelli 反应。图 2 列出部分重要且常用的对称和不对称的 β-二酮类化合物。

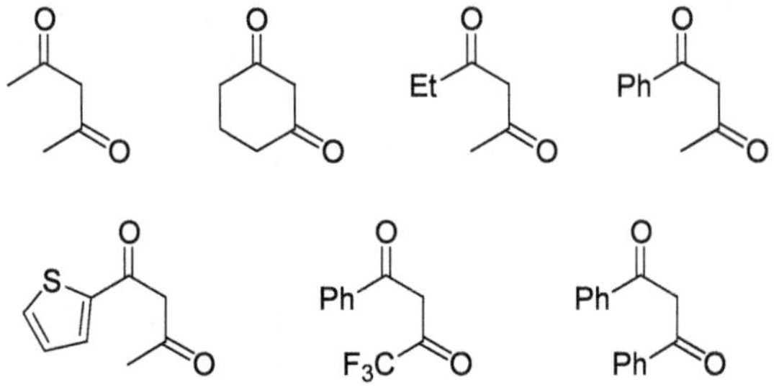

图 2 能与醛和尿素发生反应的 β-二酮化合物

使用不对称 β-二酮作为反应底物时，反应的区域选择性取决于羰基所连基团的立体效应和电性效应。羰基碳上所连基团越小或/和吸电子能力越强，环合反应越容易进行，羰基上的 C-原子被转化成为二氢嘧啶酮产物中的 C-6 的选择性越高。如式 20 所示：当使用 β-二酮为 MeCOCH$_2$COPh 时，选择性地生成甲基在 C-6 位上取代的二氢嘧啶酮产物[35]。又如式 21 所示：CF$_3$COCH$_2$COPh 选择性地生成三氟甲基在 C-6 位上取代的二氢嘧啶酮产物[36]。在这两个底物的反应中，其中的苯基取代基均处在二氢嘧啶酮产物的 C-5 位上。

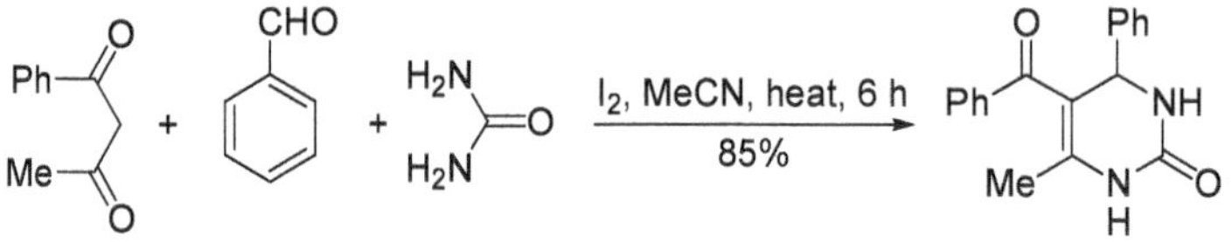

$$(20)$$

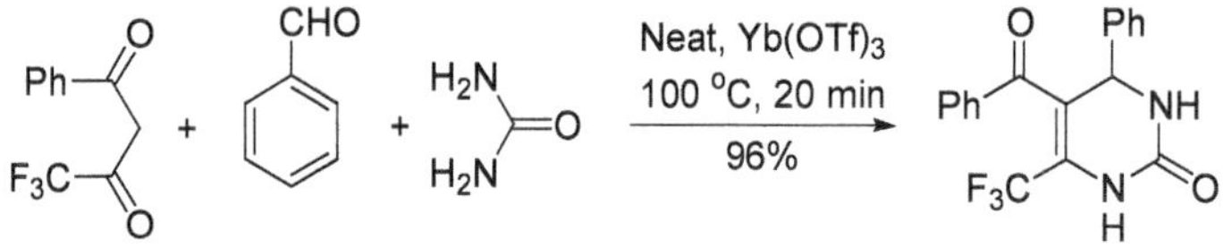

$$(21)$$

3.1.3 其它含 α-C-H 键的羰基化合物的 Biginelli 反应

图 3 列出部分能够与醛和 (硫) 脲发生 Biginelli 反应的其它含 α-C-H 键的羰基化合物。

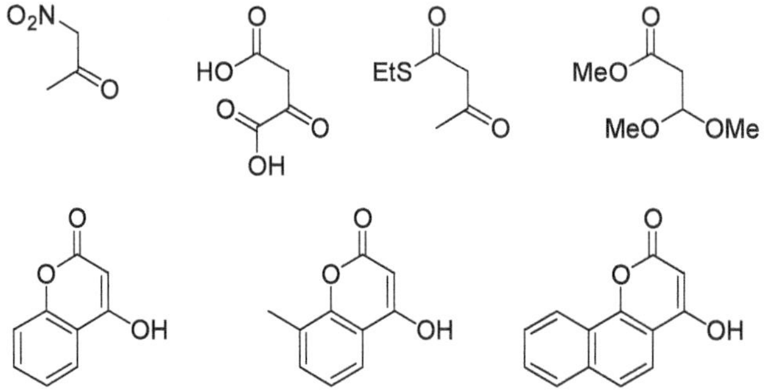

图 3 能与醛和 (硫) 脲发生反应的其它含 α-C-H 键的羰基化合物

自 Biginelli 反应报道 100 多年来，鲜有 β-酮酸作为反应组分的报道。这主要是因为在酸性条件下，预期的 β-酮酸产物能够自发地发生脱羧反应生成 CO$_2$ 和相应的酮。

丁酮二酸常以烯醇式结构存在，这种共轭结构对二羧基有稳定作用[37~39]。

在强酸介质中，丁酮二酸更以烯醇式结构占优势[40,41]。所以，丁酮二酸可以作为 Biginelli 反应的良好底物。Folker 等人报道[42]，在标准的 Biginelli 反应条件下，丁酮二酸可以得到 5-位脱羧的 DHPM 产物 (式 22)。

$$\text{(22)}$$

如式 23 所示[43]：丁酮二酸首先与 N-酰基亚胺𬭩离子中间体反应生成相应的 N-取代脲中间体。然后，发生环化反应生成 5,6-二羧基产物。最后，在脱水的同时选择性地脱去 5-位羧基。这可能是因为 1-位的 N-原子与 6-位羧基之间可以形成分子内氢键，因此稳定了 6-位羧基。

$$\text{(23)}$$

为了验证上述脱羧的过程，Bussolari 等人使用丙酮酸代替丁酮二酸却只得到了 5% 的 6-羧基-DHPM 衍生物。这主要是因为丁酮二酸的亲核能力强于丙酮酸，说明脱羧反应是在丁酮二酸进攻 N-酰基亚胺𬭩离子之后发生的。用三氟乙酸 (TFA) 作酸性催化剂和二氯乙烷 (DCE) 作为溶剂，可以显著提高 6-羧基-DHPM 的产率[43](式 24)，这可能是 TFA 的存在有利于形成主要中间体 N-酰基亚胺𬭩离子[17]。

$$\text{(24)}$$

除了 β-酮酸外，α-酮酸也可以作为含 α-C-H 键的羰基化合物。如式 25 所示[44]：在回流条件下，3-苯基-2-氧代丙酸与 4-甲氧基苯甲醛及尿素反应可以生成类似于丁酮二酸的产物，羧基连接在产物的 C-6 位上。

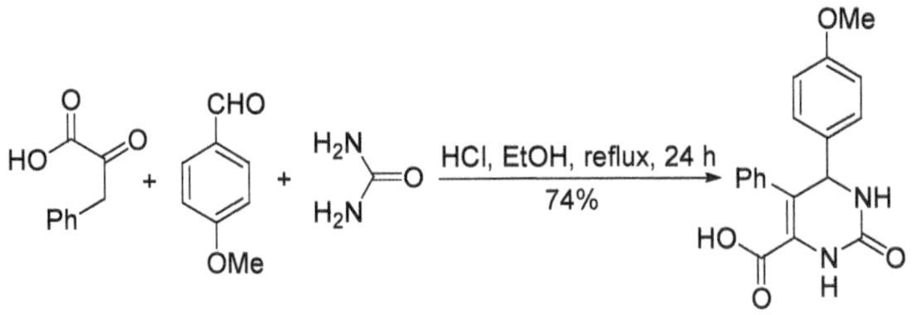

$$(25)$$

可能的反应过程如式 26 所示[44]：

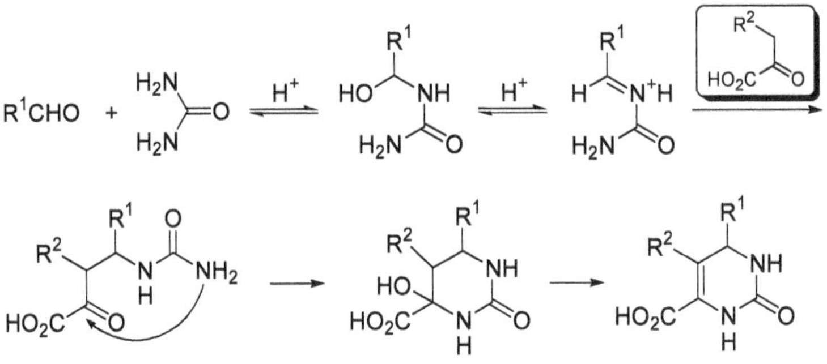

$$(26)$$

3.2 Biginelli 反应中的醛组分

在 Biginelli 反应中，醛羰基为 DHPM 产物提供 C-4 位的碳原子。可以用于该反应的醛种类繁多，常用的醛类化合物包括：芳香醛、脂肪醛和杂环醛。图 4 列出了部分有代表性的醛化合物。

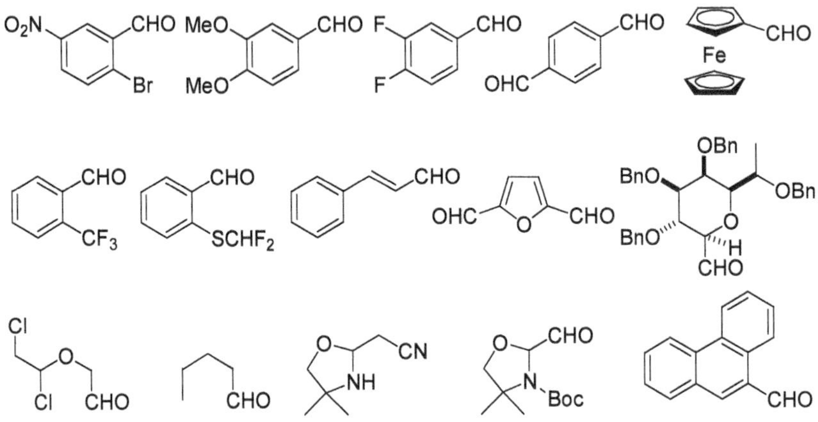

图 4　部分有代表性的醛类

取代苯甲醛、呋喃甲醛、噻吩甲醛和吡啶甲醛等是最常用的芳醛化合物，它们的反应性好且产率较高。当芳醛的邻位和间位有吸电子性取代基时，对反应产率的影响不明显。但是，邻位有大位阻取代基的芳醛具有较低的反应性。

噁嗪烷 (OAN) 和噁唑烷 (OALD) 类化合物可以代替芳香醛作为 Biginelli 反应中一个碳原子的来源[45]。当某些脂肪醛在 Biginelli 反应条件下因其不稳定或反应活性很低而难以应用时，可以使用噁嗪烷或噁唑烷在乙腈/三氟乙酸体系中生成相应的二氢嘧啶酮产物[45](式 27)。

由糖衍生的醛组分参与的 Biginelli 反应特别引人注意。如式 28 所示[46]：它们参与的反应可以生成 4-位上含有类糖结构的 3,4-二氢嘧啶-2(1*H*)-酮 (*C*-核苷类似物)。

二醛也可以作为 Biginelli 反应的合成子[47,48]。如式 29 所示[48]：以对苯二甲醛为原料，利用微波辐射的方法可生成较高产率的目标化合物。

芳醛环邻位有 OH 基时，可在 DHPM 分子内发生 Michael 加成反应形成六元环。如式 30 所示[49]：水杨醛经 Biginelli 反应生成 3,4-二氢嘧啶-2(1*H*)-

酮后，再发生分子内的加成反应生成 8-氧-10,12-二氮杂三环[7.3.1.0^{2,7}]十三烷三烯衍生物。

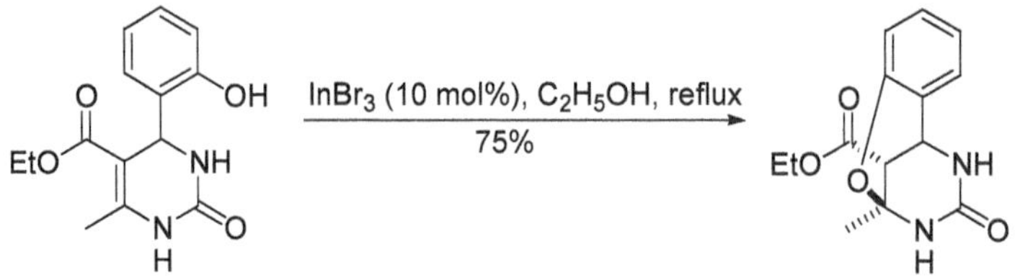

$$InBr_3 \ (10 \ mol\%), \ C_2H_5OH, \ reflux \qquad 75\% \tag{30}$$

3.3 取代 (硫) 脲的 Biginelli 反应

3.3.1 取代脲的 Biginelli 反应

单烷基取代脲的反应产率较高，可以得到区域选择性的 N1-取代的 DHPMs 产物。在经典的 Biginelli 缩合条件下，它们不能生成 N3-取代产物。这可能是因为该反应的第一步由脲与醛的亲核加成反应，脲分子中位阻小的 N-原子优先与醛基反应而得到 N1-取代的二氢嘧啶酮。在 Biginelli 反应条件下，N,N-二取代脲不发生反应。图 5 列出了部分常用于 Biginelli 反应的取代脲化合物。

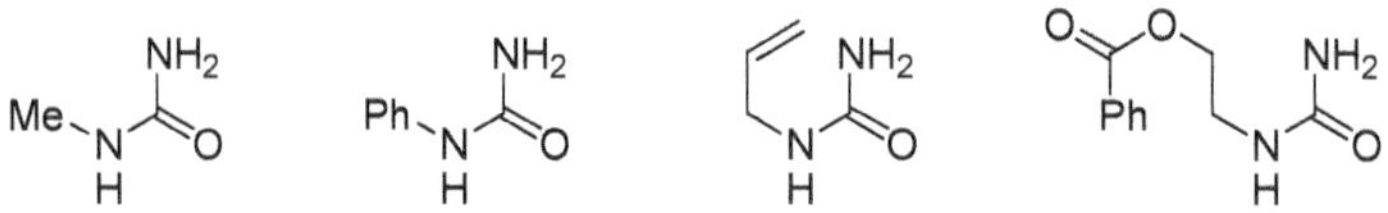

图 5 常用于发生 Biginelli 反应的取代脲

3.3.2 (取代) 硫脲的 Biginelli 反应

能用于 Biginelli 反应的 (取代) 硫脲并不多，图 6 列出了部分常用于 Biginelli 反应的硫脲或取代硫脲。与脲相似，单取代硫脲可以用于 Biginelli 反应，应用最广泛的是 N-甲基硫脲。硫脲的反应规律也与脲非常相似，但反应的时间稍长一些，且反应的产率较低。

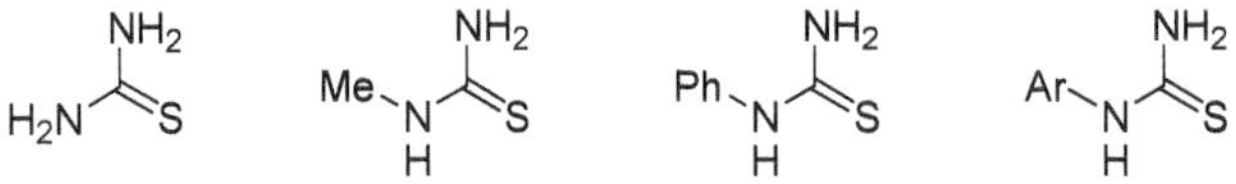

图 6 常用于发生 Biginelli 反应的取代硫脲

3.3.3 胍的 Biginelli 反应

未保护的胍可替代脲作为 Biginelli 缩合的三组分之一。如式 31 所示[50]：

它们的反应产物是醌式 2-氨基-1,4-二氢嘧啶，而不是 DHPM 产物。

$$(31)$$

3.4 Biginelli 反应产物的其它合成方法

在 Biginelli 反应中，脂肪醛和邻位取代芳醛生成 DHPM 产物的收率一般很低，有时还会生成螺环副产物。改进这些反应的主要策略就是不使用经典的"一锅法"Biginelli 反应，采取分步法制备所需的中间体可以改善 DHPM 产物的收率。

3.4.1 Atwal 改进法

1987 年，Atwal 等人[51,52]报道了一种有效的改进方法，有时也称之为"Atwal 改进法"。如式 32 所示：首先，使用制备好的羟醛缩合产物 **28** (常为烯醇结构) 与保护的尿素或硫脲 **29** 在接近中性条件下发生缩合反应得到 1,4-二氢嘧啶 **30**。然后，用 HCl (X = O 时) 或 TFA/EtSH (X = S 时) 脱保护得到 DHPM 产物 **31**。使用该方法克服了"一锅法"产率低的缺点，进一步扩展了 Biginelli 反应的应用范围。

$$(32)$$

3.4.2 苯并三唑作为助剂

Abdel-Fattah 等人报道了使用苯并三唑作为助剂的合成方法。如式 33 所示[53]：首先，利用苯并三唑与醛和脲缩合成缩酰胺 **32**。然后，将 **32** 在含有 Lewis 酸 ZnBr₂ 的 1,2-二氯乙烷溶液中回流消除苯并三唑，生成关键的 *N*-酰基亚胺鎓离子中间体 **33** (其活性远高于双酰脲 **5**，见式 3)。最后，**33** 与含 α-C-H 键的羰基化合物缩合得到目标化合物 3,4-二氢嘧啶-2(1*H*)-酮衍生物 **34**。

$$(33)$$

3.4.3 其它方法

Shutalev 等人[54]报道了另一种制备 3,4-二氢嘧啶-2(1H)-酮衍生物的方法。如式 34 所示：该方法的思路与 Abdel-Fattah 等人的方法类似。他们使用较易制备的 α-甲苯磺酰氧基取代的 (硫) 脲 **35** 来避免双酰脲 **5** 的形成。在碱性试剂的作用下，**35** 与 1,3-二羰基化合物缩合生成四氢嘧啶 **36**。碱性试剂既可以促进磺酰氧基的脱除，也可以使 1,3-二羰基化合物易脱质子形成碳负离子。最后，**36** 经脱水生成 3,4-二氢嘧啶-2(1H)-酮衍生物 **37**。该方法对脂肪醛和硫脲的反应特别有效，可以得到高产率的目标化合物。

$$(34)$$

Kishi 等人[55,56]报道了一个与上述各反应完全不同的合成 DHPM 类似物的方法。如式 35 所示：烯胺、乙醛和异氰酸在室温下发生三分子缩合反应，直接生成双环二氢嘧啶衍生物 **39**。在该反应中，脲衍生物 **38** 是由烯胺和异氰酸经原位反应生成的。有人对该方法稍加改进，已经用于天然产物贝类毒素的立体选择性全合成[56~58]。

$$(35)$$

4 Biginelli 反应条件综述

经典的 Biginelli 反应是经"一锅法"完成的，一般得到中等或较低产率的 DHPM 类化合物[31,59]。但是，通过改善反应条件可以达到改善产率的目的，例如：使用 Lewis 酸催化剂、无溶剂反应或微波辐射等方法[3]。

4.1 反应溶剂

经典的 Biginelli 反应以乙醇或甲醇为溶剂。后来的研究发现：使用非质子溶剂可以得到更好的效果，例如：四氢呋喃[20,32,60,61]、二噁烷[62]或乙腈[30,63~66]等。

在用乙醇作溶剂时,芳醛和尿素经缩合反应生成双酰脲衍生物 **5**。由于 **5** 不溶于乙醇而不易转化成为目标化合物。但是，使用冰醋酸作为溶剂可以方便地解决这一问题[31,67]。如式 36 所示[68]：Reddy 等人使用冰醋酸作溶剂并辅助于微波加热，可以使 DHPM 衍生物的收率得到显著的提高。

$$\text{EtO}\!-\!\underset{\text{Me}}{\overset{\text{O}\ \ \ \ \ \text{O}}{\|\ \ \ \ \ \|}}\ +\ \underset{\text{CHO}}{\overset{\text{NO}_2}{\bigcirc}}\ +\ \underset{\text{H}_2\text{N}}{\overset{\text{H}_2\text{N}}{\diagup}}\!\!=\!\!\text{O}\ \ \xrightarrow[88\%]{\text{CH}_3\text{CO}_2\text{H, MW, 4 min}}\ \ \text{DHPM} \tag{36}$$

Biginelli 反应也可在水中进行[69,70]。如式 37 所示：在 Lewis 酸催化剂 $CeCl_3 \cdot 7H_2O$ 的存在下，正丙基醛在水中以及无溶剂下进行反应可以得到较高产率的 DHPMs[70]。

$$\xrightarrow[\substack{\text{EtOH, 83\%}\\ \text{H}_2\text{O, 76\%}\\ \text{neat, 73\%}}]{\substack{\text{CeCl}_3\cdot 7\text{H}_2\text{O, solvent}\\ \text{heating, 4 h}}} \tag{37}$$

虽然水或乙醇溶剂对 DHPM 产率的影响不明显，但使用水不仅具有便宜和毒性小的优点，而且具有反应时间短和操作简便的优点。特别适用多种取代的三组分的情况，这点是许多其它反应条件所不能达到的。

近期的研究趋势是在无溶剂的状态下进行缩合反应[71,72]。如式 38 所示：Shaabani 等人以 NH$_4$Cl 为催化剂，在无溶剂条件下完成了"一锅法" Biginelli 反应。该反应主要生成 DHPMs 产物，产率一般在 75%~90% 之间[73]。

R^1 = alkyl-O, alkyl; R^2 = methyl, phenyl, 2-thienyl; R^3 = alkyl, aryl; X = O, S

4.2 反应催化剂

经典的 Biginelli 反应的三组分是在 HCl 催化下回流缩合的，该催化条件的缺点十分明显。因此，只有一些 1,3-二羰基化合物和芳醛可以得到满意的结果。使用脂肪醛时，只能得到低产率和低选择性的产物。自从 1997 年 Kappe 修正的 Biginelli 反应机理[17]报道以后，改进此反应的文献大量涌现。其中，有关催化剂的研究报道较多，选用的催化剂包括 Lewis 酸催化剂、质子酸催化剂和其它催化剂。

4.2.1 质子酸催化剂

经典的 Biginelli 反应是以质子酸作催化剂的。除了 HCl 或 H$_2$SO$_4$[2]外，对甲苯磺酸[74]、三氟乙酸[43]、氯化铵[73]和氨基酸[75]等也常用作该目的。

如式 38 所示[76]：Bose 等人使用对甲苯磺酸作为催化剂可以方便地获得 Biginelli 反应产物，该方法显示出简便、节省时间和适用大批量生产等优点。

R = H, 4-OH, 4-OMe, 4-NO$_2$, 4-Cl; X = O, S

后来，他们又报道了使用对甲苯磺酸作为催化剂的两相反应，水被用作其中的一种介质。如式 40 所示[77]：该方法具有节省时间和适用大批量生产等优点。

以上结果显示：使用水作为反应溶剂时，产物的产率与芳醛的 4-位取代基和脲的种类相关。当使用尿素时，苯甲醛对位连接供电子基时可以得到较高的反应产率。反之，吸电子基取代会降低反应的产率。一般而言，尿素总比硫脲的反应产率高一些。

4.2.2 Lewis 酸催化

由 Kappe 更新的 Biginelli 反应机理中重要的中间体是 N-酰基亚胺锑离子中间体 **16**。因此，使用 Lewis 酸催化剂不仅可以加速反应，还可以通过 B-原子或金属离子与亚胺锑离子相互作用来稳定中间体[17,70]。最常用的 Lewis 酸包括：$BF_3 \cdot OEt_2$ 和 $CuCl^{[20]}$、$LaCl_3^{[78]}$、$FeCl_3^{[79~81]}$、$NiCl_2^{[82]}$、$InCl_3^{[83]}$、$InBr_3^{[49]}$、$BiCl_3^{[63]}$、$LiClO_4^{[84]}$、$Mn(OAc)_3^{[85]}$或 $ZrCl_4^{[34]}$等。

$BF_3 \cdot OEt_2$ 和 CuCl 可以有效地催化 Biginelli 反应。如式 41 所示：在 $BF_3 \cdot OEt_2$ 和 CuCl 催化下，乙酰乙酸甲酯与对氯苯甲醛和尿素反应高产率地生成 DHPM 产物[20]。

1998 年，Kappe 首次发现：温和的 Lewis 酸催化剂聚磷酸酯 (PPE) 能够高效地催化 Biginelli 反应，使得 DHPM 的产率大幅提高[32](式 42)。

如式 43 所示：将分别用 $BF_3 \cdot OEt_2$/CuCl 和 PPE 催化的 Biginelli 反应与

经典的 Biginelli 反应结果相比较,可以非常清楚地看到不同的催化反应的效果。

(43)

R^1	R^2	产率/%		
		BF$_3$·OEt$_2$/CuCl[①]	PPE[②]	Original[③]
C$_6$H$_5$	Me	94	94	71
4-NO$_2$-C$_6$H$_4$	Me	91	77	54
3,4-F$_2$-C$_6$H$_3$	Me	81	84	66
4-OMe-C$_6$H$_4$	Et	79	—	40

① BF$_3$·OEt$_2$ (1.3 eq.), CuCl (10 mol%), AcOH (10 mol%) in THF, reflux, 18 h.

② PPE, THF, reflux, 15 h.

③ H$_2$SO$_4$ (cat.), EtOH, reflux, 18 h.

BF$_3$·OEt$_2$/CuCl 催化的 Biginelli 反应中可能的中间体是由 Lewis 酸活化产生的酰基亚胺 **40**[20],而由 PPE 催化的反应中间体可能是活化的烯醇磷酸酯 **41**[32] (式 44)。

(44)

Brindaban 等人首次报道了 InCl$_3$ 催化的 Biginelli 反应。如式 45 所示[83],在 65~70 °C 的 THF 溶液中,醛、尿素 (或硫脲) 和 β-二酮或 β-酮酯发生“一锅煮”反应生成 75%~95% 的嘧啶酮衍生物。该反应具有条件温和的优点,InBr$_3$ 为 Biginelli 反应的 Lewis 酸催化剂[49]。

(45)

三价铁催化的 Biginelli 反应可以生成 5-位取代的 3,4-二氢嘧啶酮产物[86]。如式 46 所示[87]:在三氯化铝和碘化钾组成的混合催化体系中,醛、脲和烯醇化的酮也可以经“一锅法”得到 5-位取代的 DHPM 类产物。

(46)

Rajitha 等人报道了使用碱式硝酸铋作为 Biginelli 反应的催化剂[88]。随后，他们又报道了醛、β-羰基酯和尿素或硫脲在二氯二吡啶铜催化下的"一锅法"缩合反应 (式 47)[89]。催化剂中双吡啶环中 N-原子的存在增大了缺电子性，使得二氯二吡啶铜的作用类似于 Lewis 酸[89]。但是，这两种方法均不适合于脂肪醛底物。

$$R^1 = OEt, Me; R = aryl; X = O, S$$

(47)

稀土金属化合物二碘化钐也可以在无溶剂条件下作为 Biginelli 反应的催化剂 (式 48)[90]。但是，使用肉桂醛和羟基或甲氧基取代的苯甲醛作为底物时，只能得到很低产率的 DHPMs 产物。当脂肪醛与尿素和乙酰乙酸酯反应时，醛分子中的较大烷基位阻效应也会影响反应的产率。

$$R^1 = OEt, Me; R = alkyl, aryl; X = O, S$$

(48)

除了传统的主族金属 Lewis 酸催化剂外，镧系金属 Lewis 酸催化剂也常常用于该目的，例如：$YbCl_3$、Cp_2YbCl 和 $Yb(OTf)_3$ 等。由于三氟甲基磺酸基的强拉电子效应，$Yb(OTf)_3$ 对羰基氧原子有较强的亲和力而表现出较强的 Lewis 酸性质。如式 49 所示：在 $Yb(OTf)_3$ 催化剂的存在下，醛、β-羰基酯或 β-二酮与脲在无溶剂条件下反应的产率高达 81%~98%。反应时间从经典反应的 18 h 缩短到 20 min，并且催化剂还可以重复使用[36]。

$$R^1 = R, OR$$

(49)

$Ln(OTf)_3$ 催化的 Biginelli 反应机理可以用式 50 来解释[36]：首先，醛和脲在 Lewis 酸 $Yb(OTf)_3$ 的作用下生成酰基亚胺中间体 **42**。该中间体与 $Ln(OTf)_3$ 相互作用而稳定，这是反应的关键也是决定反应速度的步骤。然后，中间体 **42** 再和 β-二羰基化合物缩合生成开链的酰脲 **43**。最后，**43** 经环化脱

水得到相应的产物 **45**。

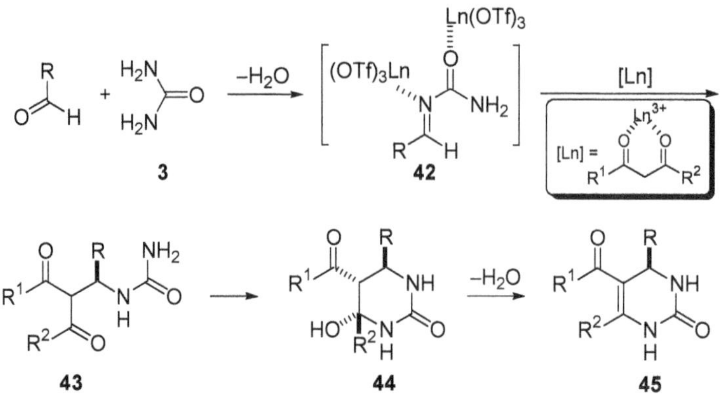

(50)

4.2.3 其它催化剂

为了得到手性 DHPM 产物，Yadav 等人曾经使用 L-脯氨酸作为 Biginelli 反应的催化剂，但是，只能得到较低产率的外消旋体产物。然而，他们发现：在无溶剂条件下，L-脯氨酸可以代替质子酸或 Lewis 酸生成高产率的 Biginelli 反应产物[91](式 51)。带有吸电子或供电子基的苯甲醛均可得到较高的产率，芳环上的 OH、NO_2、F、Cl 和共轭双键均不受影响。在该条件下，酸敏性醛 (例如：呋喃醛和肉桂醛) 也不会产生副产物 (产率分别为 88% 及 90%)，脂肪醛中的丙醛可以得到最高的产率 (85%)。

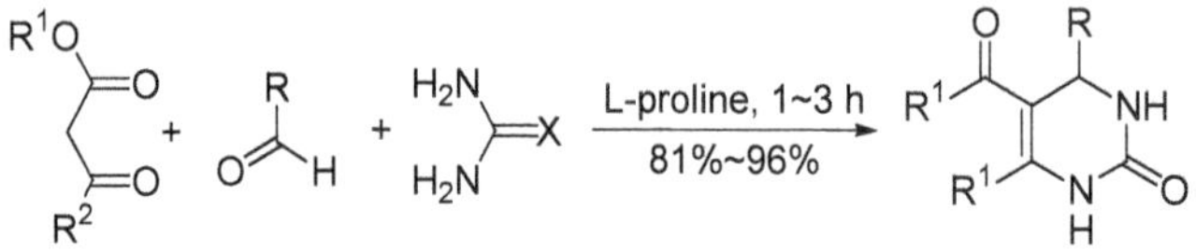

(51)

R^1 = Me, Et; R^2 = Me, Ph; R = alkyl, Ar; X = O, S

使用 L-脯氨酸作为催化剂的反应机理与质子酸催化的反应机理稍有不同。如式 52 所示[91]：首先，L-脯氨酸与 α-羰基酯反应形成中间体；然后，再与醛/脲中间体反应；最后，依次发生环合反应和消去 L-脯氨酸的反应得到 DHPM 类产物。

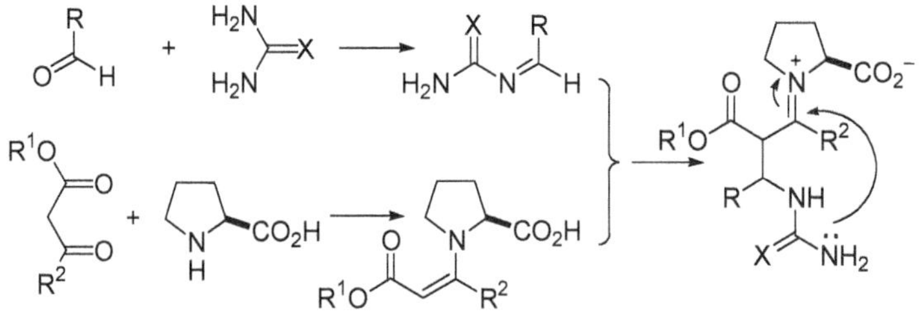

$$\text{(52)}$$

如式 53 所示[29]：Mabry 使用 L-脯氨酸甲酯盐酸盐也可以有效地催化 Biginelli 反应，生成较高产率的二氢嘧啶酮产物。这可能是因为 L-脯氨酸甲酯有较好的脂溶性，从而提高了其催化效应。

$$\text{(53)}$$

一些固体酸也可以有效地催化 Biginelli 反应的进行。作为环境友好的介质，蒙脱土已经广泛地应用于有机合成中。它们催化的反应具有操作简便、产率高、选择性好和易于从反应混合物中分离等优点。如式 54 所示[92]：在无溶剂条件下，蒙脱土 KSF 可以有效地催化 Biginelli 反应。但是，该反应的缺点是反应时间较长 (8~10 h)。

$$\text{(54)}$$

4.3 微波

传统的 Biginelli 反应具有回流时间长和产率低的缺点。因此，利用微波反应可以加速反应和提高反应的产率。如式 55 所示：聚苯乙烯磺酸 (PSSA) 是以聚合物支持的、廉价低毒和环境友好的催化剂。在水作溶剂[93]或无溶剂[94]条件下并辅助于微波 (MW) 加热，PSSA 可以高效地催化 Biginelli 反应。反应结束后，用溶剂即可洗脱附着在 PSSA 催化剂上的产物，分离操作十分简便。

$$\text{(55)}$$

利用固相的微波反应，经六水合氯化镍或氯化钴催化的 Biginelli 反应可以用于高效合成螺杂环产物[95]。例如：使用六水合氯化钴或四水合氯化锰或二水合氯化锡催化，并辅助于微波辐射，可以经"一锅法"合成取代的 3,4-二氢嘧啶-2-酮产物[96]。有人报道：在无溶剂和微波辐射条件下，二水合氯化铜或五水合硫酸铜可以有效地催化 Biginelli 反应[97]。

Hazarkhani 等人报道，使用 N-溴代丁二酰亚胺作为温和的催化剂，在微波反应条件下可以得到高产率的二氢嘧啶酮产物 (式 56)[98]。该方法具有试剂便宜安全、产率高和反应时间短的优点，反应实际上是在接近中性的反应条件下进行的。使用 DMF 溶剂比乙醇溶剂更好，这可能是因为 DMF 的强溶解性能和优良的能量转换性质。

$$\text{(56)}$$

Sarma 等人报道了利用无溶剂条件下碘-铝氧化物作催化生成二氢嘧啶酮的微波反应 (式 57)[99]。在该条件下，许多芳香、取代芳香或杂环醛的 Biginelli 反应可以在 1 min 内完成。但是，脂肪醛在该条件下不能发生反应。在六水合氯化铁催化的微波反应条件下，醛、羰基酯和脲或硫脲在无溶剂条件下反应也可以生成二氢嘧啶酮产物[100]。

$$\text{(57)}$$

以氯化锌[101]、乙酸钴[102]或聚乙二醇[103]连接的磺酸作为催化剂，可以在微波条件下制备较好收率的 3,4-二氢嘧啶-2-酮衍生物。

4.4 离子液体

离子液体 (Ionic Liquid, 简称 IL) 具有优异的化学和热稳定，它们具有较低的蒸气压、能够溶解许多无机、有机化合物和金属配合物和易回收循环使用等特点。因此，离子液体作为新型的有机反应溶剂和催化剂已经受到广泛的关注[104]。

如式 58 所示：Peng 等人研究了在 1-丁基-3-甲基咪唑氟硼酸盐 (BMImBF₄) 或 1-丁基-3-甲基咪唑氟硼酸盐 (BMImPF₆) 中的 Biginelli 反应。在 BMImBF₄ 或 BMImPF₆ 中，乙酰乙酸乙酯和尿素与不同醛的反应可以得到高产率的 DHPMs 产物[105]。

R = n-C$_5$H$_{11}$, MBMImBF$_4$, 93%   R = 4-ClPh, BMImPF$_6$, 98%
R = 4-NO$_2$Ph, MBMImBF$_4$, 92%   R = 4-MeOPh, MBMImBF$_4$, 95%
R = 4-NO$_2$Ph, BMImPF$_6$, 90%   R = 4-MeOPh, BMImPF$_6$, 98%
R = 4-ClPh, MBMImBF$_4$, 96%

在 Lewis 酸催化剂 Yb(NTf$_2$)$_2$ 或 Cu(NTf$_2$)$_2$ 的催化下，正戊基醛经 Biginelli 反应生成 DHPMs 的产率分别为 55% 和 80%[106]。但是，它在离子液体 BMImBF$_4$ 中的反应产率达到 93%[105]。由于生成的二氢嘧啶酮产物不溶于水，而所用的离子液体溶于水，将反应混合物倒入冰水中过滤后即可得到 DHPMs 纯品。对不同取代基的比较发现，当苯甲醛的对位连接有供电子基团时，反应易于进行且产率较高，但吸电子基团使收率有所降低。

在离子液中进行的 Biginelli 反应具有反应条件温和、时间短、收率高、产品纯化简便和对环境友好等优点，因此该方法已日益引起研究者的兴趣和重视。

4.5 固相 Biginelli 反应

组合化学已成为合成结构多样化合物库和快速化反应的重要工具。固相反应是组合化学中所研究的重要内容，固相合成方法的产率和自动化程度较高。

1995 年，Wipf 等人首次将固相合成方法成功地应用到 Biginelli 反应中。如式 59 所示[60]：首先，通过标准方法将 γ-氨基丁酸衍生的脲附着在 Wang 树脂上；然后，在催化量的盐酸存在下，与过量的 β-酮酯和芳醛发生缩合反应生成相应的固定在聚合物上的 3,4-二氢嘧啶酮。最后，用 50% 的三氟乙酸将产物从聚苯乙烯树脂上解离，即可得到高产率和高纯度的 3,4-二氢嘧啶酮产物。

$$(59)$$

将上述实验方法稍加变化，Biginelli 反应即可适用于含氟化合物的合成。如式 60 所示[107,108]：将适当的氟标记物附着到羟乙基脲上即可制备氟脲衍生物。在含有盐酸的 THF-BTF (三氟苯甲酰) 溶液中，氟脲与过量的乙酰乙酸酯和醛发生缩合反应。接着，使用含氟溶剂 (过氟正己烷，FC-72) 对含氟 3,4-二氢嘧啶酮进行萃取。最后，用氟代四丁基铵 (TBAF) 脱硅、萃取纯化后得到高产率的3,4-二氢嘧啶酮。

$$(60)$$

式 59 和式 60 中的脲组分通过酰胺氮固定在树脂上，即可用于制备 N1-取代的 DHPM 产物。乙酰乙酸酯也可以连接到固相载体上，如键合到 Wang 树脂上的乙酰乙酸酯与过量的醛和脲/硫脲发生 Biginelli 缩合反应，可以在固相载体上得到目标产物 3,4-二氢嘧啶酮。过滤后用三氟乙酸 (TFA) 进行解离，即可高产率地得到游离的羧酸 (式 61)[62]。

$$(61)$$

4.6 Biginelli 反应产物的拆分

Biginelli 型 3,4-二氢嘧啶酮本身是一个不对称分子,在经典的 Biginelli 反应和相关的反应阶段主要得到外消旋混合物。现已证明:C-4 手性中心的绝对构型能够影响化合物的生物活性[109],例如:二氢嘧啶酮 SQ 32926 的 *R*-异构体(见式 68)比其 *S*-异构体的抗高血压活性强 400 倍以上[110]。因此,获得具有手性的二氢嘧啶酮化合物是极有意义的,也是在此领域进一步进行药物研究的先决条件。目前,获取具有手性的二氢嘧啶酮类化合物主要的方法是手性拆分法和不对称合成法 (见 4.7 节)。

如式 62 所示[111a]:有人利用手性拆分方法制备了对映异构体纯的小分子药物 Monastrol。他们使用 2,3,5-三-*O*-苯甲酰基-*β*-1-氯甲酰基核糖与 *O*-保护的 Monastrol 衍生物 **46** 在 N3-位发生区域选择性的酰化反应,生成一对非对映异构体酰胺化合物 **47**。然后,经色谱法将它们分离成为两个非对映体化合物。最后,依次除去保护基 TBDMS 和脱去手性辅基的糖组分,得到较高产率的单一产物 (*S*)-Monastrol。该化合物对细胞有丝分裂显示出抑制效应,具有明显的抗肿瘤作用[111b]。

(62)

46   (4*S*)-**47**   (*S*)-**Monastrol**

也可以使用手性的胺类化合物对相应的外消旋体 5-羧酸-DHPMs 进行拆分,得到手性的二氢嘧啶酮类化合物[112]。使用不同的手性柱,可用直接在 HPLC 上分离出相应的手性二氢嘧啶酮类化合物[113~115]。手性分离也可以通过毛细管电泳中手性调节剂和缓冲体系来加以实现,例如:常选择季铵盐-β-环糊精作为缓冲液添加剂[116,117]。

4.7 不对称 Biginelli 反应

2005 年，Huang 等人[118]将手性催化剂应用于 Biginelli 反应之中，实现了二氢嘧啶酮衍生物的催化不对称合成。他们使用手性配体 **48** 与 Yb(OTf)$_3$ 配位作为手性催化剂，将乙酰乙酸乙酯、芳香醛和尿素或硫脲在四氢呋喃溶液中室温反应即可得到高度立体选择性的二氢嘧啶酮衍生物。式 63 所示：该反应的对映选择性最高可达 99% ee。

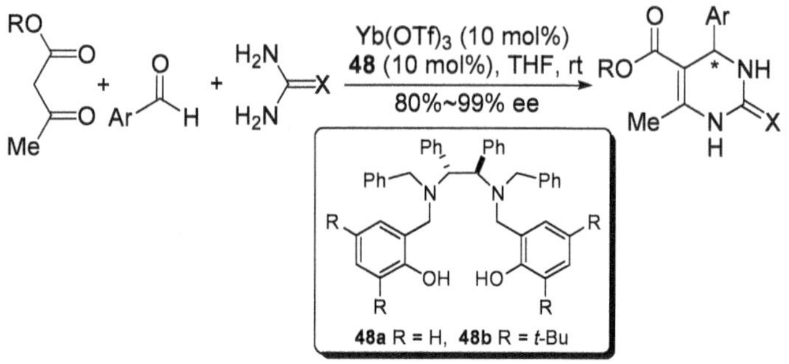

(63)

如式 64 所示[119]：Chen 等人利用手性有机催化剂 **49 (a, b)** 经 Biginelli 缩合反应也实现了 3,4-二氢嘧啶酮的不对称合成。

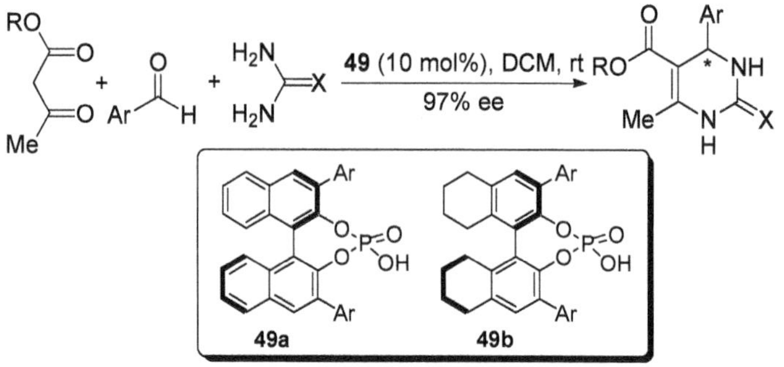

(64)

Prasad 等人报道[120]，在生物酶的作用下，酯化的 4-(羟基芳基)-取代 3,4-二氢嘧啶酮衍生物可以发生对映选择性脱酰基化反应，达到手性拆分的目的。Dondoni 等人[121]报道：使用手性醛与乙酰乙酸乙酯和尿素发生 Biginelli 反应可以得到手性的 DHPM 衍生物。

5 Biginelli 反应在有机合成中的应用

经 Biginelli 反应生成的二氢嘧啶酮类化合物已经成为药物合成中的主要中

间体或目标化合物。随着时间的推移，Biginelli 反应将会得到更广泛的应用。

5.1 合成新的杂环

利用 Biginelli 反应产物结构上的特点，可以巧妙地设计一系列分子内或分子间的关环反应，达到构建新的杂环骨架的目的。如式 65 所示：Ghorab 等人[122]利用 Biginelli 反应首先得到二氢嘧啶硫酮化合物。然后，3-位上的 N-原子经过亲核取代和分子内关环反应，即可得到含有噻唑并嘧啶环的抗真菌化合物。

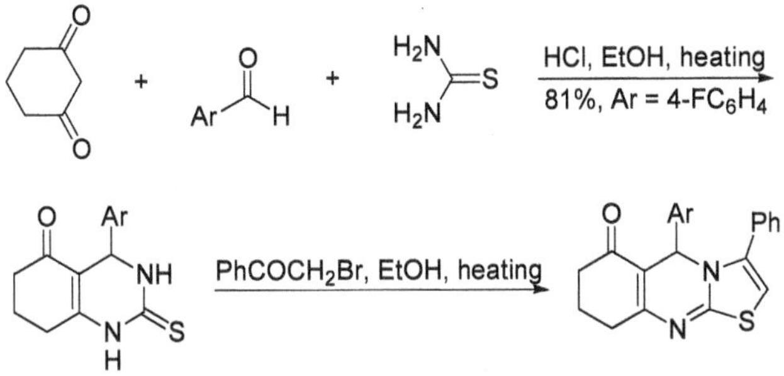

(65)

Glasnov 和 Kappe 等人报道[123]：在三甲基氯硅烷的乙腈溶液中，5-氨基吡唑、β-二酮和对甲苯甲醛的混合物在微波辐射下"一锅法"生成吡唑并嘧啶环衍生物（式 66）。

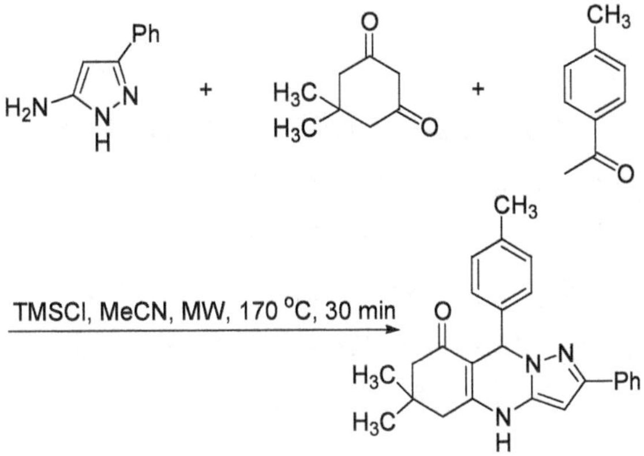

(66)

以 Biginelli 反应产物为基本结构，经过溴代、甲胺化反应和分子内环化反应可以得到吡咯并[3,4-d]嘧啶衍生物[124]（式 67）。

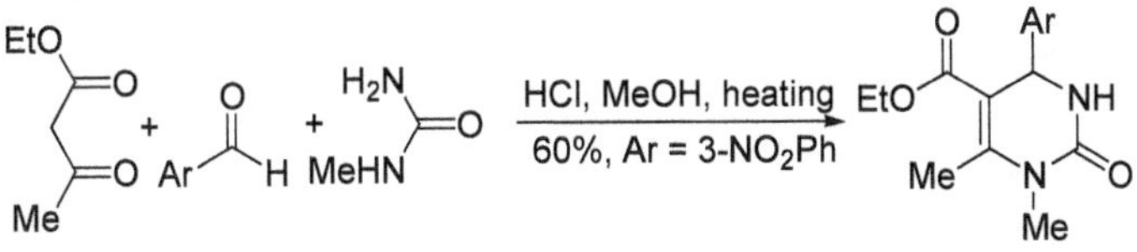

$$\xrightarrow[\text{84\%}]{\text{Br}_2,\text{ CHCl}_3,\text{ rt}} \quad \xrightarrow[\text{53\%}]{\text{MeNH}_2} \quad \tag{67}$$

5.2　药物和天然产物合成中的应用

许多含有 4-芳基-1,4-二氢吡啶结构单元的化合物 (DHPs) 具有生物活性，尼非地平 (Nifedipine) 是研究最深入的钙通道调节剂。自 1975 年进入临床以来，它已经成为治疗高血压、心律失常、心绞痛等心血管疾病不可或缺的药物[125]。研究发现：将 4-芳基-1,4-二氢吡啶结构稍加修饰得到的 DHPM 衍生物 SQ 32926 和 SQ 32547 可以发展成为口服的长效降压药物[125]（式 68）。

$$\tag{68}$$

Nidedipine　　　**SQ 32926**　　　**SQ 32547**

如式 69 所示：Atwal 等人[126]报道了对映异构体纯的抗高血压药剂 (R)-SQ 32926 的制备方法。首先，1,4-二氢嘧啶中间体 **50** 在 N-3 位与 4-硝基苯基氯甲酸酯发生酰化反应。随后，在 HCl 的作用下水解生成为 3,4-二氢嘧啶酮类化合物 **51**。接着，经 (R)-α-甲基苄胺处理后得到脲的非对映异构体混合物，再通过重结晶拆分出 (R,R)-异构体 **52**。最后，在 TFA 作用下除去手性辅助基团得到高度对映异构体纯的 (R)-SQ 32926。利用类似的方法，还可以得到大量对映异构体纯的具有药理活性其它的 DHPM 衍生物[126,127]。

$$\xrightarrow[\text{R = 4-NO}_2\text{Ph}]{\text{1. ClCO}_2\text{R}\quad\text{2. HCl, THF}} \quad \xrightarrow{\text{RNH}_2,\text{ MeCN}}$$

50　　　　　**51**

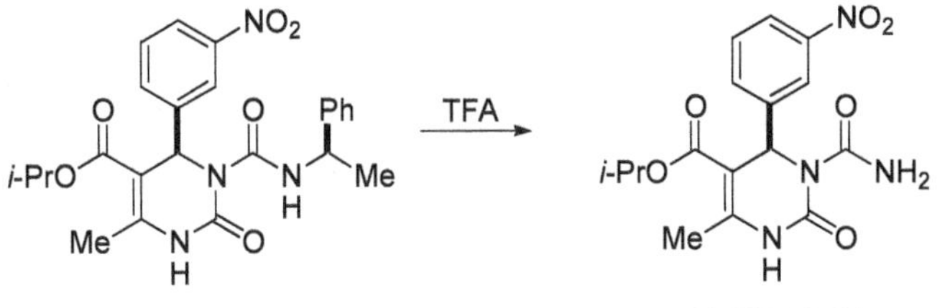

(69)

SNAP-7941 是一个 G-蛋白偶联受体 (GPCR) 的 MCH1-R 小分子手性抑制剂，它是一个手性 DHPM 衍生物。生物学实验显示，抑制 MCH1-R 可以促进肥胖的老鼠的减肥，降低受试的几里亚猪和鼠的焦虑情况[128,129]。SNAP-7941 表现为与人类 MCH1-R 中 COS-7 细胞具有 98% 的结合率，具有潜在的减肥药效。如式 70 所示：Goss 等人[130]用手性磷酸催化的 Biginelli 反应，首先得到连接有手性基团的二氢嘧啶酮骨架 **53**。然后，使用固相支持的溴化试剂 EtN⁺Me₃Br₃⁻[131]或 Ph(CH₃)₃NBr₃ 在 C-6 位的甲基上进行单溴化反应得到 **54**。接着，**54** 在微波 (MW) 或加热条件下与甲醇钠反应，得到 6-甲氧甲基-DHPM 化合物 **55**。最后，向 **55** 中的 N3-位上引入取代的羰基丙胺侧链得到 SNAP-7941。

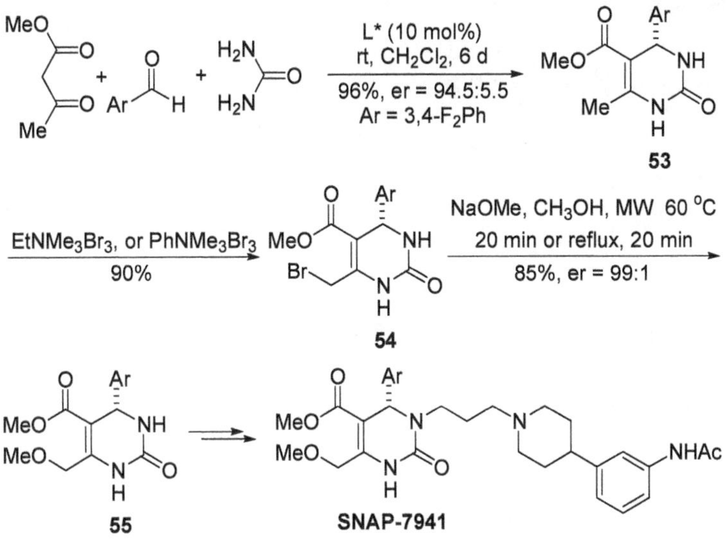

(70)

在过去的若干年里，人们从海洋生物资源中分离提取出来大量结构新颖复杂的胍类生物碱化合物[132]。如式 71 所示：生物碱 Batzelladine (Batzelladines A, B 和 D)、Ptilomycalin A 和 Crambescidin A 都具有显著的生物活性，包括抗病毒 (HSV-1，HIV-1)、抗菌和抗肿瘤活性等等。与其它已知的胍类生物碱一样，Batzelladine A 和 Batzelladine B 是从 Caribbean sponge *Batzella* sp. 中分离提取出来的。它们是第一次报道能够抑制 HIV gp-120 与 CD4 细胞的小分子组合天然产物,有望成为治疗艾滋病的药物。所有这些生物碱分子都有一个共同的结构特点,它们具有刚性的三环胍核结构。在对这些生物碱的全合成研究中,许多方案都是利用分子内的 Biginelli 缩合反应来构建基本结构骨架。

(71)

如式 72 所示[133]:在构建 Batzelladine B 的三环结构中,首先使用 2-壬酮经 9 步反应得到具有半缩醛结构的二环化合物。然后,再与乙酰乙酸甲酯在吗啉基乙酯条件下缩合得到 Batzelladine B 的三环部分。

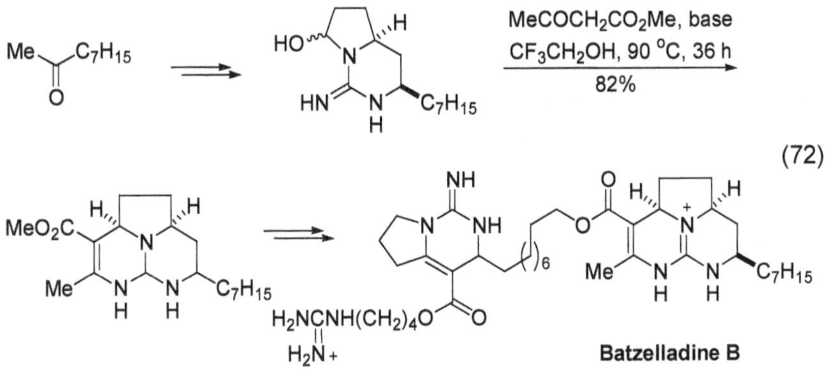

(72)

6 Biginelli 反应合成实例

例 一

6-甲基-4-(2-溴-5-硝基苯基)-2-氧-1,2,3,4-四氢嘧啶-5-羧酸异丙酯[68]

(质子酸催化的 Biginelli 反应)

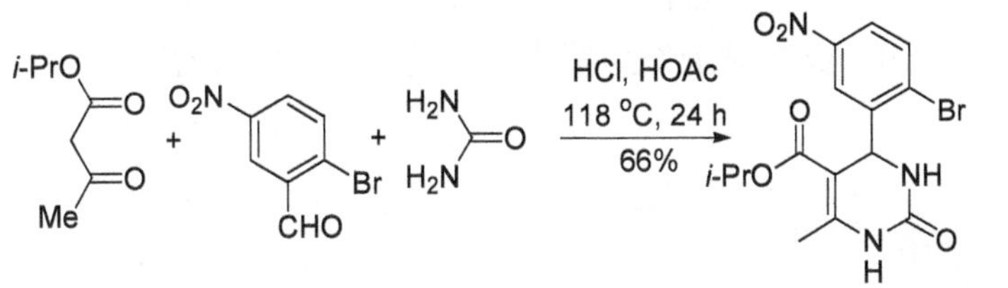

(73)

将浓 HCl (100 μL) 加入到乙酰乙酸异丙酯 (2.3 g, 16 mmol)、2-溴-5-硝基苯甲醛 (2.43 g, 11 mmol)、尿素 (950 mg, 11 mmol) 的乙酸 (20 mL) 溶液中。回流 6 h 后，再加入浓 HCl (100 μL)。继续回流 18 h 后，在室温下放置过夜。滤出的固体用乙酸重结晶，得到无色晶体产物 (2.89 g, 66%)，熔点 241 ℃。

例 二

6-甲基-1-苄基-2-氧代-4-苯基-1,2,3,4-四氢嘧啶-5-羧酸乙酯[134]

(PPE 催化的 Biginelli 反应)

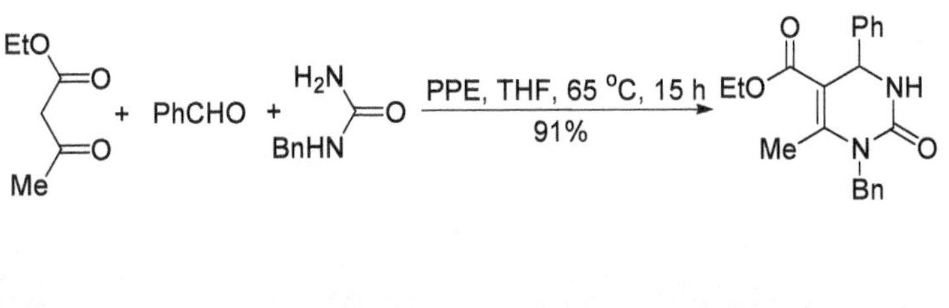

(74)

　　将乙酰乙酸乙酯 (260 mg, 2 mmol)、苯甲醛 (212 mg, 2 mmol)、苄基脲 (450 mg, 3 mmol)、聚磷酸酯 (PPE) (30 mg) 生成的 THF (4 mL) 混合物加热回流 15 h。冷却至室温倒入到碎冰中继续搅拌几小时后，抽滤得到固体粗产品。然后用乙醇重结晶得到产品 (637 mg, 91%)，熔点 157 $^{\circ}$C。

例　三

4-苯基-5-(噻吩-2-羰基)-6-三氟甲基-1,2,3,4-四氢嘧啶-2-酮[36]

(无溶剂条件下 Lewis 酸催化的 Biginelli 反应)

$$\tag{75}$$

　　将 4-三氟甲基-1-(噻吩-2-基)-丁烷-1,3-二酮 (555.5 mg, 2.5 mmol)、苯甲醛 (265.3 mg, 2.5 mmol)、尿素 (222 mg, 3.7 mmol) 和 Yb(OTf)$_3$ (5 mol %, 0.125 mmol) 组成的混合物在 100 $^{\circ}$C 下搅拌加热 20 min。然后，向混合物中加入水。产品用乙酸乙酯萃取，合并的有机层用 Na$_2$SO$_4$ 干燥。蒸去溶剂得到的残留物用乙酸乙酯/正己烷重结晶，得到二氢嘧啶酮产物 (828 mg, 94%)，熔点 99~102 $^{\circ}$C。

例　四

6-甲基-4-丁基-2-氧代-1,2,3,4-四氢嘧啶-5-羧酸乙酯[135]

(利用 KSF-黏土作为催化体系的 Biginelli 反应)

$$\tag{76}$$

　　将蒙脱土 (500 mg)、乙酰乙酸乙酯 (1.3 g, 10 mmol)、戊醛 (860 mg, 10 mmol) 和尿素 (900 mg, 15 mmol) 组成的混合物在 130 $^{\circ}$C 搅拌 48 h。然后，向混合物中加入热甲醇 (100 mL)。抽滤除去不溶固体和催化剂，滤液放置几小时后析出晶体。抽滤得到白色晶体产物 (2.05 g, 86%)，熔点 161~162 $^{\circ}$C。

例　五

6-甲基-4-(3-羟基苯基)-2-硫代-1,2,3,4-四氢嘧啶-5-羧酸乙酯[136]

(无溶剂条件下微波促进的 Biginelli 反应)

$$\tag{77}$$

将乙酰乙酸乙酯 (300 mg, 2.3 mmol)、3-羟基苯甲醛 (244 mg, 2.0 mmol)、硫脲 (380 mg, 5 mmol) 和聚磷酸酯 (PPE) (300 mL) 组成的混合物在微波炉中用全功率 (800 W) 辐照 5 次，每次 10 s，每次间隔 1~2 s 的冷却时间。然后，向热的混合物中依次加入 EtOH (5 mL) 和碎冰。过滤沉淀出的粗品用柱色谱 (正己烷-乙酸乙酯，2:1) 纯化，得到无色固体 (350 mg, 60%)，熔点 184~186 $^{\circ}$C。

例 六

6-甲基-5-乙酰基-4-(4-硝基苯基)-1,2,3,4-四氢嘧啶-2-酮[105]

(在离子液体介质中进行的 Biginelli 反应)

$$(78)$$

将 4-硝基苯甲醛 (3.78 g, 25 mmol)、乙酰乙酸乙酯 (2.5 g, 25 mmol)、尿素 (2.25 g, 37.5 mmol) 和 1-丁基-3-甲基咪唑氟硼酸盐 (BMImBF$_4$) 离子液体 (22.6 mg, 0.1 mmol) 组成的混合物搅拌加热至 100 $^{\circ}$C，反应 3 h。在此期间，可以观察到有固体产品逐渐生成。反应结束后，将生成的灰黄色固体产品压碎、水洗和抽滤。粗产物用乙酸乙酯重结晶，得到产品 6.33 g (92%)。

例 七

6-甲基-1-(3-羧基丙基)-4-(萘-2-基)-2-氧代-1,2,3,4-四氢嘧啶-5-羧酸乙酯[60]

(利用聚苯乙烯负载的脲参与的 Biginelli 反应)

$$(79)$$

将聚合物负载的脲 (修饰过的 Wang 树脂) (50 mg, 0.048 mmol) 预先悬浮于 THF (1.5 mL 的) 中。然后，依次加入 2-萘甲醛 (30 mg, 0.192 mmol)、乙酰乙酸乙酯 (25 mg, 0.192 mmol) 和浓 HCl-THF 溶液 (50 μL, 1:4)。反应混合物在

55 °C 下搅拌反应 36 h，过滤，树脂依次用 THF、正己烷、MeOH 和 CH$_2$Cl$_2$ 洗涤。然后，再用 TFA 和 CH$_2$Cl$_2$ 洗涤树脂，合并后两次的滤液，经真空浓缩后得二氢嘧啶酮产物 (16.5 mg, 87%)。

7 参考文献

[1] Biginelli, P. *Gazz. Chim. Ital.* **1893**, *23*, 360.

[2] Kappe, C. O. *Tetrahedron* **1993**, *49*, 6937.

[3] Kappe, C. O. *Acc. Chem. Res.* **2000**, *33*, 879.

[4] Kappe, C. O. *Eur. J. Med. Chem.* **2000**, *35*, 1043.

[5] Yarim, M.; Sarq, S.; KiliG, F. S.; Erol, K. *Farmaco* **2003**, *58*, 17.

[6] Overman, L. E.; Rabinowitz, M. H. *J. Org. Chem.* **1993**, *58*, 3235.

[7] Coffey, D. S.; McDonald, A. I.; Overman, L. E.; Rabinowitz; Renhowe, P. A. *J. Am. Chem. Soc.* **2000**, *122*, 4893.

[8] Coffey, D. S.; Overman, L. E.; Stappenbeck, F. *J. Am Chem. Soc.* **2000**, *122*, 4904.

[9] Cohen, F.; Overman, L. E. *J. Am. Chem Soc.* **2001**, *123*, 10782.

[10] Overman, L. E.; Wolfe, J. P. *J. Org. Chem.* **2001**, *66*, 3167.

[11] Cohen, F.; Collins, S. K.; Overman. L. E. *Org. Lett.* **2003**, *5*, 4485.

[12] Aron, Z. D.; Overman, L. E. *Chem. Commun.* **2004**, 253.

[13] Folkers, K; Johnson, T. B. *J. Am. Chem. Soc.* **1933**, *55*, 3784.

[14] Sweet, F.; Fissekis, J. D. *J. Am. Chem. Soc.* **1973**, *95*, 8741.

[15] Heathcock, C. H. *Comprehensive Organic Synthesis*; Trost, B. M., Fleming, I., Eds.; Pergamon Press: Oxford; 1991; Vol. 2, pp 133-179. Nielson, A. T.; Houlihan, W. *Org. React.* **1968**, *16*, 1-438.

[16] Kappe, C. O.; Roschger, P. *J. Heterocycl. Chem.* **1989**, *26*, 55.

[17] (a) Kappe, C. O. *J. Org. Chem.* **1997**, *62*, 7201. (b) Kappe, C. O. *Eur. J. Med. Chem.* **2000**, 33, 1043.

[18] Donleavy, J. J.; Kise, M. A. *Org. Synth.* **1943**, *Collect. Vol. II*, 422.

[19] Senda, S.; Suzui, A. *Chem. Pharm. Bull.* **1958**, *6*, 476. Hlousek, J.; Machacek, V.; Sterba, V. *Sb. Ved. Pr., Vys. Sk. Chemickotechnol. Pardubice* **1978**, *39*, 11. (*Chem. Abstr.* **1979**, *91*, 174663n) .

[20] Hu, E. H.; Sidler, D. R.; Dolling, U.-H. *J. Org. Chem.* **1998**, *63*, 3454.

[21] Kappe, C. O.; Falsone, F.; Fabian, W. M. F.; Belaj, F. *Heterocycles* **1999**, *51*, 77.

[22] Zhu, Y.; Pan, Y.; Huang, S. *Heterocycles* **2005**, *65*, 133.

[23] Byk, G.; Gottlieb, H. E.; Herscovici, J.; Mirkin, F. *J. Comb. Chem.* **2000**, *2*, 732.

[24] Shaabani, A.; Bazgir, A.; Bijanzadeh, H. R. *Mol. Diver.* **2004**, *8*, 141.

[25] Hassani, Z.; Islami, M. R.; Kalantari, M. *Bio. Med. Chem. Lett.* **2006**, *16*, 4479.

[26] Osnaya, R.; Arroyo, G. A.; Parada, L.; Delgado, F.; Trujillo, J.; Salm$_0$n, M.; Miranda, R. *ARKIVOC* (xi) **2003**, 112.

[27] Stadler, A.; Kappe, C. O. *J. Comb. Chem.* **2001**, *3*, 624.

[28] Desai, B.; Dallinger, D.; Kappe, C. O. *Tetrahedron* **2006**, *62*, 4651.

[29] Mabry, J.; Ganem, B. *Tetrahedron Lett.* **2006**, *47*, 55.

[30] Sabitha, G.; Reddy, G. S. K. K.; Reddy, C. S.; Yadav, J. S. *Synlett* **2003**, 858.

[31] Folkers, K.; Harwood, H. J.; Johnson, T. B. *J. Am. Chem. Soc.* **1932**, *54*, 3751.

[32] Kappe, C. O.; Falsone, S. F. *Synlett* **1998**, 718.

[33] Saloutin, V. I.; Burgat, Ya. V.; Kuzueva, O. G.; Kappe, C. O.; Chupakhin, O. N. *J. Fluorine Chem.* **2000**, *103*, 17.

[34] Reddy, C. V.; Mahesh, M.; Raju, P. V. K.; Babu, T. R.; Reddy, V. V. N. *Tetrahedron Lett.* **2002**, *43*, 2657.

[35] Srinivas, K. V. N. S.; Das, B. *Synthesis* **2004**, 2091.

[36] Ma, Y.; Qian, C.; Wang, L. M.; Yang, M. *J. Org. Chem.* **2000**, *65*, 3864.

[37] Stefanovic, M.; Lipovac, S. N. *Glas. Hem. Drus. Beograd* **1965**, *30, 4-6*, 179.

[38] Leussing, D. L. In *Adv. Inorg. Biochem.*; Etchhorn, G. L., Marzilli, L. G., Eds.; Elsevier Biomedical: New York, **1982**; p 171.

[39] Pederson, K. J. *J. Am. Chem. Soc.* **1929**, *51*, 2098.

[40] Kozlowski, J.; Zuman, P. *Bioelectrochem. Bioenerget.* **1992**, *28*, 43.

[41] Wiley: R. H.; Kim, K.-S. *J. Org. Chem.* **1973**, *38*, 3582.

[42] Folkers, K.; Johnson, T. B. *J. Am. Chem. Soc.* **1933**, *55*, 2886.

[43] Bussolari, J. C.; McDonnell, P. A. *J. Org. Chem.* **2000**, *65*, 6777.

[44] Abelman, M. M.; Smith, S. C.; James, D. R. *Tetrahedron Lett.* **2003**, *44*, 4559.

[45] Singh, K.; Singh, J.; Deb, P. K.; Singh, H. *Tetrahedron* **1999**, *55*, 12873.

[46] Dondoni, A.; Massi, A.; Sabbatini, S. *Tetrahedron Lett.* **2001**, *42*, 4495.

[47] Shaker, R. M.; Abdel-Latif, F. F. *J. Chem. Res. (S)* **1997**, 294.

[48] Stadler, A.; Kappe, C. O. *J. Comb. Chem.* **2001**, *3*, 624.

[49] Fu, N. Y.; Yuan, Y. F.; Cao, Z.; Wang, S. W.; Wang, J. T.; Peppe, C. *Tetrahedron* **2002**, *58*, 4801.

[50] Vanden Eynde, J. J.; Hecq, N.; Kataeva, O.; Kappe, C. O. *Tetrahedron* **2001**, *57*, 1785.

[51] O'Reilly, B. C.; Atwal, K. S. *Heterocycles* **1987**, *26*, 1185.

[52] Atwal, K. S.; O'Reilly, B. C.; Gougoutas, J. Z.; Malley, M. F. *Heterocycles* **1987**, *26*, 1189.

[53] Abdel-Fattah, A. A. A. *Synthesis* **2003**, 2358.

[54] Shutalev, A. D.; Kishko, E. A.; Sivova, N. V.; Kuznetsov, A. Y. *Molecules* **1998**, *3*, 100.

[55] Taguchi, H.; Yazawa, H.; Arnett, J. F. Kishi, Y. *Tetrahedron Lett.* **1977**, 627.

[56] Kishi, H. *Heterocycles* **1980**, *14*, 1477.

[57] Tanino, H.; Nakata, Y.; Kaneko, T.; Kishi, Y. *J. Am. Chem. Soc.* **1977**, *99*, 2818.

[58] Hong, C. Y.; Kishi, Y. *J. Am. Chem. Soc.* **1992**, *114*, 7001.

[59] Eynde, J. V.; Audiart, N.; Canonne, V.; Michel, S.; Haverbeke, Y. V.; Kappe, C. O. *Heterocycles* **1997**, *45*, 1967.

[60] Wipf, P.; Cunningham, A. *Tetrahedron Lett.* **1995**, *36*, 7819.

[61] Baruah, P. P.; Gadhwal, S.; Prajapati, D.; Sandhu, J. S. *Chem. Lett.* **2002**, 1038.

[62] Valverde, M. G.; Dallinger, D.; Kappe, C. O. *Synlett* **2001**, 741.

[63] Ramalinga, K.; Vijayalakshmi, P.; Kaimal, T. N. B. *Synlett* **2001**, 863.

[64] Paraskar, A. S.; Dewkar, G. K.; Sudalai, G. K.A.; *Tetrahedron Lett.* **2003**, *44*, 3305.

[65] Maiti, G.; Kundu, P.; Guin, C. *Tetrahedron Lett.* **2003**, *44*, 2757.

[66] Zavyalov, S. I. Kulikova, L. B. *Khim. Farm. Zh.* **1992**, *26*, 116.

[67] Jauk, B. Pernat, T.; Kappe, C. O. *Molecules*, **2000**, *5*, 227.

[68] Yadav, J. S.; Reddy, B. V. S.; Reddy, E. J.; Ramalingam, T. *J. Chem. Res. (S)* **2000**, 354.

[69] Ehsan, A.; Karimullah. Pakistan *J. Sci. Ind. Res.* **1967**, *10*, 83.

[70] Bose, D. S.; Fatima, L.; Mereyala, H. B. *J. Org. Chem.* **2003**, *68*, 587.

[71] Ranu, B. C.; Hajra, A.; Dey, S. S. *Org. Proc. Res. Dev.* **2002**, *6*, 817.

[72] Kidawi, M.; Saxena, S.; Mohan, R.; Venkataramanan, R.; *J. Chem. Soc., Perkin Trans. 1* **2002**, 1845.

[73] Shaabani, A.; Bazgir, A.; Teimouri, F. *Tetrahedron Lett.* **2003**, *44*, 857.

[74] Jin, T.; Zhang, S.; Li, T. *Synth. Commun.* **2002**, *32*, 1847.

[75] Jin, T.; Zhang, S.; Zhang, S.; Guo, J.; Li, T. *J. Chem. Res. (S)* **2002**, 37.

[76] Bose, A. K.; Pednekar, S.; Ganguly, S. N.; Chakraboryty, G.; Manhas, M. S. *Tetrahedron Lett.* **2004**, *45*, 8351.

[77] Bose, A. K.; Pednekar, S.; Ganguly, S. N.; Dang, H.; He, W.; Mandadi, A. *Tetrahedron Lett.* **2005**, *46*, 1901.

[78] Lu, J.; Bai, Y. J.; Wang, Z. J.; Yang, B.; Ma, H. R. *Tetrahedron Lett.* **2000**, *41*, 9075.

[79] Lu, J.; Ma, H. R. *Synlett* **2000**, 63.

[80] Tu, S. J.; Zhou, J. F.; Cai, P. J.; Wang, H.; Feng, J. C. *Synth. Commun.* **2002**, *32*, 147.

[81] Lu, J.; Bai, Y. J.; Guo, Y. H.; Wang, Z. J.; Ma, H. R. *Chinese J. Chem.* **2002**, *20*, 681.

[82] Lu, J.; Bai, Y. *Synthesis* **2002**, 466.

[83] Ranu, B. C.; Hajra, A.; Jana, U. *J. Org. Chem.* **2000**, *65*, 6270.

[84] Yadav, J. S.; Reddy, B. V. S.; Srinivas, R.; Venugopal, C.; Ramalingam, T. *Synthesis* **2001**, 1341.

[85] Kumar, K. A.; Kasthuraiah, M.; Reddy, C. S.; Reddy, C. D. *Tetrahedron Lett.* **2001**, *42*, 7873.

[86] Wang, Z. T.; Xu, L. W.; Xia, C. G.; Wang, H. Q. *Tetrahedron Lett.* **2004**, *45*, 7591.

[87] Saini, A.; Kumar, S.; Sandhu, J. S. *Indian J. Chem.* **2006**, *45B*, 684.

[88] Reddy, Y. T.; Rajitha, B.; Reddy, P. N.; Kumar, B. S.; Rao, G. V. P. *Synth. Commun.* **2004**, *34*, 3821.

[89] Kumar, V. N.; Someshwar, P.; Reddy, P. N.; Reddy, Y. T.; Rajitha, B. *J. Heterocyclic Chem.* **2005**, *42*, 1017.

[90] Han, X.; Xu, F.; Luo, Y.; Shen, Q. *Eur. J. Org. Chem.* **2005**, 1500.

[91] Yadav, J. S.; Kumar, S. P.; Kondaji, G.; Rao, R. S.; Nagaiah, K. *Chem. Lett.* **2004**, *33*, 1168.

[92] Lin, H.; Ding, J.; Chen, X. Zhang, Z. *Molecules* **2000**, *5*, 1240.

[93] Polshettiwar, V.; Varma, R. S. *Tetrahedron Lett.* **2007**, *48*, 7343.

[94] Kappe, C. O.; Kumar, D.; Varma, R. S. *Synthesis* **1999**, 1799.

[95] Saini, A.; Kumar, S.; Sandhu, J. S. *Indian J. Chem.* **2004**, *43B*, 2482.

[96] Kumar, S.; Saini, A.; Sandhu, J. S. *Indian J. Chem.* **2005**, *44B*, 762.

[97] Gohain, M.; Prajapati, D.; Sandhu, J. S. *Synlett* **2004**, 235.

[98] Hazarkhani, H.; Karimi, B. *Synthesis* **2004**, 1239.

[99] Saxena, I.; Borah, D. C.; Sarma, J. C. *Tetrahedron Lett.* **2005**, *46*, 1159.

[100] Mirza-Aghayan, M.; Bolourtchian, M.; Hosseini, M. *Synth. Commun.* **2004**, *34*, 3335.

[101] Pasha, M. A.; Swamy, N. R.; Jayashankara, V. P. *Indian J. Chem.* **2005**, *44B*, 823.

[102] Pasha, M. A.; Puttaramegowda, J. V. *Heterocycl. Commun.*, **2006**, *12*, 61.

[103] Wang, X.; Quan, Z.; Wang, F.; Wang, M.; Zhang, Z.; Li, Z. *Synth. Commun.* **2006**, *36*, 451.

[104] Parvulescu, V. I.; Hardacre, C. *Chem. Rev.* **2007**, *107*, 2615.

[105] Peng, J.; Deng, Y. *Tetrahedron Lett.* **2001**, *42*, 5917.

[106] Suzuki, I.; Suzumura, Y.; Takeda, K. *Tetrahedron Lett.* **2006**, *47*, 7861.

[107] Studer, A.; Hadida, S.; Ferritto, R.; Kim, S.-Y.; Jeger, P.; Wipf, P.; Curran, D. P. *Science* **1997**, *275*, 823.

[108] Studer, A.; Jeger, P.; Wipf, P.; Curran, D. P. *J. Org. Chem.* **1997**, *62*, 2917.

[109] Kappe, C. O. *Eur. J. Med. Chem.* **2000**, *35*, 1043.

[110] Gong, L. Z.; Chen, X. H.; Xu, X. Y. *Chem. Eur. J.* **2007**, *13*, 8920.

[111] (a) Dondoni, A.; Massi, A.; Sabbatini, S. *Tetrahedron Lett.* **2002**, *43*, 5913. (b) Mayer, T.U.; Kapoor, T. M.; Haggarty, S. J. *Science* **1999**, *286*, 971.

[112] Kappe, C. O.; Uray, G.; Roschger, P.; Lindner, W.; Kratky, C.; Keller, W. *Tetrahedron* **1992**, *48*, 5473.

[113] Lewandowski, K.; Murer, P.; Svec, F.; Frechet, J. M. *J. Chem. Commun.* **1998**, 2237.

[114] Lewandowski, K.; Murer, P.; Svec, F.; Frechet, J. M. J. *J. Comb. Chem.* **1999**, *1*, 105.

[115] Wang, F.; Loughlin, T.; Dowling, T.; Bicker, G.; Wyvratt, J. *J. Chromatogr. A* **2000**, *872*, 279.

[116] Wang, F.; Loughlin, T. D.; Dowling, T.; Bicker, G.; Wyvratt, J. *J. Chromatogr. A* **2000**, *872*, 279.

[117] Lecnik, O.; Schmid, M. G.; Kappe, C. O.; Gü bitz, G. *Electrophoresis* **2001**, *22*, 3198.

[118] Huang, Y.-J.; Yang, F.-Y.; Zhu, C. J. *J. Am. Chem. Soc.* **2005**, *127*, 16386.

[119] Chen, X. H.; Xu, X. Y.; Liu, H.; Cun, L. F.; Gong, L. Z. *J. Am. Chem. Soc.* **2006**, *128*, 14802.

[120] Prasad, A. K.; Mukherjee, C.; Singh, S. K.; Brahma, R.;Singh, R.; Saxena, R. K.; Olsen, C. E.; Parmar, V. S. *J. Mol. Cata. B: Enzym.* **2006**, *40*, 93.

[121] Dondoni, A.; Massi, A.; Minghini, E.; Sabbatini, S.; Bertolasi, V. *J. Org. Chem.* **2003**, *68*, 6172.

[122] Ghorab, M. M.; Abdel-Gawad, S. M.; El-Gaby, M. S. A. *Farmaco* **2000**, *55*, 249.

[123] Glasnov, T. N.; Kappe, C. O. *Org. Synth.* **2009**, *86*, 252.

[124] Namazi, H.; Mirzaei, Y. R.; Azamat, H. *J. Heterocycl. Chem.* **2001**, *38*, 1051.

[125] Janis, R. A.; Silver, P. J.; Triggle, D. J. *Adv. Drug Res.* **1987**, *16*, 309.

[126] Atwal, K. S.; Swanson, B. N.; Unger, S. E.; Floyd, D. M.; Moreland, S.; Hedberg, A.; O'Reilly, B. C. *J. Med. Chem.* **1991**, *34*, 806.

[127] Rovnyak, G. C.; Atwal, K. S.; Hedberg, A.; Kimball, S. D.; Moreland, S.; Gougoutas, J. Z.; O'Reilly, B. C.; Schwartz, J.; Malley, M. F. *J. Med. Chem.* **1992**, *35*, 3254.

[128] Borowsky, B.; Durkin, M. M.; Ogozalek, K.; Marzabadi, M. R.; DeLeon, J.; Heurich, R.; Lichtblau, H.; Shaposhnik, Z.; Daniewska, I.; Blackburn, T. P.; Branchek, T. A.; Gerald, C.; Vaysse, P. J.; Forray, C. *Nature Med.* **2002**, *8*, 825.

[129] Basso, A. M.; Bratcher, N. A.; Gallagher, K. B.; Cowart, M. D.; Zhao, C.; Sun, M.; Esbenshade, T. A.; Brune, M. E.; Fox, G. B.; Schmidt, M.; Collins, C. A.; Souers, A. J.; Iyengar, R.; Vasudevan, A.; Kym, P. R.; Hancock, A. A.; Rueter, L. E. *Eur. J. Pharmacol.* **2006**, *540*, 115.

[130] Goss, J. M.; Schaus, S. E. *J. Org. Chem.* **2008**, *73*, 7651.

[131] Khanetsky, B.; Dallinger, D.; Kappe, C. O. *J. Comb. Chem.* **2004**, *6*, 884.

[132] Heys, L.; Moore, C. G.; Murphy, P. J. *Chem. Soc. Rev.* **2000**, *29*, 57.

[133] Franklin, A. S.; Ly, S. K.; Mackin, G. H.; Overman, L. E.; Shaka, A. J. *J. Org. Chem.* **1999**, *64*, 1512.

[134] Falsone, F. S.; Kappe, C. O. *ARKIVOC* **2001**, *2*, 1111; *CA*: **2002**, *137*, 154900.

[135] Bigi, F.; Carloni, S.; Frullanti, B.; Maggi, R.; Sartori, G. *Tetrahedron Lett.* **1999**, *40*, 3465.

[136] Kappe, C. O.; Shishkin, O. V.; Uray, G.; Verdino, P. *Tetrahedron* **2000**, *56*, 1859.

叠氮化合物和炔烃的环加成反应
(Cycloaddition of Azide and Alkyne)

胡跃飞

1   历史背景简述

1,3-偶极加成反应的历史最早可以追溯到 1883 年，Curtius 首次发现了第一个 1,3-偶极体—重氮乙酸乙酯[1]。1888 年，Buchner 首次报道了重氮乙酸乙酯与 α,β-不饱和酯的反应[2,3]。1893 年，Michael 首次报道了苯基叠氮和丁炔二酸二甲酯生成三氮唑的反应[4]。1898 年，Bechmann、Werner 和 Buss[5,6]分别发现了另外的 1,3-偶极体硝酮和腈氧化物。早在 1938 年，有关 1,3-偶极体硝酮、重氮和叠氮的环加成反应就已经被第一次综述[7]。但是，该综述仅仅是罗列出这些 1,3-偶极体环加成反应的事实。直到 1963 年，Rolf Huisgen 教授[8]的研究工作才将 1,3-偶极体的电子结构与它们的反应性和反应范围从理论上联系在一起。1965 年，Woodward 和 Hoffmann 建立了分子轨道对称守恒原理[9~10]，为理解环加成反应的协同机理提供了理论依据。1973 年，Houk 等人[11~13]使用分子轨道对称守恒原理不仅解释了 1,3-偶极环加成反应的活性和区域选择性，甚至还可以对该反应的活性和区域选择性做出正确的预测。

Huisgen 最早对 1,3-偶极环加成反应进行了定义[8,14]，他的研究结果认为：1,3-偶极环加成反应是一个 [3 + 2] 反应，其三原子偶极体部分 a-b-c 必须带有形式电荷才能使反应进行。如式 1 所示：原子 a 具有电子六隅体结构，因为具有未充满的价电子层而带有正电荷。原子 c 带有未共享的电子对，因而带有负电荷。其二原子 d-e 部分被称之为亲偶极体，可以是双键或者三键。

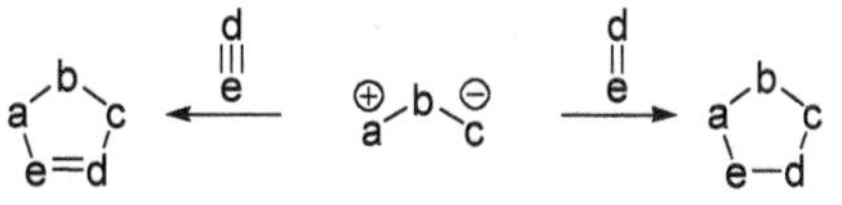

$$
\begin{array}{ccc}
\overset{b}{\underset{a}{\diagup}\overset{\diagdown}{}c} & \overset{d}{\underset{e}{\parallel}} & \overset{b}{\underset{a}{\diagup}\overset{\diagdown}{}c} \\
\| & \oplus\;\;\;\;\ominus & \| \\
e=d & a-b-c & e-d
\end{array} \qquad (1)
$$

由于含有六隅体 C-、N- 或 O-原子的化合物不稳定，因此要求偶极体中的原子 b 上带有未共享的电子对来增加分子的稳定性。由于原子 b 上的未共享电子对可以通过共振与原子 a 成键，因此可以使偶极体 a-b-c 三个原子全部达到稳定的八隅体结构。因此，稳定的 1,3-偶极体可分为两种类型：烯丙基阴离子型和炔丙基/联烯阴离子型。如图 1 所示：烯丙基阴离子型的结构特点是 4 个电子分布于 3 个平行的 p_z 轨道中。这些轨道垂直于偶极的平面，并且偶极是弯曲的。其中 2 种共振结构中的 3 个原子具有八隅体结构，另外 2 种结构中的原子 a 或原子 c 具有六隅体结构。由于原子 b 必须带有未成对电子，因此可以是氮原子或者氧原子。如图 2 所示：炔丙基/联烯阴离子型 1,3-偶极体是线性的。由于价态的原因，其中的原子 b 只可能是氮原子。

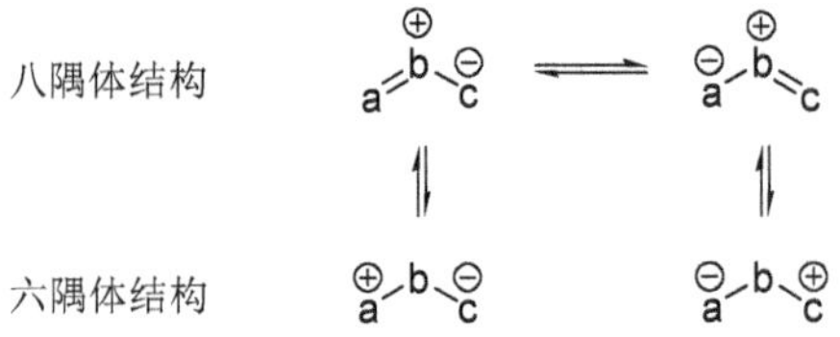

图 1　烯丙基阴离子型 1,3-偶极体

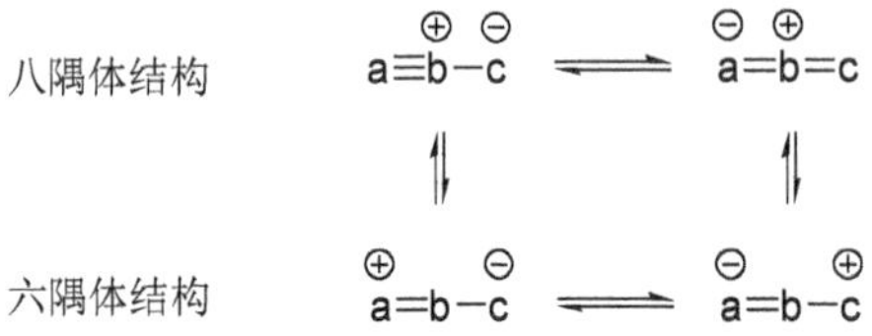

图 2　炔丙基/联烯阴离子型 1,3-偶极体

按照 1,3-偶极体的结构分类，由碳、氮和氧原子排列组合可以得到 18 种 1,3-偶极体。其中有 12 种属于烯丙基阴离子型偶极 (表 1) 和 6 种属于炔丙基/联烯阴离子型偶极 (表 2)。

表 1　烯丙基阴离子型 1,3-偶极体

	氮原子作为中心原子			氮原子作为中心原子	
1	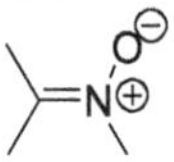	硝酮	7	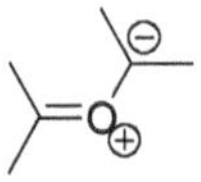	羰基叶立德
2	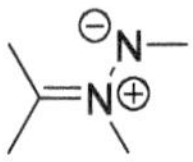	甲亚胺亚胺	8	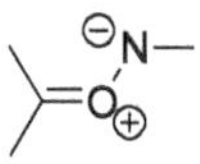	羰基亚胺
3	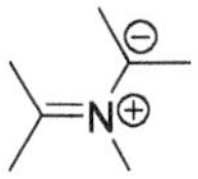	甲亚胺叶立德	9	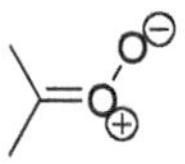	羰基氧化物
4	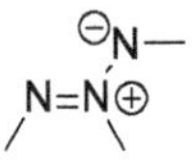	叠氮亚胺	10	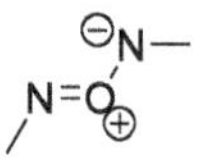	亚硝基亚胺
5	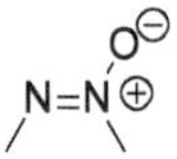	氧化偶氮	11	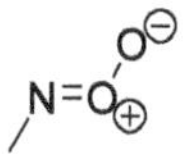	亚硝基氧化物
6	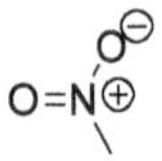	硝基化合物	12	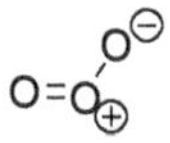	臭氧

表 2　炔丙基/联烯阴离子型 1,3-偶极体

腈基内铵盐			偶氮内铵盐		
1	—≡N⁺—N⁻ (腈基叶立德)	腈基叶立德	4	N≡N⁺—N⁻	偶氮烷烃
2	—≡N⁺—N⁻	腈基亚胺	5	N≡N⁺—N⁻	叠氮化合物
3	—≡N⁺—O⁻	腈基氧化物	6	N≡N⁺—O⁻	偶氮氧化物

　　如表 2 所示：叠氮化合物只是这些 1,3-偶极体中的一种类型，结构上属于偶氮内铵盐。叠氮化合物可以与亲偶极体炔烃发生 1,3-偶极环加成反应，生成 1,2,3-三氮唑产物。由于 Huisgen 详细揭示了 1,3-偶极环加成反应的机理，所以 1,3-偶极环加成反应也被称之为 Huisgen 环加成反应或者 Huisgen 反应。叠氮化物与炔烃的 1,3-偶极环加成反应通常也被称之为叠氮化物与炔烃的 Huisgen 环加成反应。经典的叠氮化物与炔烃的 Huisgen 环加成反应通常在热条件下进行，但具有条件剧烈、区域选择性差和产率低的缺点 (式 2)[15]。

$$RC\equiv CH\ +\ PhN_3\ \xrightarrow{热反应条件}\ \text{产物}\quad\quad (2)$$

R = Ph, PhMe, reflux, 24 h　52%　43%
R = CHO, PhMe, reflux, 24 h　22%　53%

　　2002 年，Meldal 等人[16]和 Sharpless 等人[17]分别独立地报道了 Cu(I) 催化的叠氮化合物与末端炔烃的环加成反应。Cu(I) 催化剂的存在使得该类环加成反应不仅可以在非常温和的条件下进行，而且具有高度的区域选择性和很高的产率。该反应中底物分子的每一个原子全部出现在产物分子中，呈现出一个最完美的原子经济性反应。由于该反应的许多优点均符合 Sharpless 提出的"点击化学"的概念，所以被视为"点击化学"的典型范例 (式 3)。

$$PhO\!-\!\!\!\equiv\ +\ BnN_3\ \xrightarrow[91\%]{CuSO_4\cdot5H_2O\,(1\,mol\%),\,NaAsc\,(5\,mol\%),\,aq.\,^tBuOH,\,25\,^\circ C,\,8\,h}\ \text{产物}\quad (3)$$

　　由于反应条件和底物范围的限制，经典的叠氮化物与炔烃的 Huisgen 环加成反应在有机合成中的应用并不多。但是，Cu(I) 催化的叠氮化合物与末端炔烃

的环加成反应虽然自 2002 年才被发现，却因其简单和高效而在有机合成中已经得到了广泛的应用。最近几年来，已经有大量的综述文献从不同的方面对该反应进行了归纳和总结[18]。

Rolf Huisgen (1920-) 教授是一位著名的德国化学家。1939 年进入波恩大学 (University of Bonn) 学习化学，并于 1940 年在慕尼黑大学 (University of Munich) 完成大学学习。1943 年，他在诺贝尔化学奖获得者 H. O. Wieland 指导下获得慕尼黑大学博士学位。1949 年，29 岁的 Huisgen 就被聘为图宾根大学 (University of Tuebingen) 教授。1952 年，他又回到慕尼黑大学并一直工作到 1988 年退休。Huisgen 教授建立了德国的物理有机化学研究领域，并以 1,3-偶极环加成反应而著名[19]。

Morten P. Meldal (1954-) 教授是一位著名的丹麦化学家。他在丹麦科技大学 (Technical University of Denmark) 获得学士和博士学位。1985-1986 年，他在剑桥 CRC 中心 (Medical Research Council Center in Cambridge) 从事博士后研究。1996 年，他成为丹麦科技大学兼职教授。2004 年，他被聘为丹麦药科大学 (Danish University of Pharmaceutical Sciences) 药物化学系副教授。他曾长期担任位于丹麦首都哥本哈根的 Carlsberg 实验室合成组长及组合化学和分子识别中心主任。2011 年，他被聘为哥本哈根大学化学系教授。Meldal 教授建立了丹麦组合科学协会 (Society of Combinatorial Sciences)，并一直担任协会主席。他在固相组合化学、多肽化学、多肽催化和铜催化的叠氮化合物与末端炔烃的环加成反应方面颇有建树。2002 年，他的课题组与 Sharpless 课题组分别独立地报道了 Cu(I) 催化的叠氮化合物与末端炔烃的环加成反应[16]。

K. Barry Sharpless (1941-) 教授是一位著名的美国化学家。1963 年和 1968 年，他先后从 Dartmouth College 获得学士学位和 Stanford 大学获得博士学位。1970-1977 年他在 MIT 任职，于 1977 年转入 Stanford 大学任职。1980-1990 年，他又重新回到 MIT 工作，并于 1990 年转至 Scripps 研究所工作至今。Sharpless 因在不对称化学领域的杰出研究工作而获得 2001 年度诺贝尔化学奖。2001 年，Sharpless 教授首次提出了"点击化学"(Click Chemistry) 的概念[20]。2002 年，他的课题组与 Meldal 课题组分别独立地报道了 Cu(I) 催化的叠氮化合物与末端炔烃的环加成反应[17]。

2   叠氮化合物和炔烃的环加成反应机理

2.1   叠氮化物与炔烃的 Huisgen 环加成反应

该类反应是指在热条件下,叠氮化物与炔烃通过协同反应机理发生 1,3-环加成反应生成 1,2,3-三氮唑产物的反应 (式 4)。

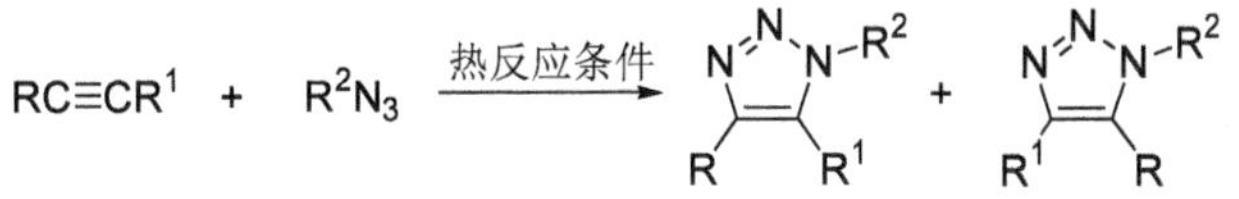

$$RC≡CR^1 \ + \ R^2N_3 \ \xrightarrow{\text{热反应条件}} \ \underset{R \quad R^1}{N_N^N{-}R^2} \ + \ \underset{R^1 \quad R}{N_N^N{-}R^2} \tag{4}$$

该类反应虽然常常被表示为 [3 + 2] 反应,这种表示方法是指参加反应的原子数目。但是,按照 IUPAC 的命名原则,方括号中的数字应当是参加反应的电子数目。因此,叠氮化物与炔烃的环加成反应本质上是一个 [4 + 2] 反应,反应涉及到偶极体的 4π-电子和炔烃的 2π-电子。Huisgen 最早提出该类反应的机理与 Diels-Alder 反应或者 Claisen 和 Cope 重排反应一样,属于"一步协同"过程[8a]。该观点后来又被 Woodward-Hoffmann 规则所证实[9],因此该反应是一个热允许的反应。

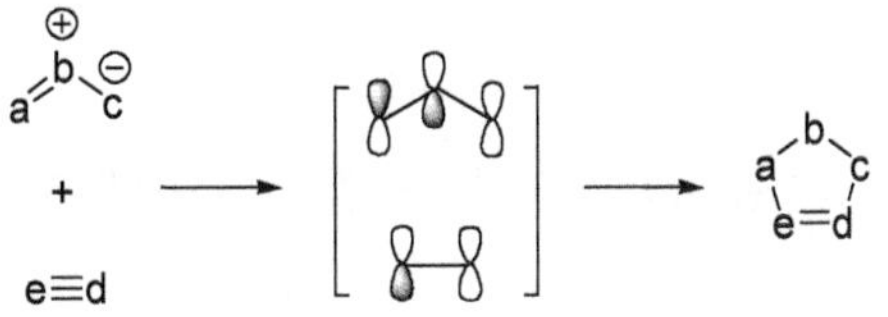

$$\underset{e≡d}{\overset{\oplus \quad \ominus}{a{-}b{-}c}} \ + \quad \longrightarrow \quad \left[\ \right] \quad \longrightarrow \quad \underset{e{=}d}{a \quad b \quad c} \tag{5}$$

该类反应还可以通过前沿轨道理论 (FMO: Frontier Molecular Orbital Interactions) 很好地预测和解释反应活性和区域选择性[21]。如图 3 所示:根据偶极体和亲偶极体的前沿分子轨道的相对能量,Sustman 将 1,3-偶极环加成反应分为三种类型[22,23]:在第一种类型中,HOMO 偶极体 与 LUMO 烯烃 相互作用起着主导作用。在第二种类型中,偶极体和亲偶极体的前沿分子轨道能级相近,两种相互作用都相当重要。第三种类型的偶极环加成反应则是由 LUMO 偶极体 与 HOMO 烯烃 二者之间的相互作用所主导。但是,随着偶极体和亲偶极体分子上取代基的变化,它们的前沿分子轨道的能量也随之发生改变,因此反应类型也可能发生变化。因此,在式 4 中的 R、R^1 和 R^2 可以是烷基、芳基、拉电子基团或者推电子基团等不同取代基。而产物中异构体的比例则主要受到取代基位阻的影响。

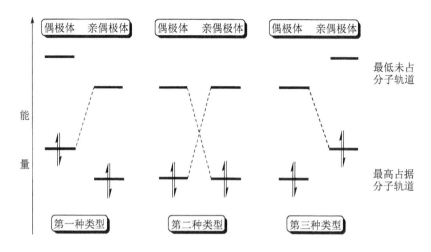

图 3 1,3-偶极环加成反应的三种类型

如式 6 所示[17]：在使用单取代炔烃作为亲偶极体时，1,4-二取代产物与 1,5-二取代产物的比例可以达到 1.6:1。这可能是因为 1,5-二取代产物的空间位阻比 1,4-二取代产物的较大所致。

$$\text{PhO}\!-\!\!=\!\!=\ +\ \text{BnN}_3 \xrightarrow{\text{neat, 92 }^\circ\text{C, 18 h}} \quad\quad\quad\quad\quad\quad (6)$$

1.6 : 1

2.2　Cu(I) 催化的叠氮化合物与末端炔烃的环加成反应

该类环加成反应是指在 Cu(I) 催化剂存在的条件下，叠氮化物与末端炔烃通过分步反应机理发生 1,3-环加成反应生成 1,4-二取代-1,2,3-三氮唑产物的反应 (式 7)。根据该反应的英文名称 (Copper-Catalyzed Azide-Alkyne Cyclo-addition)，该反应又被简称之为 CuAAC 反应。

$$\text{RC}\!\equiv\!\text{CH}\ +\ \text{R}^1\text{N}_3 \xrightarrow{\text{Cu(I) Cat.}} \quad\quad\quad\quad\quad\quad (7)$$

在 Sharpless 等人发表的第一篇 CuAAC 反应中，他们就根据中间炔烃不能够发生反应的事实提出了分步反应的机理[17]。2005 年[24]，他们又根据理论计算提出并解释了详细的分步环化机理。如图 4 所示：在以丙炔和甲基叠氮作为底物模型的计算中，在反应步骤 A 中 Cu(I) 与末端炔烃首先发生反应生成炔铜中间体。由于 Cu(I) 与炔烃生成 π-配合物增加了末端炔上质子的酸性，因此炔铜中间体的形成更加容易并放出 11.7 kcal/mol 的热量。接着，炔铜中间体与甲基叠氮的反应有可能经两种途径进行：协同过程或分步反应过程。计算结果显示前者的能垒高达 23.7 kcal/mol，甚至高于热反应过程，而分步反应过程则相当有利。在反应步骤 B 中，叠氮首先与炔铜中的铜原子配位。此时叠氮基团被活化，这一步解释了铜催化反应的高度选择性。在反应步骤 C 中，形成含铜的六元杂环中间体需要吸收 12.6 kcal/mol 的热量，计算的能垒为 18.7 kcal/mol。由于该能垒远低于热反应所需的 26.0 kcal/mol，合理地解释了铜催化反应相对的高速率（比非催化体系的反应速率快 $10^7 \sim 10^8$ 倍）。接着，六元环中间体经步骤 D 缩环成为五元的唑铜衍生物。在最后的步骤 E 中，唑铜衍生物经质子化后放出 1,2,3-三氮唑产物和 Cu(I) 催化物种。

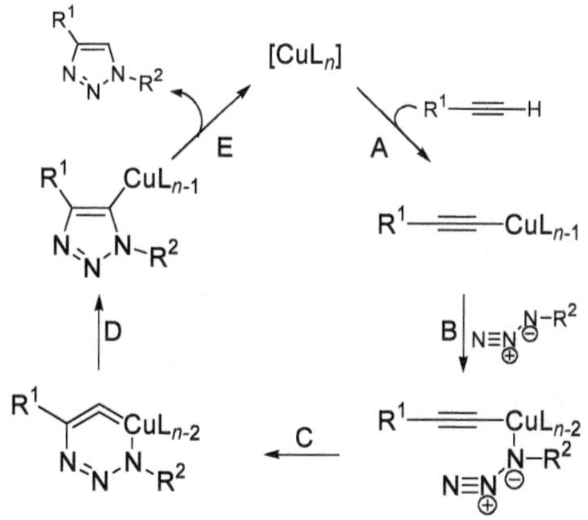

图 4   CuAAC 反应的分步反应机理

动力学研究发现[25]：铜催化的苄基叠氮与苯乙炔反应的速率与炔烃的浓度无关，但是对亚铜表现出严格的二级反应。两个相关的 DFT 理论计算研究结果显示[26]：炔铜中间体以双核或者四核配合物的形式存在时具有较高的稳定性和反应性。如图 5 所示[5b]：根据 Fokin 的计算结果甚至可以描述出双核炔铜中间体的结构和 Cu-Cu 之间的最佳键距。

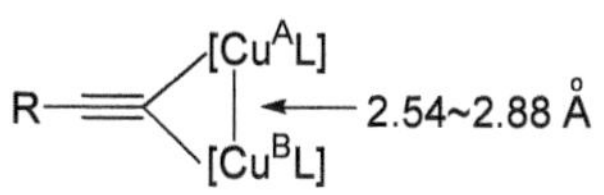

图 5   双核炔铜中间体的结构和 Cu-Cu 之间的最佳键距

2007 年，Straub 等人[27]成功分离和鉴定了 5-Cu(I)-1,2,3-三氮唑中间体。如图 6 所示：他们使用 X 衍射单晶分析方法和核磁共振光谱证实了其结构，为分步反应机理提供了最直接的证据。

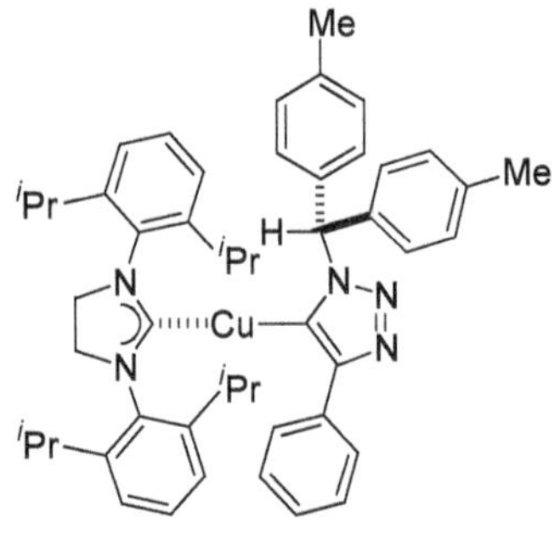

图 6　结构确认的 4-Cu(I)-1,2,3-三氮唑中间体

3　叠氮化合物和炔烃的环加成反应条件综述

3.1　热条件下的环加成反应

　　叠氮化合物与炔烃之间的 Huisgen 环加成反应虽然发现的很早，但是在有机合成中的应用却非常有限[28]。这一方面是因为自然界中没有天然的 1,2,3-三氮唑产物，另一方面则是因为合成条件苛刻和区域选择性差所引起的。如式 8 所示：Soos 等人[29]特意比较了热反应条件下叠氮化合物与炔烃之间的环加成反应，再次证明了热反应存在的缺点。

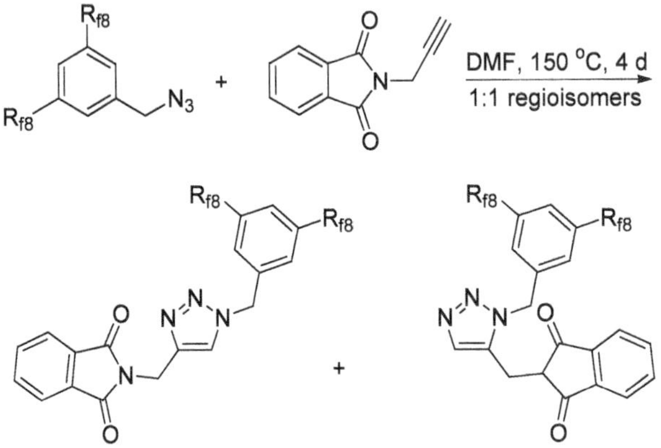

(8)

　　但是，热反应条件下叠氮化合物与炔烃之间的环加成反应可以使用中间炔烃为底物。这样就可以合成具有 1,4,5-取代的 1,2,3-三氮唑产物。如式 9 所示[30]：这种反应特别适合于那些具有对称结构的丁二酸酯底物，它们一般可以快速和高产率地得到单一的产物。

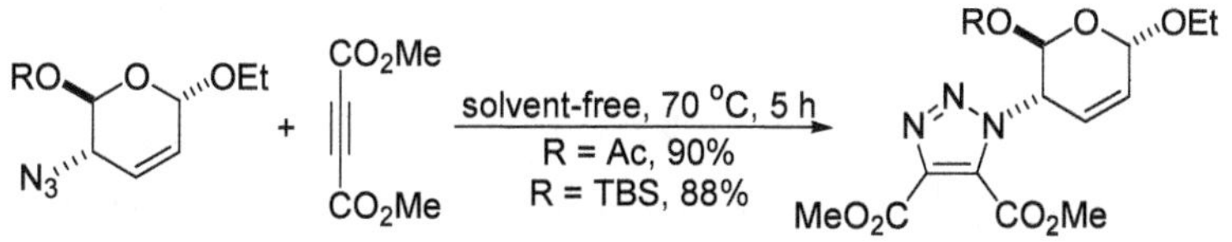

(9)

在一些特殊的情况下，热反应条件下叠氮化合物与炔烃之间环加成反应也可以得到高度选择性的产物。如式 10 所示[31]：受到炔烃分子上 TMS 取代基的电子效应的影响，反应选择性地生成 4-TMS 取代的 1,2,3-三氮唑。然后，在 HF 的作用下除去 TMS 便可得到通常条件下难以得到的 5-取代的 1,2,3-三氮唑产物。

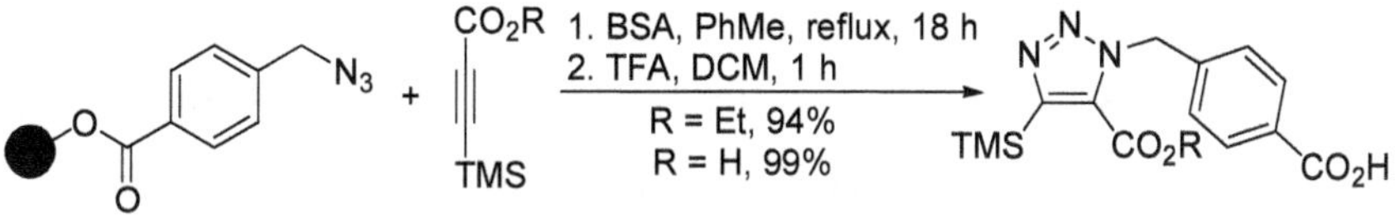

(10)

在热条件下进行的中间炔烃与叠氮化合物的分子内成环反应可以得到 1,4,5-三取代 1,2,3-三氮唑产物。如式 11 所示[32]：Van der Eycken 设计使用 1,2,3-三氮唑代替天然产物 (–)-Steganacin 中的呋喃酮结构，合成了一系列具有新型结构的类似物。由于分子中取代基之间距离的限制，反应只能够产生单一的区域选择性异构体。此时的热反应具有一定的优势，反应只需简单地加热即可得到满意的结果。

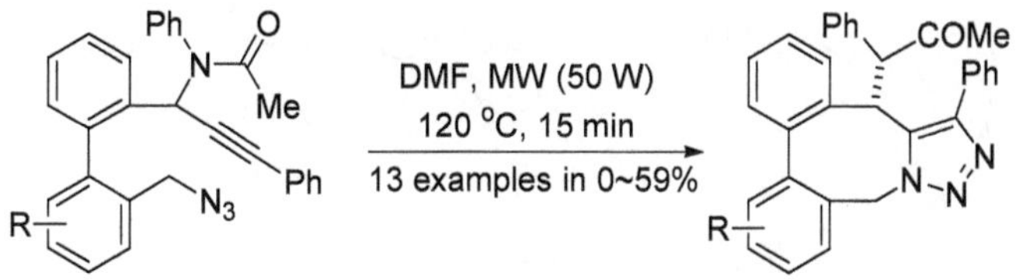

(11)

3.2 Cu(I) 催化的环加成反应

2002 年，Meldal 等人[16]和 Sharpless 等人[17]分别独立地报道了 Cu(I) 催化的叠氮化合物与末端炔烃的环加成反应，从此开始了对该反应的系统研究。到目前为止，已经有数百篇论文涉及到该反应的方法学研究。其中，催化体系中的铜源和配体以及底物的结构是影响该类反应的主要因素。

3.2.1 CuAAC 反应中的 Cu(I) 催化物种

反应机理和动力学研究证明：在 CuAAC 反应中，Cu(I) 是真正的催化物种。

已经报道的方法学研究中，人们用各种各样的方法来产生 Cu(I) 催化物种。已经被证明具有价值的方法主要包括下列四种：(1) 使用 Cu(I) 盐或者 Cu(I) 配合物；(2) 使用 Cu(II) 化合物原位还原产生 Cu(I) 催化物种；(3) 使用 Cu(0) 原位氧化产生 Cu(I) 催化物种；(4) 使用 Cu(II) 化合物原位氧化偶联末端炔产生 Cu(I) 催化物种。

3.2.1.1　使用 Cu(I) 盐或者 Cu(I) 配合物

最直接的方式是使用 Cu(I) 盐或者 Cu(I) 配合物。但是，绝大多数已知的 Cu(I) 盐或者配合物非常不稳定。在常温和有空气的情况下，它们非常容易被氧化成为没有催化活性的 Cu(II)。通常，Cu(I) 的卤化物 (CuX, X = Cl, Br, I) 是最容易得到的商品试剂，Meldal 等人[16]最早的工作就是使用 CuI 作为铜源的 (式 12 和式 13[33])。到目前为止，CuI 不仅是 Cu(I) 卤化物中最常被使用的试剂，事实上也是所有 Cu(I) 源中最常被使用的试剂。

反应条件：i. CuI (2 eq.), DIPEA (50 eq.), THF, rt, 16 h;
ii. 0.1 mol/L, NaOH.

(12)

反应条件：CuBr (0.2 eq.), DBU (3 eq.), PhMe, reflux, 16 h.

(13)

使用 Cu(I) 卤化物作为铜源时，一般需要在一个叔胺的存在下进行。尽管在许多论文中把叔胺称之为碱试剂，并认为叔胺可以帮助末端炔烃去质子化形成炔基负离子。但事实上，叔胺最主要的功能是将稳定的 Cu(I) 卤化物晶格结构进行解离，这就构成了 CuAAC 反应中最常用的一种催化体系 CuI/NR₃。许多小分子叔胺已经尝试用于该目的，例如：DBU[34]、NEt₃[35]、2,6-二甲基吡啶[36]、DMAP[37]、哌啶[38]等。但是，许多对比实验证明 CuI/DIPEA[39]组合是其中效率最高和选择性最好的催化体系 (式 14[37]和式 15[39])。

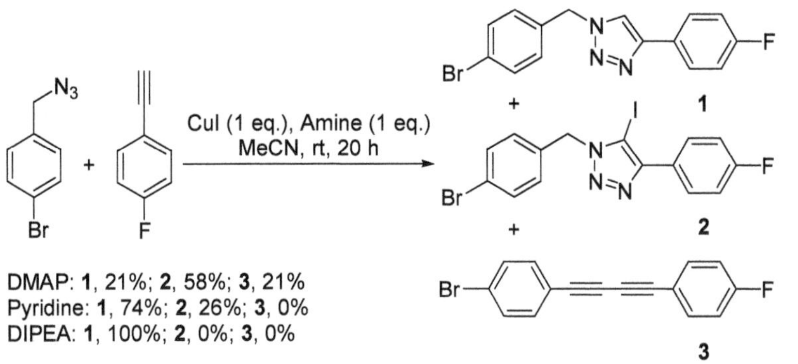

$$(14)$$

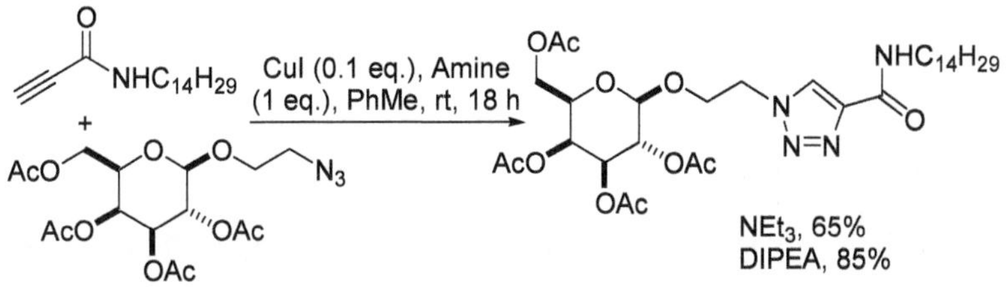

DMAP: **1**, 21%; **2**, 58%; **3**, 21%
Pyridine: **1**, 74%; **2**, 26%; **3**, 0%
DIPEA: **1**, 100%; **2**, 0%; **3**, 0%

$$(15)$$

NEt$_3$, 65%
DIPEA, 85%

CuI/NR$_3$ 催化体系的优点是可以根据具体的反应来选择不同的叔胺，还可以在各种有机溶剂中使用。例如：非极性溶剂 PhMe、CH$_2$Cl$_2$ 和极性溶剂 MeCN、THF、DMF 和 DMSO 都是常用的溶剂，也可以在 MeOH、EtOH、^{t}BuOH 以及它们与水的混合溶剂中使用。因此，特别适合固相合成和那些反应底物分子较大且溶解度较差的底物。与 Sharpless 的 CuSO$_4$·5H$_2$O/NaAsc/aq. t-BuOH 催化体系相比较，底物分子中那些对水和质子敏感的官能团可以免受影响。但是，CuI/NR$_3$ 催化体系中的叔胺确实是一个有机碱，而 CuAAC 反应中需要经历两个 Cu(I) 中间体 **4** 和 **5**。因此，CuI/NR$_3$ 往往会发生碱催化的副反应生成一些副产物，例如：末端炔偶联产物、5,5-二(三氮唑) 和 5-位被取代的三氮唑等 (图 7)[17,37,40]。该催化体系另外一个缺点就是在许多情况下需要使用化学计量的 CuI 和叔胺，有时它们的用量会超过化学计量的几倍或几十倍。

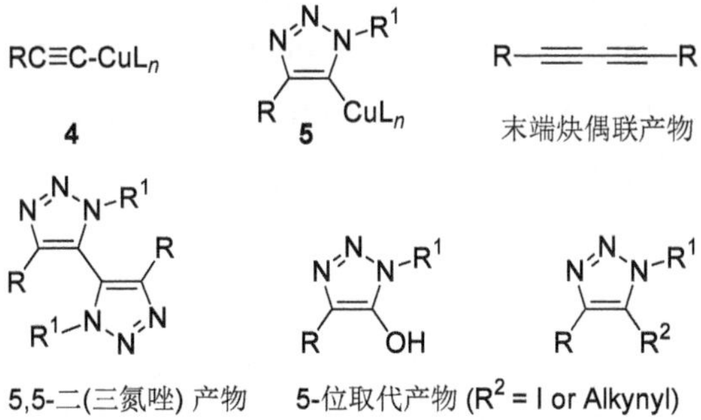

5,5-二(三氮唑) 产物   5-位取代产物 (R^2 = I or Alkynyl)

图 7 CuI/NR$_3$ 催化体系可能形成的副产物

还有许多含有 Cu(I) 的盐或者配合物也都被尝试作为 CuAAC 反应中的铜源，例如：CuCN、CuSCN、CuBF$_4$、Cu$_2$O 和 (PhC≡CCu)$_n$[41]等。但是，它们均没有较好的表现。[Cu(MeCN)$_4$]PF$_6$[42]、(CuOTf)$_2$·C$_6$H$_6$ 和 RCO$_2$Cu (将在第 3.3 节讨论) 都是很好的铜源，后两者甚至可以催化大多数催化体系难以催化的 2-叠氮吡啶与苯乙炔的环加成反应 (式 16)[43]。

反应条件：i. Cu(OTf)$_2$, PhMe, 100 °C, 24 h, 5%;
ii. (CuOTf)$_2$·C$_6$H$_6$, PhMe, rt, 7 h, 81%.

3.2.1.2 使用 Cu(II) 化合物原位还原产生 Cu(I) 催化物种

将 Cu(II) 化合物还原生成 Cu(I) 催化物种是一个比较好的策略。一方面是因为 Cu(II) 化合物是可以在室温下稳定储存和方便转移，另一方面经原位形成的 Cu(I) 催化物种具有更高的催化活性。Sharpless 在第一篇有关 CuAAC 反应的论文中就是使用的 CuSO$_4$·5H$_2$O/NaAsc/aq. t-BuOH 催化体系，其中的抗坏血酸钠 (NaAsc) 被用作还原剂。近十年来，该催化体系被证明是应用最为广泛的催化体系 (式 17)[44,45]。

由于 CuSO$_4$·5H$_2$O 和 NaAsc 溶解度的原因，该催化体系一定要使用水作为共溶剂。但是，t-BuOH 可以根据底物溶解度的需要更换成其它水溶性溶剂，例如：MeOH、EtOH、MeCN、THF、Me$_2$CO、1,4-dioxane、DMF 和 DMSO 等。有机溶剂与水之间的比例没有明确的关系，二者的比例在不同的反应中相差很大 (式 18[46]和式 19[47])。

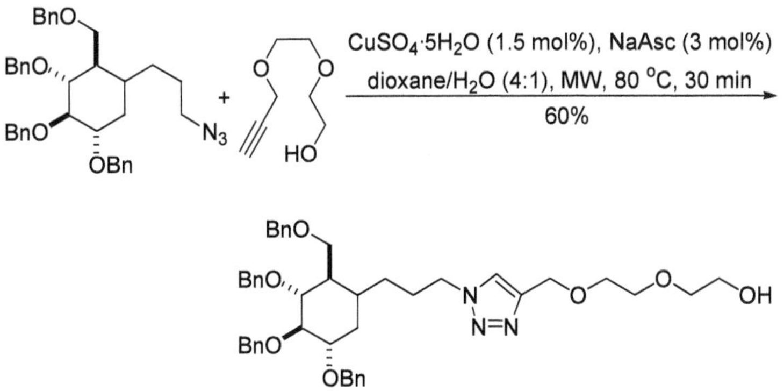

(19)

CuSO$_4$·5H$_2$O/NaAsc 催化体系的优点是在中性条件下进行反应，因此可以完全避免有机碱催化的 Cu-中间体的偶联或取代副反应的发生。但是，该催化体系催化的反应速度比较慢，通常会引起 Cu(I) 催化物种被氧化成 Cu(II) 而失去催化活性。因此，该类催化反应不仅需要在惰性气体的保护下进行，而且 NaAsc 的用量一般是 CuSO$_4$·5H$_2$O 的二倍或更多。通常，使用微波辅助加热是提高该类反应速率的有效方法。

除了 CuSO$_4$·5H$_2$O 之外，Cu(OAc)$_2$·H$_2$O 也常常用于该目的[48,49]。但是，在使用 Cu(OAc)$_2$·H$_2$O 的那些论文中几乎没有人提到为什么要使用 Cu(OAc)$_2$·H$_2$O 以及它所带来的优缺点 (式 20[49])。

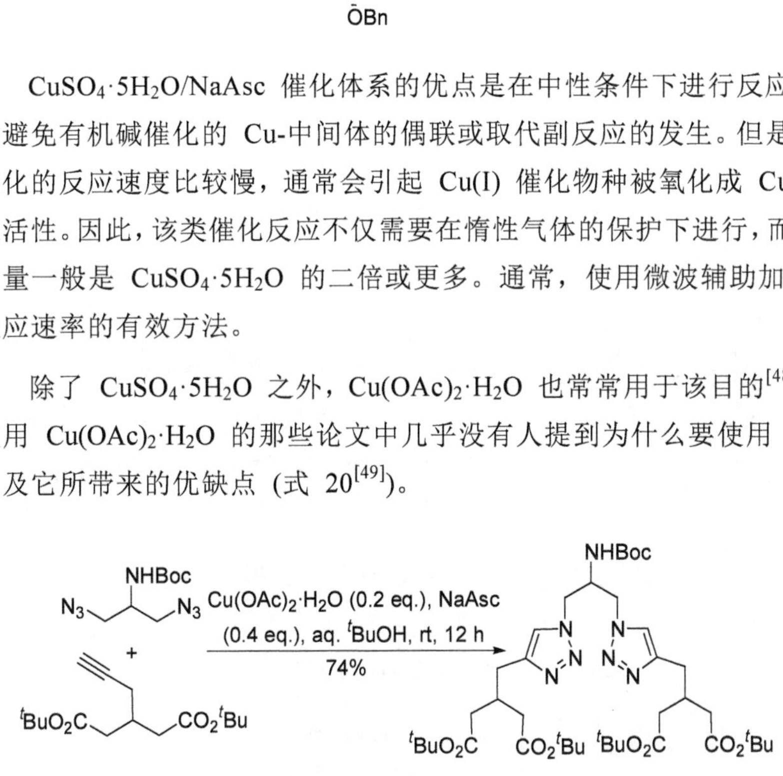

(20)

3.2.1.3　使用 Cu(0) 原位氧化产生 Cu(I) 催化物种

最早使用 Cu(0) 可能是代替 NaAsc 作为还原剂，并与 CuSO$_4$·5H$_2$O 一起使用将 CuSO$_4$·5H$_2$O 原位还原产生 Cu(I) 催化物种[50,51]。Cu(0)/CuSO$_4$·5H$_2$O 催化体系有两个明显的优点，特别适合于那些结构复杂的生物体系经过"点击"反应来进行生物交联: (1) 不需要使用 NaAsc，这样就没有向反应体系带进任何有机分子而便于产物的分离和纯化。(2) 催化反应在含水溶剂中进行，而许多蛋白质底物在含水溶剂中比较稳定 (式 21[50])。

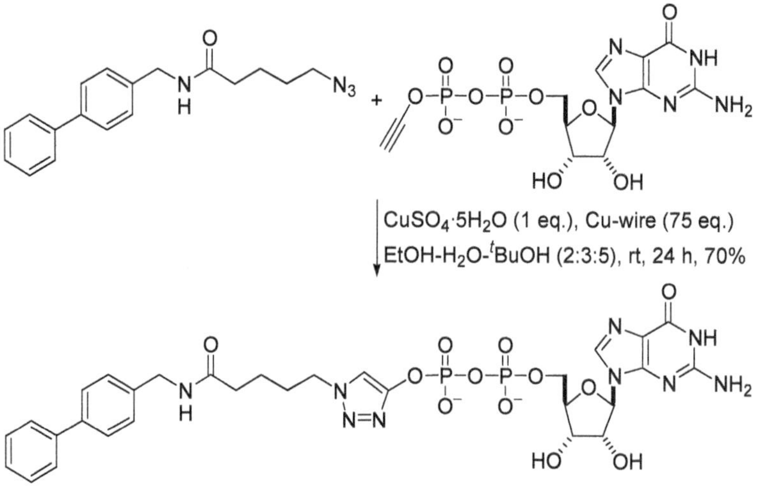
CuSO4·5H2O (1 eq.), Cu-wire (75 eq.)
EtOH-H2O-tBuOH (2:3:5), rt, 24 h, 70%

(21)

Bonnet 等人的对比实验显示[52]：不同的混合溶剂及其比例变化对反应的效率有非常明显的影响 (式 22)。

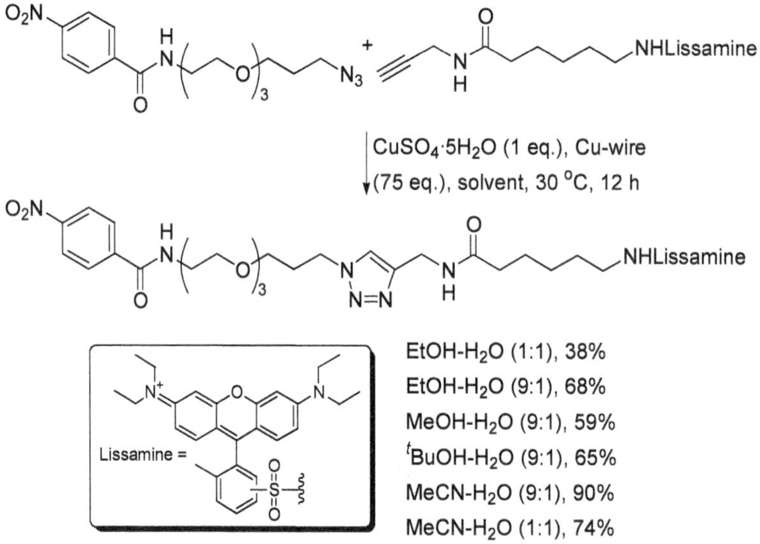
NHLissamine
CuSO4·5H2O (1 eq.), Cu-wire
(75 eq.), solvent, 30 °C, 12 h
Lissamine =
EtOH-H2O (1:1), 38%
EtOH-H2O (9:1), 68%
MeOH-H2O (9:1), 59%
tBuOH-H2O (9:1), 65%
MeCN-H2O (9:1), 90%
MeCN-H2O (1:1), 74%

(22)

铜丝、铜屑和铜粉均可以用于该目的，但它们的反应一般比较慢。使用纳米铜粉或者纳米簇合物则可以极大地提高反应的速率[53~55]，而且不需要使用 $CuSO_4·5H_2O$。因此，在这些反应中产生的 Cu(I) 催化物种一定来自于 Cu(0) 的氧化。Orgueira 等人报道[54]使用叔胺的盐酸盐可以提高纳米铜粉催化反应的速率，Danishefsky 等人报道[55]将反应在 PBS 缓冲溶液中进行即可达到同样的目的 (式 23)。

$$\text{(23)}$$

但是，使用这类铜源的方法应用并不广泛。可能的原因是使用铜丝、铜屑和铜粉的反应非常慢。使用纳米铜不仅要求其反应活性的再现性，而且将显著提升反应的成本。

3.2.1.4 使用 Cu(II) 化合物原位氧化偶联末端炔产生 Cu(I) 催化物种

还有一类比较有趣的产生 Cu(I) 催化物种的方法，该方法使用结构确认的 Cu(II) 化合物作为铜源，但不需要任何外加还原剂或者添加剂的情况下就能够高效地催化 CuAAC 反应。Kantam 等人[56]在 2006 年报道：单独使用 Cu(OAc)$_2$·H$_2$O 就能够有效地催化相应的 CuAAC 反应。后来，Mizuno 等人又报道[57]：带有两个 Cu(II) 离子取代的 γ-Keggin 型硅钨酸盐 [TBA$_4$[γ-H$_2$SiW$_{10}$O$_{36}$Cu$_2$(μ-1,1-N$_3$)$_2$, TBA = tetra-n-butylammonium] 是一种高效的 CuAAC 反应催化剂，其催化反应的 TOF 和 TON 分别高达 14800 h^{-1} 和 91500 (式 24)。

$$\text{(24)}$$

他们根据实验现象提出：在该反应中事实上首先发生了 Cu(II) 催化的末端炔烃的氧化偶联反应，并因此 Cu(II) 被原位还原成为 Cu(I) 催化物种。如式 25 所示[58]：它们在二氧化钛负载的氢氧化铜 [Cu(OH)$_x$/TiO$_2$] 催化的 CuAAC 反应中也证实了同样的观点。

$$\text{(25)}$$

含有 Cu(II) 的水滑石 (Cu/Al-HT) 也可根据同样的方式产生 Cu(I) 催化物种[59]。但是，Zhu 等人通过对 Cu(OAc)$_2$·H$_2$O 催化的 CuAAC 反应进行研究后提出了另一种方式，即 Cu(I) 也有可能是 Cu(II) 被反应体系中的醇溶剂还原产生的 (式 26)[60]。通过详细的机理研究他们发现[61]：使用醇溶剂时，Cu(OAc)$_2$·H$_2$O 可以通过对醇的氧化被还原成为 Cu(I) 催化物种。当使用乙腈溶剂时，

Cu(OAc)$_2$·H$_2$O 可以通过对末端炔的氧化偶联被还原成为 Cu(I) 催化物种。

$$Ph\text{—}\!\!\equiv\!\!\text{—} \ + \ \text{(2-吡啶甲基叠氮)} \xrightarrow[\substack{t\text{-BuOH, rt, 18 h} \\ 95\%}]{\text{Cu(OAc)}_2\cdot\text{H}_2\text{O (5 mol\%)}} \ \text{(1,4-三唑产物)} \qquad (26)$$

3.2.2 Cu(I) 催化反应中的配体

在 CuAAC 反应最早的两篇论文中，配体实际上就已经有效地被应用。例如：CuI/PIDEA 催化体系中的 PIDEA 和 CuSO$_4$·5H$_2$O/NaAsc 催化体系中代谢出来的 HAsc。2004 年，Fokin 等人[62]第一次明确地提出了在 CuAAC 反应中使用配体的概念。从此之后，大量的具有不同结构的配体被合成和测试，许多配体对 CuAAC 反应显示出非常显著的促进作用。Fokin 等人认为：配体的作用是保护反应中 Cu(I) 催化物种不被氧化或者发生歧化。也有论文提出胺类配体还有利于炔负离子和炔-Cu(I) 中间体的生成等等。但是，在绝大多数已经报道的使用配体进行的 CuAAC 反应中，配体的结构设计和反应类型的应用是比较随意的甚至是盲目的。

其实，在使用 CuI 作为铜源的 CuAAC 反应中有两个明确需要配体之处：(1) CuI 在结构上是一个非常稳定的高分子化合物[63]，配体可以将其晶格进行解离才能生成具有催化活性的 CuI；(2) 炔-Cu(I) 中间体在结构上是一个非常稳定的高分子化合物 {例如：苯乙炔铜 [(PhC≡CCu)$_2$]$_n$}[64]，配体可以在生成的过程中阻止其发生高度聚合才能使之顺利地发生反应。因此，PIDEA 在 CuI/PIDEA 催化体系中不是一个碱试剂，而是作为一个配体将高聚状态的 CuI 解离和阻止炔-Cu(I) 中间体在形成过程中发生高聚。在 CuSO$_4$·5H$_2$O/NaAsc 催化体系中，CuSO$_4$·5H$_2$O 被 NaAsc 原位还原生成的 Cu(I) 与末端炔反应生成炔-Cu(I) 中间体的同时也生成部分 HAsc。由于 HAsc 具有多羟基结构和酸性 (pK_a = 4.10 和 11.79)，因此也能够有效地阻止炔-Cu(I) 中间体发生高度聚合。

3.2.2.1 N-配体

N-配体是 CuAAC 反应中发展最多和应用最广的一类配体。这可能是因为 N-配体既可以用在 CuI 铜源体系，又可以用在 CuSO$_4$·5H$_2$O/NaAsc 铜源体系。在 Fokin 等人[62]第一次报道的配体促进的 CuAAC 反应中，他们尝试筛选了 20 多个配体的活性。如式 27 所示：在 CuSO$_4$·5H$_2$O/NaAsc 催化体系中简单配体 **1** 即可达到极好的效果。但是，当使用 [Cu(CH$_3$CN)$_4$]PF$_6$ 作为铜源时则需要使用比较复杂的配体 **(2~4)**。其中，配体 **L4** (TBTA) 因制备简单和促进效率高而得到较多的应用。

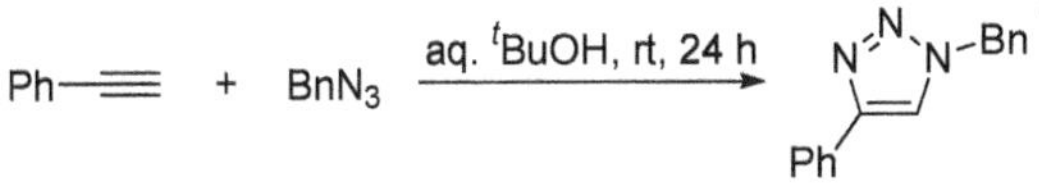
Ph
BnN3
aq. tBuOH, rt, 24 h
N-Bn
Ph

(27)

1. $CuSO_4 \cdot 5H_2O$ (1 mol%), NaAsc (4 mol%), 21%
2. $CuSO_4 \cdot 5H_2O$ (1 mol%), NaAsc (4 mol%), **L1** (10 mol%), 99%
3. $[Cu(CH_3CN)_4]PF_6$ (1 mol%), 1%
4. $[Cu(CH_3CN)_4]PF_6$ (1 mol%), **L1** (1 mol%), 4%
5. $[Cu(CH_3CN)_4]PF_6$ (1 mol%), **L2** (1 mol%), 94%
6. $[Cu(CH_3CN)_4]PF_6$ (1 mol%), **L3** (1 mol%), 98%
7. $[Cu(CH_3CN)_4]PF_6$ (1 mol%), **L4** (1 mol%), 84%

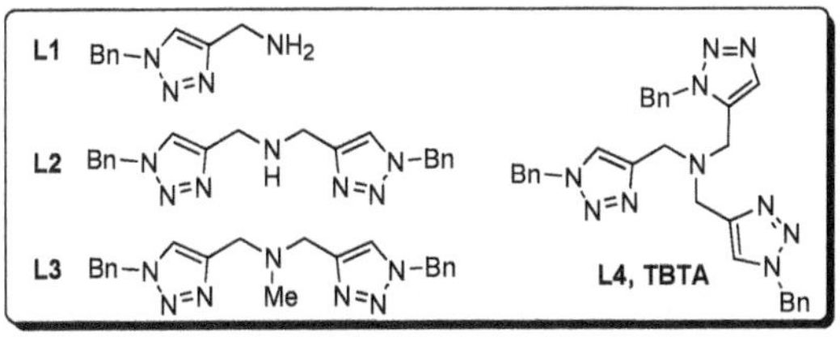
L1
L2
L3
L4, TBTA

Finn 等人合成和测试了许多含有三苯并咪唑胺结构的配体，它们在结构上与 Fokin 等人报道的三(三氮唑)胺有非常类似之处。如图 8 所示：其中被命名为 $(BimC_4A)_3$ (**L6**) 的配体对 CuAAC 反应具有很高的促进效率[65]，它们在反应中的作用机理也得到了比较详细的探讨[66]。

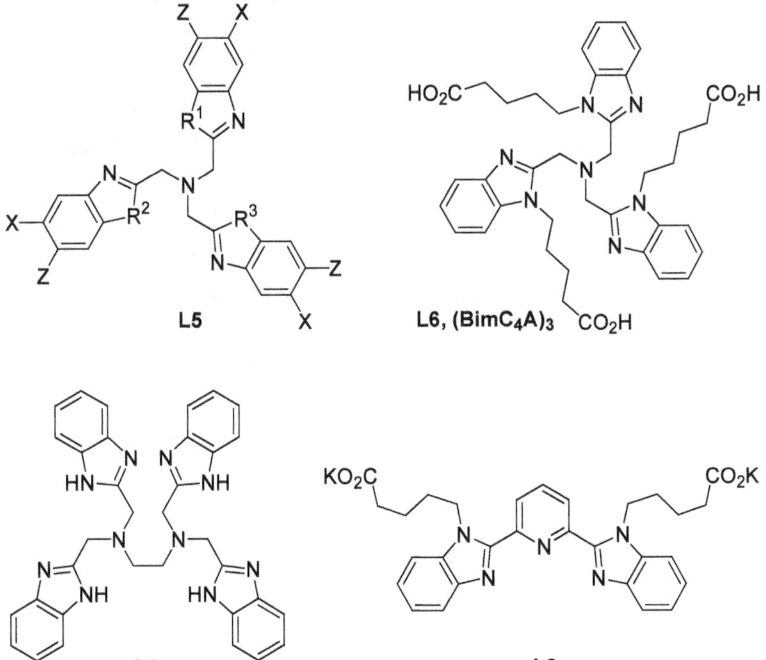
L5
L6, (BimC4A)3
L7
L8

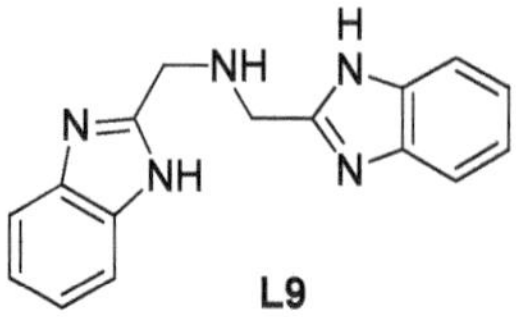
L9

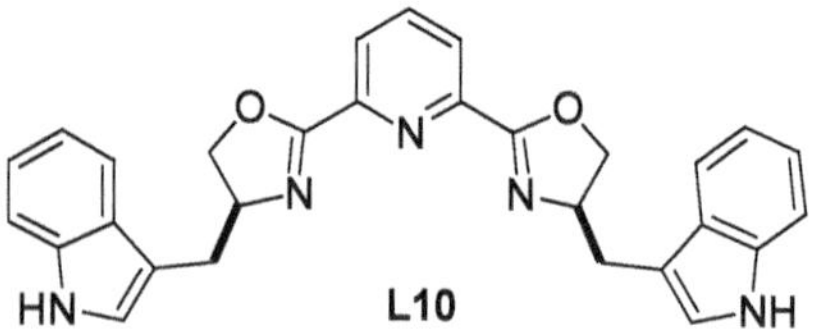
L10

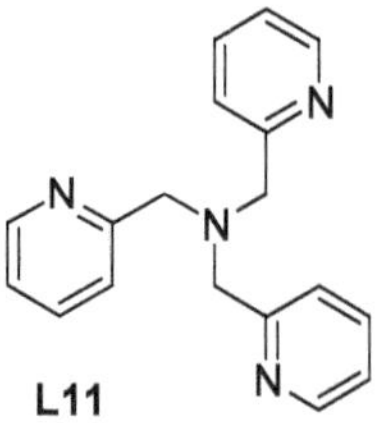
L11

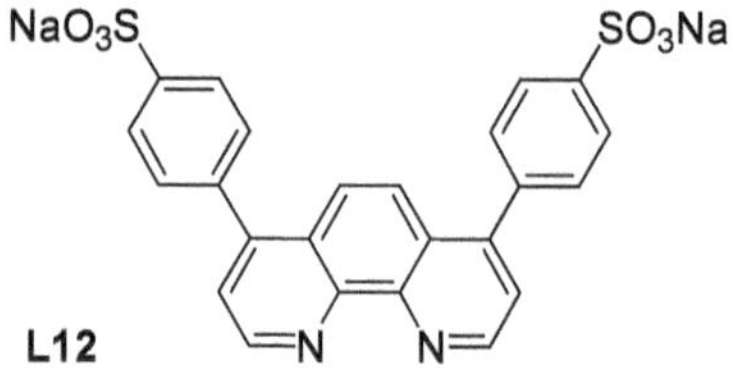

L12

图 8　Finn 等人合成和测试的部分含氮配体的结构

还有几个结构和性能比较特殊的配体值得介绍。如图 9 所示：**L13** 是一个具有螯合结构的多叔胺配体[67]，它可以与 CuBr 反应生成室温下稳定的配合物

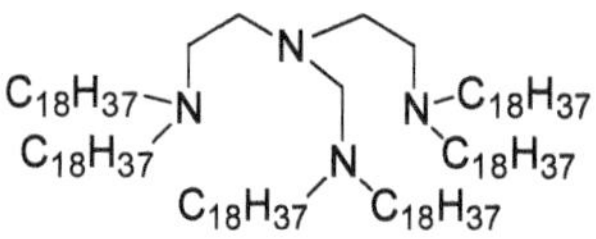
L13

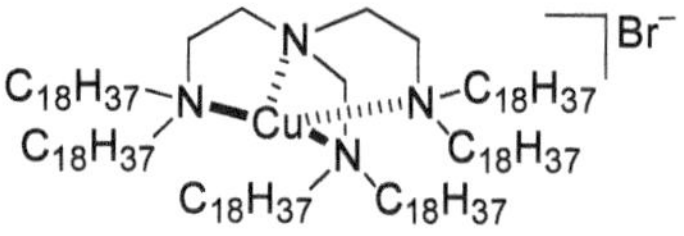
L13·CuBr

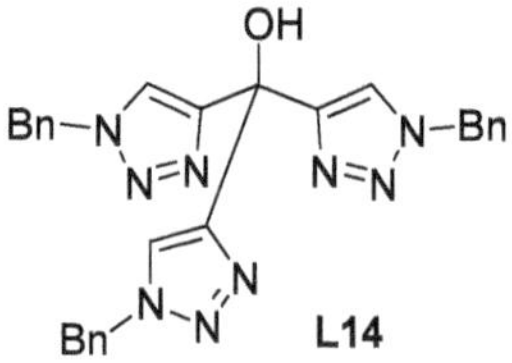
L14

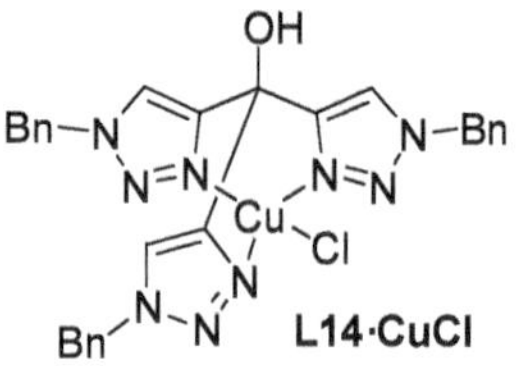
L14·CuCl

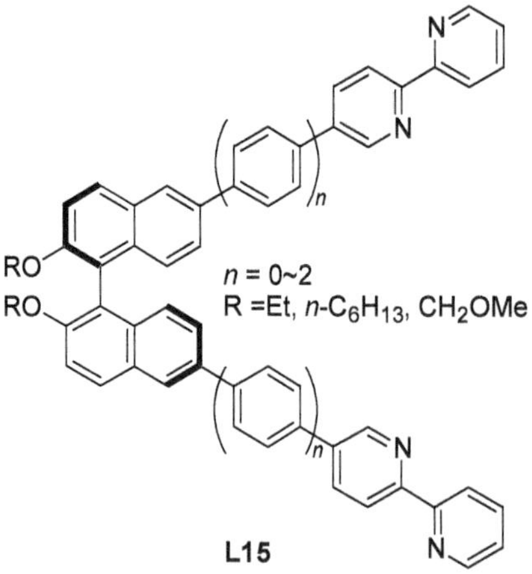

L15

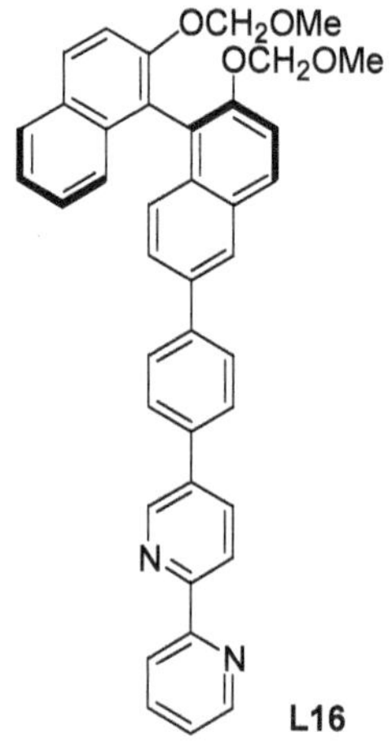

L16

图 9　部分含氮配体的结构

L13·CuBr。**L14** 是将 **L4** 中的叔胺氮原子换成羟基生成的类似结构[68]，它可以与 CuCl 反应生成可分离的配合物 **L14·CuCl** 并且显现出在含水溶剂中应用的特点。**L15** 和 **L16** 具有形成凝胶的性质[69]，把它们作为配体用于 CuAAC 反应是一种有益的探讨。

3.2.2.2   *P*-配体和 *S*-配体

P-配体和 *S*-配体解离 CuI 晶格的能力远不如简单的叔胺，它们通常用于那些容易解离的铜源或者原位形成 Cu(I) 的铜源。通常，具有简单结构的含 *P*- 或 *S*-化合物就可以起到配体的作用。如式 28[70]和式 29[71]所示：在使用 *P*-配体和 *S*-配体的反应中，选择合适的铜源也非常重要。

$$\text{Ph}\!\!\equiv\!\! \quad + \quad \text{BnN}_3 \xrightarrow{\text{L17 = PhSMe}} \begin{matrix} \text{triazole} \end{matrix} \quad (28)$$

1. CuCl (5 mol%), **L17** (30 mol%), H$_2$O, rt, 90 min, 75%
2. CuBr (5 mol%), **L17** (30 mol%), H$_2$O, rt, 7 min, 96%
3. CuI (5 mol%), **L17** (30 mol%), H$_2$O, rt, 122 min, 40%

$$\text{Ph}\!\!\equiv\!\! \quad + \quad \text{BnN}_3 \xrightarrow{\text{L18 = PPh}_3} \begin{matrix} \text{triazole} \end{matrix} \quad (29)$$

1. CuBr (0.5 mol%), **L18** (1 mol%), H$_2$O, rt, 7 h, 83%
2. CuI (1 mol%), **L18** (2 mol%), PhMe, rt, 3 h, 41%
3. CuCN (1 mol%), **L18** (2 mol%), PhMe, rt, 3 h, 5%
4. Cu(OAc)$_2$·H$_2$O (1 mol%), **L18** (2 mol%), H$_2$O, rt, 1 h, 100%
5. CuOAc (0.1 mol%), **L18** (0.2 mol%), H$_2$O, rt, 1 h, 100%

van Koten 等人[72]和 Feringa 等人[73]的工作也显示：具有简单结构的 *P*-配体和 *S*-配体就可以达到理想的效果。反而，螯合性能太强的配体 (例如：**L22**) 可能因为会影响 Cu(I) 的催化循环而降低促进的能力 (式 30)。

$$\text{Ph}\!\!\equiv\!\! \quad + \quad \text{BnN}_3 \xrightarrow[\text{DMSO/H}_2\text{O (1:3), rt}]{\substack{\text{CuSO}_4\cdot5\text{H}_2\text{O/NaAsc (1 mol\%)}\\ \text{NaAsc (5 mol\%), L (1.1 mol\%)}}} \begin{matrix} \text{triazole} \end{matrix} \quad (30)$$

L19, 98%, 2 h   **L20**, 90%, 2 h   **L21**, 91%, 5 h

L22, 78%, 4 h　　　　**L23**, 93%, 10 h　　　　**L18**, 96%, 10 h

3.2.2.3　氮卡宾配体

第一篇有关使用氮卡宾 (NHC) 配体生成的 Cu(I) 配合物 [(NHC)CuBr] 催化的 CuAAC 反应是比较激动人心的。如式 31 所示[74]：在无溶剂的条件下，使用 0.8 mol% 的 [(SIMes)CuBr] 催化的反应大多可以在 1 h 内完成且得到很高的产率。在使用水作为溶剂的条件下，[(IPr)$_2$Cu]PF$_6$ 催化的反应也可以得到非常理想的结果[75]。

$$R{\equiv\!\!\!-} + R^1N_3 \xrightarrow{\text{[(SIMes)CuBr] (0.8 mol\%), neat, rt}} \begin{array}{c} N{\equiv}N \\ N{-}R^1 \\ R \end{array} \qquad (31)$$

98%, 20 min　　　　98%, 45 min　　　　93%, 30 min

由于 CuAAC 反应是一个放热反应，无溶剂反应在较大规模反应中就会涉及到安全问题。虽然水相反应可以解决安全问题，但由于原料的溶解度而受到一定的限制。然而，通过对各种类型的氮卡宾 (NHC) 配体和有机溶剂进行系统筛选证明，该类反应在有机溶剂中进行的反应速度确实是比较缓慢的。不过，这种现象可以通过改变溶剂或加热的手段进行改善。如式 32 所示[76]：催化剂 (SIPr)CuCl 在 DMSO 溶剂中室温放置一周几乎没有反应，但在 60 ℃ 的水溶液中反应 1 h 即可完成。因此，这种在一定条件下可以致活的催化剂可以形成可调控的催化体系。

$$R{\equiv\!\!\!-} + R^1N_3 \xrightarrow[\text{2. H}_2\text{O, 60 }^o\text{C}]{\text{1. [(SIPr)CuCl] (2 mol\%), DMSO, rt, 1 week}} \begin{array}{c} N{\equiv}N \\ N{-}R^1 \\ R \end{array} \qquad (32)$$

98%, 1 h　　　　83%, 1 h　　　　93%, 2.5 h

Gautier 等人发现：同时使用有机胺添加剂可以有效提高卡宾配合物 (NHC)CuX 在有机溶剂中的催化效果。他们甚至分离得到了 1,10-菲啰啉

与 (NHC)CuX 形成的稳定配合物，并使用它们来高效地催化 CuAAC 反应 (式 33)[77,78]。

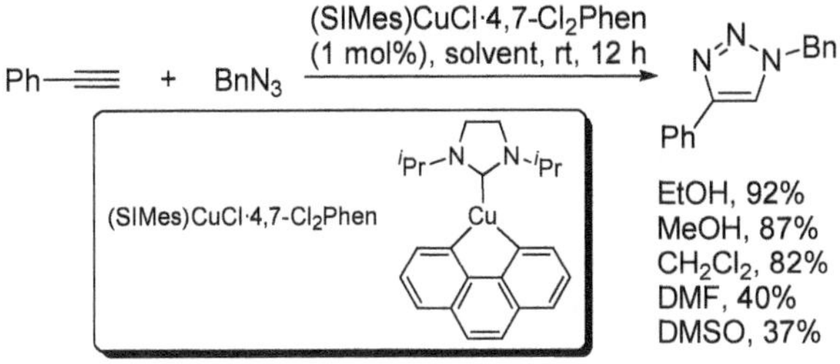

$$Ph\text{—}\equiv + BnN_3 \xrightarrow[\text{(1 mol\%), solvent, rt, 12 h}]{\text{(SIMes)CuCl·4,7-Cl}_2\text{Phen}}$$ (33)

(SIMes)CuCl·4,7-Cl₂Phen

EtOH, 92%
MeOH, 87%
CH₂Cl₂, 82%
DMF, 40%
DMSO, 37%

事实上，氮卡宾配体在 CuAAC 反应中的最大贡献是对 CuAAC 反应机理的证明。如图 10 所示[27]：Straub 等人利用氮卡宾配合物的稳定性，使用化学计量的 (NHC)CuOAc 配合物分离和鉴定了炔-Cu(I) 中间体和 5-Cu-1,2,3-三氮唑中间体。

(NHC)CuOAc   炔-Cu(I) 中间体   5-Cu-1,2,3-三氮唑中间体

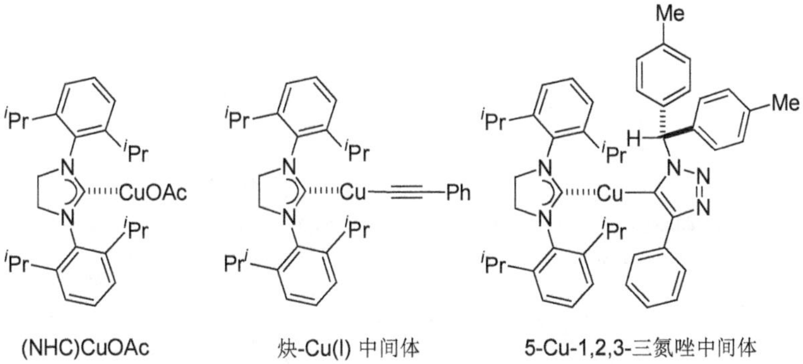

图 10   氮卡宾 (NHC) 配体对 CuAAC 反应的贡献

3.2.3   Cu(I)-催化反应中的底物

3.2.3.1   末端炔烃化合物

CuAAC 反应具有非常广泛的底物范围。选择适当的催化体系，几乎所有类型的末端炔烃化合物均可在 CuAAC 反应中用作底物[79~82]。许多时候，简单芳基炔和烷基炔的反应速度和产率几乎没有明显的差异，但芳基炔生成的产物更容易分离和纯化 (式 34[81]和式 35[82])。

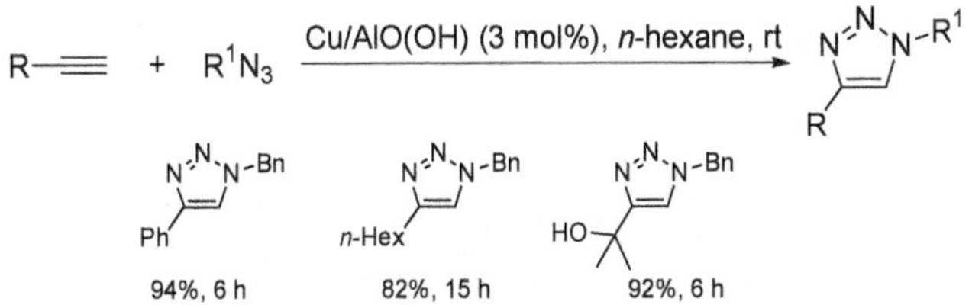

$$R\text{—}\equiv + R^1N_3 \xrightarrow{\text{Cu/AlO(OH) (3 mol\%), } n\text{-hexane, rt}}$$ (34)

Ph   94%, 6 h

n-Hex   82%, 15 h

HO   92%, 6 h

$$R\!\!-\!\!\!\equiv \ + \ R^1N_3 \ \xrightarrow[\text{dioxane (0.5 M), 60 }^{\circ}\text{C}]{\text{Cu/C (5 mol\%), Et}_3\text{N (1 eq.)}} \ \begin{array}{c} \text{triazole} \end{array} \quad (35)$$

Ph — 99%, 10 min
Cl—(—)4 — 94%, 20 min
HO — 99%, 20 min

许多情况下，炔烃上取代基的位阻效应和电子效应也不明显或者并不完全一致（式 36[82] 和式 37[83]）。在不同的催化体系条件下，底物的反应性通常缺乏统一的可比性。

$$\xrightarrow[\text{dioxane, 60 }^{\circ}\text{C, 2 h}]{\text{Cu/C (5 mol\%), Et}_3\text{N}} \quad 97\% \quad (36)$$

$$R\!\!-\!\!\!\equiv \ + \ R^1N_3 \ \xrightarrow{\text{Cu-USY (10 mol\%), PhMe, rt, 15 h}} \quad (37)$$

4-MeO-Ph — 69%
4-NO2-Ph — 64%
PhCO — 52%
EtO2C — 76%
PhHNOC — 87%
HO2C — 0%

含有两个或者多个炔烃官能团的分子可以同时发生 CuAAC 反应，高产率的生成含有多个 1,2,3-三氮唑结构单元的产物（式 38[84]）。事实上，多炔烃底物的 CuAAC 反应已经成功地用于树状高分子的合成[85]。

$$RN_3 \ + \ \xrightarrow[\text{PhMe, 80 }^{\circ}\text{C, 18 h}]{\text{CuI (0.7 eq.), DIPA (25 eq.)}} \quad (38)$$

$R^1 = Bn, 68\%$
$R^1 = Ac, 96\%$
$R^1 = H, 90\%$

含有二个炔烃官能团的底物分子与含有二个叠氮官能团的底物分子经 CuAAC 反应可以发生分子间成环反应。选用适当的底物和反应条件，可以主要生成一种成环产物或选择性地生成单一成环产物 (式 39)[86]。

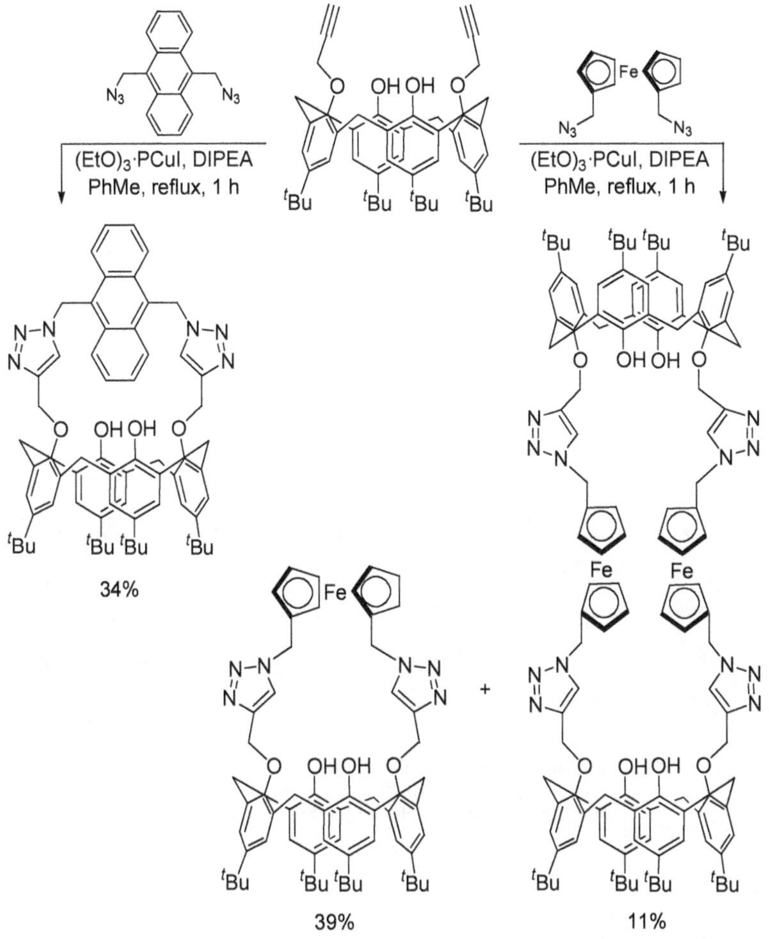

(39)

在 CuAAC 反应条件下，同一分子中同时含有炔烃和叠氮官能团的底物分子既可以发生分子内成环反应，也可以发生分子间成环反应。如式 40[87] 和 41[88] 所示：产物的分布情况视反应条件和底物的结构而发生变化。

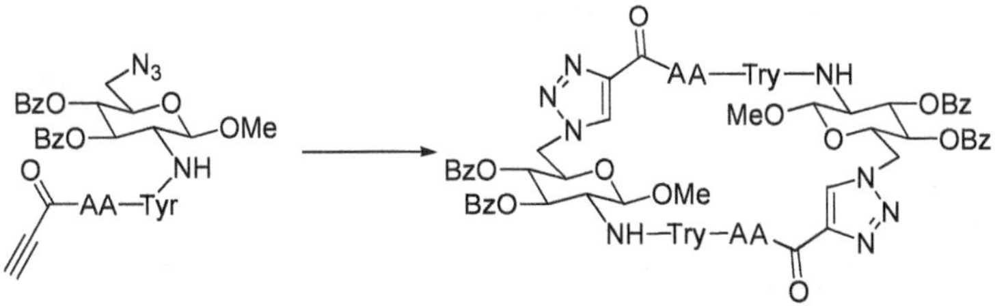

(40)

反应条件: CuI (0.25 eq.), DIPEA (1 eq.), MeCN, 45 °C, 72 h, 64%.

$$(41)$$

3.2.3.2　叠氮化合物

　　几乎所有类型的叠氮化合物均可用作 CuAAC 反应的底物。但是，不同叠氮化合物之间的反应性差异比较明显。通常，苄基叠氮化合物具有最高的反应性，烷基叠氮化合物次之。芳基叠氮化合物不仅制备较困难，而且反应性也可能因为叠氮基团与芳基之间的共轭而降低许多。由于叠氮化合物通常是由相应的卤化物与叠氮化钠发生亲核取代反应制备的，所以方便的方法是直接使用卤化物"一锅煮"完成 CuAAC 反应 (式 42)[89]。

$$(42)$$

　　使用微波加热技术对这类"一锅煮"反应特别有帮助。如式 43 所示[90]：使用活性较高的苄基卤进行的反应一般可以在数分钟内完成。如式 44 所示[91]：在室温下不能进行的反应在微波条件下也可以顺利地进行。

$$(43)$$

$$BnNH_2 \xrightarrow[\substack{\text{2. PhC}\equiv\text{CH, A or B}}]{\substack{\text{1. TfN}_3\text{, CuSO}_4\cdot\text{5H}_2\text{O, NaHCO}_3 \\ \text{DCM, MeOH, H}_2\text{O, rt, 0.5 h}}} \quad \text{(44)}$$

反应条件：
A. CuSO$_4$·5H$_2$O, (2 mol%), NaAsc (10 mol%)
   TBTA (5 mol%), rt, 39 h, trace.
B. CuSO$_4$·5H$_2$O, (2 mol%), NaAsc (10 mol%)
   TBTA (5 mol%), MW (80 °C), 0.5 h, 100%.

合成含有多叠氮基团的化合物可能存在有一定的安全隐患。但是，文献中有人成功地合成了这类化合物，并使用它们为底物经 CuAAC 反应合成出具有多个 1,2,3-三氮唑结构单元的产物 (式 45)[84]。Roy 等人报道：使用含有 18 个叠氮基团的化合物经 CuAAC 反应可以得到相应的树状高分子产物[92]。

$$RC\equiv CH + \xrightarrow[\substack{\text{PhMe, 80 °C, 18 h}}]{\substack{\text{CuI (0.7 eq.), DIPEA (25 eq.)}}} \quad \text{(45)}$$

R^1 = Bn, 65%
R^1 = Ac, 86%
R^1 = H, 68%

磺酰基叠氮由于磺酰基的强拉电子作用，它们在 CuAAC 反应中生成的 5-Cu-1,2,3-三氮唑中间体一般不稳定。在通常的 CuAAC 反应条件下，磺酰基叠氮只能得到低产率的 1-磺酰基-1,2,3-三氮唑的混合物。但是，Chang 等人发现：如果在反应体系中加入亲核试剂 (例如：伯胺、仲胺、醇或水)，则可以高产率地生成链状产物。如式 46 所示[93]：在伯胺和仲胺的存在下，磺酰基叠氮在标准的 CuAAC 反应条件下生成 N-磺酰基脒产物。该反应具有广泛的底物范围，烷基、芳基和杂环炔烃均得到满意的收率。

$$R\text{---}\equiv + TsN_3 + HN\begin{subarray}{l}R^1\\R^2\end{subarray} \xrightarrow[\substack{\text{23 examples}}]{\substack{\text{CuI (0.1 eq.)} \\ \text{THF, rt, 1~2 h}}} \quad \text{(46)}$$

89%   99%   90%

如式 47[94]和式 48[95]所示：在水或者醇的存在下，磺酰基叠氮在标准的 CuAAC 反应条件下分别得到 N-磺酰基酰胺产物或者 N-磺酰基酰胺产物。在这些反应中，叔胺是必须加入的添加剂，用于解离 CuI。在醇作为亲核试剂的情况下，醇的电子效应和位阻效应均有明显的表现。

$$R\!-\!\!\!\equiv\ +\ TsN_3\ +\ H_2O\ \xrightarrow[\text{17 Examples}]{\begin{array}{c}\text{CuI (0.1 eq.), Et}_3\text{N}\\\text{(1.2 eq.), CHCl}_3\text{, rt, 12 h}\end{array}}\ R\diagdown\!\!\overset{\displaystyle O}{\underset{}{}}\!\!\diagup NHTs \qquad (47)$$

Ph—C(=O)—NHTs   4-CF₃-Ph—C(=O)—NHTs   4-Me-Ph—C(=O)—NHTs

94%   83%   82%

$$R\!-\!\!\!\equiv\ +\ TsN_3\ +\ R^1OH\ \xrightarrow[\text{17 Examples}]{\begin{array}{c}\text{CuI (0.1 eq.), Et}_3\text{N}\\\text{(1.2 eq.), CHCl}_3\text{, rt, 12 h}\end{array}}\ R\diagdown\!\!\overset{\displaystyle NTs}{\underset{OR^1}{}}\ \qquad (48)$$

Ph—C(=NTs)—OBn   Ph—C(=NTs)—OPh   Ph—C(=NTs)—OBu-t

87%   61%   31%

反应机理研究提出[96]：在磺酰基叠氮参与的 CuAAC 反应中，5-Cu-1,2,3-三氮唑仍然是反应的中间体。如式 49 所示：由于磺酰取代基的强拉电子作用，引起该中间不稳定而发生开环反应生成 N-磺酰取代的乙烯酮亚胺。然后，亲核试剂进攻 N-磺酰取代的乙烯酮亚胺得到相应的链状产物。

$$R\!-\!\!\!\equiv\ +\ R^1SO_2N_3\ \xrightarrow{\text{[Cu]}}\ \cdots\ \xrightarrow[\text{protonation}]{H^+}\ \cdots \qquad (49)$$

$$\text{ring-opening} \quad \xrightarrow[-[Cu],\ -N_2]{H^+}\ \cdots\ \xrightarrow{Nu\text{-}H}\ R\diagdown\!\!\overset{Nu}{\underset{}{}}\!\!\diagup N\!-\!SO_2R^1$$

近几年来，从磺酰基叠氮的 CuAAC 生成链状产物的反应得到了更广泛的探讨。Fokin 等人发现[97]：在亚胺底物的存在下，磺酰基叠氮在 CuAAC 反应中生成的 N-磺酰乙烯酮亚胺中间体可以被捕捉直接生成环丁胺衍生物（式

50)。根据同样的机理，Wang 等人[98]发现在水杨醛衍生物的存在下可以直接得到香豆素衍生物的新合成方法 (式 51)。更多的研究证明：使用磺酰基叠氮的 CuAAC 反应产生的 N-磺酰乙烯酮亚胺是一个非常活泼和多用途的中间体，因此推动了该类反应得到广泛的应用[99,100]。

$$
\text{Ph}\!\!=\!\!=\ +\ \text{TsN}_3\ +\ \underset{R}{\overset{\text{N-R}^1}{\parallel}}\ \xrightarrow[\substack{\text{(2 eq.), MeCN, rt, 16 h}\\ \text{19 Examples}}]{\text{CuI (0.1 eq.), Py}}\ \underset{R}{\overset{\text{Ph}\quad\text{NTs}}{\square}}\!\!\!\overset{}{\underset{R^1}{N}}\qquad (50)
$$

4-F-Ph	Ph	CO₂Et
87%	80%	53%
trans:cis = 95:5	trans:cis = 89:11	trans:cis = 5:95

$$
\underset{R^1SO_2N_3}{\overset{R\!=\!=}{}} +\ R^2\!\!\bigcirc\ \xrightarrow[\substack{\text{(2 eq.), THF, rt, 12 h}\\ \text{21 examples}}]{\text{CuI (0.1 eq.), Et}_3\text{N}}\ R^2\!\!\bigcirc\!\!\bigcirc\!\!\underset{\text{NSO}_2R^1}{O}^R \qquad (51)
$$

NSO₂Tol	Br, NSO₂Ph	NSO₂Me
91%	93%	91%

事实上，式 49 所示的机理也明确指出：经 5-Cu-1,2,3-三氮唑中间体生成环状产物和链状产物是一种竞争关系。如果 5-Cu-1,2,3-三氮唑中间体经质子化后生成 1-磺酰-1,2,3-三氮唑后就不可能再发生开环反应了。在几种制备 1-磺酰-1,2,3-三氮唑的反应中，Fokin 等人[101]和 Hu[102]等人利用羧酸酮催化的反应获得了最理想的结果。如式 52 所示：使用 Cu(OAc)₂·H₂O/o-aminophenol 催化体系原位产生 Cu(I) 催化物种，当乙酸酮与炔烃反应形成炔酮后释放出游离的乙酸。由于乙酸具有较高活性的质子，因此加快了 5-Cu-1,2,3-三氮唑中间体的质子化速度而得到环状产物。

$$
\text{R}\!\!=\!\!=\ +\ \text{TsN}_3\ \xrightarrow[\substack{\text{(0.05 eq.), MeCN, 20\~50 min, rt}\\ \text{91\%\~96\% for 9 examples}}]{\text{Cu(OAc)}_2\cdot\text{H}_2\text{O (0.1 eq.), }o\text{-aminophenol}}\ \underset{N\!=\!N}{\overset{R}{\square}}\!\!-\text{Ts} \qquad (52)
$$

Ph	4-MeOC₆H₄	HO
20 min, 95%	30 min, 96%	30 min, 92%

3.3 羧酸促进的 Cu-催化的环加成反应

CuAAC 反应在它被发现的最初就已经建立了相当正确的反应机理。之后，相关的动力学研究和理论计算又确认该反应的速率对亚铜表现出严格的二级反应级数以及双核铜催化的机理。但是，这些理论的重要性长期以来并没有体现在催化剂的设计和应用方面。2010 年，Hu 等人[103]报道了使用乙酸亚酮高效催化的 CuAAC 反应。如式 53 所示：该催化反应显示出前所未有的高效率，绝大多数举例在几分钟至数分钟内完成。

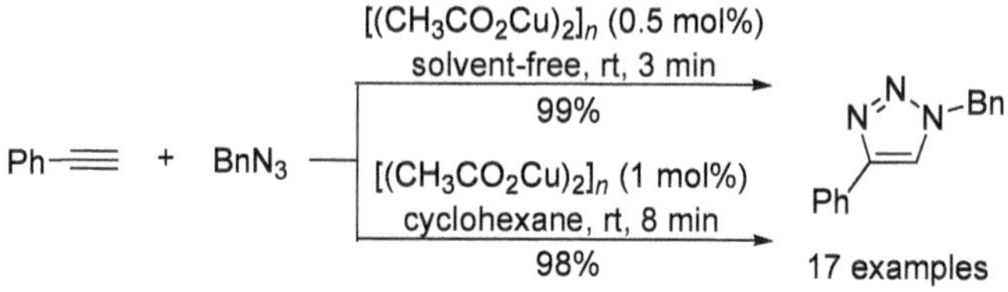

$$
Ph\!-\!\!\equiv + \ BnN_3 \quad
\begin{array}{c}
\underrightarrow{\ [(CH_3CO_2Cu)_2]_n\ (0.5\ mol\%)\ } \\
\text{solvent-free, rt, 3 min} \\
99\% \\
\underrightarrow{\ [(CH_3CO_2Cu)_2]_n\ (1\ mol\%)\ } \\
\text{cyclohexane, rt, 8 min} \\
98\%
\end{array}
$$

(53)

17 examples

更多的实验结果证明，其它可以得到的结构确定的羧酸亚酮具有同样的高效催化作用。如图 11 所示：这可能由于这些羧酸亚酮都是双核或者多核 Cu(I) 配合物[104~107]，它们可能在反应中提供 Cu-Cu 结构模版而更有利于快速生成双核炔酮配合物活性中间体。

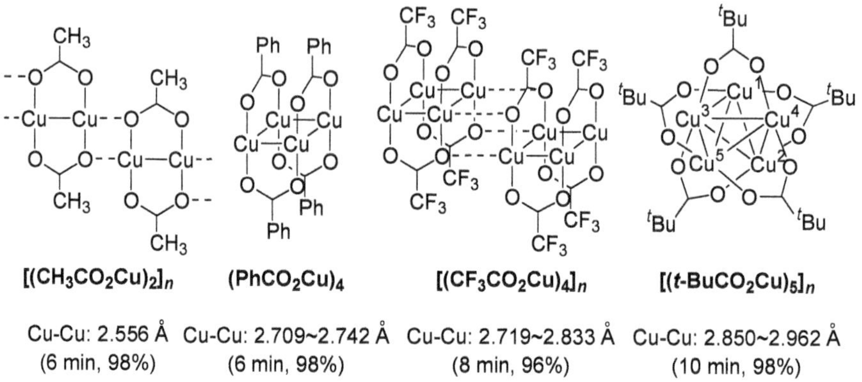

| [(CH₃CO₂Cu)₂]ₙ | (PhCO₂Cu)₄ | [(CF₃CO₂Cu)₄]ₙ | [(t-BuCO₂Cu)₅]ₙ |

Cu-Cu: 2.556 Å   Cu-Cu: 2.709~2.742 Å   Cu-Cu: 2.719~2.833 Å   Cu-Cu: 2.850~2.962 Å
(6 min, 98%)   (6 min, 98%)   (8 min, 96%)   (10 min, 98%)

图 11 羧酸亚铜通常是具有双核和多核结构的金属配合物

但是，深入的实验证明羧酸亚酮催化反应中原位生成的羧酸起到更重要的作用。如式 54 所示[108]：在对比实验 a~c 的条件下，分离的苯乙炔基铜因高度聚合而完全不发生 CuAAC 反应。但是，在乙酸的存在下它却能够很容易地发生反应 (条件 d)。当反应使用氘代乙酸在环己烷溶液中进行时，只需 5 min 即可得到 98% 的 5-D-1,2,3-三氮唑 (97% D)。

这些结果说明：羧酸不仅可以促进炔基铜聚合物的解聚，而且还可以促进5-Cu-5-D-1,2,3-三氮唑中间体的质子化。通过对各种各样的羧酸进行筛选，苯甲酸在 $CuSO_4 \cdot 5H_2O$/NaAsc 催化体系中具有最好的促进作用。其实，以前已经有人发现乙酸亚铜[109]或乙酸铜[110]对 CuAAC 反应具有较好的催化效果，而且还提出了乙酸根效应。但是，式 54 和式 55 所示的实验结果非常清楚地说明：乙酸根对 CuAAC 反应没有促进作用，起到促进作用的是反应中原位生成的乙酸。

由于羧酸的特殊促进作用，使用简单的 Cu_2O/HOAc 组合即可在无溶剂条件下高效地催化 CuAAC 反应。但是，Cu_2O/HOAc 组合在有机溶剂和水溶液中均表现出较低的催化能力。这可能是由于羧酸被溶剂所稀释后不能有效地与 Cu_2O 反应产生乙酸亚铜的原因。因此，选择使用在水中溶解度较小的 $t\text{-}BuCO_2H$ (2.17 g/100 mL H_2O) 或 $PhCO_2H$ (0.34 g/100 mL H_2O) 即可获得理想的结果。如式 56 所示[111]：该反应也许是 CuAAC 反应中最简单和有效的催化体系和结果。

由 CuI/DIPEA/HOAc 组合生成的催化体系是一个非常有效和廉价的酸碱共同催化体系。如式 57 所示[112]：首先，DIPEA 快速解离 CuI 晶格生成活性的 CuI。然后，HOAc 发挥作用解离炔铜高分子中间体或者使其不能高聚而有效地发生环加成反应。最后，HOAc 使 5-Cu-1,2,3-三氮唑发生质子化将其转化成为产物。该催化体系的优点是可以利用廉价和稳定的 CuI 作为酮源，而且反应还可以在有机溶剂中进行。因此，该反应具有广泛的底物范围。

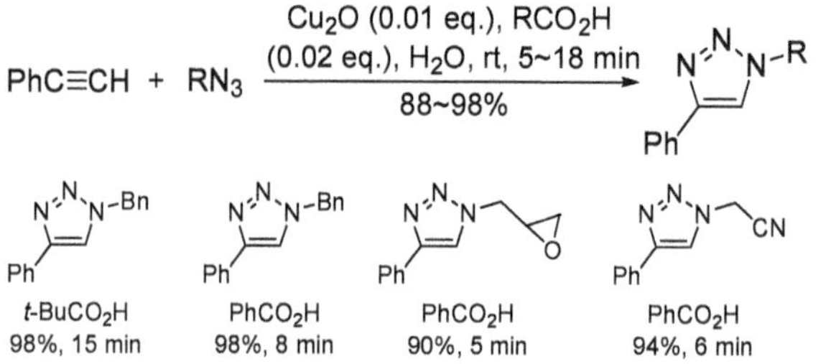
Cu2O (0.01 eq.), RCO2H
(0.02 eq.), H2O, rt, 5~18 min
88~98%
PhC≡CH + RN3
t-BuCO2H
98%, 15 min
PhCO2H
98%, 8 min
PhCO2H
90%, 5 min
PhCO2H
94%, 6 min

(56)

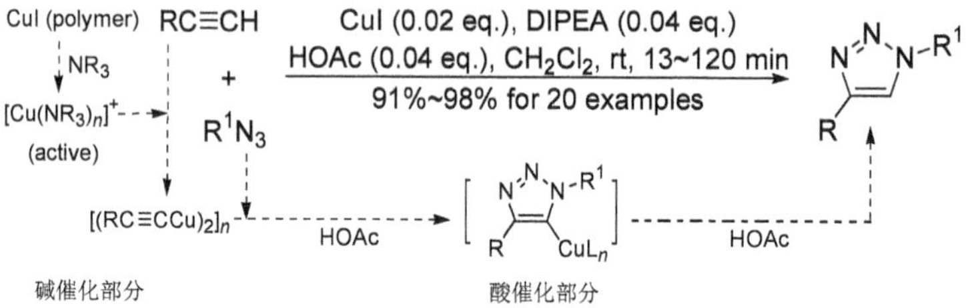
CuI (polymer)
RC≡CH
CuI (0.02 eq.), DIPEA (0.04 eq.)
HOAc (0.04 eq.), CH2Cl2, rt, 13~120 min
91%~98% for 20 examples
[Cu(NR3)n]+
(active)
R1N3
[(RC≡CCu)2]n
HOAc
HOAc
碱催化部分
酸催化部分

(57)

羧酸的促进功能在 2-叠氮吡啶的 CuAAC 反应中得到了充分的体现。如图 12 所示：通常固体的 2-叠氮吡啶是以环状四氮唑的形式存在，但可以在溶液中形成环-链平衡。但是，由于吡啶 *N*-原子的配位能力，反应中形成的 5-Cu-1,2,3-三氮唑中间体和产物均可与铜(I) 离子发生配位而降低其催化循环的效率。因此，2-叠氮吡啶的 CuAAC 反应具有很大的挑战性。

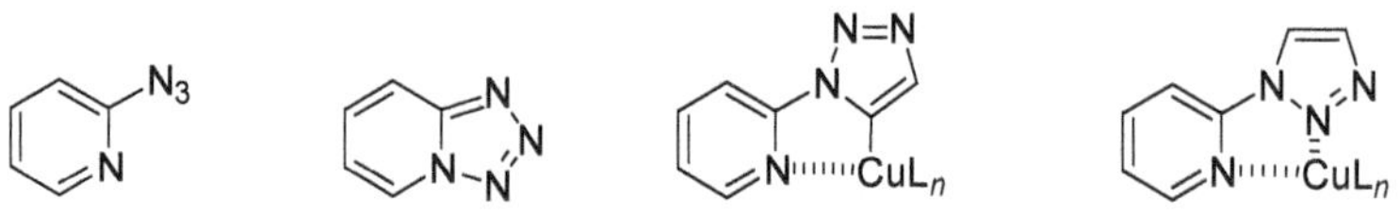

图 12 2-叠氮吡啶在 CuAAC 反应中存在的障碍

如式 58 所示[113]：简单地利用乙酸亚铜作为催化剂，所有问题便迎刃而解。这主要是因为乙酸亚铜在反应中原位产生的乙酸不仅保持了原来的功能，而且还能够有效地阻止 2-叠氮吡啶在 CuAAC 反应中可能形成的配合物。

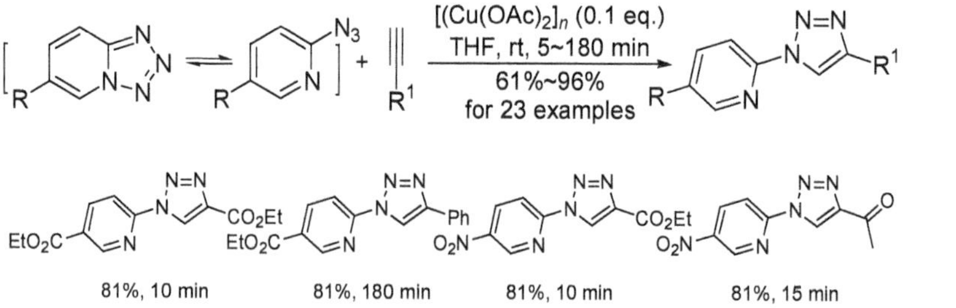
[(Cu(OAc)2]n (0.1 eq.)
THF, rt, 5~180 min
61%~96%
for 23 examples
81%, 10 min
81%, 180 min
81%, 10 min
81%, 15 min

(58)

3.4　其它金属催化的环加成反应

在 CuAAC 反应发现不久，人们就开始尝试使用其它金属来影响叠氮与炔烃的环加成反应。由于 CuAAC 反应的中间体涉及到炔负离子的形成，因此 Krasinski 等人[114]直接使用末端炔烃的格氏试剂与叠氮进行反应。如式 59 所示：他们选择性地得到了 1,5-二取代的 1,2,3-三氮唑。该反应机理与 CuAAC 不一样，炔负离子首先进攻的是叠氮分子中的末端氮原子。由于该反应需要使用化学计量的格氏试剂，因此形成的 Mg-中间体还可以像正常的格氏试剂一样与各种亲电试剂发生反应得到相应的 1,4,5-三取代 1,2,3-三氮唑产物。

24 examples for 1,5-disubstituted 1,2,3-triazoles
9 examples for 1,4,5-trisubstituted 1,2,3-triazoles

根据形成炔负离子的机理，Fokin 等人[115]发现简单地使用强碱 (NaOH, KOH, CsOH, KO^{t}Bu, NMe$_4$OH, NBu$_4$OH, BnNMe$_3$OH) 和末端炔烃反应即可达到同样的目的。如式 60 所示：只需使用催化量 (10 mol%) 的 NMe$_4$OH 作为碱，在 DMSO 中进行反应即可得到满意的结果。

16 examples in 37%~92%

在非铜催化的叠氮与炔烃的环加成反应中，钌配合物催化剂显现出更高的合成价值。如式 61 所示：Jia 和 Fokin 等人[116]首次报道了钌配合物催化叠氮与炔烃的环加成反应。根据催化剂结构的不同，可以选择性地得到 1,4- 或者 1,5-二取代的 1,2,3-三氮唑产物。现在人们也将其简称为 RuAAC 反应。

Ru(OAc)$_2$(PPh$_3$)$_2$	0	100%
CpRuCl(PPh$_3$)$_2$	85%	15%
Cp*RuCl(PPh$_3$)$_2$	100%	0
Cp*RuCl(NBD)	100%	0

反应机理研究显示：RuAAC 反应的 1,4-或者 1,5-区域选择性是经过不同的反应机理进行的。在 1,5-区域选择性中，炔烃与催化剂中的钌金属之间经历了氧化加成和还原消去两个步骤[117]。因此，第一个 C-N 键的形成选择性地在炔烃较富电子和位阻较小的碳原子和叠氮的末端氮原子之间进行。该机理证明末端炔烃对该反应不是必须的，使用中间炔烃也能够发生环加成反应。如式 62 所示[118]：选择适当的取代基团，中间炔烃的 RuAAC 反应也具有很高的区域选择性。

$$R^1C\equiv CR^2 + R^3N_3 \xrightarrow[\text{PhH, 80 }^{\circ}\text{C, 2.5 h}]{\text{Cp*RuCl(PPh}_3)_2 \text{ (10 mol%)}}$$

(62)

R¹ = Ph, R² = Me, R³ = Bn, 95%   62   38
R¹ = Ph, R² = Pr, R³ = Bn, 95%   87   13
R¹ = Ph, R² = CO₂Et, R³ = Bn, 95%   0   100

Jia 等人[119]详细地研究了 RuAAC 反应的 1,4-区域选择性，并提出了金属复分解反应机理。如式 63 所示[120]：选择适当的取代基团，中间炔烃的 RuAAC 反应也具有很高的区域选择性。

$$R^1C\equiv CH + BnN_3 \xrightarrow[\text{18 examples in 59\%\~87\%}]{\begin{array}{c}\text{RuH}_2\text{(CO)(PPh}_3)_3 \text{ (5 mol%)}\\\text{THF, 80 }^{\circ}\text{C, 2 h}\end{array}}$$

(63)

82%   Me 84%   MeO 87%   H₂N 70%

Chen 等人[121]报道的使用 Zn/C 催化的叠氮与炔烃的环加成反应是一个非常值得关注的结果，因为这是一例非铜和非过渡金属催化的反应。他们还部分证明了催化结果不是来自于商品锌粉中的微量铜金属，如果能够提出或证明反应的机理则更有意义。

4   叠氮化合物和炔烃的环加成反应在有机合成中的应用

4.1   具有抗结核杆菌性质的 1,2,3-三氮唑化合物的合成

结核杆菌 (*Mycobacterium tuberculosis*) 是一种古老而顽固的细菌，会对人类肺功能造成严重的损伤。在世界范围内，每年有上百万人死于肺结核疾病。因此，

WHO 宣布结核病是危害人类健康的最严重的传染病之一。最近，在寻找新型治疗结核杆菌的药物中发现有些含咔唑结构的天然产物[122a]和合成产物[122b]具有潜在的抗结核杆菌的性质 (图 13)。

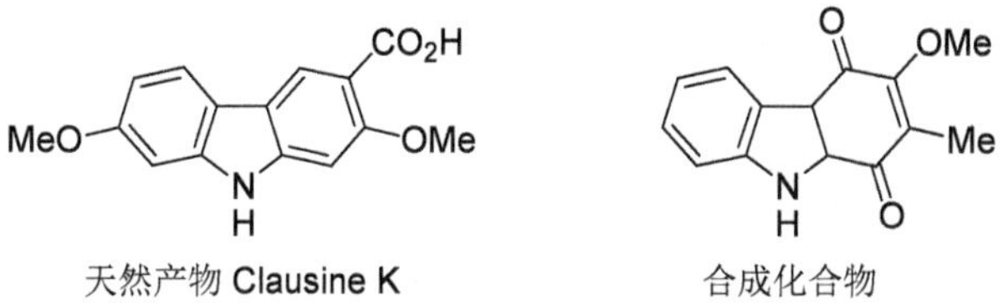

图 13   具有潜在的抗结核杆菌性质的咔唑衍生物

同时，也有人报道有些 1,2,3-三氮唑的衍生物也具有潜在的抗结核杆菌的性质[123]。其中，化合物 I-A09 已经进入临床试验阶段 (图 14)[123b]。

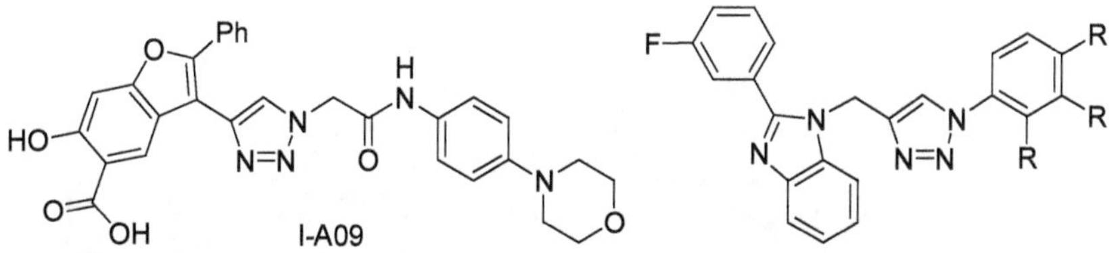

图 14   具有潜在的抗结核杆菌性质的 1,2,3-三氮唑的衍生物

Kantevari 等人根据上述事实，决定将咔唑结构单元和 1,2,3-三氮唑结构单元连接起来构筑一类新型的化合物，用于筛选它们的抗结核杆菌性质。如式 64 所示[124]：他们以乙酰基咔唑为原料，首先将其酮羰基还原成为醇羟基。然后，在 InCl₃ 的催化下将醇羟基转化成为叠氮基团。最后，他们选择 Hu 等人[108] 报道的羧酸促进的 CuAAC 方法得到相应的 1,2,3-三氮唑产物。他们发现：加入 5 mol% 的 4-NO₂C₆H₄CO₂H 到反应体系中比直接使用 Sharpless 等人的方法在反应速度快和产率上有显著的提高。该方法也同样适用于那些含有二苯并呋喃和二苯并噻吩的底物分子。

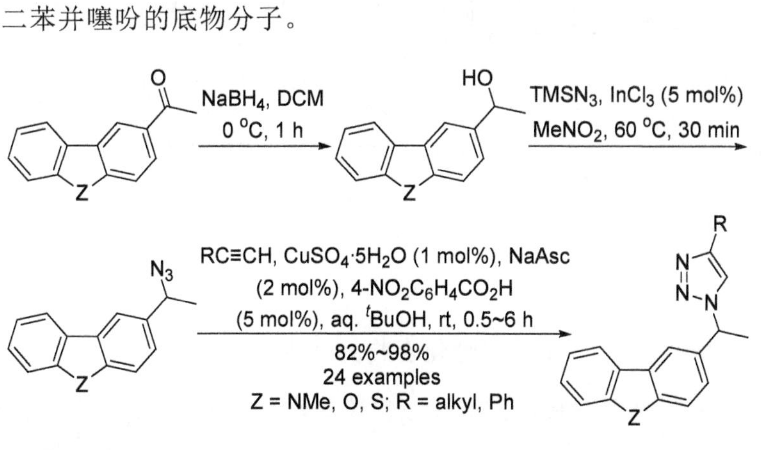

(64)

4.2　具有抗多重耐药性肿瘤性质的 1,2,3-三氮唑化合物的合成

Crytophycin-52 是一个模仿天然产物 Crytophycin 得到的一个合成化合物，具有抗多重耐药性肿瘤性质。但是，它们在进入二期临床研究中因为具有较大的神经毒性被淘汰。如图 15 所示[125]：该化合物是一个含有内酯和内酰胺的大环化合物，其中的内酰胺均具有反式酰胺结构。有人报道：1,4-二取代-1,2,3-三氮唑在分子大小和偶极矩方面与反式酰胺结构非常相似[126]，而且它们中许多类似物具有抑制基质蛋白酶的性质[127]。因此，Sewald 等人尝试使用 1,4-二取代-1,2,3-三氮唑结构单元代替 Crytophycin-52 中的一个反式酰胺结构单元。由于使用 CuAAC 反应来构筑 1,4-二取代-1,2,3-三氮唑结构，因此将该化合物命名为 Clicktophycin-52。

图 15　Crytophycin-52 和 Clicktophycin-52 的化学结构

如式 65 所示[128]：他们以 2,2-二甲基-3-氯丙酸为原料，经过多步转化成为合适的叠氮中间体。然后，他们选择了 Meldal 的方法，使用 CuI/DIPEA 催化体系构筑了所需的 1,4-二取代-1,2,3-三氮唑结构。在该反应中选择使用 Meldal 的方法和 DMF 作为溶剂，这显然是与反应的叠氮中间体和末端炔中间体的溶解度有很大的关系。最后，再经过多步转化得到了目标化合物 Clicktophycin-52。

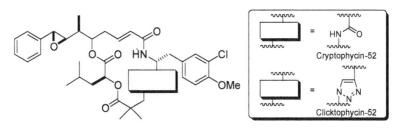

(65)

4.3　具有生物荧光性质的 1,2,3-三氮唑化合物的合成

生物交联技术是生命科学最近发展比较快速的研究手段和技术[129]。通过生

物交联技术可以将两个或多个生物分子连接起来生成新的化合物或者络合物,并将它们用于功能基因组学和细胞生物学等领域的研究[130]。将一个小分子与另外一个小分子之间或者大分子通过交联技术产生荧光性质是非常有意义的,可以用于许多生物学研究中的探针。通常,具有荧光性质的小分子的引入需要多步合成方法,而且反应的选择性和纯化均存在一定的困难。因此,发展高效和高选择性的生物交联技术是非常重要的。

CuAAC 反应是一个释放能量的自动反应过程,具有反应条件温和、产率高和所有原料分子中的原子完全被利用的优点。更重要的是,**叠氮和炔烃二种底物**分子之间的反应不仅很少受到反应介质的影响,而且与其它官能团之间的兼容性特别好。Wang 等人[131]发现使用该反应可以高效地将没有荧光或者弱荧光的 3-叠氮香豆素和芳基炔烃 1,2,3-三氮唑结构连接在一起,生成具有荧光的分子。如式 66 和式 67 所示:使用取代水杨醛为原料,经过两种不同的方法转化成所需的 3-叠氮香豆素化合物。然后,再使用 $CuSO_4 \cdot 5H_2O$/NaAsc 催化体系使其与不同的芳基炔烃发生 CuAAC 反应,生成具有荧光性质的 3-(4-芳基-1,2,3-三氮唑-1-基)香豆素类化合物 (式 68)。

反应条件: i. AcNHCH$_2$CO$_2$H, Ac$_2$O, NaOAc, reflux, 4 h;
ii. (a) HCl/EtOH; (b) NaNO$_2$; (c) NaN$_3$, 54% overall. (66)

反应条件: i. Piperidine, AcOH, *n*-BuOH, reflux, 24 h, 73%; ii. (a) SnCl$_2$, aq. HCl, rt, 4 h; (b) aq. HCl, NaN$_3$, NaOAc, 55% overall. (67)

ArC≡CH, CuSO$_4$·5H$_2$O (5 mol%), NaAsc (10 mol%) aq. EtOH, rt, 24 h 62%~86% (68)

4.4 具有超分子性质的多糖大环化合物的合成

大环化合物具有许多特殊的超分子性质,它们经常被用于分子空洞的研究[132]、或者作为人工分子受体[133]等。因此,大环化合物的合成方法一直是有机化学家所关心的课题之一。例如:虽然天然环糊精类化合物为我们提供了一类水溶性大环化合物,但是它们的结构修饰和功能化仍然面临着许多问题。

Gin 等人报道[134]：首先将天然单糖转化成同时具有叠氮官能团和末端炔烃官能团的前体中间体。然后，在 CuI/DBU 催化体作用下发生分子内 CuAAC 反应得到具有超分子性质的经 1,2,3-三氮唑连接的多糖大环化合物。如式 69 和式 70 所示：由单糖和二糖底物可以得到不同结构和孔径的环状产物。使用单糖的反应主要得到三聚产物，但从质谱中可以观察到少量的 4~6 聚产物。有趣的是，使用二糖的反应则得到单一的二聚产物。但是，该论文没有提供更多的条件实验来说明为什么必须使用化学计量的 CuI 和高达 20 倍的 DBU。

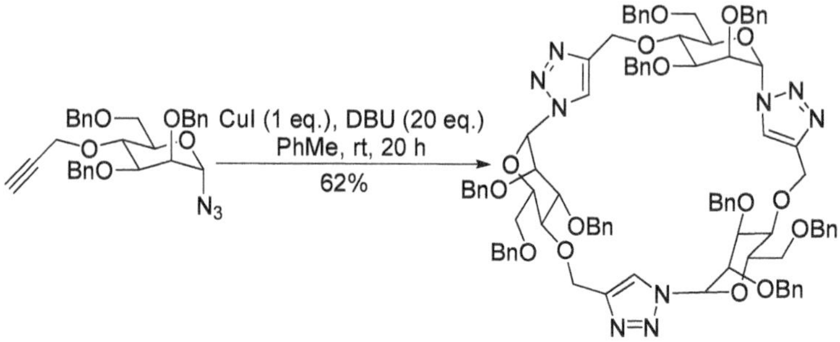

(69)

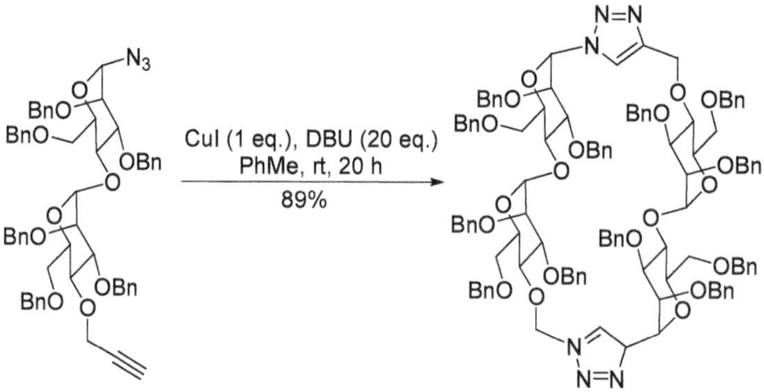

(70)

5　叠氮化合物和炔烃的环加成反应实例

例　一
1-苄基-2-苯基-1*H*-1,2,3-三氮唑的合成[103]
(醋酸亚铜催化的 CuAAC 反应)

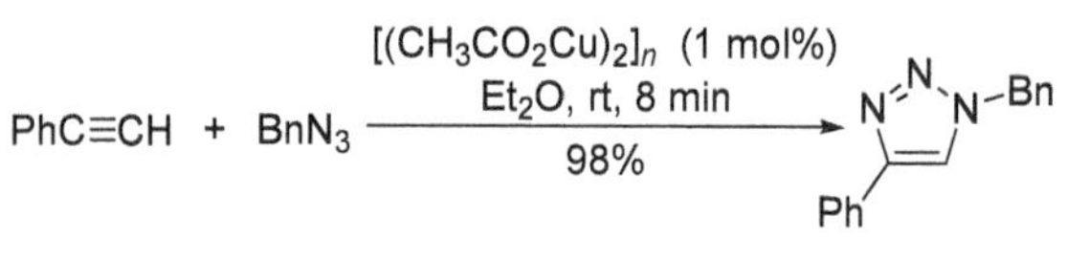

(71)

将 [(CH₃CO₂Cu)₂]ₙ 的 Et₂O (1 mL) 溶液 {取自 [(CH₃CO₂Cu)₂]ₙ (25 mg) 的 Et₂O (10 mL) 溶液} 在 N₂ 气流下挥发得到粉末状 [(CH₃CO₂Cu)₂]ₙ (2.5 mg, 0.01 mmol, 1 mol%, 分子量通过 CH₃CO₂Cu 来测定)。接着，在室温下加入苯乙炔 (204 mg, 2 mmol) 和苄基叠氮 (280 mg, 2.1 mmol) 的环己烷 (1 mL) 溶液。生成的混合物继续搅拌 8 min 后，苯乙炔完全被消耗并且有固体产物生成。向反应体系中加入 CH₂Cl₂ (2 mL) 将粗产物完全溶解后，经过一个短的硅胶柱 (EtOAc-PE, 1:3) 进行纯化，得到 459 mg (98%) 1-苄基-2-苯基-1H-1,2,3-三氮唑的麦白色固体。

例 二

1-苄基-2-苯基-1H-1,2,3-三氮唑的合成[111]

(在水介质中进行的 CuAAC 反应)

$$
\text{PhC}\equiv\text{CH} + \text{BnN}_3 \xrightarrow[\text{98\%}]{\substack{\text{Cu}_2\text{O (1 mol\%), PhCO}_2\text{H} \\ \text{(2 mol\%), H}_2\text{O, rt, 8 min}}} \quad \text{(72)}
$$

在室温和搅拌下，将苯乙炔 (204 mg, 2 mmol) 和苄基叠氮 (280 mg, 2.1 mmol) 的混合物加入到 Cu₂O (2.9 mg, 0.02 mmol) 和 PhCO₂H (4.9 mg, 0.04 mmol) 在 H₂O (2 mL) 中生成的悬浮液中。生成的混合物继续搅拌 8 min 后，苯乙炔完全被消耗并且有固体产物生成。向反应体系中加入 CH₂Cl₂ (4 mL) 将粗产物完全溶解后，经过一个短的硅胶柱 (EtOAc-PE, 1:3) 进行纯化，得到 460 mg (98%) 1-苄基-2-苯基-1H-1,2,3-三氮唑的麦白色固体。

例 三

1-苄基-2-苯基-1H-1,2,3-三氮唑的合成[108]

(苯甲酸促进的 CuAAC 反应)

$$
\text{PhC}\equiv\text{CH} + \text{BnN}_3 \xrightarrow[\text{98\%}]{\substack{\text{CuSO}_4\cdot5\text{H}_2\text{O (1 mol\%), NaAsc (2 mol\%)} \\ \text{PhCO}_2\text{H (1 mol\%), aq. }t\text{-BuOH, rt, 4 min}}} \quad \text{(73)}
$$

在室温和搅拌下，将苯乙炔 (204 mg, 2 mmol) 和苄基叠氮 (280 mg, 2.1 mmol) 的混合物加入到 CuSO₄·5H₂O (5.0 mg, 0.02 mmol)、抗坏血酸钠 (7.9 mg, 0.04 mmol) 和 PhCO₂H (24.4 mg, 0.2 mmol) 的 t-BuOH/H₂O (体积分数 1:2, 2.0 mL) 混合物中。生成的新混合物继续搅拌 4 min 后，反应体系完全固化。接着，

向反应体系中加入 CH$_2$Cl$_2$ (20 mL) 和 H$_2$O (20 mL)。分出的有机相用饱和食盐水洗涤后，再用 Na$_2$SO$_4$ 干燥。蒸去溶剂后得到的粗产物经过一个短的硅胶柱 (EtOAc-PE, 1:3) 进行纯化，得到 461 mg (98%) 1-苄基-2-苯基-1H-1,2,3-三氮唑的麦白色固体。

例 四

(S)-3-{4-(雌二醇-17-基)-1H-1,2,3-三氮唑-1-基}-1,2-丙二醇的合成[17]

(CuSO$_4$·5H$_2$O 和抗坏血酸钠体系催化的 CuAAC 反应)

(74)

反应条件: CuSO$_4$·5H$_2$O (1 mol%), NaAsc (1 mol%), aq. t-BuOH, rt, 12 h.

在室温和搅拌下，将抗坏血酸钠 (0.3 mmol, 300 μL 新鲜制备的 1 mol/L 水溶液) 和 CuSO$_4$·5H$_2$O (7.5 mg, 0.03 mmol, 在 100 μL 水中生成的溶液) 依次加入到由 17-乙炔基雌二醇 (888 mg, 3 mmol) 和 (S)-3-叠氮基-1,2-丙二醇 (352 mg, 3 mmol) 的 t-BuOH/H$_2$O (体积分数 1:1, 12 mL) 混合物中。生成的新混合物继续搅拌 12 h 后，TLC 显示原料完全被消耗。接着，向反应体系中加入 H$_2$O (50 mL)，在冰水中冷却后滤出固体。粗产物经水洗涤和干燥后，得到 1.17 g (94%) 麦白色固体产物，熔点 228~230 $^\circ$C。

例 五[102]

3-乙氧基-3-(4-甲基苯磺酰亚胺基)丙酸甲酯的合成

(在 CuAAC 条件下生成链状产物的反应)

(75)

在室温和搅拌下，将 Cu(OAc)$_2$·H$_2$O (20 mg, 0.1 mmol) 加入到含有丙炔酸甲酯 (93 mg, 1.1 mmol)、4-甲基苯磺酰基叠氮 (197 mg, 1mmol) 和 2-氨基苯酚 (5.5 mg, 0.05 mmol) 在 EtOH (1 mL) 中生成的混合物中。大约 15 min 后，TLC 检测 4-甲基苯磺酰基叠氮完全被消耗。然后，在减压下蒸去溶剂。生成的残留物经柱色谱 (硅胶，10% EtOAc/PE) 纯化得到 284 mg (95%) 无色油状产物。

6   参考文献

[1]   Curtius, T. *Ber. Dtsch. Chem. Ges.* **1883**, *16*, 2230.

[2]   Buchner, E. *Ber. Dtsch. Chem. Ges.* **1888**, *21*, 2637.

[3]   Buchner, E.; Fritsch, M.; Papendieck, A.; Witter, H. *Liebigs Ann. Chem.* **1893**, *273*, 214.

[4]   Michael, A. *J. Prakt. Chem.* **1893**, *48*, 94.

[5]   Beckmann, E. *Ber. Dtsch. Chem. Ges.* **1890**, *23*, 3331.

[6]   Werner, A.; Buss, H. *Ber. Dtsch. Chem. Ges.* **1894**, *27*, 2193.

[7]   Smith, L. I. *Chem. Rev.* **1938**, *23*, 193.

[8]   (a) Huisgen R. *Angew. Chem., Int. Ed.* **1963**, *2*, 633. (b) Huisgen R. *Angew. Chem., Int. Ed.* **1963**, *2*, 565.

[9]   Woodward, R. B.; Hoffmann, R. *J. Am. Chem. Soc.* **1965**, *87*, 395.

[10]   Woodward, R. B.; Hoffmann, R. *The Conservation of Orbital Symmetry*, Weinheim: Verlag Chemie, 1970.

[11]   Houk, K. N.; Sims, J.; Duke, R. E.; Strozier, Jr. R. W.; George, J. K. *J. Am. Chem. Soc.* **1973**, *95*, 7287.

[12]   Houk, K. N.; Sims, J.; Watts, C. R.; Luskus, L. J. *J. Am. Chem. Soc.* **1973**, *95*, 7301.

[13]   Houk, K. N.; Yamaguchi, K. *1,3-Dipolar Cycloaddition Chemistry*, New York: Wiley, 1984, 407-408.

[14]   综述文献见：Huisgen, R. in *1,3-Dipolar Cycloaddition Chemistry*, Ed. Padwa, A., Wiley, New York, 1984, pp 1~176.

[15]   (a) Kirmse, W.; Horner, L. *Liebigs Ann. Chem.* **1958**, *614*, 1. (b) Sheehan, J. C.; Robinson, C. A. *J. Amer. Chem. Soc.* **1951**, *73*, 1207.

[16]   Tornoe, C.; Christensen, C.; Meldal, M. *J. Org. Chem.* **2002**, *67*, 3057.

[17]   Rostovtsev, V. V.; Green, L. G.; Fokin, V. V.; Sharpless, K. B. *Angew. Chem., Int. Ed.* **2002**, *41*, 2596.

[18]   综述文献见：(a) Liang, L.; Astruc, D, *Coord. Chem. Rev.* **2011**, *255*, 2933. (b) Diez-Gonzalez, S. *Catal. Sci. Technol.* **2011**, *1*, 166. (c) Mamidyala, S. K.; Finn, M. G. *Chem. Soc. Rev.* **2010**, *39*, 1252. (d) Hua, Y.; Flood, A. H. *Chem. Soc. Rev.* **2010**, *39*, 1262. (e) Le Droumaguet, C.; Wang, C.; Wang, Q. *Chem. Soc. Rev.* **2010**, *39*, 1233. (f) Hanni, K. D.; Leigh, D. A. *Chem. Soc. Rev.* **2010**, *39*, 1240. (g) Hein, J. E.; Fokin, V. V. *Chem. Soc. Rev.* **2010**, *39*, 1302. (h) Holub, J. M.; Kirshenbaum, K. *Chem. Soc. Rev.* **2010**, *39*, 1325. (i) Meldal, M.; Tornøe, C. W. *Chem. Rev.* **2008**, *108*, 2952. (j) Bock, V. D.; Hiemstra, H.; van Maarseveen, J. H. *Eur. J. Org. Chem.* **2006**, 51.

[19]   (a) Ruchardt, C.; Sauer, J.; Sustmann, R. *Helv. Chim. Acta* **2005**, *88*, 1154. (b) Seeman, J. I. *Helv. Chim. Acta* **2005**, *88*, 1145. (c) Sustmann, R. *Tetrahedron* **2000**, *56*, vii~viii.

[20]   Kolb, H. C.; Finn, M. G.; Sharpless, K. B. *Angew. Chem., Int. Ed.* **2001**, *40*, 2004.

[21]   Fleming I. *Frontier orbitals and organic chemical reactions*, Wiley: Chichester, 1976, pp 148-161

[22]   Sustmann. R. *Tetrahedron Lett.* **1971**, 2717.

[23]   Sustmann R. *Pure Appl. Chem.* **1974**, *40*, 569.

[24]   Himo, F.; Lovell, T.; Hilgraf, R.; Rostovtsev, V. V.; Noodleman, L.; Sharpless, K. B.; Fokin, V. V. *J. Am. Chem. Soc.* **2005**, *127*, 210.

[25]   Rodionov, V. O.; Fokin, V. V.; Finn, M. G. *Angew. Chem., Int. Ed.* **2005**, *44*, 2210.

[26]   (a) Straub, B. F. *Chem. Commun.* **2007**, 3868. (b) Ahlquist, M.; Fokin, V. V. *Organometallics* **2007**, *26*, 4389.

[27]   Nolte, C.; Mayer, P.; Straub, B. F. *Angew. Chem., Int. Ed.* **2007**, *46*, 2101.

[28]   (a) Padwa, A. In *Comprehensive Organic Synthesis*; Trost, B. M., Ed.; Pergamon: Oxford, 1991; Vol. 4, pp 1069-1109. (b) Fan, W.-Q.; Katritzky, A. R. In *Comprehensive Heterocyclic Chemistry II*; Katritzky,

A. R., Rees, C. W., Scriven, E. F. V., Eds.; Pergamon: Oxford, 1996; Vol. 4, pp 101-126.

[29] Kaleta, Z.; Egyed, O.; Soos, T. *Org. Biomol. Chem.* **2005**, *3*, 2228.

[30] de Oliveira, R. N.; Sinou, D. *J. Carbohydr. Chem.* **2006**, *25*, 407.

[31] Coats, S. J.; Link, J. F.; Gauthier, D.; Hlasta, D. J. *Org. Lett.* **2005**, *7*, 1469.

[32] Mont, N.; Mehta, V. P.; Appukkuttan, P. A.; Beryozkina, T.; Toppet, S.; Van Hecke, K.; Van Meervelt, L.; Voet, A.; DeMaeyer, M.; Van der Eycken, E. *J. Org. Chem.* **2008**, *73*, 7509.

[33] Bock, V. D.; Perciaccante, R.; Jansen, T. P.; Hiemstra, H.; van Maarseveen, J. H. *Org. Lett.* **2006**, *8*, 919.

[34] (a) Bodine, K. D.; Gin, D. Y.; Gin, M. S. *Org. Lett.* **2005**, *7*, 4479. (b) Bodine, K. D.; Gin, D. Y.; Gin, M. S. *J. Am. Chem. Soc.* **2004**, *126*, 1638.

[35] (a) Li, H.; Riva, R.; Jerome, R.; Lecomte, P. *Macromolecules* **2007**, *40*, 824. (b) Riva, R.; Schmeits, S.; Jerome, C.; Jerome, R.; Lecomte, P. *Macromolecules* **2007**, *40*, 796.

[36] (a) van Maarseveen, J. H.; Horne, Ghadiri, M. R. *Org. Lett.* **2005**, *7*, 4503. (b) Horne, W. S.; Stout, C. D.; Ghadiri, M. R. *J. Am. Chem. Soc.* **2003**, *125*, 9372.

[37] Smith, N. W.; Polenz, B. P.; Johnson, S. B.; Dzyuba, S. V. *Tetrahedron Lett.* **2010**, *51*, 550.

[38] Zhang, Z.; Fan, E. *Tetrahedron Lett.* **2006**, *47*, 665.

[39] Fazio, F.; Bryan, M. C.; Blixt, O.; Paulson, J. C.; Wong, C.-H. *J. Am. Chem. Soc.* **2002**, *124*, 14397.

[40] Gerard, B.; Ryan, J.; Beeler, A. B.; Porco Jr., J. A. *Tetrahedron* **2006**, *62*, 6405.

[41] Buckley, B. R.; Dann, S. E.; Harris, D. P.; Heaney, H.; Stubbs, E. C. *Chem. Commun.* **2010**, *46*, 2274.

[42] Jean, M.; Le Roch, M.; Renault, J.; Uriac, P. *Org. Lett.* **2005**, *7*, 2663.

[43] Chattopadhyay, B.; Rivera Vera, C. I.; Chuprakov, S.; Gevorgyan, V. *Org. Lett.* **2010**, *12*, 2166.

[44] Gissibi, A.; Finn, M. G.; Reiser, O. *Org. Lett.* **2005**, *7*, 2325.

[45] Detz, R. J.; Heras, S. A.; de Gelder, R.; van Leeuwen, P. W. N. M.; Hiemstra, H.; Reek, J. N. H.; van Maarseveen, J. H. *Org. Lett.* **2006**, *8*, 3327.

[46] Xie, F.; Sivakumar, K.; Zeng, Q.; Bruckman, M. A.; Hodges, B.; Wang, Q. *Tetrahedron* **2008**, *64*, 2906.

[47] Diot, J.; Garcia-Moreno, M. I.; Gouin, S. G.; Mellet, C. O.; Haupt, K.; Kovensky, J. *Org. Biomol. Chem.* **2009**, *7*, 357.

[48] Zhang, J.; Chiang, F.-I.; Wu, L.; Czyryca, P. G.; Li, D.; Chang, C. W. T. *J. Med. Chem.* **2008**, *51*, 7563.

[49] Camp, C.; Dorbes, S.; Picard, C.; Benoist, E. *Tetrahedron Lett.* **2008**, *49*, 1979.

[50] Lee, L. V.; Mitchell, M. L.; Huang, S. J.; Fokin, V. V.; Sharpless, K. B.; Wong, C. H. *J. Am. Chem. Soc.* **2003**, *125*, 9588.

[51] Deiters, A.; Cropp, T. A.; Mukherji, M.; Chin, J. W.; Anderson, J. C.; Schultz, P. G. *J. Am. Chem. Soc.* **2003**, *125*, 11782.

[52] Bonnet, D.; Ilien, B.; Galzi, J-L.; Riche, S.; Antheaune, C.; Hibert, M. *Bioconjugate Chem.* **2006**, *17*, 1618.

[53] Pachon, L. D.; van Maarseveen, J. H.; Rothenberg, G. *Adv. Synth. Catal.* **2005**, *347*, 811.

[54] Orgueira, H. A.; Fokas, D.; Isome, Y.; Chane, P. C.-M.; Baldino, C. M. *Tetrahedron Lett.* **2005**, *46*, 2911.

[55] Wan, Q.; Chen, J.; Chen, G.; Danishefsky, S. J. *J. Org. Chem.* **2006**, *71*, 8244.

[56] Reddy, K. R.; Rajgopal, K.; Kantam, M. L. *Synlett* **2006**, 957.

[57] Kamata, K.; Nakagawa, Y.; Yamaguchi, K.; Mizuno, N. *J. Am. Chem. Soc.* **2008**, *130*, 15304.

[58] Yamaguchi, K.; Oishi, T.; Katayama, T.; Mizuno, N. *Chem. Eur. J.* **2009**, *15*, 10464.

[59] Namitharan, K.; Kumarraja, M.; Pitchumani, K. *Chem. Eur. J.* **2009**, *15*, 2755.

[60] Kuang, G. C.; Guha, P. M.; Brotherton, W. S.; Simmons, J. T.; Stankee, L. A.; Nguyen, B. T.; Clark, R. J.; Zhu, L. *J. Am. Chem. Soc.* **2011**, *133*, 13984.

[61] Brotherton, W. S.; Michaels, H. A.; Simmons, J. T.; Clark, R. J.; Dalal, N. S.; Zhu, L. *Org. Lett.* **2009**, *11*, 4954.

[62] Chan, T. R.; Hilgraf, R.; Sharpless, K. B.; Fokin, V. V. *Org. Lett.* **2004**, *6*, 2853.

[63] Wells, A. F. *Structural Inorganic Chemistry* Oxford University Press, Oxford, **1984**. 5th ed., p 410 and p 444.

[64] Chui, S. S. Y.; Ng, M. F. Y.; Che, C.-M. *Chem. Eur. J.* **2005**, *11*, 1739.

[65] Rodionov, V. O.; Presolski, S. I.; Gardinier, S.; Lim, Y.-H.; Finn, M. G. *J. Am. Chem. Soc.*, **2007**, 129, 12696.

[66] Rodionov, V. O.; Presolski, S. I.; Gardinier, S.; Diaz, D. D.; Fokin, V. V.; Finn, M. G. *J. Am. Chem. Soc.*, **2007**, 129, 12705.

[67] Candelon, N.; Lastecoueres, D.; Diallo, A. K.; Aranzaes, J. R.; Astruc, D.; Vincent, J.-M. *Chem. Commun.* **2008**, 741.

[68] Ozcubukcu, S.; Ozkal, E.; Jimeno, C.; Pericas, M. A *Org. Lett.* **2009**, *11*, 4680.

[69] He, Y.; Bian, Z.; Kang, C.; Cheng, Y.; Gao, L. *Chem. Commun.* **2010**, *46*, 3532.

[70] Wang, F.; Fu, H.; Jiang, Y.; Zhao, Y. *Green Chem.* **2008**, *10*, 452.

[71] Gonda, Z.; Novak, Z. *Dalton Trans.* **2010**, *39*, 726.

[72] Fabbrizzi, P.; Cicchi, S.; Brandi, A.; Sperotto, E.; van Koten, G. *Eur. J. Org. Chem.* **2009**, 5423.

[73] Campbell-Verduyn, L. S.; Mirfeizi, L.; Dierckx, R. A.; Elsing, P. H.; Feringa, B. L. *Chem. Commun.* **2009**, 2139.

[74] Diez-Gonzalez, S.; Correa, A.; Cavallo,L.; Nolan, S. P. *Chem. Eur. J.* **2006**, *12*, 7558.

[75] Diez-Gonzalez, S.; Nolan, S. P. *Angew. Chem., Int. Ed.* **2008**, *47*, 8881.

[76] Diez-Gonzalez, S.; E. D. Stevens, E. D.; Nolan, S. P. *Chem. Commun.* **2008**, 4747.

[77] Teyssot, M.-L.; Nauton, L.; Canet, J.-L.; Cisnetti, F.; Chevry, A.; Gautier, A. *Eur. J. Org. Chem.* **2010**, 3507.

[78] Teyssot, M.-L.; Chevry, A.; Trakia, M.; El-Ghozzi, M.; Avignant, D.; Gautier, A. *Chem. Eur. J.* **2009**, *15*, 6322.

[79] Perez-Balderas, F.; Ortega-Munoz, M.; Morales-Sanfrutos, J.; Hernandez-Mateo, F.; Calvo-Flores, F. G.; Calvo-Asin, J. A.; Isac-Garcia, J.; Santoyo-Gonzalez, F. *Org. Lett.* **2003**, *5*, 1951.

[80] Buckley, B. R.; Dann, S. E.; Harris, D. P.; Heaney, H.; Stubbs, E. C. *Chem. Commun.* **2010**, *46*, 2274.

[81] Park, I. S.; Kwon, M.S.; Kim, Y.; Lee, J. S.; Park, J. *Org. Lett.* **2008**, *10*, 497.

[82] Lipshutz, B. H.; Taft, B. R. *Angew. Chem., Int. Ed.* **2006**, *45*, 8235.

[83] Chassaing, S.; Sido, S. S.; Alix, A.; Kumarraja, M.; Pale, P.; Sommer, J. *Chem. Eur. J.* **2008**, *14*, 6713.

[84] Dondoni, A.; Marra, A. *J. Org. Chem.* **2006**, *71*, 7546.

[85] Pappo, D.; Mejuch, T.; Reany, O.; Solel, E.; Gurram, M.; Keinan, E. *Org. Lett.* **2009**, *11*, 1063.

[86] Morales-Sanfrutos, J.; Ortega-Munoz, M.; Lopez-Jaramillo, J.; Hernandez-Mateo, F.; Santoyo-Gonzalez, F. *J. Org. Chem.* **2008**, *73*, 7768.

[87] Billing, J. F.; Nilsson, U. J. *J. Org. Chem.* **2005**, *70*, 4847.

[88] Jagasia, R.; Holub,J. M.; Bollinger, M.; Kirshenbaum, K.; Finn, M. G. *J. Org. Chem.* **2009**, *74*, 2964.

[89] Feldman, A. K.; Colasson, B.; Fokin, V. V. *Org. Lett.* **2004**, *6*, 3897.

[90] Appukkuttan, P.; Dehaen, W.; Fokin, V. V.; Van der Eycken, E. *Org. Lett.* **2004**, *6*, 4223.

[91] Beckmann, H. S. G.; Wittmann, V. *Org. Lett.* **2007**, *9*, 1.

[92] Touaibia, M.; Roy, R. *J. Org. Chem.* **2008**, *73*, 9292.

[93] Bae, I.; Han, H.; Chang, S. *J. Am. Soc. Chem.* **2005**, *127*, 2038.

[94] Cho, S. H.; Yoo, E. J.; Bae, I.; Chang, S. *J. Am. Chem. Soc.* **2005**, *127*, 16046.

[95] Yoo, E. J.; Bae, I.; Cho, S. H.; Han, H.; Chang, S. *Org. Lett.* **2006**, *8*, 1347.

[96] (a) Yoo, E. J.; Ahlquist, M.; Bae, I.; Sharpless, K. B.; Fokin, V. V.; Chang, S. *J. Org. Chem.* **2008**, *73*, 5520. (b) Yoo, E. J.; Ahlquist, M.; Kim, S. H.; Bae, I.; Fokin, V. V.; Sharpless, K. B.; Chang, S. *Angew. Chem., Int. Ed.* **2007**, *46*, 1730.

[97] Whiting, M.; Fokin, V. V. *Angew. Chem., Int. Ed.* **2006**, *45*, 3157.

[98] Cui, S.; Lin, X. F.; Wang, Y. G. *Org. Lett.* **2006**, *8*, 4517.

[99] 有关 Chang 等人更多的工作见：(a) Yoo, E. J.; Park, S. H.; Lee, S. H.; Chang, S. *Org. Lett.* **2009**, *11*, 1155. (b) Cho, S. H.; Chang, S. *Angew. Chem., Int. Ed.* **2008**, *47*, 2836. (c) Kim, J. Y.; Kim, S. H.; Chang, S. *Tetrahedron Lett.* **2008**, *49*, 1745. (d) Yoo, E. J.; Chang, S. *Org. Lett.* **2008**, *10*, 1163. (e) Kim, J.; Lee, Y.; Lee, J.; Do, Y.; Chang, S. *J. Org. Chem.* **2008**, *73*, 9454. (f) Cho, S. H.; Chang, S. *Angew. Chem., Int. Ed.* **2007**, *46*, 1897.

[100] 有关开环反应的更多应用见：(a) Jin, H.; Xu, X.; Gao, J.; Zhong, J.; Wang, Y. *Adv. Synth. Catal.* **2010**, *352*, 347. (b) Lee, M. Y.; Kim, M. H.; Kim, J.; Kim, S. H.; Kim, B. T.; Jeong, I. H.; Chang, S.; Kim, S. H.; Chang, S.-Y. *Bioorg. Med. Chem. Lett.* **2010**, *20*, 541. (c) Shang, Y.; Ju, K.; He, X.; Hu, J.; Yu, S.; Zhang, M.; Liao, K.; Wang, L.; Zhang, P. *J. Org. Chem.* **2010**, *75*, 5743. (d) Song, W.; Lu, W.; Wang, J.; Lu, P.; Wang, Y. *J. Org. Chem.* **2010**, *75*, 3481. (e) Yao, W.; Pan, L.; Zhang, Y.; Wang, G.; Wang, X.; Ma, C. *Angew. Chem., Int. Ed.* **2010**, *49*, 9210. (f) Shen, Y.; Cui, S.; Wang, J.; Chen, X.; Lu, P.; Wang, Y. *Adv. Synth. Catal.* **2010**, *352*, 1139. (g) Lu, W.; Song, W. Z.; Hong, D.; Lu, P.; Wang, Y. G. *Adv. Synth. Catal.* **2009**, *351*, 1768. (h) Shang, Y.; He, X.; Hu, J.; Wu, J.; Zhang, M.; Yu, S.; Zhang, Q. *Adv. Synth. Catal.* **2009**, *351*, 2709. (i) Cui, S.; Wang, J.; Wang, Y. G. *Tetrahetron* **2008**, *64*, 487. (j) Cui, S.; Wang, J.; Wang, Y. G. *Org. Lett.* **2008**, *10*, 1267. (k) Cui, S.; Wang, J.; Wang, Y. G. *Org. Lett.* **2007**, *9*, 5023. (l) Xu, X.; Cheng, D.; Li, J.; Guo, H.; Yan, J. *Org. Lett.* **2007**, *9*, 1585. (m) Mandal, S.; Gauniyal, H. M.; Pramanik, K.; Mukhopadhyay, B. *J. Org. Chem.* **2007**, *72*, 9753. (n) Cassidy, M. P.; Raushel, J.; Fokin, V. V. *Angew. Chem., Int. Ed.* **2006**, *45*, 3154.

[101] Raushel, J.; Fokin, V. V. *Org. Lett.* **2010**, *12*, 4952.

[102] Liu, Y.; Wang, X.; Xu, J.; Zhang, Q.; Zhao, Y.; Hu, Y. *Tetrahedron* **2011**, *67*, 6294.

[103] Shao, C.; Cheng, G.; Su, D.; Xu, J.; Wang, X.; Hu, Y. *Adv. Synth. Catal.* **2010**, *352*, 1587.

[104] Ogura, T.; Mounts, R. D.; Fernando, Q. *J. Am. Chem. Soc.* **1973**, *95*, 949.

[105] Edwards, D. A.; Richards, R. *J. Chem. Soc., Dalton Trans.* **1973**, 2463.

[106] Cotton, F. A.; Dikarev, E. V.; Petrukhina, M. A. *Inorg. Chem.* **2000**, *39*, 6072.

[107] Sugiura, T.; Yoshikawa, H.; Awaga, K. *Inorg. Chem.* **2006**, *45*, 7584.

[108] Shao, C.; Wang, X.; Xu, J.; Zhao, J.; Zhang, Q.; Hu, Y. *J. Org. Chem.* **2010**, *75*, 7002.

[109] (a) Yu, T.-B.; Bai, J. Z.; Guan, Z. *Angew. Chem., Int. Ed.* **2009**, *48*, 1097. (b) Yim, C.-B.; Boerman, O. C.; de Visser, M.; de Jong, M.; Dechesne, A. C.; Rijkers, D. T. S.; Liskamp, R. M. J. *Bioconjugate Chem.* **2009**, *20*, 1323. (c) van Dijk, M.; Nollet, M. L.; Weijers, P.; Dechesne, A. C.; van Nostrum, C. F.; Hennink, W. E.; Rijkers, D. T. S.; Liskamp, R. M. J. *Biomacromolecules* **2008**, *9*, 2834. (d) Bae, I.; Han, H.; Chang, S. *J. Am. Chem. Soc.* **2005**, *127*, 2038.

[110] (a) Mindt, T. L.; Schibli, R. *J. Org. Chem.* **2007**, *72*, 10247. (b) Zhang, J.; Chen, H.-N.; Chiang, F.-I.; Takemoto, J. Y.; Bensaci, M.; Chang, C.-W. T. *J. Comb. Chem.* **2007**, *9*, 17. (c) Dijkgraaf, I.; Rijnders, A. Y.; Soede, A.; Dechesne, A. C.; van Esse, G. W.; Brouwer, A. J.; Corstens, F. H. M.; Boerman, O. C.; Rijkers, D. T. S.; Liskamp, R. M. J. *Org. Biomol. Chem.* **2007**, *5*, 935. (d) Groothuys, S.; Kuijpers, B. H. M.; Quaedflieg, P. J. L. M.; Roelen, H. C. P. F.; Wiertz, R. W.; Blaauw, R. H.; van Delft, F. L.; Rutjes, F. P. J. T. *Synthesis* **2006**, 3146.

[111] Shao, C.; Zhu, R.; Luo, S.; Zhang, Q.; Wang, X.; Hu, Y. *Tetrahedron Lett.* **2011**, *52*, 3782.

[112] Shao, C.; Wang, X.; Zhang, Q.; Zhao, J.; Luo, S.; Hu, Y. *J. Org. Chem.* **2011**, *76*, 6832.

[113] Zhang, Q.; Wang, X.; Cheng, C.; Zhu, R.; Liu, N.; Hu, Y. *Org. Biomol. Chem.* **2012**, *10*, 2847.

[114] Krasinski, A.; Fokin, V. V.; Sharpless, K. B. *Org. Lett.* **2004**, *8*, 1237.

[115] Kwok, S. W.; Fosing, J. R.; Fraser, R.; Rodionov, V. O.; Fokin, V. V. *Org. Lett.* **2010**, *12*, 4217.

[116] Zhang, L.; Chen, X.; Xue, P.; Sun, H. H. Y.; Williams, I. D.; Sharpless, K. B.; Fokin, V. V.; Jia, G. *J. Am. Chem. Soc.* **2005**, *127*, 15998.

[117] Boren, B. C.; Narayan, S.; Rasmussen, L. K.; Zhang, L.; Zhao, H.; Lin, Z.; Jia, G.; Fokin, V. V. *J. Am. Chem. Soc.* **2008**, *130*, 8923.

[118] Majireck, M. M.; Weinreb, S. M. *J. Org. Chem.* **2006**, *71*, 8680.

[119] Liu, P, N.; Li, J.; Su, F. H.; Ju, K. D.; Zhang, Li.; Shi, C.; Sung, H. H. Y.; Williams, I. D.; Fokin, V. V.; Lin, Z.; Jia, G. J. *Organometallics* **2012**, *31*, 4904.

[120] Liu, P. N.; Siyang, H. X.; Zhang, L.; Tse, S. K. S.; Jia, G. *J. Org. Chem.* **2012**, *77*, 5844.

[121] Meng, X.; Xu, X.; Gao, T.; Chen, B. *Eur. J. Org. Chem.* **2010**, 5409.

[122] (a) Gruner, K. K.; Knolker, H.-J. *Carbazoles and Acridines.* In *Heterocycles in Natural Product Synthesis*; Majumdar, K. C. and Chattopadhyay, S. K., Eds.; Wiley-VCH: Weinheim, Germany, 2011. (b) Choi, T.; Czerwonka, R.; Frohner, W.; Krahl, M.; Reddy, K.; Franzblau, S.; Knolker, H.-J. *ChemMedChem* **2006**, *1*, 812.

[123] (a) Agalave, S. G.; Maujan, S. R.; Pore, V. S. *Chem. Asian J.* **2011**, *6*, 2696. (b) Tan, L. P.; Wu, H.; Yang, P. Y.; Kalesh, K. A.; Zhang, X.; Hu, M.; Srinivasan, R.; Yao, S. Q. *Org. Lett.* **2009**, *11*, 5102.

[124] Patpi, S. R.; Pulipati, L.; Yogeeswari, P.; Sriram, D.; Jain, N.; Sridhar, B.; Murthy, R.; Devi, T. A.; Kalivendi, S. V.; Kantevari, S. *J. Med. Chem.* **2012**, *55*, 3911.

[125] Eggen, M.; Georg, G. I. *Med. Res. Rev.* **2002**, *22*, 85.

[126] Kolb, H. C.; Sharpless, K. B. *Drug Discovery Today* **2003**, *24*, 1128.

[127] Angell, Y. L.; Burgess, K. *Chem. Soc. Rev.* **2007**, *36*, 1674.

[128] Nahrwold, M.; Bogner, T.; Eissler, S.; Verma, S.; Sewald, N. *Org. Lett.* **2010**, *12*, 1064.

[129] Hermanson, G. T. *Bioconjugate Techniques*, Academic Press: San Diego, 1996.

[130] (a) Choy, G.; Choyke, P.; Libutti, S. K. *Mol. Imaging* **2003**, *2*, 303. (b) Johnsson, N.; Johnsson, K. *ChemBioChem* **2003**, *4*, 803.

[131] Sivakumar, K.; Xie, F.; Cash, B. M.; Long, S.; Barnhill, H. N.; Wang, Q. *Org. Lett.* **2004**, *6*, 4603.

[132] Szejtli, J. *Chem. Rev.* **1998**, *98*, 1743.

[133] Bell, T. W.; Hext, N. M. *Chem. Soc. Rev.* **2004**, *33*, 589.

[134] Bodine, K. D.; Gin, D. Y.; Gin, M. S. *Org. Lett.* **2005**, *7*, 4479.

汉栖二氢吡啶合成反应

(Hantzsch Dihydropyridine Synthesis)

王存德

1 历史背景简述

二氢吡啶和吡啶是许多天然有机化合物的基本骨架，例如：维生素、RNA 聚合酶抑制剂 (Cyclothiazomycin)、生物碱和生物酶等。它们的许多衍生物是重要的药物，例如：抗结核病药异烟肼、降压药 1,4-二氢吡啶钙离子拮抗剂、治疗老年痴呆他克林 (Tacrine)、抗肿瘤抗生素链霉黑素 (Streptonigrin)、降血脂药物西立伐他汀 (Cerivastatin) 等 (式 1)。因此，构建二氢吡啶和吡啶结构是有机化学研究的重要内容之一。

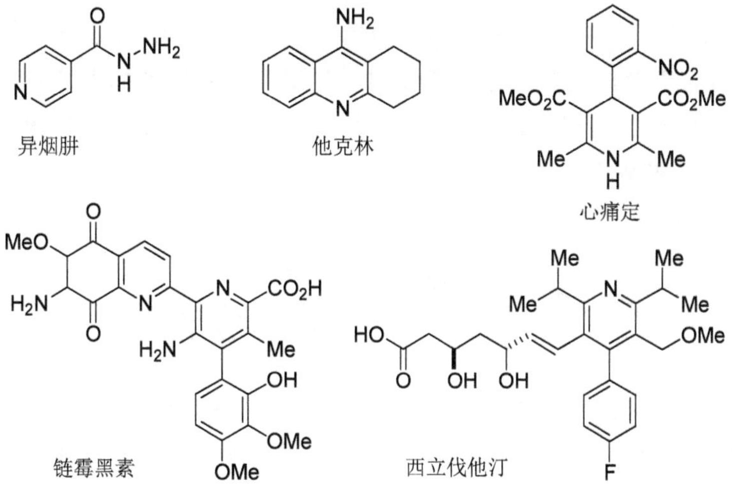

异烟肼　　　　他克林　　　　心痛定　　　　(1)

链霉黑素　　　　西立伐他汀

有许多很有效的方法用于构建吡啶结构，尤其一些重要的人名反应在合成吡啶化合物中得到较为广泛的应用 (式 2)。其中，Hantzsch 二氢吡啶合成法是吡啶合成反应中最经典的反应。1882 年，德国著名有机化学家 Arthur Rudolf Hantzsch 发现了一个通过多组分反应制备 1,4-二氢吡啶的方法，该发现被称为 Hantzsch 二氢吡啶合成反应 (Hantzsch dihydropyridine synthesis)。由于 1,4-二氢吡啶可以通过多种极其简单的脱氢反应转化成为相应的吡啶,所以该发现被广义地称为 Hantzsch 吡啶合成反应 (Hantzsch pyridine synthesis)。

Hantzsch (1857-1935) 于 1875-1879 年间就读于德累斯顿理工学院 (现在德累斯顿工业大学),师从 Schmitt 教授。由于德累斯顿理工学院没有博士学位授予权,他随后转到维尔茨堡大学 (Würzburg) 师从 Wislecenus 教授,并在 1880 年获得博士学位。1880-1885 年间,Hantzsch 作为助教在德国莱比锡大学工作,主要从事有机合成研究工作。1882 年,他发表了后来被称为 Hantzsch 二氢吡啶合成反应的研究结果。如式 3 所示[1]:该反应是一个由 β-羰基羧酸酯、芳醛和氨参与的多组分反应。

1885 年,Hantzsch 被聘为瑞士苏黎世高等理工学院教授。这段时间他致力于其它杂环化合物的研究,于 1887 年合成了噻唑。他还基于噻唑的结构预测了其它类似于噻唑的芳香杂环化合物,并合成了咪唑、噁唑和硒唑等芳香杂环化合物。Hantzsch 一生的研究工作涉及到化学的多个领域,对无机化学、有机化学、分析化学和物理化学等发展都做出了重要的贡献。尤其是以他名字命名的"Hantzsch 二氢吡啶合成反应"、"Hantzsch 吡啶合成反应"、"Hantzsch 吡咯合成反应"和"Hantzsch 杂环命名系统"等都是有机化学发展史上的经典杰作。

2　Hantzsch 二氢吡啶合成反应的定义和机理

1882 年，Hantzsch 首次报道了使用 β-羰基酯、芳醛和氨水在回流的乙醇溶液中合成 1,4-二氢吡啶化合物的反应[1~4]。这个反应也是多组分"一锅煮"反应研究史上最早和最为经典的反应之一。现在，该反应被称为汉栖二氢吡啶合成反应 (Hantzsch Dihydropyridine Synthesis)。经过 120 多年广泛和深入的研究，人们极大地丰富了 Hantzsch 二氢吡啶合成反应的内涵。最近，由于 1,4-二氢吡啶化合物被发现是优秀的钙离子通道调节剂，使得该反应在生物和制药学上得到了广泛的应用[5,6]。

2.1　Hantzsch 二氢吡啶合成反应的定义[7~11]

经典的 Hantzsch 二氢吡啶合成反应是指 1,3-二羰基化合物、醛和氨经"一锅煮"得到 1,4-二氢吡啶衍生物的反应。如通式 4 所示：由两分子 1,3-二羰基化合物与一分子醛和一分子氨经过多组分反应得到 1,4-二氢吡啶产物。

$$\text{(4)}$$

在许多极其简单的脱氢反应条件下，1,4-二氢吡啶衍生物可以很容易地经芳构化反应生成吡啶化合物 (式 5)。所以，将式 4 和式 5 联在一起又被称为 Hantzsch 吡啶合成反应。

$$\text{(5)}$$

在 Hantzsch 二氢吡啶合成反应中，根据 1,3-二羰基化合物的不同可以分为五种反应形式：(1) 乙酰乙酸乙酯、醛和氨或伯胺的反应；(2) 1,3-二酮化合物、醛和氨或伯胺的反应；(3) 烯胺化合物和芳香醛的反应；(4) 1,5-二酮与氨的反应；(5) α,β-不饱和酮与烯胺或酮和氨的反应等。醛类化合物除了典型的芳香醛和脂肪醛外，各类杂环芳醛、α,β-不饱和醛、乙醛酸、糖醛、二茂铁基甲醛等也可用于该反应的底物。最常用的氮源是氨水和铵盐，近来研究发现脲和氮化镁等化合物也可以用作该反应的氮源。

2.2 Hantzsch 二氢吡啶合成反应的机理[1,12~19]

人们对 Hantzsch 二氢吡啶合成反应的机理没有太多的争议，因为使用的底物结构和经历的中间步骤都非常简单。根据使用的底物结构不同，可以描述出两条反应途径 (式 6)。

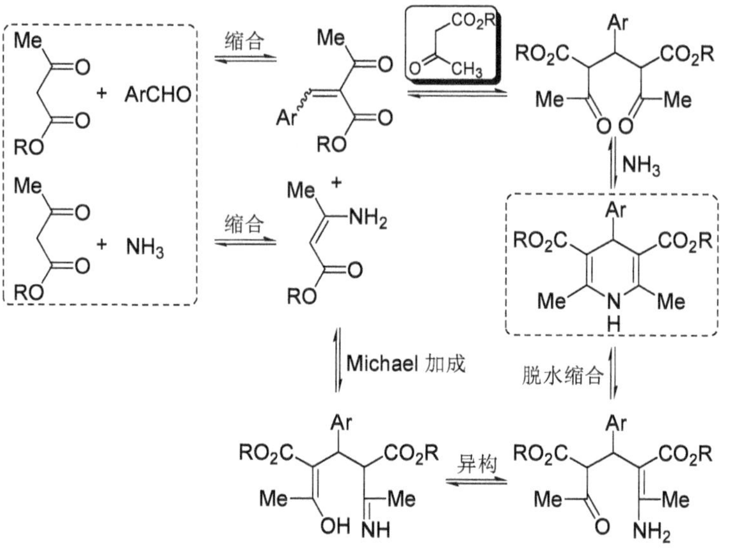

(6)

Hantzsch 二氢吡啶合成"反应途径一"如式 **7** 所示：首先，一分子 β-羰基酯和芳醛发生 Knoevenagel 缩合生成 α-亚苄基-β-羰基酯中间体。然后，另一分子 β-羰基酯和 α-亚苄基-β-羰基酯中间体发生 Michael 加成生成 1,5-二羰基中间体。接着，氨分子在 1,5-二羰基中间体的酮羰基上发生亲核加成，脱水后生成烯胺中间体。最后，烯胺进攻另一个羰基发生分子内的亲核加成，经脱水后生成 1,4-二氢吡啶产物。

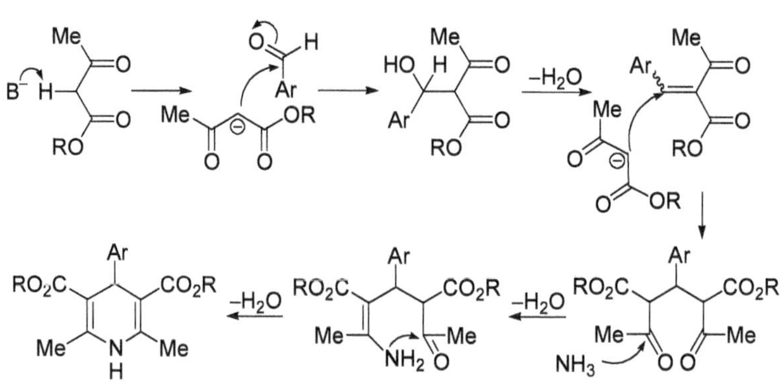

(7)

2003 年，Wayne 等人报道：利用两分子 1,3-二酮和一分子芳香醛反应可以分离得到 1,5-二酮中间体。然后，1,5-二酮中间体与醋酸铵反应可以顺利地发生环化反应生成 1,4-二氢吡啶产物[20,21]。该反应为"反应途径一"提供了直接的实验证据。

Hantzsch 二氢吡啶合成"反应途径二"如式 **8** 所示：首先，一分子 β-羰基酯和芳醛发生 Knoevenagel 缩合生成 α-亚苄基-β-羰基酯中间体。同时，另一分子 β-羰基酯和氨分子发生亲核加成，脱水生成 β-氨基-α,β-不饱和羧酯。然后，β-氨基-α,β-不饱和羧酯作为亲核试剂进攻 α-亚苄基-β-羰基酯发生 Michael 加成反应得到亚胺中间体。接着，亚胺经异构化生成烯胺中间体。最后，烯胺进攻另一个羰基发生分子内的亲核加成，经脱水后生成 1,4-二氢吡啶产物。

(8)

为了证明上述反应机理的合理性，分别使用上述反应机理所涉及的 Knoevenagel 缩合产物、烯胺和 1,5-二羰基化合物作为原料都能够有效地合成出 1,4-二氢吡啶化合物[22]。

虽然如此，人们很难准确地描述经典的多组分 Hantzsch 二氢吡啶合成反应的反应途径，最有可能是同时通过两种途径进行的。事实上，人们已经通过多种可能的途径和中间体合成了许多具有重要生物学价值的 1,4-二氢吡啶产物[23,24]。

3　Hantzsch 二氢吡啶合成反应的试剂

Hantzsch 二氢吡啶合成反应是合成含氮六元杂环的重要反应之一。药学研究发现：许多 1,4-二氢吡啶类化合物具有重要的生物学性质，例如：它们中的有些可以用作抗结核剂[25]、钙离子通道阻滞剂[26~29]和神经肽 Y-Y1 受体拮抗剂[30,31]等，还有一些具有神经保护[31]、抗血小板凝聚[32]和抗糖尿病[33,34]等生物活性。最近，人们还发现 1,4-二氢吡啶类化合物也可以用作帕金森疾病的抗脑萎缩剂[35]和肿瘤治疗的化疗剂[36,37]。因此，人们对 Hantzsch 二氢吡啶合成反应的研究倾注了更多的热情。在目前的 Hantzsch 二氢吡啶合成反应中，三种反应底物都得到了极大的扩展。

3.1 1,3-二羰基化合物及等价物

许多具有活性亚甲基的化合物都能够用作 Hantzsch 二氢吡啶合成反应的底物 (式 4)。除传统的乙酰乙酸酯外，1,3-二酮 (腈)、3-羰基酰胺、α-硝基或氰基酮、α,β-不饱和羧酸酯、β-氨基-α,β-不饱和羧酸酯和 β-羰基硫酰胺等都常用于该反应 (式 9)。

3.1.1 β-羰基羧酸酯[38]

在经典的 Hantzsch 二氢吡啶合成反应中，1,3-二羰基化合物一般是乙酰乙酸甲酯或乙酯。如式 10 所示：使用两分子乙酰乙酸甲酯与一分子芳香醛和一分子氨水在乙醇中回流反应，即可得到具有一个对称面的对称分子 4-芳基-2,6-二甲基-3,5-二甲氧羰基-1,4-二氢吡啶。基于对 Hantzsch 二氢吡啶合成反应机理的理解，无论是反应最初的 Knoevenagel 缩合反应还是随后的 Michael 加成反应，都需要具有较高反应活性的亚甲基。因此，乙酰乙酸酯中 β-羰基和酯基可以通过吸电子诱导效应来活化 α-亚甲基。同时，β-羰基也起到了接受氨分子亲核进

攻而在分子中引入氮原子的作用。

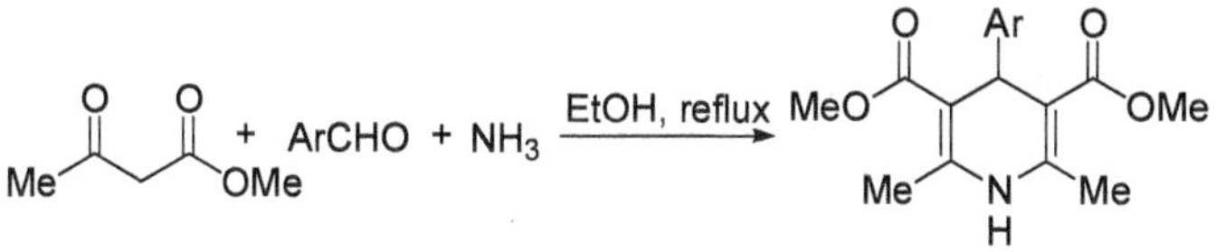

(10)

除了常用的乙酰乙酸甲酯或乙酯外，其它醇酯都能够有效地参与 Hantzsch 二氢吡啶合成反应。如式 11 所示[39]：甚至含有双键的酯也能够顺利地参与反应。

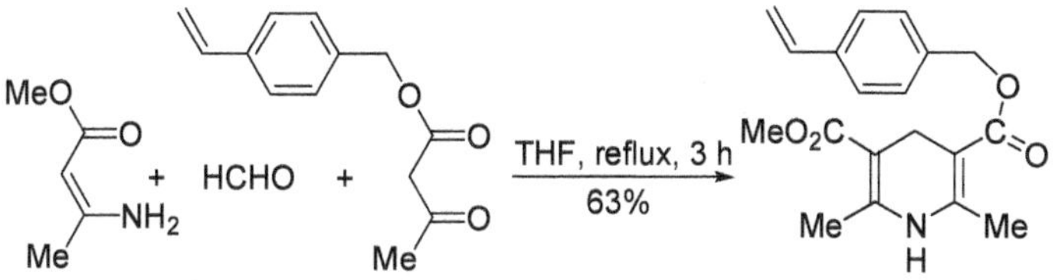

(11)

除了乙酰羧酸酯外，三氟乙酰乙酸乙酯也常用作该反应的底物。如式 12 所示[40]：生成的产物 2,6-二(三氟甲基)二氢吡啶化合物具有重要的生物活性。

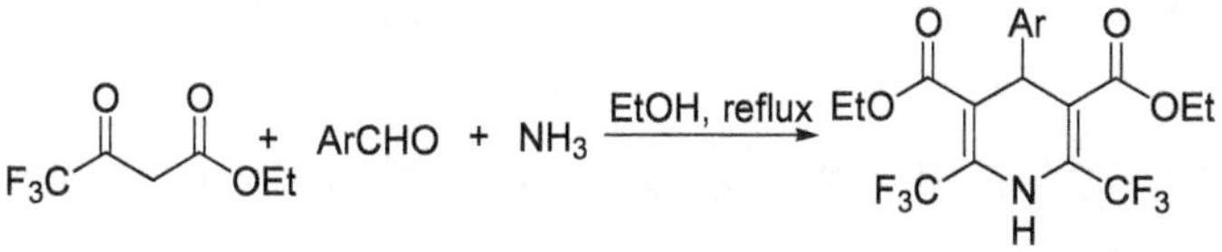

(12)

由于空间位阻的影响，具有较大体积的酰基乙酸酯往往不能够有效地参与该反应。如式 13 所示[41]：提高反应温度或使用路易斯酸催化剂都难以改善反应的收率。

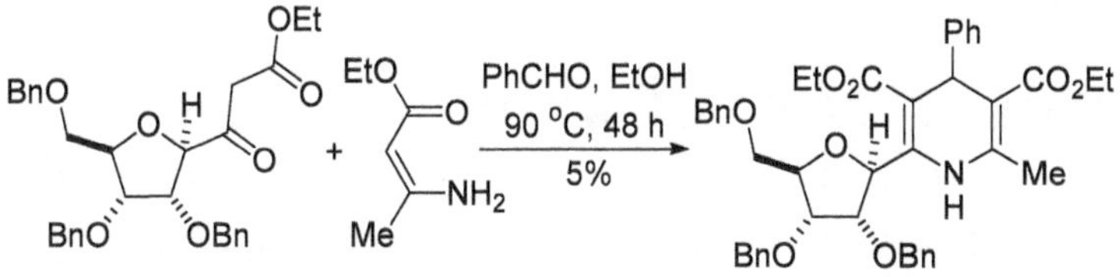

(13)

如式 14 所示[41]：即使将大位阻的酰基乙酸酯预先转化成 β-氨基-α,β-不饱和羧酸酯，然后再与乙酰乙酸乙酯和苯甲醛反应也仅得到 10% 的产物。

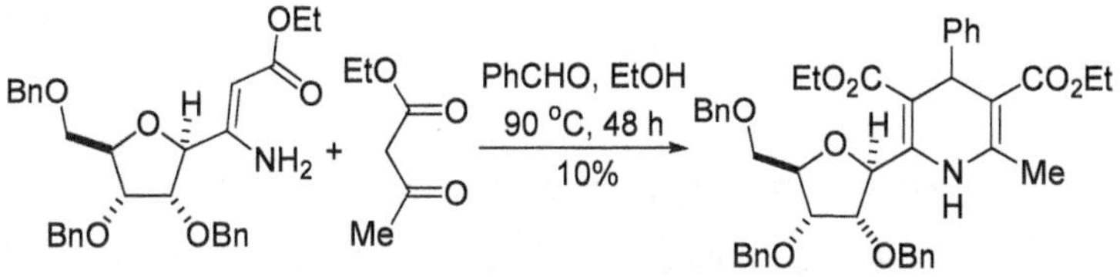

(14)

β-酰基乙酰胺也能够参与 Hantzsch 二氢吡啶合成反应。如式 15 所示[42]：Khoshneviszadeh 等人使用乙酰乙酸酯、乙酰乙酰胺、*N*-甲基-5-硝基咪唑-2-醛和醋酸铵发生分步反应，得到了一系列具有抗结核活性的 1,4-二氢吡啶化合物。

$$(15)$$

1,3-二酮也很容易与芳香醛和氨水反应生成相应的 1,4-二氢吡啶化合物。为了避免异构体的产生，具有对称结构的 1,3-二酮化合物常用于该目的，例如：1,3-戊二酮、1,3-环戊二酮、1,3-环己二酮或 5-取代-1,3-环己二酮等 (式 16)[43]。

$$(16)$$

在乙酸溶液中，β-氰基苯乙酮、醋酸铵和丙酮或脂环酮也能够顺利地发生 Hantzsch 二氢吡啶合成反应 (式 17)[44]。

$$(17)$$

丙二腈可以看成是 1,3-二羰基化合物的等价物，用于代替乙酰乙酸乙酯参与传统的 Hantzsch 二氢吡啶合成反应。如式 18 所示[45]：在三乙胺的催化下，丙二腈、醛和烷基硫醇在乙醇溶液中回流 2 h 即可得到 62%~96% 的 2-烷硫基多取代二氢吡啶。其中，一个丙二腈的氰基为产物提供氮源。

$$(18)$$

丙二腈参与的 Hantzsch 二氢吡啶合成反应可能的机理如式 19 所示：首先，在三乙胺催化下，一个丙二腈和醛发生 Knoevenagel 缩合生成 α-氰基-α,β-

不饱和腈中间体。然后，该中间体与另一个丙二腈负碳离子在烷硫醇的促进下发生 Michael 加成反应。最后，经环化反应生成多氢吡啶环构架，再经互变异构得到 1,4-二氢吡啶产物。

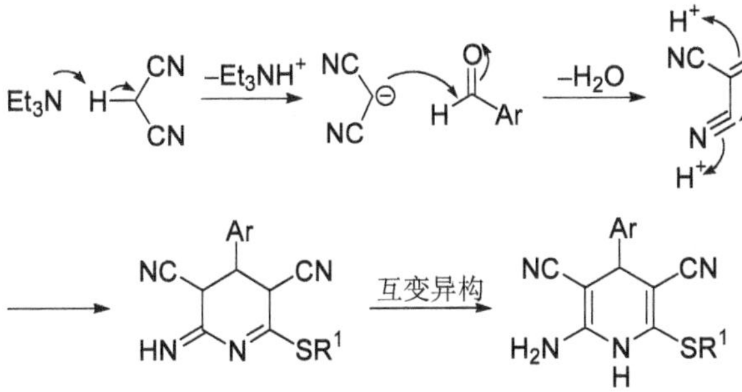

(19)

1-硝基丙酮作为二羰基的等价物也能够参与 Hantzsch 二氢吡啶合成反应。如式 20 所示[46,47]：将 1-硝基丙酮、β-氨基-α,β-不饱和羧酸酯和芳基醛在异丙醇溶液中回流 3 h 即可得到相应的 1,4-二氢吡啶产物。

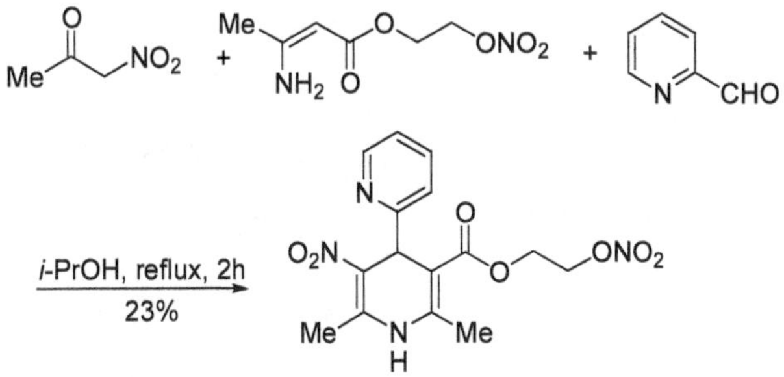

(20)

3.1.2 α,β-不饱和羧酸酯

1975 年，Chennat 等人首次报道了使用丙炔酸甲酯和芳香醛、醋酸铵在乙酸溶液中的 Hantzsch 二氢吡啶合成反应。如式 21 所示：他们首次合成了 1,2,6-无取代的 Hantzsch 二氢吡啶产物。实验还发现：使用其它取代乙炔都不能得到预期的二氢吡啶产物[48]。

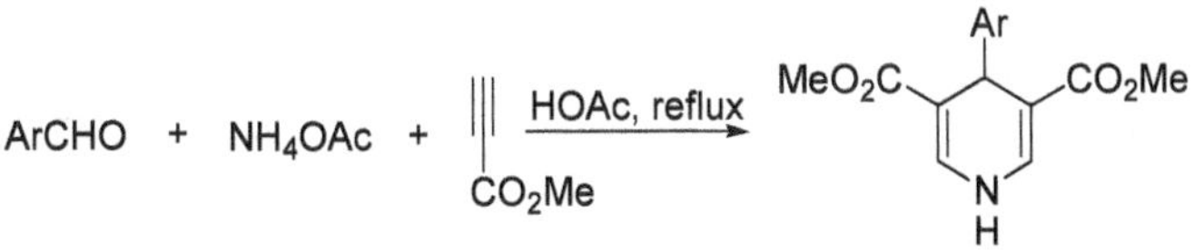

(21)

氰基烯胺结构单元类似于 Hantzsch 反应中的乙酰乙酸乙酯和氨（胺）的缩合产物，可以与查尔酮发生环合直接生成吡啶环。如式 22 所示[49]：将两种

底物在含有乙醇钠的乙醇溶液中回流 2 h 即可得到芳构化后的多取代吡啶产物，产率为 59%~71%。

$$(22)$$

当使用芳香 α,β-不饱和醛代替 β-羰基酯和醛时，参与 Hantzsch 二氢吡啶合成反应的另一分子 β-羰基酯和氨可以由烯胺化合物来代替。如式 23 所示[50]：首先，芳香 α,β-不饱和醛和烯胺在浓盐酸催化下发生迈克尔加成环化反应。然后，经脱水得到二氢吡啶产物。最后，在氧气的作用下发生芳构化反应直接得到吡啶衍生物。

$$(23)$$

3.2 醛类化合物

芳香醛、脂肪醛和含杂环的醛等，几乎所有类型的醛都能够参与 Hantzsch 二氢吡啶合成反应 (式 24)。

$$(24)$$

(24)

R = H, Bn

在早期的 Hantzsch 二氢吡啶合成反应中，最常使用的是芳香醛。这是因为芳香醛和活性亚甲基的 Knoevenagel 缩合比脂肪醛更容易，即使在没有催化剂的条件下也能够顺利进行。由于芳环和 α, β-不饱和羧酸酯形成大的共轭体系，从而使产物结构得到稳定。对取代芳香醛而言，带有活性取代基的芳香醛比带有钝化取代基的芳香醛的反应活性高，对位取代芳香醛的反应活性高于邻、间位取代芳香醛。对脂肪醛而言，低级醛的反应活性高于高级醛和脂环醛 (式 25)[51]。与醛羰基相比较，酮羰基参与的 Hantzsch 二氢吡啶合成反应相对较少。

(25)

NH$_4$OH, EtOH
reflux, 2 h
R = H, 80%
R = Me, 78%
R = Et, 70%

乌洛托品在加热时会分解成甲醛和氨 (式 26)。因此，在 Hantzsch 二氢吡啶合成反应中需要引入甲醛结构单元时，往往使用乌洛托品作为底物。如式 27 所示[52]：乌洛托品受热后既能提供甲醛，又能提供氮源化合物。

$$\rightleftharpoons \quad HCHO + NH_3 \quad (26)$$

(27)

AcONH$_4$, MW, 100 s
63%

许多含氮、硫和磷的杂环化合物常具有特殊的生物活性。在药物分子设计时，经常将这些杂环化合物作为基本构架引入到目标化合物中。而在设计合成二氢吡啶药物分子时，最便捷的方法就是选择使用含有杂环的醛通过 Hantzsch 二氢吡啶合成反应引入含氮、硫和磷的杂环 (式 28)[53]。如式 29 所示：在氮气和避光保护下，将 2-取代噻唑-4-醛、乙酰乙酸酯和醋酸铵在乙醇溶液中回流 12 h 即可得到含噻唑环的二氢吡啶衍生物[54]。

$$(28)$$

$$(29)$$

在药物分子设计时，经常优先考虑天然小分子骨架的引入。因此，天然小分子作为合成子参与复杂分子合成已经成为有机合成研究的重要课题。醛糖小分子上的多羟基结构在药物的代谢过程中起着特殊的作用，它们常常被作为结构单元引入药物分子中。2002 年，Dondoni 等人[55]在合成新型的钙离子拮抗剂时，使用单糖、乙酰乙酸乙酯和 β-氨基-2-丁烯酸乙酯的三组分 Hantzsch 二氢吡啶合成反应得到了 95% 的 4-糖基-1,4-二氢吡啶产物 (式 30)。

$$(30)$$

在 Hantzsch 二氢吡啶合成反应中，α,β-不饱和醛除了提供醛基外，还常常会作为乙酰乙酸乙酯的等价物参与反应。如式 31 所示[56]：使用 α,β-不饱和醛会使反应变得复杂，难以得到理想收率的 1,4-二氢吡啶产物。

$$(31)$$

2007 年，Bisht 等人报道[57]：使用 L-抗坏血酸作为原料通过多步官能团转化首先得到 5-(2-氧代亚乙基)-3,4-二甲氧基丁烯内酯。然后，再与乙酰乙酸乙酯和醋酸铵在乙二醇溶液中加热反应 2 h，得到了具有较强抗结核活性的含内酯杂环的 1,4-二氢吡啶产物 (式 32)。

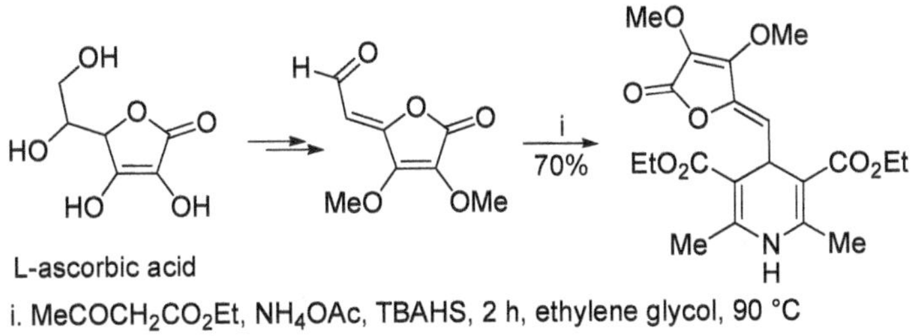

i. MeCOCH$_2$CO$_2$Et, NH$_4$OAc, TBAHS, 2 h, ethylene glycol, 90 °C

(32)

最近的研究发现：许多含二茂铁杂环化合物具有很强的生物活性。2004 年，Marco-Contelles 等人报道[58]：在 Hantzsch 二氢吡啶合成反应条件下，双茂铁甲醛、乙酰乙酸乙酯和 β-氨基-2-丁烯酸乙酯通过三组分反应可以得到 73% 的 4-二茂铁基-1,4-二氢吡啶产物 (式 33)。

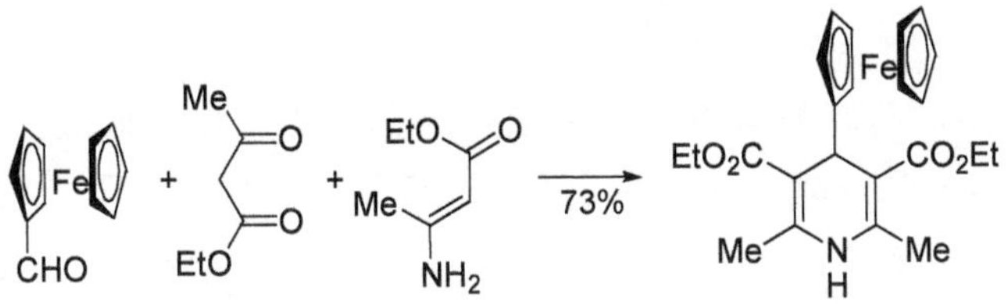

(33)

在芳基多醛参与的 Hantzsch 二氢吡啶合成反应中，可以通过控制反应底物的用量比实现全部或部分反应的选择性 (式 34)[59]。

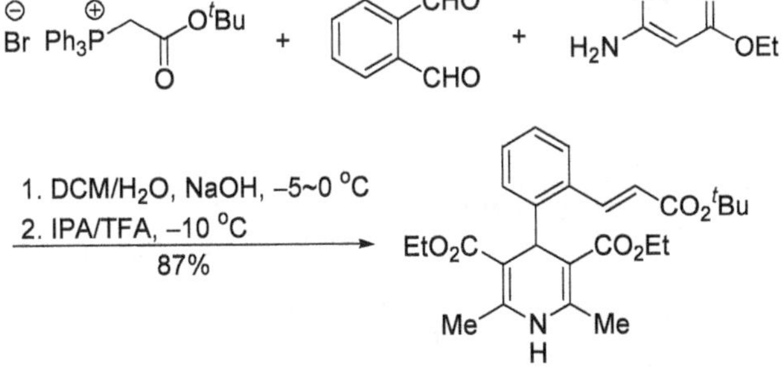

1. DCM/H$_2$O, NaOH, −5~0 °C
2. IPA/TFA, −10 °C
87%

(34)

酮羰基的空间位阻比醛羰基大，因而具有较低的反应活性。文献中，酮羰基参与的 Hantzsch 二氢吡啶合成反应相对较少。如式 35 所示[60]：只有个别高活性的低级脂肪酮、五元或六元脂环酮可以参与该反应。

$$\underset{\text{Ph}}{\overset{\text{O}}{\text{C}}}\text{CN} + \underset{\text{Me}}{\overset{\text{O}}{\text{Me}}} + \text{NH}_4\text{OAc} \xrightarrow{\text{HOAc, reflux}} \text{（结构式）} \tag{35}$$

3.3 氮源化合物

在经典的 Hantzsch 二氢吡啶合成反应中，不同浓度的氨水最常用作氮源化合物。氨水具有价廉易得和使用方便的优点，但会受到氨水浓度的限制且会向反应体系中引入水。近年来，氨水已经逐渐被更加清洁的固体铵盐代替。大多无机铵盐都属于弱碱盐，它们在溶液中或加热条件下都会分解出氨分子。经常使用的铵盐包括：醋酸铵、氯化铵、碳酸铵、碳酸氢铵或硝酸铵等。

在 55~60 ℃ 的水溶液中，乙酰乙酸乙酯、芳醛和碳酸铵无需任何催化剂即可顺利地发生 Hantzsch 二氢吡啶合成反应。与其它氮源相比较，碳酸铵具有低毒 (LD_{50} = 1497 mg/kg)、低熔点 (58 ℃) 和在水介质中能够提供两分子氨的优点[61]。

在无溶剂条件下，碳酸氢铵是一个很好的氮源化合物。如式 36 所示[62]：在 5-吡咯啉-2′-四氮唑 (2% mol) 的催化下，5,5-二甲基-1,3-环己酮、乙酰乙酸乙酯、芳醛和碳酸氢铵在室温下反应 15 min 即可得到 90%~97% 的不对称 1,4-二氢吡啶产物。5-吡咯啉-2′-四氮唑是一个脯氨酸的衍生物，它不仅可以催化 5,5-二甲基-1,3-环己酮和芳醛的 Knoevenagel 缩合反应，还能够促进碳酸氢铵快速分解生成氨分子。

$$\underset{\text{Me}}{\overset{\text{O}\quad\text{O}}{\text{OEt}}} + \text{（对苯二甲醛）} + \text{（5,5-二甲基-1,3-环己酮）}$$

$$\xrightarrow[\text{97\%}]{\text{Reagent (2 mol\%), NH}_4\text{HCO}_3\text{, rt, 15 min}} \text{（产物结构式）} \tag{36}$$

Reagent = （吡咯烷四氮唑结构式）

使用硝酸铵作为氮源的例子不多，因为硝酸铵在加热的条件下会发生分解。在释放出氨气的同时也会产生硝酸，而硝酸是一个具有氧化性的酸。如式 37 所示[63]：原位生成的硝酸将 1,4-二氢吡啶氧化芳构化成为多取代吡啶衍生物和 4-位去取代基的吡啶衍生物。

$$\text{(37)}$$

此外，甲酸铵[64]也常常用于 Hantzsch 二氢吡啶合成反应。乌洛托品在加热时会分解成甲醛和氨，因而也常成为 Hantzsch 二氢吡啶反应的氮源[65]。

现在，脲也是 Hantzsch 二氢吡啶合成反应中常用的氮源化合物。如式 38 所示：在无溶剂条件下，将吸附有乙酰乙酸乙酯、芳醛和脲的硅胶经微波辐射 3~5 min 即可得到 70%~90% 的 1,4-二氢吡啶产物。2006 年，Chhillar 等人利用该反应条件合成了一系列具有抗菌性质的 1,4-二氢吡啶化合物[66~68]。

$$\text{(38)}$$

与脲类似，甲酰胺也能够用作 Hantzsch 二氢吡啶合成反应中的氮源化合物[69]。2008 年，Bridgwood 等人报道[70]：氮化镁能够和水或醇等作用释放出氨气 (式 39)，并可以用作 Hantzsch 二氢吡啶合成反应中的氮源化合物 (式 40)。事实上，氮化镁释放出氨气后生成的氢氧化镁或烷氧基镁还能够有效地促进随后的 Knoevenagel 缩合和 Michael 加成反应，从而提高了 Hantzsch 二氢吡啶合成反应的效率。但是，氢氧化镁和烷氧基镁的强碱性质限制了那些带有碱敏取代基的醛的应用。

$$Mg_3N_2 + 6 H_2O \longrightarrow 2 NH_3 + 3 Mg(OH)_2$$

$$Mg_3N_2 + 6 MeOH \longrightarrow 2 NH_3 + 3 Mg(OMe)_2 \quad \text{(39)}$$

$$Mg_3N_2 + 6 EtOH \longrightarrow 2 NH_3 + 3 Mg(OEt)_2$$

$$\text{(40)}$$

4 Hantzsch 二氢吡啶合成反应的条件

在经典的 Hantzsch 二氢吡啶合成反应中，只需简单地将 1,3-二羰基化合物、醛和氨水或铵盐在醋酸或乙醇溶液中加热回流即可得到 1,4-二氢吡啶产物。反应无需额外的催化剂或促进剂，但往往具有反应时间比较长和产物收率比较低的缺点。现在，许多催化剂或促进剂被用于 Hantzsch 二氢吡啶合成反应，使该反应可以在温和条件下高收率地完成 1,4-二氢吡啶产物的合成。

4.1 质子酸催化的 Hantzsch 二氢吡啶合成反应

在经典的 Hantzsch 二氢吡啶合成反应中，氮源化合物一般使用氨水或醋酸铵。因此，不能够使用强质子酸作为催化剂，而醋酸最常被用作催化剂和溶剂。

2008 年，Cherkupally 等人首次报道了对甲基苯磺酸催化的 5,5-二甲基-1,3-环己二酮、乙酰乙酸乙酯、芳基醛和醋酸铵的四组分 Hantzsch 反应，以 86%~93% 的收率得到双环二氢吡啶产物。条件实验显示：对甲基苯磺酸对反应的效率具有显著的影响，不使用催化剂对甲苯磺酸仅可得到 15%~20% 的产物。对甲苯磺酸是一个温和的有机质子酸，在催化 Hantzsch 反应时对芳醛的取代基没有任何限制 (式 41)[71]。

$$(41)$$

通过对传统 Hantzsch 二氢吡啶合成反应的操作步骤稍作调整，浓盐酸可以被用作有效的催化剂。如式 42 所示：在硫酸和浓盐酸催化下，从间硝基苯甲醛、乙酰乙酸-(2-甲氧基)乙酯和 3-氨基丁烯酸异丙酯可以顺利地得到 1,4-二氢-2,6-二甲基-4-(3-硝基苯基)-3,5-吡啶二羧酸-2-甲氧基乙酯异丙酯。该产物是由德国拜耳公司研发的一种二氢吡啶类钙拮抗剂，市售药物名称是尼莫地平[72]。

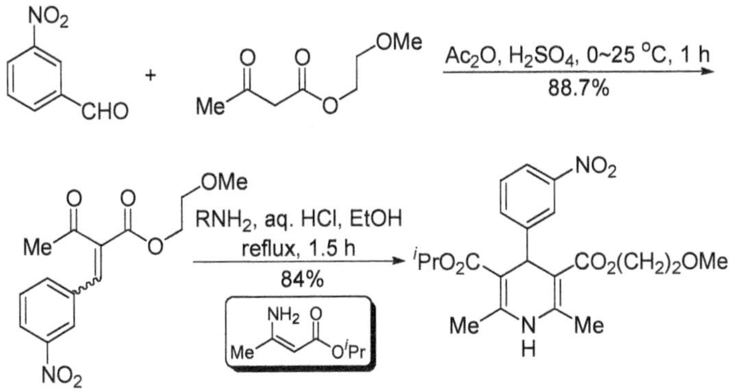

(42)

通过对 Hantzsch 反应底物的改进，可以使用芳香族 α,β-不饱和醛代替反应中的一分子 β-羰基酯。而反应中的另一分子 β-羰基酯和氨可以由羰基化合物氨化后的烯胺来替代。如式 43 所示[73]：在浓盐酸催化下，芳香 α,β-不饱和醛和烯胺首先经迈克尔加成环合，再经脱水得到二氢吡啶产物，最后在氧气作用下芳构化成为吡啶产物。

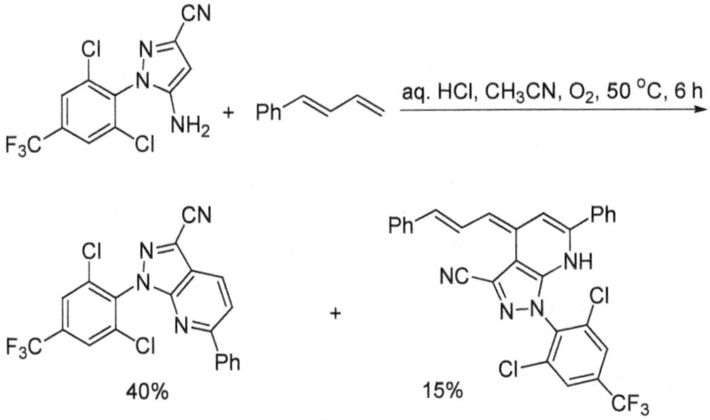

(43)

虽然硫酸很少直接用于催化 Hantzsch 反应，但硫酸氢盐却是一个良好的催化剂。2010 年，Pandey 等人使用硫酸氢化四丁基铵作为催化剂合成了一系列具有抗利什曼虫活性的 4-糖基-1,4-二氢吡啶化合物 (式 44)[74]。

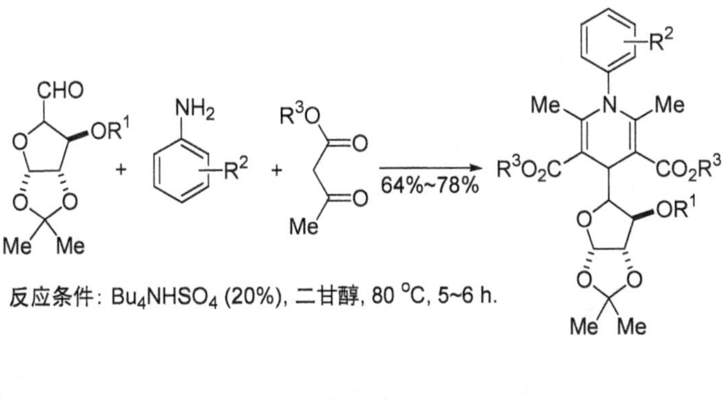

(44)

反应条件：Bu$_4$NHSO$_4$ (20%)，二甘醇，80 °C，5~6 h.

　　虽然在经典的 Hantzsch 反应中难以使用强质子酸催化剂，但通过二氧化硅固载后的高氯酸或磺酸显示出比较强的催化活性。使用高氯酸/二氧化硅催化 Hantzsch 吡啶合成反应时，可以显著地缩短反应的时间。2006 年，Maheswara 等人报道：在无溶剂条件下，二氧化硅固载高氯酸能够高效催化 5,5-二甲基-1,3-环己二酮、乙酰乙酸乙酯、醋酸铵和各类芳香醛或脂肪醛的 Hantzsch 二氢吡啶合成反应。如式 45 所示[75]：该反应可以在温和条件下 (90 ℃) 短时间 (8~20 min) 内完成，以 81%~95% 收率得到各类芳香醛或脂肪醛参与的取代多氢喹啉产物。实验结果表明：二氧化硅固载的高氯酸对多种类型的醛参与的 Hantzsch 二氢吡啶合成反应都具有很强的催化活性。

$$(45)$$

R^1 = p-MeC$_6$H$_4$, p-MeOC$_6$H$_4$, p-ClC$_6$H$_4$, p-O$_2$NC$_6$H$_4$, C$_6$H$_5$,
2,4-Cl$_2$C$_6$H$_3$, o-ClC$_6$H$_4$, 3,4,5-(MeO)$_3$C$_6$H$_2$, o-O$_2$NC$_6$H$_4$,
m-O$_2$NC$_6$H$_4$, p-FC$_6$H$_4$, p-(CH$_3$)NC$_6$H$_3$, 3,4-(MeO)$_2$C$_6$H$_3$,
PhCH=CH, 2-furyl, 2-thienyl, 3-thienyl, 3-pyridyl, p-BrC$_6$H$_4$,
p-HOC$_6$H$_4$, 4-HO-3-MeOC$_6$H$_3$, Et, n-Pr;
R^2 = Et, Me

　　2007 年，Gupta 等人报道：将磺酸通过碳链键合到二氧化硅表面上可以形成固载磺酸催化剂。如式 46 所示[76]：该固载磺酸能够有效地催化乙酰乙酸酯、醛和醋酸铵之间的 Hantzsch 二氢吡啶合成反应。在温和条件下，一般可以得到 85%~95% 的二氢吡啶产物。

$$(46)$$

4.2 路易斯酸催化 Hantzsch 二氢吡啶合成反应

路易斯酸催化剂在有机化学反应中起着非常重要的作用。许多不同类型的路易斯酸催化剂均可用于催化 Hantzsch 二氢吡啶合成反应，例如：无机盐、羧酸盐、卤硅烷、分子碘和三氟甲磺酸盐等。

ZrCl$_4$ 能够在室温下有效地催化由醛、取代的 1,3-环二酮、乙酰乙酸乙酯和醋酸铵参与的四组分不对称 Hantzsch 二氢吡啶合成反应，而且氯化锆还能够回收反复使用[77]。

RuCl$_3$ 是一个常用的催化活性比较强的路易斯酸。在无溶剂条件下，5% 的 RuCl$_3$ 就能够有效地催化经典的由醛、1,3-二羰基化合物和醋酸铵参与的 Hantzsch 二氢吡啶合成反应。该反应可以在数分钟内完成，得到 91% 的二氢吡啶化合物[78]。

氯化铈也是一个经常使用的金属盐酸盐路易斯酸，多数以水合盐形式使用。2009 年，Sabitha 等人报道使用 CeCl$_3$·7H$_2$O 在室温下催化的由取代醛、乙酰乙酸乙酯和醋酸铵参与的 Hantzsch 二氢吡啶合成反应，得到 92% 的二氢吡啶化合物[79]。

二(L-脯氨酸)合锌类似于氯化锌、硫酸锌和醋酸锌等路易斯酸，被广泛地应用于催化有机化学反应。2005 年，Sivamurugan 等人在研究中发现：使用催化量的二(L-脯氨酸)合锌就可以有效地促进 Hantzsch 二氢吡啶合成反应。在经典的反应条件下，反应体系加热 1~3 h 就能够获得 80%~88% 的 1,4-二氢吡啶产物。如果同样的反应辅以微波辐射[80]，可以在 2~4 min 内得到 80%~95% 的 1,4-二氢吡啶产物。

硝酸铈铵 (CAN) 是有机合成反应中常用的温和氧化剂，也常作为路易斯酸用于催化或促进有机合成反应。硝酸铈铵能够有效地催化由醛、取代 1,3-环二酮、乙酰乙酸乙酯和醋酸铵参与的四组分不对称 Hantzsch 二氢吡啶合成反应 (式 47)[81]。2008 年，Reddy 等人报道了利用硝酸铈铵催化相同类型的 Hantzsch 反应，合成了一系列多氢喹啉衍生物[82]。

(47)

R^1 = Me, H; R^2 = Me, EtO

CAN, rt, 0.3~4 h
86%~93%

三甲基氯硅烷 (TMSCl) 作为促进剂，在无溶剂条件下能够有效地促进醛和 3-氨基-2-丁烯酸甲酯一锅环合反应。该反应可以在 80 ℃ 下 2~10 min 完成，得到 75%~96% 的 1,4-二氢吡啶衍生物。实验结果表明：醛的类型和结构对反应结果影响不大，脂肪醛经长反应时间也能够获得和芳醛相似的反应结果 (式 48)[83]。

$$
RCHO + \quad \underset{CO_2Me}{\overset{Me \quad NH_2}{\diagup\diagdown}} \quad \xrightarrow[75\%\sim95\%]{TMSCl, 80\,^\circ C, 2\sim10\ min} \quad MeO_2C\underset{Me}{\overset{R}{\diagup}}CO_2Me \tag{48}
$$

三甲基碘硅烷和三甲基氯硅烷都是温和的路易斯酸，能够催化或促进许多重要有机化学反应。在室温下，三甲基碘代硅烷可以有效催化多种类型和结构醛的 Hantzsch 反应 (式 49 和式 50)[84]。

$$
RCHO + \quad \underset{Me}{\overset{O\quad O}{\diagup\diagdown}}R^1 \quad \xrightarrow[\substack{MeCN,\ rt,\ 6\sim8\ h \\ 73\%\sim80\%}]{TMSCl,\ NaI,\ NH_4OAc} \quad R^1OC\underset{Me}{\overset{H\ R}{\diagup}}COR^1 \tag{49}
$$

$$
RCHO + \quad \underset{Me}{\overset{NH_2\ O}{\diagup\diagdown}}R^1 \quad \xrightarrow[\substack{78\%\sim85\%}]{TMSCl,\ NaI,\ MeCN,\ rt,\ 2\sim3\ h} \quad R^1OC\underset{Me}{\overset{H\ R}{\diagup}}COR^1 \tag{50}
$$

2005 年，Ko 等人报道了使用催化量的 I_2 促进的醛、取代 1,3-环二酮、乙酰乙酸乙酯和醋酸铵参与的四组分不对称 Hantzsch 二氢吡啶合成反应。如式 51 所示：该反应在乙醇溶液中进行，在 40 ℃ 下 25~40 min 即可达到 87%~99% 的 1,4-二氢吡啶衍生物[85]。用异丁醛代替芳醛参与该反应，能够定量得到相应的 1,4-二氢吡啶。

$$
\tag{51}
$$

I$_2$ (15 mol%), EtOH, 40 ℃, 25~40 min
87%~99%
R = Me, X = Cl, 99%
R = Me, X = H, 93%
R = Me, X = OH, 97%
R = H, X = Me, 99%
R = H, X = F, 87%

三氟甲磺酸铜是一个有效的 Lewis 酸催化剂，能够高效催化经典的 Hantzsch 二氢吡啶合成反应。在该条件下，带有活化基团的芳醛可以得到较高的收率 (85%~98%)，而带有钝化基团的芳醛给出中等的收率 (60%~82%)。如式 52 所示[86]：三氟甲磺酸铜对脂肪醛参与的反应没有明显的催化作用。

$$(52)$$

$R^1 = C_6H_5, R^2 = Et, 98\%; R^1 = p\text{-}MeOC_6H_4, R^2 = Et, 85\%$
$R^1 = 3,4\text{-}(OCH_2O)C_6H_3, R^2 = Et, 90\%; R^1 = p\text{-}O_2NC_6H_4, R^2 = Et, 72\%$
$R^1 = p\text{-}ClC_6H_4, R^2 = Et, 70\%; R^1 = o\text{-}O_2NC_6H_4, R^2 = Me, 60\%$
$R^1 = 2\text{-naphthyl}, R^2 = Et, 65\%; R^1 = CH_3(CH_2)_7CH_2, R^2 = Et, 54\%$

镧系金属的三氟甲磺酸盐是目前普遍使用的路易斯酸催化剂。三氟甲磺酸镱是一类具有较高催化活性的镧系路易斯酸催化剂。研究结果表明：在三氟甲磺酸镱催化的 Hantzsch 二氢吡啶合成反应中，芳醛的取代基对反应的影响甚微，但脂肪醛的反应活性略微低于芳醛 (式 53)[87]。

$$(53)$$

二(全氟辛磺酰)亚胺化铪也是一个可重复使用的路易斯酸催化剂。它可以在温和条件下催化醛、取代 1,3-环二酮、乙酰乙酸乙酯和醋酸铵参与的四组分不对称 Hantzsch 二氢吡啶合成反应，收率可以达到 82%~96%。在该催化体系中，无论是芳香醛还是脂肪醛都能够有效地参与反应[88]。

4.3 杂多酸催化的 Hantzsch 二氢吡啶合成反应

杂多酸是由杂原子 (例如：P、Si、Fe 和 Co 等) 和多原子 (例如：Mo、W、V、Nb 和 Ta 等) 通过氧原子配位桥联组成的一类含氧多酸。它们具有强酸性和氧化性，其酸性一般比组成杂多酸各组分的含氧酸的酸性强，具有很高的催化活性。固体杂多酸体相内的杂多离子之间有一定空隙，有些极性分子可以自由进出。其结果如同在浓溶液进行催化反应一样，有均相催化反应的特点。杂多酸稳定性好，是一种多功能的新型催化剂。它们对环境无污染，是一类绿色催化剂，已经用于芳烃烷基化和脱烷基反应、酯化反应、脱水反应、氧化还原反应以及开环、缩合、加成和醚化等反应。

2007 年，Heravi 等人[89]报道使用催化量的磷钨钴杂多酸 K₇[PW₁₁CoO₄₀] 催化醛、取代 1,3-环二酮、乙酰乙酸乙酯和醋酸铵参与的四组分不对称 Hantzsch 二氢吡啶合成反应。如式 54 所示：将反应混合物在乙腈溶剂中回流一定时间即可得到 75%~90% 的 1,4-二氢喹啉衍生物。该反应是一个异相催化反应，反应结束后经过简单过滤和洗涤就能回收催化剂和多次反复使用。

(54)

2008 年，Nagarapu 等人[90]报道了使用钨钴杂多酸 (K₅CoW₁₂O₄₀·3H₂O) 催化的 Hantzsch 吡啶合成反应。如式 55 所示：在无溶剂条件下，该反应在 90 ℃ 反应 10~25 min 即可得到 90%~98% 的 1,4-二氢吡啶衍生物。固体催化剂经过滤即可回收，而且可以反复多次使用。

(55)

2008 年，Rafiee 等人报道：将磷钨杂多酸固载于二氧化钛上，即可制得环境友好的可反复使用的多相催化剂。在无溶剂条件下，该催化剂能够有效地催化 Hantzsch 二氢吡啶合成反应 (二氢吡啶产物收率为 96%)[91]。

4.4 分子筛和蒙脱土等催化的 Hantzsch 二氢吡啶合成反应

分子筛是结晶铝硅酸金属盐的水合物。分子筛经活化后水分子被除去，余下的原子形成笼形结构。分子筛晶体中有许多一定大小的空穴，从而形成了沸石分子筛的强吸附作用能力。而分子筛表现出的强催化能力则是由于其表面上形成酸性较强的路易斯酸催化中心，从而加速吸附于其表面上的反应底物所发生的反应。

2009 年，Gadekar 等人[92]报道：在乙醇溶剂中，钙沸石 (CaAl₂Si₃O₁₀·3H₂O) 可以催化醛、取代 1,3-环二酮、乙酰乙酸乙酯和醋酸铵参与的四组分不对称 Hantzsch 二氢吡啶合成反应。如式 56 所示：在该催化体系中，多种类型的醛经回流 45~60 min 后均可生成 81%~94% 的 1,4-二氢喹啉衍生物。

(56)

蒙脱土 K-10 系蒙皂石黏土经剥片分散、提纯改型、超细分级和特殊复合而成的一种固体催化剂，主要成分是 SiO$_2$ 和 Al$_2$O$_3$，并含有少量的铁、钙、钠和镁等金属离子。蒙脱土 K-10 具有良好的分散性能，比表面积 240 m^2/g。在有机合成中，它常常被用作固体路易斯酸催化成醚和成酯反应。

2008 年，Zonouz 等人[93]报道了使用了使用蒙脱土 K-10 催化的经典 Hantzsch 二氢吡啶合成反应，具有催化活性高和可以反复多次使用的优点。2006 年，Gopalakrishnan 等人[94]报道使用一种活化的工业尘埃 (其组成类似于蒙脱土 K-10) 在无溶剂和微波辐射下催化传统的 Hantzsch 二氢吡啶合成反应。

水滑石类阴离子黏土主要分为水滑石 (Hydrotalcite，简称 HT) 和类水滑石化合物 (Hydrotalcite like compound，简称 Hylc)。它们具有酸碱性特征、记忆效应、热稳定性、层间阴离子的可交换性及微孔结构。主体成分一般是由两种金属的氢氧化物构成，因此又称其为双金属氢氧化物，例如：Mg$_6$Al$_2$(OH)$_{16}$·4H$_2$O。由于这类化合物的层板由镁八面体和铝氧八面体组成，所以具有较强的碱性。水滑石和类水滑石化合物是一类环境友好固体碱催化剂，已被应用于催化 aldol 缩合、α, β不饱和酮环氧化、Friedal-Crafts 反应和 Michael 加成等许多重要有机化学反应。2008 年，Antonyraj 等人报道使用水滑石和类水滑石化合物作为固体碱催化剂，以 53%~75% 的收率合成了一系列 Hantzsch 二氢吡啶产物[95]。

固体三氧化铝在有机合成反应中主要用于固载吸附剂，常将催化剂或促进剂分散到三氧化铝表面上，从而激发催化剂或促进剂的活性。吸附在三氧化铝表面上的氟化钾具有较强的催化活性，在有机多相催化研究中得到广泛应用。如式 57 所示[96]：在催化量的氟化钾/三氧化铝存在下，2,4-戊二酮、甲醛和醋酸铵在乙腈溶液中回流 2 h 就能够得到 90% 的 Hantzsch 二氢吡啶产物。

(57)

在类似的反应条件下，使用气体氨代替醋酸铵在室温下反应一定时间即可得到同样的反应效果。研究表明：氟化钾吸附于三氧化铝表面上后，由于三氧化铝表面上氧原子对钾离子的静电作用，强化了氟负离子的裸露，加强了氟负离子对 2,4-戊二酮和醛基的 Knoevenagel 缩合反应的催化，从而加快了汉栖二氢吡啶环的形成。

2006 年，Rajanarendar 等人报道了直接使用固体三氧化铝在无溶剂条件下催化的 Hantzsch 二氢吡啶合成反应。如式 58 所示[97]：无溶剂条件下，将吸附有芳醛、N-异噁唑-β-羰基丁酰胺和醋酸铵的固体三氧化铝在 120 ℃ 下放置 2 h 即可得到超过 90% 的二氢吡啶产物。在该反应中，固体三氧化铝既是固体吸附剂又是催化剂。

$$(58)$$

4.5 有机小分子催化的 Hantzsch 二氢吡啶合成反应

有机小分子催化剂和反应底物在化学结构上有着相似相容的性质，因而催化剂和反应物分子很容易通过分子间范德华力结合在一起，促使许多有机反应的发生。

L-脯氨酸是一个双官能团天然有机化合物，同时含有酸性基团和碱性基团。与生物酶催化机制类似，L-脯氨酸常作为手性有机小分子催化剂用于 aldol 反应、Mannich 反应和 Michael 反应等有机反应。考虑到 Hantzsch 反应过程包含有 aldol 缩合、Knoevenagel 缩合和 Michael 加成反应，因而 L-脯氨酸也能够有效地催化 Hantzsch 反应。2007 年，Karade 等人报道[98]：使用 L-脯氨酸催化的 Hantzsch 反应可以有效地合成多氢喹啉酮衍生物。如式 59 所示：L-脯氨酸是一个温和催化剂，芳醛取代基团对反应的结果影响不大。

$$(59)$$

2,4,6-三氯嗪 (2,4,6-trichlorotriazin) 是一类重要的有机小分子催化剂，也能够有效地催化经典的汉栖吡啶合成反应。在室温和无溶剂条件下，芳醛、杂环芳醛、脂环醛和脂肪醛参与的 Hantzsch 反应均可得到高产率的二氢吡啶产物。如式 60 所示[99]：通过 2,4,6-三氯嗪产生的氯化氢催化的糖基醛、乙酰乙酸乙酯和醋酸铵的 Hantzsch 反应，可以达到 91% 的糖基二氢吡啶产物。与 2,4,6-三氯嗪的催化机理类似，四溴化碳也能够有效地催化 Hantzsch 二氢吡啶合成反应[100]。

(60)

苯基硼酸常用于二醇和二胺的官能团保护，也是参与 Suzuki 反应的重要试剂之一。2008 年，Debache 等人报道了使用苯基硼酸作为催化剂催化传统的 Hantzsch 吡啶合成反应。在 10% 的苯基硼酸存在下，乙酰乙酸乙酯、芳醛和醋酸铵在乙醇中回流 4~5 h 即可得到 80%~93% 的 Hantzsch 二氢吡啶化合物[101]。

三苯基膦是一个常用有机还原剂，常用于金属催化剂的配体。2009 年，Debache 等人报道：在传统的 Hantzsch 二氢吡啶合成反应条件下，三苯基膦能够有效地催化合成 Hantzsch 二氢吡啶化合物，而且具有反应条件温和、时间短和收率高等优点[102]。

4.6 微波、超声波或红外促进的 Hantzsch 二氢吡啶合成反应

微波是频率在 300 MHz~300 GHz 范围内的电磁波，作为一种新型高效的加热方式显示出高效率、低能耗、收率高、选择性好和环境友好等优点。与传统热源相比，微波辐射对有机反应的促进是因为微波可从分子水平对物质进行加热。近年来，许多报道关于使用微波促进的经典 Hantzsch 二氢吡啶合成反应[103~106]。通过对微波反应器的改装，能够适合不同规模的 Hantzsch 二氢吡啶合成反应[107]。

微波促进有机反应的分子水平致热作用，更能够有效地提高相转移催化剂在多相反应体系中的催化能力。如式 61 所示：在水介质中，将乙酰乙酸酯、醛和醋酸铵在相转移催化剂四丁基溴化铵的作用下微波辐射 3~10 min 即可得到 77%~92% 的 1,4-二氢吡啶产物[108]。

$$\text{RCHO} + \underset{R^1O}{\overset{Me}{\underset{O}{\bigcirc}}} + \text{NH}_4\text{OAc} \xrightarrow[\substack{77\%\sim92\% \\ R = H, alkyl, aryl \\ R^1 = Me, Et}]{\substack{\text{Bu}_4\text{NBr, H}_2\text{O} \\ \text{MW, 3}\sim\text{10 min}}} \quad (61)$$

微波辅助有机合成技术的应用也使组合化学的研究得到了飞跃发展，通过使用微波辐射有机反应能够建立高通量的目标产物库。如式 62 所示：在微波辐射条件下，可以从 N-芳基-3-芳基-3-氧代丙硫酰胺、丙二腈或氰基乙酸乙酯和醛、卤代烃的 Hantzsch 反应中制备一系列的六取代 1,4-二氢吡啶产物[109]。

$$\text{RCHO} + \quad \xrightarrow[\substack{41\%\sim84\% \\ R = H, alkyl, aryl \\ R^1 = CN, CO_2Et; R^2 = alkyl}]{\substack{1.~\text{Et}_3\text{N, EtOH,} \\ 2.~\text{KI, KOH, R}^2\text{X, MW, 18}\sim\text{25 min}}} \quad (62)$$

2001 年，Khadilkar 等人[110]使用助水溶物改善 Hantzsch 二氢吡啶合成反应的底物在水中的溶解度，从而使反应体系类似均相液体。然后，通过导管将反应混合物体系引入改装过的微波反应器中，实现了微波辐射下的连续合成。更多的微波辅助 Hantzsch 二氢吡啶合成在无溶剂条件下进行，这样可以方便地解决使用有毒溶剂带来的环境问题[111,112]。如果选择使用水作为反应介质，加入表面活性剂可以增加底物在水相中的分散程度而提高反应的收率[113,114]。

超声波是一种特殊能量形式，超声产生空化作用可以促使反应底物化学键的断裂，从而提高了化学反应的速率。在无溶剂和无任何催化剂的条件下，超声波就能够有效地促进乙酰乙酸乙酯、芳醛和醋酸铵的 Hantzsch 二氢吡啶合成反应。如式 63 所示[115]：在 28~35 °C 之间，将反应混合物经超声波辐射 20~70 min 即可得到 80%~99% 的 1,4-二氢吡啶产物。此外，研究发现红外光线也能够促进 Hantzsch 反应[116]。

$$\underset{EtO}{\overset{Me}{\underset{O}{\bigcirc}}} + \text{OHC} + \text{NH}_4\text{OAc} \xrightarrow[99\%]{\substack{\text{ultrasound} \\ 28\sim35~^{\circ}\text{C, 30 min}}} \quad (63)$$

4.7 固相 Hantzsch 二氢吡啶合成反应

固相有机合成方法问世于 20 世纪 60 年代，是有机合成化学的一个重要领域。固相有机合成不同于传统液相合成的最大区别之处是通过一个连接分子将固相载体与底物连接。因此，固相合成反应的成败与否，与连接分子在全部反应步骤中（从底物的上载到最终的切离）的表现密切相关。结构上稳健精巧的连接分子是固相合成反应的有效保障。

1996 年，Gordeev 等人报道：使用固定化乙酰乙酸酯与醛发生 Knoevenagel 缩合可以得到一系列亚苄基酮酸酯。然后，亚苄基酮酸酯再与 α-羧基烯胺进行 Michael 加成完成整个 Hantzsch 二氢吡啶合成反应。接着，通过使用硝酸铈铵对 1,4-二氢吡啶进行氧化芳构化得到相应的吡啶衍生物。最后，使用三氟乙酸将产物从负载试剂上解离下来。如式 64 所示[117]：使用该方法可以合成数量巨大的吡啶衍生物库。

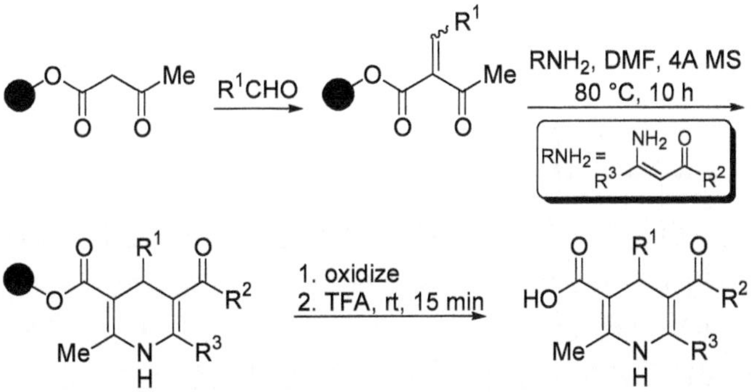

(64)

同一年，Gordeev 等人又报道了使用具有氨基的树脂进行的固相 Hantzsch 二氢吡啶合成。其中的氨基树脂一方面作为固载化合物，另一方面作为氮源。如式 65 所示[118]：首先将氨基树脂和乙酰乙酸酯反应生成固载化的 3-氨基丁烯酸酯。然后，按照传统 Hantzsch 二氢吡啶反应条件与乙酰乙酸酯和芳醛或取代亚苄基酰基乙酸酯反应。但意外的是未能达到固载化的 1,4-二氢吡啶产物，而是生成了成环前的 Michael 加成产物。但是，使用三氟乙酸切去固载试剂后，Michael 加成产物很快发生成环反应达到相应的 Hantzsch 二氢吡啶产物。

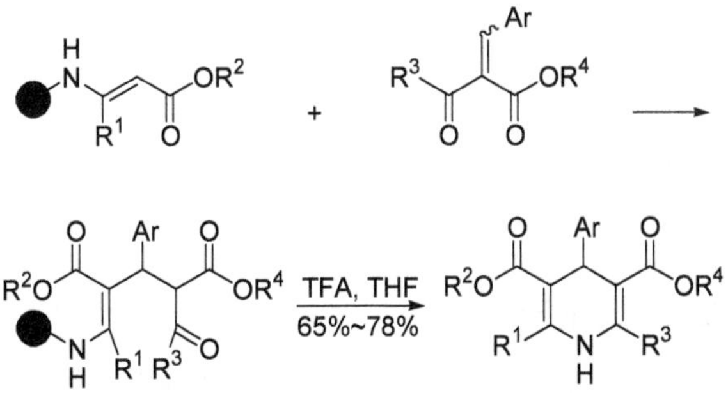

(65)

1999 年，Tadesse 等人利用上述合成策略制备了一系列联二吡啶衍生物[119]。2000 年，Breitenbucher 等人利用 Wang 树脂通过酯化将重要的含氮杂环键连接到 β-羰基羧酸酯上。然后，使用固载的 β-羰基羧酸酯与 3-氨基丁烯酸酯进行 Hantzsch 反应，获得了 280 个具有各类含氮杂环结构单元的 1,4-二氢吡啶化合物库[120]。如式 66 所示[121]：Rodríguez 等人首先将乙酰乙酸酯固载到高分子载体上，然后与取代亚苄基丙二酸异丙酯进行 Hantzsch 二氢吡啶反应，最后经常规后处理得到了一系列 4-芳基-6-甲基-3,4-二氢吡啶酮-5-羧酸产物。

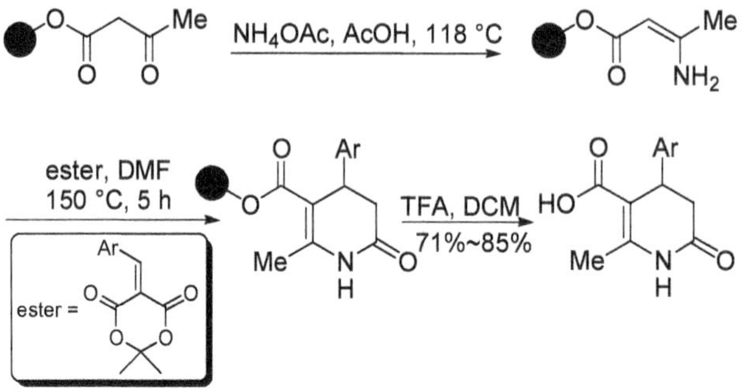

(66)

近来研究发现：面包酵母菌也能够促进类似固相 Hantzsch 二氢吡啶合成反应[122,123]。最简单的固相 Hantzsch 二氢吡啶反应是将固体反应底物实施机械研磨即可完成。如式 67 和式 68 所示[124]：在无溶剂的条件下，将 5,5-二甲基-1,3-环己二酮、醛、醋酸铵和乙酰乙酸酯或丙二腈或氰基乙酸乙酯的混合物在室温下研磨 12~45 min，即可得到最高收率达 95% 的不对称 1,4-二氢吡啶产物。

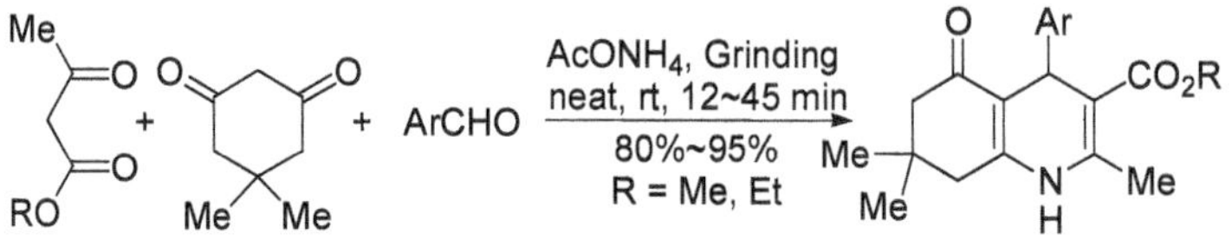

(67)

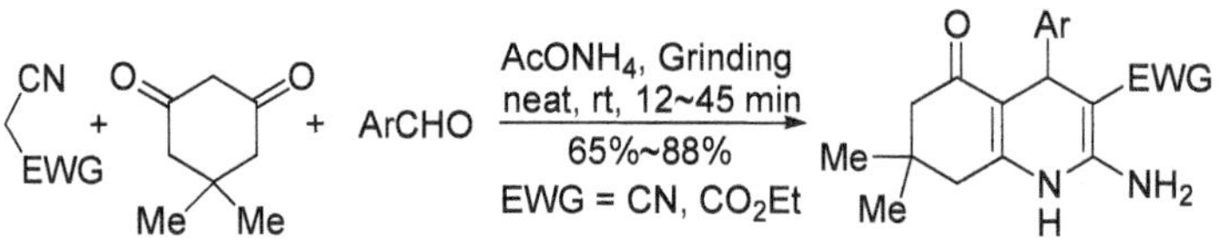

(68)

5 Hantzsch 二氢吡啶合成反应的类型综述

5.1 对称 1,4-二氢吡啶的合成

1882 年，Hantzsch 首次报道：将两分子的乙酰乙酸乙酯与一分子的苯甲醛

和氨水在乙醇溶液中加热回流，即可生成结构对称的 2,6-二甲基-4-苯基-1,4-二氢吡啶-3,5-二羧酸乙酯。因此，从该多组分反应的历程很容易理解：只要选择合适的 1,3-二羰基化合物和芳醛与氨水或铵盐反应，将它们的比例 (物质的量) 控制为 2:1:1 就可以获得对称结构的 1,4-二氢吡啶产物。1970 年，第一代 1,4-二氢吡啶降压药心痛定 (Nifedipine) 被开发上市。该化合物就是由乙酰乙酸甲酯、邻硝基苯甲醛和氨水反应得到的对称 2,6-二甲基-4-邻硝基苯基-1,4-二氢吡啶-3,5-二羧酸甲酯。

5.2 不对称 1,4-二氢吡啶的合成

在经典的 Hantzsch 二氢吡啶合成反应中，使用一种 1,3-二羰基化合物可以高效地合成对称的 1,4-二氢吡啶产物。如果使用两个不同类型的 1,3-二羰基化合物参与 Hantzsch 二氢吡啶合成反应，或者将两个不同类型的 1,3-二羰基化合物首先和芳醛或氨反应生成 α,β-不饱和羰基化合物或 β-氨基-α,β-不饱和羰基化合物后再发生 Michael 加成，就能够生成不对称的 1,4-二氢吡啶产物。

在选择两个不同类型的 1,3-二羰基化合物参与四组分 Hantzsch 二氢吡啶合成反应时，最重要的是要考虑两种 1,3-二羰基化合物反应活性的差异。如两者的反应活性非常接近，则会生成对称的和不对称的 1,4-二氢吡啶产物的混合物。通常，选择一分子乙酰乙酸乙酯和对称 1,3-环二酮参与 Hantzsch 二氢吡啶合成反应，可以选择性地得到不对称 1,4-二氢吡啶产物。由于不对称的 1,4-二氢吡啶中的 4-位碳原子是一个手性碳原子，通过手性诱导或手性催化剂可实现 1,4-二氢吡啶的手性合成 (式 69)[125]。

乙酰乙酸乙酯和丙二腈或氰基乙酸酯与醛和乙酸铵在加热回流条件下，也能够发生四组分 Hantzsch 二氢吡啶合成反应得到不对称的 1,4-二氢吡啶产物 (式 70)[126]。

$$(70)$$

Hantzsch 二氢吡啶合成反应中的关键中间体是 α,β-不饱和羰基化合物和 β-氨基-α,β-不饱和羰基化合物。最后，两者经 Michael 加成环化生成 1,4-二氢吡啶产物。1,4-二氢吡啶的骨架是由 α,β-不饱和羰基的三个碳原子和 β-氨基-α,β-不饱和羰基化合物的氮原子和不饱和键的两个碳原子构建的。因此，选择不同取代的 α,β-不饱和羰基或 β-氨基-α,β-不饱和羰基化合物，就会很容易地得到不对称的 1,4-二氢吡啶产物 (式 71)[127]。

$$(71)$$

盐酸马尼地平 (manidipine hydrochloride) 是一个在 1990 年开发上市的钙拮抗剂药物。如式 72 所示：将 2-(4-二苯甲基-1-哌嗪基)乙基乙酰乙酸酯、间硝基苯甲醛和 β-氨基巴豆酸甲酯在异丙醇溶液中加热回流 8 h 即可完成 Hantzsch 二氢吡啶合成。然后，再通入氯化氢将其产物转变成相应的盐酸盐。

$$(72)$$

2007 年，Sreedharan 等人报道：使用硝酸铈铵作为催化剂，直接使用亚苄基 β-羰基羧酸酯等价物肉桂醛 (具有 α,β-不饱和羰基的三个碳的骨架) 和等物质的量的乙酰乙酸乙酯及芳基伯胺作用即可得到 1,2,3,4-四取代-1,4-二氢吡啶产物 (式 73)[128]。

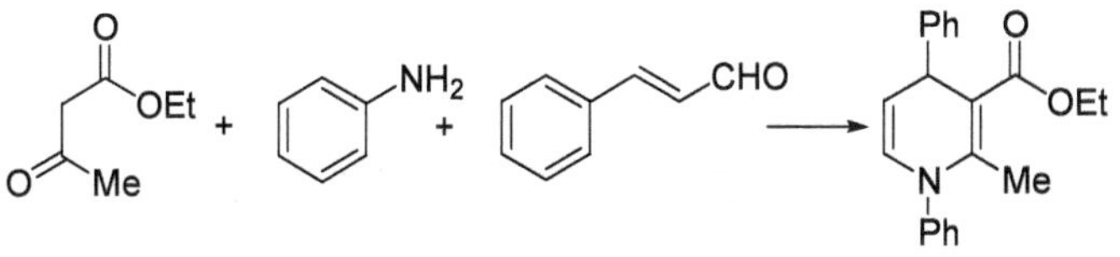

(73)

除了不饱和的肉桂醛外，α,β-不饱和脂肪醛也能够有效地参与 Hantzsch 二氢吡啶合成反应。在手性催化剂作用下，有时还可以得到高度对映选择性的产物（式 74）[129]。

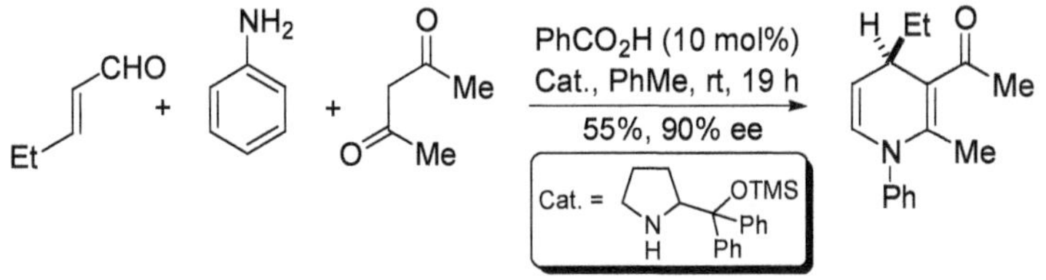

(74)

5.3　分子内 1,4-二氢吡啶的合成

如式 75 所示[130]：在 Pd-C 催化氢化条件下，2-[(3,5-二甲基噁唑-4-基)甲基]-3-氧代丁酸乙酯中的噁唑环首先发生开环反应生成 β-氨基-α,β-不饱和酮的结构单元。然后，氨基很快和分子中另外一个乙酰基的羰基发生缩合环化成为 Hantzsch 二氢吡啶。在硝酸钠的盐酸溶液中，所得二氢吡啶产物可以顺利发生芳构化反应生成 2,6-二甲基-5-乙酰吡啶-3-甲酸乙酯。

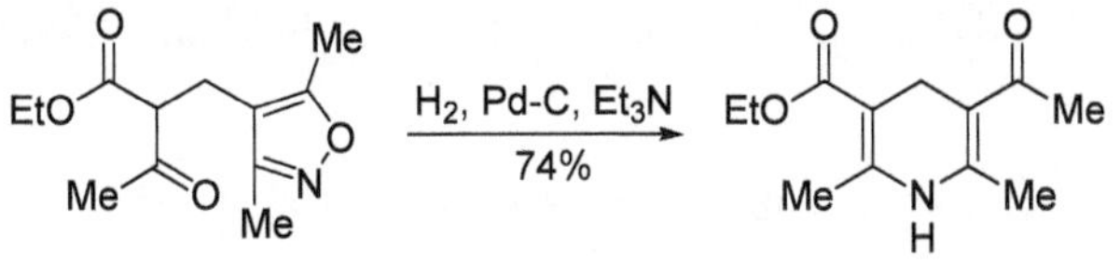

(75)

如式 76 所示[130]：当分子中的乙酰乙酸乙酯结构单元换成环酮单元时，在 C-Pd 催化氢化条件下噁唑开环后的 β-氨基-α,β-不饱和酮的结构单元中氨基不会很快和环酮结构单元上的羰基缩合关环。该中间体在室温下可以稳定地放置数天，而关环反应需要在乙酸和乙酸钠缓冲溶液中回流才能完成。由于空气中氧气的作用，最后得到的是芳构化产物 2-甲基-3-乙酰基环戊烷并[b]吡啶。

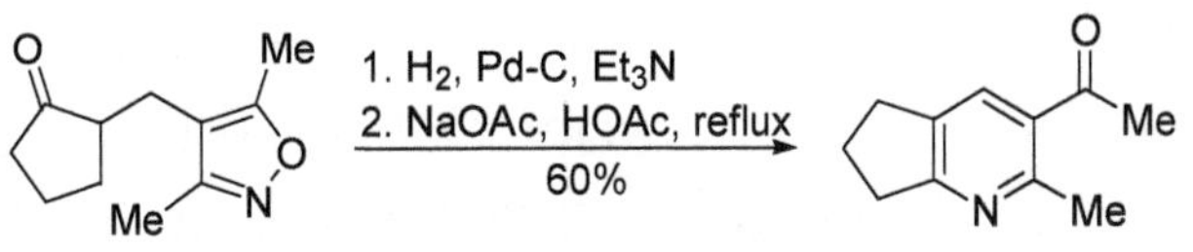

(76)

6 1,4-二氢吡啶芳构化反应

1,4-二氢吡啶很容易通过氧化芳构化脱去一分子氢生成多取代吡啶化合物。如式 77 所示：在氧化芳构化中，1,4-二氢吡啶中的 4-苄基或仲、叔烃基取代基有时也会离去形成 4-位未取代的多取代吡啶化合物。

$$\text{(77)}$$

6.1 氧化剂直接氧化的芳构化反应

使用氧化剂直接氧化 1,4-二氢吡啶化合物，是芳构化反应生成多取代吡啶化合物的传统方法。常用的金属锰氧化剂包括：$KMnO_4$[131,132]、MnO_2 和 MnO_2/蒙脱土等[133]。2006 年，Bagley 等人报道[134]：在微波辐射条件下，使用二氧化锰可以几乎定量地将 1,4-二氢吡啶芳构化成为多取代吡啶产物。Heravi 等人报道[135]：使用 HZSM-5 型分子筛负载的 MnO_2 为氧化剂可以方便地将一系列 1,4-二氢吡啶芳构化成为相应的吡啶产物。如果将 MnO_2 直接加入到脂肪或芳香醛、乙酰乙酸乙酯、醋酸铵的水溶液中一起回流，可以经"一锅法"得到芳构化的吡啶产物[136,137]。

硝酸、硝酸盐和亚硝酸盐也常用作芳构化反应的氧化剂。硝酸是一个具有氧化性的质子酸，和硫酸形成混酸能够有效地将 1,4-二氢吡啶化合物芳构化成为相应的吡啶化合物[138,139]。硝酸盐是一类重要的氧化性盐，在极性溶剂中硝酸根表现出比较强的氧化能力。在乙酸溶液中，硝酸钠就能够有效地将 2,6-二甲基-1,4-二氢吡啶-3,5-二羧酸甲酯芳构化成相应的多取代吡啶产物[140]。在二氯甲烷溶液中或者在微波辅助的无溶剂条件下，硝酸铁、瓷土负载的硝酸铁、铜混合物和分子筛 HZSM-5 固载的硝酸铁 (Zeofen) 都是优秀的芳构化试剂[143]。在醋酸溶液中，高氯酸铁也能够有效地使 1,4-二氢吡啶发生芳构化反应[144]。2007 年，Heravi 等人报道：使用斜发沸石协同 $Fe(NO_3)_3 \cdot 9H_2O$ (Clinofen) 进行的芳构化反应可以在 1~2 min 内完成[145]。$Cu(NO_3)_2$[146,147]、$Ni(NO_3)_2$[148]、$Zr(NO_3)_4$[149]、$Bi(NO_3)_3$[150]、$Tl(NO_3)_3$[151]、硝酸脲[152]、$BiCl_3$/HZSM-5 沸石[153]等也是很好的芳构化试剂。有人发现：亚硝酸钠的芳构化可以在催化量的酸性硅胶存在下得到提高[154~156]。

其它在有机合成反应中常使用的氧化剂，例如：$Pb(OAc)_4$[157]、$RuCl_3$[158]、硝酸铈铵[159]、$Mn(OAc)_3$[160]、过硫酸钴[161]、SeO_2[162]、$SiO_2/P_2O_5-SeO_2$[163]、氯铬酸 2,6-二羧基吡啶[164]、CrO_3[165]、TPCD[166]、氯铬酸 2,6-二羧基吡啶 (2,6-DCPCC) 等也常用于该目的。

2007 年，Heravi 等人对氧化剂 PCC 的结构进行了改进，合成了具有羧基的氯铬酸 2,6-二羧基吡啶配合物。实验结果发现：在回流的氯仿溶液中，该氧化剂可以在 2~10 min 内将 1,4-二氢吡啶化合物芳构化成为相应的吡啶化合物 (88%~92%)[167]。

2008 年，Filipan-Litvic 等人报道：在二氯甲烷溶剂中，三氯氧化钒可以使 1,4-二氢吡啶化合物发生芳构化反应。该反应在室温下进行，近乎定量地得到相应的吡啶产物。研究发现：溶剂的极性对该氧化体系有较大的影响。在乙酸溶液中，从 4-正丙基-1,4-二氢吡啶可以得到 67% 的 4-正丙基吡啶和 33% 的脱去 4-正丙基的吡啶产物。在二氯甲烷中，芳构化后生成 91% 的脱去 4-正丙基的吡啶产物[168]。

在分子氧或过氧化物的存在下，钒的氧化物也可以用作催化剂。例如：在五氧化钒催化下，使用双氧水即可在室温下有效地将 1,4-二氢吡啶化合物芳构化。该反应一般可在 1 h 内完成，收率在 94%~98%[169]。此外，有机氧化剂 DDQ[170] 也可以促进 1,4-二氢吡啶的芳构化。

分子碘在有机合成反应中常被用作一个温和的氧化剂，I_2/MeOH[171]等体系也是一个良好的 1,4-二氢吡啶芳构化试剂。研究表明：在超声波辐射条件下，将分子碘和 1,4-二氢吡啶化合物在乙腈溶液中回流 5~45 min 即可几乎定量地得到相应吡啶化合物[172]。

碘酸和五氧化二碘都是温和的氧化剂。在水溶液中，它们能够近乎定量地将 1,4-二氢吡啶化合物芳构化成为相应的多取代吡啶化合物[173]。在聚乙烯固载卟啉锰仿生催化剂存在下，高碘酸钠能够高效地使 1,4-二氢吡啶化合物发生氧化芳构化反应[174,175]。氯化四苯基卟啉锰也可以催化高碘酸四丁基铵对 1,4-二氢吡啶的芳构化反应[176]。

2002 年，Lee 报道了使用碘苯二醋酸酯和羟基甲苯磺酰碘苯进行的芳构化反应。结果表明：使用碘苯二醋酸酯作为氧化剂的反应具有效率低和时间长的缺点，生成 4-位取代和 4-位无取代的吡啶衍生物的混合物 (大约 3:1)。但是，羟基甲苯磺酰碘苯是一个有效的芳构化试剂，可以在二氯甲烷溶液中室温下 1~3 min 完成反应。不仅收率高 (91%~98%)，而且具有较好的 4-位取代基选择性[177]。

2004 年，Lee 将固载在高分子载体上的碘苯二醋酸酯用于 1,4-二氢吡啶的芳构化反应。如式 78 所示：该反应在可以室温下的二氯甲烷溶液中 2.5~7 h 内完成。和单纯使用碘苯二醋酸酯相比，具有反应时间短和选择性高的优点[178]。而将羟基甲苯磺酰碘苯固载于聚苯乙烯上形成的高分子负载氧化剂不仅能够在室温下完成反应，而且可以回收利用多次仍然保持活性不变[179]。

$$\text{(78)}$$

2-碘酰苯甲酸 (IBX) 是一个商品化的有机碘氧化剂，广泛应用于有机官能团转化，该氧化剂也可以在温和条件下将 1,4-二氢吡啶化合物芳构化成为相应的吡啶化合物[180]。Dess-Martin 试剂 (式 79) 和分子碘或溴化钾生成的混合氧化剂常常用于该目的[181]。这些试剂的反应一般在室温下的二氯甲烷或乙腈溶液中进行，生成 70%~93% 的吡啶产物。与分子碘和溴化钾相比较，前者具有反应活性高和时间短 (25~50 min) 的优点。

$$\text{Dess-Martin 试剂} \qquad \text{(79)}$$

2009 年，Kumar 报道了使用碘苯二醋酸酯或羟基甲苯磺酰碘苯在无溶剂条件下的芳构化反应。他们将氧化剂和 1,4-二氢吡啶化合物的固相混合物一起研磨数分钟即可完成芳构化反应，产物收率在 80%~97% 之间。当底物为 4-苄基或多于 2 个碳的烃基取代时，主要生成脱去 4-位取代基的吡啶化合物，收率在 70%~78% 之间[182]。

绿色氧化剂双氧水和乙酸水溶液也能够在温和条件下使 1,4-二氢吡啶化合物发生芳构化[183,184]。双氧水可以与脲生成固体的脲-双氧水复合物，使用起来更加方便和安全。但是，芳构化反应需要在马来酸酐[185,186]或分子碘[187]的存在下进行。

过氧叔丁醇是有机合成中常用的温和有机氧化剂。在催化量的氯酞花青铁作用下，过氧叔丁醇也能够有效地使 1,4-二氢吡啶化合物发生芳构化反应。研究表明：该氧化芳构化反应可能是通过自由基机理进行的[188]。

过氧负离子也是一类较温和的氧化剂，常以过氧化钠或过氧化钾形式使用。2008 年，Raghuvanshi 等人[189]将过氧化钾应用于 1,4-二氢吡啶化合物的芳构化反应。在相转移催化剂溴化四丁基铵的作用下，底物在 DMF 溶液中室温反应 2~6 h 即可得到相应的吡啶产物。

在 1,4-二氢吡啶化合物的芳构化反应中，也经常使用金属催化的脱氢反应。例如：在 Pd/C 催化剂作用下，芳基叠氮化合物也能够有效地促进 1,4-二氢吡啶化合物的芳构化反应[192]。

一氧化氮是一个特殊的气体氧化剂[193]，该化合物使用于 1,4-二氢吡啶化合物的芳构化反应能够简化后处理程序。类似的氧化剂还有 N-甲基-N-亚硝基对甲基苯磺酰胺[194]，它可以在室温下有效地催化 1,4-二氢吡啶化合物的芳构化反应 (式 80)[195]。

$$ON-N \overset{O}{\underset{X}{\bigcirc}} \qquad X = H\ or\ p\text{-}Cl \qquad\qquad (80)$$

在 DMSO 溶液中，空气中的氧分子也能够使得 1,4-二氢吡啶发生芳构化反应[196]。根据类似的作用机理，$BrCCl_3/hv$[197]和二硫化合物也能够用于 1,4-二氢吡啶化合物的芳构化反应[198]。

此外，也有使用磷钼钨杂多酸 ($H_6PMo_9V_3O_{40}$) 使 1,4-二氢吡啶化合物发生芳构化反应的报道[199,200]。

1,4-二氢吡啶化合物[201~203]经电化学进行的芳构化反应往往可以使反应过程简单化和免除许多副反应[203]。虽然 NBS[204]是一个优秀的氧化剂，但反应经历不同的历程生成正常吡啶产物或溴代吡啶产物[204]。类似的还有 N-羟基邻苯二甲酰亚胺[205]。

6.2　分子氧氧化的 1,4-二氢吡啶芳构化反应

一般反应条件下，氧气在 1,4-二氢吡啶的芳构化反应中表现出较低的活性。

但是，在乙酸和二甲苯溶液中，活性炭能够快速促进分子氧的氧化能力[206]。有人报道：在离子液体中使用高氯酸铁作为催化剂，使用空气即可完成 1,4-二氢吡啶的芳构化反应[207]。例如：在催化剂高氯酸 9-苯基-10-甲基吖啶盐的作用下，使用氧气的芳构化反应可以在室温下的乙腈溶液中完成。该反应需要辅以光照，产物的产率近乎定量。如式 81 所示：他们还提出了高氯酸 9-苯基-10-甲基吖啶盐的催化机理[208]。

$$(81)$$

使用固载于中孔分子筛 (MCM-41 或 Al-MCM-41) 上的二氯二(1,1′-二氧-2,2′-联吡啶)合锰(II) 也可以催化 1,4-二氢吡啶的芳构化反应。如式 82 所示：该反应在乙酸溶剂中进行，转化率高达 98%。该催化剂具有成本低和可反复使用的优点，所催化的反应具有操作简便、环境友好和产物收率高等特点。

$$(82)$$

6.3 光催化的 1,4-二氢吡啶芳构化反应

在光照条件下进行的 1,4-二氢吡啶芳构化反应中[210~215]，4-位芳基的邻对位氯代对反应的促进作用要超过间位氯代的促进作用 (式 83)。

$$(83)$$

如式 84 所示：首先，1,4-二氢吡啶在光照条件下在二氢吡啶环氮原子上发生单电子氧化。然后，电子发生分子内转移的同时失去 4-位质子生成 4-位二氢吡啶自由基。接着，二氢吡啶自由基的氮原子上再次发生单电子氧化，生成了中间体吡啶盐。最后，中间体吡啶盐的质子离去生成吡啶化合物。

(84)

除了上述各类化学方法使 1,4-二氢吡啶发生芳构化反应外，生物的细胞色素 P-450 (cytochrome P-450) 也能够促进 1,4-二氢吡啶的芳构化[216]。

7 Hantzsch 二氢吡啶合成反应在有机合成中的应用

Hantzsch 二氢吡啶合成反应具有原料丰富和操作简便等优点，因而广泛应用于具有重要生理活性的新型杂环衍生物的合成。

7.1 氨氯地平的合成

二氢吡啶类 (Dihydropyridines，DHPs) 钙拮抗剂是 20 世纪 60 年代后期开始研发的一类药物。1977 年，拜耳首次合成了一种钙拮抗剂药物心痛定 (Nifedipine)。该药物通过扩张冠状动脉和周围动脉降低血压，已经成为治疗心绞痛的首选药物。自从第一个二氢吡啶类钙拮抗剂心痛定上市以来，十几个二氢吡啶类药物已被先后成功地研制[217~221]。

氨氯地平 (Amlodipine) 是辉瑞制药有限公司的产品，它的化学名称为 2-[(2-氨基乙氧基)甲基]-3-乙氧羰基-4-(2-氯苯基)-5-甲氧羰基-6-甲基-1,4-二氢吡啶。该化合物的合成方法如式 85 所示：首先，使用邻苯二甲酸酐与乙醇胺缩合成 N-羟乙基邻苯二甲酰亚胺。然后，再与氯乙酰乙酸乙酯反应得到烃氧基乙酰乙酸乙酯 **A**。在催化剂十六烷基三甲基溴化铵存在下，将中间体 **A** 与

3-氨基丁烯酸甲酯和邻氯苯甲醛在丙醇中加热回流，则发生 Hantzsch 二氢吡啶合成反应生成产物 **B**。最后，产物 **B** 经脱去邻苯二甲酰保护基反应得到目标化合物[222]。

(85)

反应条件: i. H₂NCH₂CH₂OH, reflux, 4 h, 91%; ii. ClCH₂CO₂Et, NaH, THF, rt, 21 h; iii. RNH₂, 2-ClC₆H₄CHO, Me₃N(CH₂)₁₅MeBr, reflux, 24 h, 55%; iv. 25% aq. NH₂NH₂, EtOH, reflux, 2 h, 71%.

7.2 (S)-2,6-二甲基-4-(2-氯苯基)-5-甲氧羰基-3-(4-甲氧苯磺酰基)-1,4-二氢吡啶的合成

在 3,5-二羧酸酯-1,4-二氢吡啶化合物中，两个羧酸酯不同时会构成 4-位的手性中心而形成一对对映异构体。临床应用研究表明：绝大多数 1,4-二氢吡啶类手性药物的两个对映体均可起着阻断钙通道产生舒张血管和降低血压的作用，但 S-对映体的作用比 R-对映体作用强。近来的生物学研究表明：1,4-二氢吡啶药物对映体对离子通道的影响呈现相反的作用：一个对映体是激活剂，而另一个是拮抗剂。1983 年，Schramm 等人[223]报道 1,4-二氢吡啶类化合物 Bay K 8644 等具有钙通道的激活作用。从此，1,4-二氢吡啶药物与通道作用的立体选择性日益受到关注[224]。因此，1,4-二氢吡啶药物的手性合成也成了不对称合成研究领域的重要课题。

如式 86 所示[225]：(S)-2,6-二甲基-4-(2-氯苯基)-5-甲氧羰基-3-(4-甲氧苯磺酰基)-1,4-二氢吡啶 [(S)-**G**] 是一种口服长效抗高血压药物，其分子结构中包含有一个手性碳原子。1988 年，Davis 等人使用手性亚砜底物顺利地完成了该化合

物的合成。首先，在二乙氨基锂作用下，(*R*)-(+)-甲基-4-甲氧苯基亚砜 [(*R*)-**C**] 与乙酸乙酯经亲核加成得到 (*R*)-4-甲氧苯基亚磺酰基丙酮 [(*R*)-**D**]。然后，(*R*)-**D** 与 2-氯苯甲醛发生 Knoevenagel 缩合生成 (*E*)-1-亚苄基-(*S*)-4-甲氧苯基亚磺酰基丙酮 [(*S*)-**E**]。随后，(*S*)-**E** 与 2-氨基-2-丁烯酸甲酯经 Hantzsch 二氢吡啶合成反应生成 (*S*,*S*)-1,4-二氢吡啶衍生物 [(*S*,*S*)-**F**]。最后，通过过氧叔丁醇在碱性条件下将亚砜氧化成为目标产物砜 [(*S*)-**G**)]。

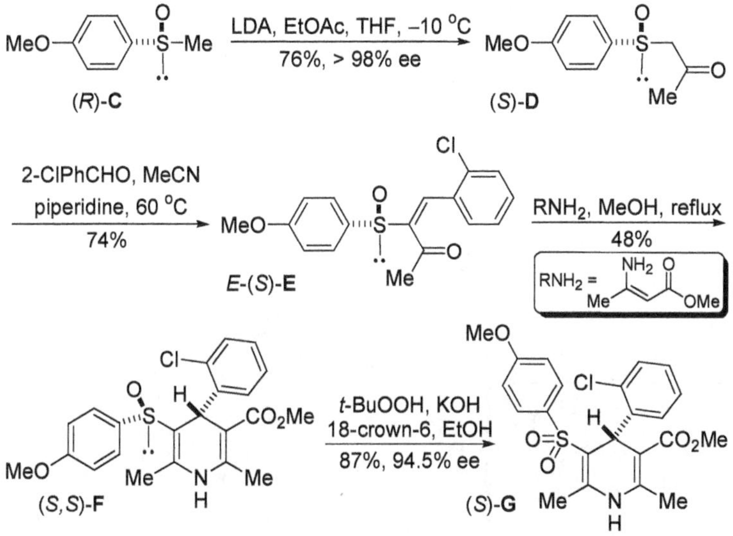

(86)

7.3 钾离子通道开启剂 ABT-598 的合成

ABT-598 是一类重要的多环吡啶钾离子通道开启剂。它作用于 ATP 敏感的钾通道可以使细胞膜发生超极化和降低细胞内的钙离子浓度，从而导致血管扩张而引起血压下降。

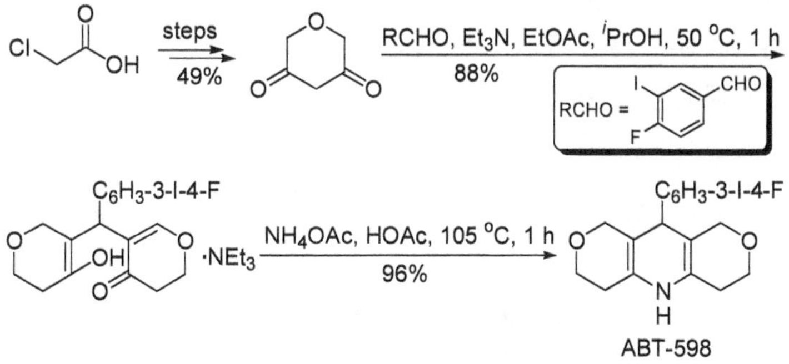

(87)

ABT-598 是一个吡喃并吡啶衍生物，它的合成路线如式 87 所示[226]：首先，使用氯乙酸为原料经四步反应转化成为 3,5-吡喃二酮。然后，在三乙胺作用下使 3,5-吡喃二酮和 4-氟-3-碘苯甲醛缩合得到 1,5-二酮衍生物的三乙胺盐。最后，在 Hantzsch 反应条件下和醋酸铵反应形成目标产物 ABT-598。

7.4 选择性降钙素受体拮抗剂吡唑并 [1′,2′:1,2]吡唑并[3,4-*b*]吡啶的合成

小分子降钙素受体拮抗剂是治疗和预防骨质疏松症的非常有效的试剂。选择性降钙素受体拮抗剂除了具有特定的治疗和预防骨质疏松症的功效，还能够减轻或调控使用降钙素受体拮抗剂治疗骨质疏松症时所引起的负作用。如式 88 所示：这些选择性降钙素受体拮抗剂具有吡唑并 [1′,2′:1,2]吡唑并[3,4-*b*]吡啶结构。

(88)

2005 年，Boros 等人[227]报道了一条关于吡唑并 [1′,2′:1,2]吡唑并[3,4-*b*]吡啶衍生物的合成路线。如式 89 所示：Hantzsch 二氢吡啶合成法被用作关键步骤来构造多取代的吡啶环结构 **Ma-d**。

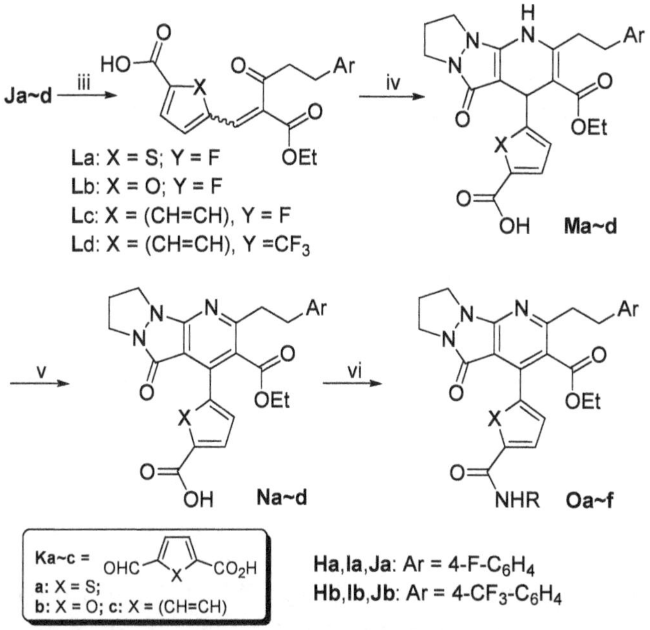

(89)

反应条件：i. Meldrum's acid, DCC, DMAP, CH₂Cl₂; ii. EtOH, reflux;
iii. **Ka~c**, C₆H₆, piperidine, Dean-Stark; iv. EtOH, NaOEt, reflux, 2 h;
v. CAN, CH₃CN, 4 h; vi. RNH₂, EDC·HCl, HOBt, DMF, 12 h;
vii. **Jb**, **Kc**, EtOH, NaOEt, reflux, 8 h.

8 Hantzsch 二氢吡啶合成反应实例

例 一

2,7,7-三甲基-4-(甲氧苯基)-3-乙氧羰基-1,4,5,6,7,8-六氢喹啉-5-酮的合成[228]
(对甲基苯磺酸催化)

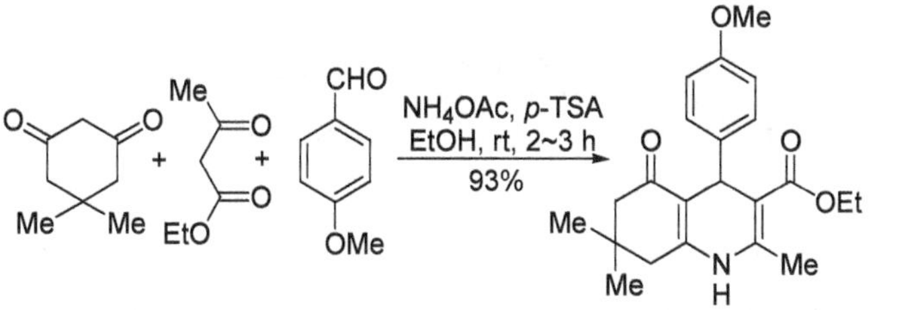

(90)

将溶有 5,5-二甲基-1,3-环己二酮 (140 mg, 1.0 mmol)、乙酰乙酸乙酯 (130 mg, 1.0 mmol)、对甲氧基苯甲醛 (136 mg, 1.0 mmol)、对甲基苯磺酸 (17.2 mg, 0.1 mmol) 和醋酸铵 (77 mg, 1.0 mmol) 的乙醇 (5 mL) 溶液在室温下搅拌，反应过程由

TLC 跟踪。反应完成后过滤收集黄色固体粗产物，母液经乙酸乙酯萃取。合并的有机相分别用水和饱和氯化钠洗涤后，经无水硫酸钠干燥。减压蒸去溶剂后得到第二份粗产物，合并的粗产物用硅胶柱色谱 (30% 乙酸乙酯-正己烷) 纯化得到目标产物 (344 g, 93%)。

例 二

2-甲基-5-氧代-4-苯基-1,4,5,6,7,8-六氢喹啉-3-酸乙酯的合成[229]

(分子碘催化 Hantzsch 二氢吡啶合成反应)

$$(91)$$

将苯甲醛 (106 mg, 1.0 mmol)、1,3-环己二酮 (112 mg, 1.0 mmol)、乙酰乙酸乙酯 (130 mg, 1.0 mmol)、醋酸铵 (77 mg, 1.0 mmol) 和分子碘 (76 mg, 0.3 mmol) 的乙醇 (0.5 mL) 混合物在室温下搅拌反应，TLC 跟踪反应。大约 2.5 h 反应结束后，加入饱和硫代硫酸钠水溶液 (5 mL)。混合物经乙酸乙酯萃取，合并的萃取液分别用水和饱和食盐水溶液洗涤。经无水硫酸钠干燥后蒸去溶剂，粗产物用乙醇重结晶得到黄色固体目标产物 (304 mg, 98%)，熔点 240~241 °C。

例 三

2,6-二甲基-4-(1-甲基-2-(甲硫基)-1H-咪唑-5-基-)-

1,4-二氢吡啶-3,5-二羧酸二甲酯[230]

(无催化剂的 Hantzsch 二氢吡啶合成反应)

$$(92)$$

将 25% 的氨水 (0.4 mL) 加入到含有乙酰乙酸乙酯 (580 mg, 5 mmol) 和 1-甲基-2-甲硫基-1H-咪唑-5-醛 (390 mg, 2.5 mmol) 的 MeOH (5 mL) 溶液中。反应混合物加热回流 12 h 后减压蒸去溶液，粗产物经色谱柱纯化得到固体目标产物 (526 mg, 60 %)，熔点 200~201 °C (MeOH)。

例 四

N-(3,4-二氯苯基)-2,6-二甲基-4-((3a*S*,6*R*,6a*S*)-二氢-6-羟基-2,2-二甲基-5*H*-呋喃
[3,2-*d*][1,3]二氧杂-5-基-1,4-二氢吡啶-3,5-二羧酸二甲酯[74]
(硫酸氢化四丁基铵催化 Hantzsch 二氢吡啶合成反应)

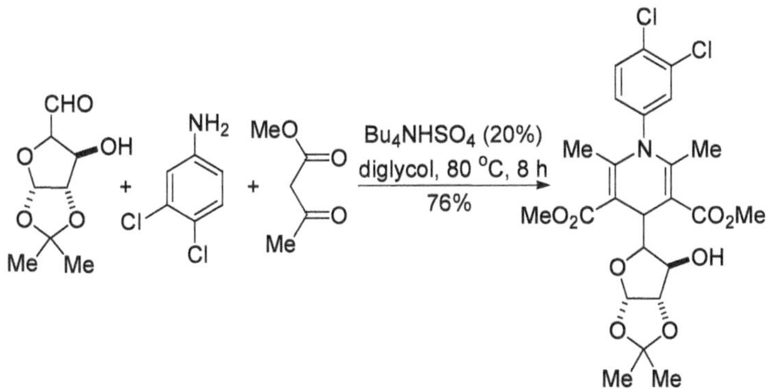

(93)

将催化量的硫酸氢化四丁基铵 (98 mg, 20 mol%) 加入到含有乙酰乙酸甲酯 (3.48 g, 30 mmol)、戊糖缩丙酮 (2.72 g, 14.5 mmol) 和 3,4-二氯苯胺 (2.32 g, 14.5 mmol) 的一缩二乙二醇 (20 mL) 溶液中。反应混合物在 80~100 °C 搅拌反应 8 h 后，倒入到碎冰上。抽滤得到的粗产物经色谱柱纯化获得固体目标产物 (5.80 g, 76 %)，熔点 137~141 °C (MeOH)。

例 五

2,6-二甲基-4-苯基吡啶-3,5-二羧酸二甲酯[148]
(硝酸镍促进 Hantzsch 二氢吡啶芳构化反应)

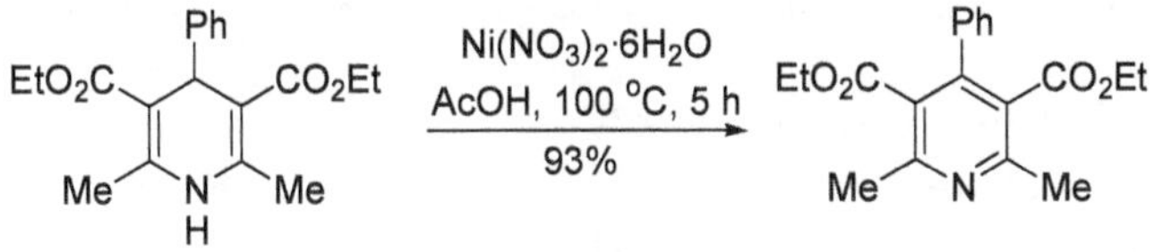

(94)

将含有 2,6-二甲基-4-苯基-1,4-二氢吡啶-3,5-二羧酸二甲酯 (329 mg, 1 mmol) 和硝酸镍水合物 (580 mg, 2 mmol) 的醋酸 (10 mL) 混合物在 100 °C 搅拌反应 5 h 后冷到室温，用 2 mol/L 氢氧化钠溶液中和至中性。生成的混合物经二氯甲烷萃取，合并的二氯甲烷萃取液分别用水和饱和食盐水溶液洗涤。经无水硫酸钠干燥后，蒸去溶剂的残留物经柱色谱纯化获得固体目标产物 (304 mg, 93%)，熔点 70~71 °C (乙酸乙酯-石油醚)。

9 参考文献

[1] Hantzsch, A. R. *Justus Liebigs Ann. Chem.* **1882**, *215*, 1.

[2] Brody, F.; Ruby, P. R. in *The Chemistry of Heterocyclic Compounds, Pyridine and its Derivatives, Vol. 14, Part 1*, (Ed.: E. Klingsberg), Wiley, New York, **1960**, pp 500-503.

[3] Lyle, R. E. in *The Chemistry of Heterocyclic Compounds, Pyridine and its Derivatives, Vol. 14, Suppl. Part 1*, (Ed.: R. A. Abramovitch), Wiley, New York, **1974**, pp 139-143.

[4] Bossert, F.; Meyer, H.; Wehinger, E. *Angew. Chem., Int. Ed. Engl.* **1981**, *20*, 762.

[5] Stilo, A. D.; Visentin, S.; Cena, C.; Gasco, A. M.; Ermondi, G.; Gasco, A. *J. Med. Chem.* **1998**, *41*, 5393. 7.

[6] Goldmann, S.; Stoltefuß, J. *Angew. Chem., Int. Ed. Engl.* **1991**, *30*, 1559.

[7] Eisner, U.; Kuthan, J. *Chem. Rev.* **1972**, *72*, 1.

[8] Stout, D. M.; Meyers, A. I. *Chem. Rev.* **1982**, *82*, 223.

[9] Sausina, A.; Duburs, G. *Heterocycles* **1988**, *27*, 291.

[10] Lavilla, R. *J. Chem. Soc., Perkin Trans. 1* **2002**, 1141.

[11] Saini, A.; Kumar, S.; Sandhu, J. S. *J. Sci. Ind. Res.India* **2008**, *67*, 95.

[12] Marsi, K. L.; Torre, K. *J. Org. Chem.* **1964**, *29*, 3102.

[13] Balogh, M.; Hermecz, I.; Naray-Szabo, G.; Simon, K.; Meszaros, Z. *J. Chem. Soc., Perkin Trans. 1* **1986**, 753.

[14] Katritzky, A. R.; Ostercamp, D. L.; Yousaf, T. I. *Tetrahedron* **1986**, *42*, 5729.

[15] Shah, A. C.; Rehani, R.; Arya, V. P. *J. Chem. Res. (S)* **1994**, 106.

[16] Menconi, I.; Angeles, E.; Martinez, L.; Posada, M. E.; Toscano, R. A.; Martinez, R. *J. Heterocyclic. Chem.* **1995**, *32*, 831.

[17] Muceniece, D.; Zandersons, A.; Lusis, V. *Bull. Soc. Chim. Belg.* **1997**, *106*, 467.

[18] Goerlitzer, K.; Heinrici, C.; Ernst, L. *Pharmazie* **1999**, *54*, 35

[19] Raboin, J.-C.; Kirsch, G.; Beley, M. *J. Heterocycl. Chem.* **2000**, *37*, 1077.

[20] Wayne, G. S.; Li, W. *US. Pat. Appl. Publ.* US 2003153773A1, **2003**.

[21] Li, W.; Wayne, G. S.; Lallaman, J. E.; Chang, S.-J.; Wittenberger, S. J. *J. Org. Chem.* **2006**, *71*, 1725.

[22] Li, J.-J.; Corey, E. J. *Name Reactions in Heterocyclic Chemistry;* Wiley: New Jersey, 2005, and references therein.

[23] Sausios, A.; Duburs, G. *Heterocycles* **1988**, *27*, 269.

[24] Wong, W. C.; Chiu, G.; Wetzel, J. M.; Marzabadi, M. R.; Nagarathnam, D.; Wang, D.; Fang, J.; Miao, S. W.; Hong, X.; Forray, C.; Vaysse, P. J.-J.; Branchek, T. A.; Gluchowski, C. *J. Med. Chem.* **1998**, *41*, 2643.

[25] Kharkar, P. S.; Desai, B.; Gaveria, H.; Varu, B.; Loriya, R.; Naliapara, Y.; Shah, A.; Kulkarn, V. M. *J. Med. Chem.* **2002**, *45*, 4858.

[26] Zamponi, G. W.; Stotz, S. C.; Staples, R. J.; Andro, T. M.; Nelson, J. K.; Hulubei, V.; Blumenfeld, A.; Natale, N. R. *J. Med. Chem.* **2003**, *46*, 87.

[27] Visentin, S.; Rolando, B.; Distlio, A.; Frutterro, R.; Novara, M.; Carbone, E.; Roussel, C.; Vanthuyne, N.; Gasco, A. *J. Med. Chem.* **2004**, *47*, 2688.

[28] Zarghi, A.; Sadeghi, H.; Fassihi, A.; Faizi, M.; Shafiee, A. *Farmaco* **2003**, *58*, 1077.

[29] Peri, R.; Padmanabhan, S.; Rutledge, A.; Singh, S.; Triggle, D. J. *J. Med. Chem.* **2000**, *43*, 2906.

[30] Poindexter, G. S.; Bruce, M. A.; Breitenbucher, J. G.; Higgins, M. A.; Sit, S.-Y.; Romine, J. L.; Martin,

S. W.; Ward, S. A.; McGovern, R. T.; Clarke, W.; Russell, J.; Antal-Zimanyi, I. *Bioorg. Med. Chem.* **2004**, *12*, 507.

[31] Poinder, G. S.; Bruce, M. A.; LeBoulluec, K. L.; Monkovic, I.; Martin, S. W.; Parker, E. M.; Iben, L. G.; McGovem, R. T.; Ortiz, A. A.; Sranley, J. A.; Mattson, G. K.; Kozlowski, M.; Arcuri, M.; Zimanyi, I. A. *Bioorg. Med. Chem. Lett.* **2002**, *12*, 379.

[32] Klusa, V. *Drugs Future* **1995**, *20*, 135.

[33] Bretzel, R. G.; Bollen, C. C.; Maeser, E.; Federlin, K. F. *Drugs Future* **1992**, *17*, 465.

[34] Mcormack, J. G.; Westergaard, N.; Kristiansen, M.; Brand, C. L.; Lau, J. *Curr. Pharm. Des.* **2001**, *7*, 1457.

[35] Ogawa, A. K.; Willoughby, C. A; Raynald, B.; Ellsworth, K. P.; Geissler, W. M.; Myer, R. W.; Yao, J.; Georgianna, H.; Chapman, K. T. *Bioorg. Med. Chem. Lett.* **2003**, *13*, 3405.

[36] Boer, R.; Gekeler, V. *Drugs Future* **1995**, *20*, 499.

[37] Sabitha, G.; Reddy, G. S. K. K.; Reddy, C. S.; Yadav, J. S. *Tetrahedron Lett.* **2003**, *44*, 4129.

[38] Simon, C.; Constantieux, T.; Rodriguez, J. *Eur. J. Org. Chem.* **2004**, 4957.

[39] He, R.; Toy, P. H.; Lam, Y. *Adv. Synth. Catal.* **2008**, *350*, 54.

[40] Balicki, R.; Nantka-Namirski, P. *Acta Pol. Pharm.* **1974**, *31*, 261.

[41] Dondoni, A.; Massi, A.; Minghini, E. *Helv. Chim. Acta* **2002**, *85*, 3331.

[42] Khoshneviszadeh, M.; Edraki, N.; Javidnia, K.; Alborzi, A.; Pourabbas, B.; Mardaneh, J.; Miri, R. *Bioorg. Med. Chem.* **2009**, *17*, 1579.

[43] Phillips, A. R. *J. Am. Chem. Soc.* **1951**, *73*, 2248

[44] Kuthan, J.; Palecek, J.; Vavruska, L. *Collect. Czech. Chem. Commun.* **1974**, *39*, 854.

[45] Evdokimov, N. M.; Magedov, I. V.; Kireev, A. S.; Kornienko, A. *Org. Lett.* **2006**, *8*, 899.

[46] Miri, R.; McEwen, C.-A.; Knaus, E. E. *Drug Develop. Res.* **2000**, *51*, 225.

[47] Vo, D.; Nguyen, J.-T.; McEwen, C.-A.; Shan, R.; Knaus, E. E. *Drug Develop. Res.* **2002**, *56*, 1.

[48] Chennat, T.; Eisner, V. *J. Chem. Soc., Perkin Trans. 1* **1975**, 926.

[49] Robinson, J. M.; Brent, L. W.; Chau, C.; Floyd, K. A.; Gillham, S. L.; McMahan, T. L.; Magda, D. J.; Motycka, T. J.; Pack, M. J.; Roberts, A. L.; Seally, L. A.; Simpson, S. L.; Smith, R. R.; Zalesny, K. N. *J. Org. Chem.* **1992**, *57*, 7355.

[50] Liu, C.; Li, Z.; Zhao, L.; Shen, L. *ARKIVOC* **2009**, 258.

[51] Roomi, M. W. *J. Med. Chem.* **1975**, *18*, 457

[52] Torchy, S.; Cordonnier, G.; Barbry, D.; Vanden Eynde, J. J. *Molecules* **2002**, *7*, 528.

[53] Štetinová, J.; Milata, V.; Prónayová, N.; Petrov, O.; Bartovič, A. *ARKIVOC* **2005**, 127.

[54] Bazargan, L.; Shafiee, A.; Amini, M.; Dezfouli, E. B.; Azizi, E.; Ghaffari, S. M. *Phosphorus Sulfur Silicon* **2009**, *184*, 602.

[55] Dondoni, A.; Massi, A.; Minghini, E. *Helv. Chim. Acta.* **2002**, *85*, 3331.

[56] Amini, M.; McEwen, C.-A.; Knaus, E. E.; *ARKIVOC* **2001**, 42.

[57] Bisht, S. S.; Dwivedi, N.; Tripathi, R. P. *Tetrahedron Lett.* **2007**, *48*, 1187.

[58] Marco-Contelles, J.; Leon, R.; Morales, E.; Villarroya, M.; Garcia, A. G. *Tetrahedron Lett.* **2004**, *45*, 5203.

[59] Raju, V. V. N. K. V. P.; Ravindra, V.; Mathad, V. T.; Dubey, P. K.; Reddy, P. P. *Org. Proc. Res. Dev.* **2009**, *13*, 710.

[60] Kuthan, J.; Palecek, J.; Vavruska, L. *Collect. Czech., Chem. Commun.* **1974**, *39*, 854.

[61] Tamaddon, F.; Razmi, Z.; Jafari, A. A. *Tetrahedron Lett.* **2010**, *51*, 1187.

[62] Su, W.; Li, J.; Li, J. *Aust. J. Chem.* **2008**, *61*, 860.

[63] Penieres, G.; Garcia, O.; Franco, K.; Hermandez, O.; Alvarez, C. *Heterocyclic Commun.* **1996**, *2*, 359.

[64] Sugimoto, N. *J. Pharm. Soc. Jpn.* **1944**, *64*, 192.

[65] Dubur, G.; Ogle, Z.; Uldrikis, R. *Chem. Heterocycl. Compds.* **1974**, 1443.

[66] Yadav, J. S.; Reddy, D. V. S.; Reddy, P. T. *Synth. Commun.* **2001**, *31*, 425.

[67] Kidwai, M.; Saxena, S.; Mohan, R.; Venkataramanan, R. *J. Chem. Soc., Perkin Trans. 1* **2002**, 1845.

[68] Chhillar, A. K.; Arya, P.; Mukherjee, C.; Kumar, P.; Yadav, Y.; Sharma, A. K.; Yadav, V.; Gupta, J.; Dabur, R.; Jha, H. N.; Watterson, A. C.; Parmar, V. S.; Prasad, A. K.; Sharma, G. L. *Bioorg. Med. Chem.* **2006**, *14*, 973.

[69] Sugimoto, N. *J. Pharm. Soc. Jpn.* **1944**, *64*, 192.

[70] Bridgwood, K. L.; Veitch, G. E.; Ley, S. V. *Org. Lett.* **2008,** *10*, 3627.

[71] Cherkupally, S. R.; Mekala, R. *Chem. Pharm. Bull.* **2008**, *56*, 1002.

[72] Meyer, H.; Wehinger, E.; Bossert, F. *Arzneim.-Forsh* **1983**, *33*, 106.

[73] Liu, C.; Li, Z.; Zhao, L.; Shen, L. *ARKIVOC* **2009**, 258.

[74] Pandey, V. P.; Bisht, S. S.; Mishra, M.; Kumar, A.; Siddiqi, M. I.; Verma, A.; Mittal, M.; Sane, S. A.; Gupta, S.; Tripathi, R. P. *Euro. J. Med. Chem.* **2010**, *45*, 2381.

[75] Maheswara, M.; Siddaiah, V.; Damu, G. L. V.; Rao, C. V. *ARKIVOC* **2006**, 201.

[76] Gupta, R.; Gupta, R.; Paul, S.; Loupy, A. *Synthesis* **2007**, 2835.

[77] Reddy, Ch. S.; Raghu, M. *Indian J. Chem. Sect. B* **2008**, *47b*, 1578.

[78] Suresh, S.; Kumar, D.; Sandhu, J. S. *Synth. Commun.* **2009**, *39*, 1957.

[79] Sabitha, G.; Arundhathi, K.; Sudhakar, K.; Sastry, B. S.; Yadav, J. S. *Synth. Commun.* **2009**, *39*, 2843.

[80] Sivamurugan, V.; Kumar, R. S.; Palanichamy, M.; Murugesan, V. *J. Heterocycl. Chem.* **2005**, *42*, 969.

[81] Ko, S.; Yao, C. *Tetrahedron* **2006**, *62*, 7293.

[82] Reddy, C. S.; Raghu, M. *Chin. Chem. Lett.* **2008**, *19*, 775.

[83] Mirza-Aghayan, M.; Langrodi, M. K.; Rahimifard, M.; Boukherroub, R. *Appl. Organomet. Chem.* **2009**, *23*, 267.

[84] Sabitha, G.; Reddy, G. S. K. K.; Reddy, Ch. S.; Yadav, J. S. *Tetrahedron Lett.* **2003**, *44*, 4129.

[85] Ko, S.; Sastry, M. N. V.; Lin, C.; Yao, C.-F.; *Tetrahedron Lett.* **2005**, *46*, 5771.

[86] Paraskar, A. S.; Sudalai, A.; *Indian J. Chem., Sect. B: Org. Chem. Incl. Med. Chem.* **2007**, *46*, 331.

[87] Wang, L.-M.; Sheng, J.; Zhang, L.; Han, J.-W.; Fan, Z.-Y.; Tian, H.; Qian, C.-T. *Tetrahedron* **2005**, *61*, 1539.

[88] Hong, M.; Cai, C.; Yi, W.-B. *J. Fluor. Chem.* **2010**, *131*, 111.

[89] Heravi, M. M.; Bakhtiari, K.; Javadi, N. M.; Bamoharram, F. F.; Saeedi, M.; Oskooie, H. A. *J. Mol. Catal. A-Chem.* **2007**, *264*, 50.

[90] Nagarapu, L.; Apuri, S.; Gaddam, S.; Bantu, R.; Mahankhali, V. C.; Kantevari, S. *Lett. Org. Chem.* **2008**, *5*, 60.

[91] Rafiee, E.; Eavani, S.; Rashidzadeh, S.; Joshaghani, M. *Heterocycles* **2008**, *75*, 2225.

[92] Gadekar, L. S.; Katkar, S. S.; Mane, S. R.; Arbad, B. R.; Lande, M. K. *Bull. Korean Chem. Soc.* **2009**, *30*, 2532.

[93] Zonouz, A. M.; Hosseini, S. B. *Synth. Commun.* **2008**, *38*, 290.

[94] Gopalakrishnan, M.; Sureshkumar, P.; Kanagarajan, V.; Thanusu, J.; Govindaraju, R. *ARKIVOC* **2006**, 130.

[95] Antonyraj, C. A.; Kannan, S. *Appl. Catal. A: General* **2008**, *338*, 121.

[96] Aydin, F.; Ozen, R.; *J. Chem. Res.* **2004**, *7*, 486.

[97] Rajanarendar, E.; Ramesh, P.; Srinivas, M.; Ramu, K.; Mohan, G. *Synth. Commun.* **2006**, *36*, 665.

[98] Karade, N. N.; Budhewar, V. H.; Shinde, S. V.; Jadhav, W. N. *Lett. Org. Chem.* **2007**, *4*, 16.

[99] Sharma, G. V. M.; Reddy, K. L.; Lakshmi, P. S.; Krishna, P. R. *Synthesis* **2006**, *1*, 55.

[100] Wu, J.; Wang, W.-Z.; Sun, W. *Chin. J. Chem.* **2007**, *25*, 1072.

[101] Debache, A.; Boulcina, R.; Belfaitah, A.; Rhouati, S.; Carboni, B. *Synlett* **2008**, 509.

[102] Debache, A.; Ghalem, W.; Boulcina, R.; Belfaitah, A.; Rhouati, S.; Carbo, B. *Tetrahedron Lett.* **2009**, *50*, 5248.

[103] Khadikar, B. M.; Gaikar, V. G.; Chitnavis, A. A. *Tetrahedron Lett.* **1995**, *36*, 8083.

[104] Ohberg, L.; Westman, J. *Synlett* **2001**, 1296.

[105] Agarwal, A.; Chauhan, P. M. S. *Tetrahedron Lett.* **2005**, *46*, 1345.

[106] Singh, S. K.; Singh, K. N. *J. Heterocyclic. Chem.* **2010**, *47*, 194.

[107] Bowman, M. D.; Holcomb, J. L.; Kormos, C. M.; Leadbeater, N. E.; Williams, V. A. *Org. Proc. Res. Dev.* **2008**, *12*, 41.

[108] Salehi, H.; Guo, Q.-X. *Synth. Commun.* **2004**, *34*, 4349.

[109] Li, M.; Zuo, Z.; Wen, L.; Wang, S. *J. Comb. Chem.* **2008**, *10*, 436.

[110] Khadilkar, B. M.; Madyar, V. R. *Org. Proc. Res. Dev.* **2001**, *5*, 452.

[111] Varma, R. S. *J. Heterocyclic. Chem.* **1999**, *36*, 1565.

[112] Nasr-Esfahani, M.; Karami, B.; Behzadi, M. *J. Heterocycl. Chem.* **2009**, *46*, 931.

[113] Salehi, H.; Guo, Q.-X. *Synth. Commun.* **2004**, *34*, 4349.

[114] Sivamurugan, V.; Vinu, A.; Palanichamy, M.; Murugesan, V. *Heteroatom Chem.* **2006**, *17*, 267.

[115] Wang, S.-X.; Li, Z.-Y.; Zhang, J.-C.; Li, J.-T.; *Ultrason. Sonochem.* **2008**, *15*, 677.

[116] Osnaya, R.; Arroyo, G. A.; Parada, L.; Delgado, F.; Trujillo, J.; Salmón, M.; and Miranda, R. *ARKIVOC* **2003**, 112.

[117] Gordeev, M. F.; Patel, D. V.; Wu, J.; Gordon, E. M. *Tetrahedron Lett.* **1996**, *37*, 4643.

[118] Gordeev, M. F.; Patel, D. V.; Gordon, E. M. *J. Org. Chem.* **1996**, *61*, 924.
Breitenbucher, J. G.; Figliozzi, G. *Tetrahedron Lett.* **2000**, *41*, 4311.

[119] Tadesse, S.; Bhandari, A.; Gallop, M. A. *J. Comb. Chem.* **1999**, *1*, 184.

[120] Breitenbucher, J. G.; Figliozzi, G. *Tetrahedron Lett.* **2000**, *41*, 4311.

[121] Rodríguez, H.; Reyes, O.; Suarez, M.; Garay, H. E.; Pérez, R.; Cruz, L. J.; Verdecia, Y.; Martínc, N.; Seoanec, C. *Tetrahedron Lett.* **2002**, *43*, 439.

[122] Kumar, A.; Maurya, R. A. *Tetrahedron Lett.* **2007**, *48*, 3887.

[123] Sadvilkar, V. G.; Khadilkar, B. M.; Gaikar, V. G. *J. Chem. Tech. Biotech.* **1995**, *63*, 33.

[124] Kumar, S.; Sharma, P.; Kapoor, K. K.; Hundal, M. S. *Tetrahedron* **2008**, *64*, 536.

[125] Evans, C. G.; Gestwicki, J. E. *Org. Lett.* **2009**, *11*, 2957.

[126] Zhou, Y.; Kijima, T.; Kuwahara, S.; Watanabe, M.; Izumi, T. *Tetrahedron Lett.* **2008**, *49*, 3757.

[127] Meyer, H.; Bossert, F.; Horstmann, H. *Liebigs Ann. Chem.* **1977**, *1888*, 1895.

[128] Sreedharan, V.; Perumal, P. T.; Avendano, C.; Menendez, J. C. *Tetrahedron* **2007**, *63*, 4407.

[129] Franke, P. T.; Johansen, R. L.; Bertelsen, S.; Jogensen, K. A. *Chem. Asian J.* **2008**, *3*, 216.

[130] Ohashi, M.; Kamachi, H.; Kakisawa, H.; Stork, G. *J. Am. Chem. Soc.* **1967**, *89*, 5460.

[131] Kamal, A.; Ahmad, M.; Mohd, N.; Hamid, A. M. *Bull. Chem. Soc. Jpn.* **1964**, *37*, 610.

[132] Eynde, J. J. V.; D'orazio, R.; Van, H. Y. *Tetrahedron* **1994**, *50*, 2479.

[133] Delgado, F.; Alvarez, C.; Garcia, O.; Penieres, G.; Marquez, C. *Synth. Commun.* **1991**, *21*, 2137.

[134] Bagley, M. C.; Lubinu, M. C. *Synthesis* **2006**, 1283.

[135] Heravi, M. M.; Moosavi, F. S. S.; Beheshtiha, Y. S.; Ghassemzadeh, M. *Heterocycl. Commun.* **2004**, *10*, 415.

[136] Bagley, M. C.; Lubinu, M. C. *Synthesis* **2006**, 1283.

[137] Razzaq, T.; Kremsner, J. M.; Kappe, C. O. *J. Org. Chem.* **2008**, *73*, 6321.

[138] Singer, A.; McElvain, S. M. *Org. Synth.* **1934**, *14*, 30.

[139] Garcia, O.; Delgado, F.; Cano, A. C.; Alvarez, C. *Tetrahedron Lett.* **1993**, *34*, 623.

[140] Love, B.; Snader, K. M. *J. Org. Chem.* **1965**, *30*, 1914.

[141] Balogh, M.; Hermecz, I.; Menszaros, Z.; Laszlo, P. *Helv. Chim. Acta* **1984**, *67*, 2270.

[142] Maquestiau, A.; Mayence, A.; Vanden Eynde, J. J. *Tetrahedron Lett.* **1991**, *32*, 3839.

[143] Heravi, M. M.; Derikvand, F.; Oskooie, H. A.; Hekmatshoar, R. *J Chem. Res.* (*S*) **2006**, 168.

[144] Heravi, M. M.; Behbahani, F. K.; Oskooie, H. A.; Shoar, R. H. *Tetrahedron Lett.* **2005**, *46*, 2775.

[145] Heravi, M. M.; Bakhtiari, Kh.; Oskooie, H. A.; Hekmatshoar, R. *Russ. J. Org. Chem.* **2007**, *43*, 1408

[146] Balogh, M.; Hermecz, I.; Menszaros, Z.; Laszlo, P. *Helv. Chim. Acta* **1984**, *67*, 2270.

[147] Maquestiau, A.; Mayence, A.; Eynde, J.; Vanden. J. *Tetrahedron Lett.* **1991**, *32*, 3839.

[148] Shaikh, A. C.; Chen, C. *Bioorg. Med. Chem. Lett.* **2010**, *20*, 3664.

[149] Sabita, G.; Reddy, G. S. K. K.; Reddy, C. S.; Fatima, N.; Yadav, J. S. *Synthesis* **2003**, 1267.

[150] Mashraqui, S. H.; Karnik, M. A. *Synthesis* **1998**, 713 and references cited there in.

[151] Momeni, A. R.; Massah, A. R.; Naghash, H. J.; Aliyan, H.; Solati, S.; Sameh, T. *J. Chem. Res.* **2005**, 227

[152] Anniyappan, M.; Murlidharan, D.; Perumal, P. T. *Tetrahedron* **2002**, *58*, 5069.

[153] Heravi, M. M.; Ghassemzadeh, M. *Phosphorus Sulfur Silican* **2005**, *180*, 347.

[154] Hashemi, M M.; Ghafuri, H.; Karimi-Jaberi, Zahed. *Monat. Chem., Chem.* **2006**, *137*, 197.

[155] Niknam, K.; Zolfigol, M. A.; Razavian, S. M.; Mohammadpoor, B. I. *Heterocycles* **2005**, *65*, 657.

[156] Niknam, K.; Razavian, S. M.; Zolfigol, M. A.; Mohammahpoor, B. I. *J. Heterocycl. Chem.* **2006**, *43*, 199.

[157] Litvic, M.; Cepanec, I.; Filipan, M.; Kos, K.; Bartolincic, A.; Druskovic, V.; Tibi, M. M.; Vinkovic, V. *Heterocycles* **2005**, *65*, 23.

[158] Mashraqui, S. H.; Karnik, M. A. *Tetrahedron Lett.* **1998**, *39*, 4895.

[159] Pfister, J. R. *Synthesis* **1990**, 689.

[160] Varma, R. S.; Kumar, D. *Tetrahedron Lett.* **1999**, *40*, 21.

[161] Anniyappan, M.; Murlidharan, D.; Perumal, P. T. *Tetrahedron* **2002**, *58*, 5069.

[162] Cai, X.; Yang, H.; Zhang, G. *Can. J. Chem.* **2005**, *83*, 273.

[163] Paul, S.; Sharma, S.; Gupta, M.; Choudhary, D.; Gupta, R. *Bull. Korean Chem. Soc.* **2007**, *28*, 336.

[164] Maquestiau, A.; Mayence, A.; Eynde, J. J. V. *Tetrahedron* **1992**, *48*, 463.

[165] Grinsteins, E.; Stankevics, B.; Duburs, G. *Khim. Geterotsikl. Soedin* **1967**, 1118 [*Chem. Abstr.* **1967**, *69*, 77095.]

[166] Wang, B.; Hu, Y.; and Hu, H. *Synth. Commun.* **1999**, *29*, 4193.

[167] Heravi, M. M.; Bakhtiari, K.; Oskooie, H. A. *ARKIVOC* **2007**, 190.

[168] Filipan-Litvic, M.; Litvic, M.; Vinkovic, V. *Tetrahedron* **2008**, *64*, 10912

[169] Su, J.; Zhang, C.; Lin, D.; Duan, Y.; Fu, X.; Mu, R. *Synth. Commun.* **2010**, *40*, 595.

[170] Vanden Eynde, J. J.; Delfosse, F.; Mayence, A.; Van Haverbeke, Y. *Tetrahedron* **1995**, *51*, 6511.

[171] Yadav, J. S.; Subba Reddy, B. V.; Sabitha, G.; Kiran Kumar Reddy, G. S. *Synthesis* **2000**, *11*, 1532.

[172] Zeynizadeh, B.; Dilmaghani, K. A.; Roozijoy, A. *J. Chin. Chem. Soc.* **2005**, *52*, 1001.

[173] Chai, L.; Zhao, Y.; Sheng, Q.; Liu, Z. *Tetrahedron Lett.* **2006**, *47*, 9283.

[174] Moghadam, M.; Nasr-Esfahani, M.; Tangestaninejad, S.; Mirkhani, V.; Zolfigol, M. A. *Can. J. Chem.* **2006**, *84*, 1.

[175] Moghadam, M.; Nasr-Esfahani, M.; Tangestaninejad, S.; Mirkhani, V. *Bioorg. Med. Chem. Lett.* **2006**, *16*, 2026.

[176] Nasr-Esfahani, M.; Moghadam, M.; Tangestaninejad, S.; Mirkhani, V. *Bioorg. Med. Chem. Lett.* **2005**, *15*, 3276.

[177] Lee, K.-H.; Ko, K.-Y. *Bull. Korean Chem. Soc.* **2002**, *23*, 1505 and references therein.

[178] Lee, K.-H.; Ko, K.-Y. *Bull. Korean Chem. Soc.* **2004**, *25*, 19

[179] Li, F.-Q.; Zeng, X.-M.; Chen, J.-M. *J. Chem. Res.* **2007**, 619.

[180] Yadav, J. S.; Reddy, B. V. S.; Basak, A. K.; Baishya, G.; Narsaiah, A. V. *Synthesis* **2006**, 451.

[181] Karade, N. N.; Gampawar, S. V.; Kondre, J. M.; Shinde, S. V. *ARKIVOC* **2008**, 9.

[182] Kumar, P. *Chin. J. Chem.* **2009**, *27*, 1487.

[183] Chen, Z. Y.; Zhang, W. *Chin. Chem. Lett.* **2007**, *18*, 1443.

[184] Hashemi, M. M.; Ahmadibeni, Y.; Ghafuri, H. *Monat. Chem., Chem.* **2003**, *134*, 107.

[185] Momeni, A. R.; Aliyan, H.; Mombeini, H.; Massah, A. R.; Naghash, H. J. *Z. Naturforsch.* **2006**, *61b*, 331.

[186] Karami, B.; Montazerozohori, M.; Nasr-Esfahani, M. *Heterocycles* **2005**, *65*, 2181.

[187] Filipan Litvic, M.; Litvic, M.; Vinkovic, V. *Tetrahedron* **2008**, *64*, 5649.

[188] Filipan-Litvic, M.; Litvic, M.; Vinkovic, V. *Bioorg. Med. Chem.* **2008**, *16*, 9276.

[189] Raghuvanshi, R. S.; Singh, K. N. *Indian J. Chem. Sect. B* **2008**, *47B*, 1735.

[190] Nakamichi, N.; Kawashitta, Y.; Hayashi, M. *Org. Lett.* **2002**, *4*, 3955.

[191] Kamal, A.; Ahmad, M.; Mohd, N.; Hamid, A. M. *Bull. Chem. Soc. Jpn.* **1964**, *37*, 610.

[192] Liu, Z. G.; Niu, X. Q.; Yu, W.; Yang, L.; Liu, Z. L. *Chin. J. Chem.* **2008**, *19*, 885.

[193] Itoh, T.; Nagata, K.; Matsuya, Y.; Miyazaki, M.; Ohsawa, A. *J. Org. Chem.* **1997**, *62*, 3582.

[194] Zhu, X.-Q.; Zhao, B.-J.; Cheng, J.-P. *J. Org. Chem.* **2000**, *65*, 8158.

[195] Peng, L.; Wang, J.; Lu, Z.; Liu, Z.; Wu, L. *Tetrahedron Lett.* **2008**, *49*, 1586.

[196] Saini, A.; Kumar, S.; Sandhu, J. S. *Synth. Commun.* **2007**, *37*, 2317.

[197] Kurz, J. L.; Hutton, R.; Westheimer, F. H. *J. Am. Chem. Soc.* **1961**, *83*, 584.

[198] Aliyan, H.; Fazaeli, R.; Moemeni, A. R.; Massah, A. R.; Naghash, H. J.; Khosravi, F. *Heterocycles* **2007**, *71*, 2027.

[199] Heravi, M. M.; Derikvand, F.; Hassan-Pour, S.; Bakhtiari, K.; Bamoharram, F. F.; Oskooie, H. A. *Bioorg. Med. Chem. Lett.* **2007**, *17*, 3305.

[200] Zolfigol, M. A.; Bagherzadeh, M.; Niknam, K.; Shirini, F.; Mohammadpoor-Baltork, I.; Ghorbani Choghamarani, A. *J. Iran. Chem. Soc.* **2006**, *3*, 73.

[201] Pragst, F.; Kaltofen, B.; Volke, J.; Kuthan, J. *J. Electroanal. Chem.* **1981**, *119*, 301.

[202] López-Alarcón, C.; Nùñez-Vergara, L. J.; Squella, J. A. *Electrochim. Acta* **2003**, *48*, 2505.

[203] Fotouhi, L.; Khaleghi, S.; Heravi, M. M. *Lett. Org. Chem.* **2006**, *3*, 111.

[204] Nagarajan, R.; Anthonyraj, J. C. A.; Muralidharan, D.; Saikumar, C.; Perumal, P. T. *Indian J. Chem.* **2006**, *45B*, 826.

[205] Han, B.; Liu, Q.; Liu, Z.; Mu, R.; Zhang, W.; Liu, Z.; Yu, W. *Synlett* **2005**, 2333.

[206] Masahiko, H.; Yuka, K. *Lett. Org. Chem.* **2006**, *3*, 571.

[207] Liu, D.; Gui, J.; Wang, C.; Lu, F.; Yang, Y.; Sun, Z. *Synth. Commun.* **2010**, *40*, 1004.

[208] Fang, X.; Liu, Y.-C.; Li, C. *J. Org. Chem.* **2007**, *72*, 8608.

[209] Heravi, M. M.; Oskooie, H. A.; Malakooti, R.; Alimadadi, B.; Alinejad, H.; Behbahani, F. K. *Catal. Commun.* **2009**, *10*, 819.

[210] Kitao, O.; Nakatsuji, H. *J. Chem. Phys.* **1988**, *88*, 4913.

[211] Lorenzon, J.; Fulscher, M. P.; Ross, B. O. *Theor. Chim. Acta* **1955**, *92*, 67.

[212] Foreman, J. B.; Head-Gordon, M.; Pople, J. A. *J. Phys. Chem.* **1992**, *96*, 135.

[213] Zhu, X. Q.; Li, H. R.; Li, Q.; Ai, T.; Lu, J. Y.; Yang, Y.; Cheng, J. P. *Chem.-Eur. J.* **2003**, *9*, 871.

[214] Jin, M. Z.; Yang, L.; Wu, L. M.; Liu, Y. C.; Liu, Z. L. *Chem. Commun.* **1998**, 2451.

[215] Fasani, E.; Albini, A.; Mella, M. *Tetrahedron*, **2008**, *64*, 3190.

[216] Guengrich, F. P.; Bocker, R. H. *J. Biol. Chem.* **1998**, *263*, 8168.

[217] Santander-G, I. P.; Nunez-Vergara, L.; Squella, J. J. A.; Navarrete-Encina, P. A. *Synthesis* **2003**, 2781.

[218] Bossert, F.; Meyer, H.; Wehinger, E. *Angew. Chem.* **1981**, *93*, 755.

[219] Goldmann, S.; Bossert, F.; Kazda, S.; Vater, W. in *Eur. Pat. Appl.* (Bayer A.-G.; Fed. Rep. Ger.).; Ep, **1981**, p. 26.

[220] Stout, D. M.; Meyers, A. I. *Chem. Rev.* **1982**, *82*, 223.

[221] Sausins, A.; Duburs, G. *Heterocycles* **1988**, *27*, 269.

[222] Campbell, S. F.; Cross, P. E.; Stubbs, J. K. *US: 4572908*, **1986**.

[223] Schramm, M.; Thomas, G.; Towart, R. *Nature* **1983**, *303*, 535.

[224] Goerlitzer, K. *Arch. Pharm.* **1991**, *324*, 785.

[225] Davis, R.; Kern, J. R.; Kurz, L. J.; Pfister, J. R. *J. Am. Chem. Soc.* **1988**, *110*, 7873.

[226] Li, W.; Wayne, G. S.; Lallaman, J. E.; Chang, S.-J.; Wittenberger, S. J. *J. Org. Chem.* **2006**, *71*, 1725.

[227] Boros, E. E.; Cowan, D. J.; Cox, R. F.; Mebrahtu, M. M.; Rabinowitz, M. H.; Thompson, J. B.; Wolfe, L. A. III *J. Org. Chem.* **2005**, *70*, 5331.

[228] Cherkupally, S. R.; Mekala, R. *Chem. Pharm. Bull.* **2008**, *56*, 1002.

[229] Ko, S.; Sastry, M. N. V.; Lin, C.; Yao, C.-F. *Tetrahedron Lett.* **2005**, *46*, 5771.

[230] Foroumadi, A.; Analuic, N.; Rezvanipour, M.; Sepehri, G.; Najafipour, H.; Sepehri, H.; Javanmardi, K.; Esmaeeli, F. *IL Farmaco* **2002**, *57*, 195.

欧弗曼重排反应
(Overman Rearrangement)

王　竝

1 历史背景简述

氨基酸、核酸、蛋白质等含氮化合物是生命过程的基础。在天然产物化学中，生物碱又是一大类历史悠久和名声显赫的含氮化合物。由于氨 (胺) 基是最基本和最主要的药效基团 (pharmacophore)，含氮化合物在药物化学和医药中的重要性同样不言而喻。例如：大部分上市药物中含有至少一个氮原子。因此，C-N 键的形成在有机合成中占有重要地位。

常用的 C-N σ-键形成方法包括含氮物种对其它 C-杂原子 σ-键的取代、C=O 官能团的还原胺化、C=N 和 C≡N 键的亲核加成和还原、含氮物种对 C=C 键的亲电或亲核加成 (羟胺化、氮杂环丙烷化、氮杂 1,4-共轭加成)、C-H 键活化以及重排反应等。本章介绍的 Overman 重排反应[1]属于最后一类，按其机理可归属于 3-氮杂-1-氧杂-[3,3]-σ-键转位重排 (sigmatropic rearrangement)，亦被称为氮杂-Claisen 重排。

[3,3]-σ-键转位重排反应有悠久的历史。1912 年，德国化学家 Rainer L. Claisen 首先发现了烯丙基乙烯基醚的热重排反应 (Claisen 重排，式 1)[2]。1940 年，美国化学家 Arthur C. Cope 报道了 1,5-二烯的热重排反应 (Cope 重排，式 2)[3]。在这些反应中，新生成的都是 C-C σ-键。

$$\text{Claisen rearrangement:} \qquad \xrightarrow{\text{heat}} \qquad (1)$$

$$\text{Cope rearrangement:} \qquad \xrightarrow{150\sim260\ ^{\circ}C} \qquad (2)$$

在理论上，如果底物的 C-3 换作一个氮原子，发生 [3,3]-重排后就能生成含有新的 C-N σ-键的烯丙基胺产物。1937 年，Mumm 首次实现了这样的反应。如式 3 所示[4]：在热条件下，N-苯基亚胺苯酸烯丙酯发生重排反应，生成 N-苯基-N-烯丙基苯甲酰胺。虽然该重排反应的产率几乎定量，但制备底物的效率较低。简单的 3-氮杂-[3,3]-重排的例子很少见，主要原因在于该反应是一个热力学不利的过程[5]。另外，某些类型的反应 (例如：3-氮杂-1'-氧杂-[3,3]-重排) 还受到底物不稳定性的限制[6]。

$$\xrightarrow[100\%]{210\ ^{\circ}C,\ 3\ h} \qquad (3)$$

1974 年，Overman 报道了一种 3-氮杂-1-氧杂-[3,3]-重排反应，彻底改变了这一状况，并建立了一套较完备的烯丙胺合成方法学。使用这种底物进行的重排不同于简单的 3-氮杂-[3,3]-重排，产物的 C=O 双键比原料的 C=N 双键的键能更高，使其成为热力学有利的过程。同时，反应在分子内进行，克服了分子间反应以及烯丙基体系所固有的许多局限和不利因素。因此，在其它方法不能奏效的场合也能发挥出优势，已被广泛应用于各种类型烯丙胺的合成。现在，这类反应被冠名为 Overman 重排反应。

该反应的发现者 Larry E. Overman 教授生于 1943 年，1969 年获博士学位 (威斯康星大学麦迪逊分校)。在哥伦比亚大学完成博士后研究后，自 1971 年起任职于美国加州大学欧文分校。Overman 教授长期从事复杂天然产物的全合成以及有机合成新方法和新策略的研究。至今他的课题组已经完成 80 多个复杂天然产物的全合成，其中包括 (–)-Morphine、(–)-Strychnine、(+)-Allopumiliotoxin 339A、Didehydrostemofoline、(+)-Crambescidin 800、Quadrigemine C、(+)-Minfiensine 等。Overman 课题组的研究工作在全合成目标的选择上侧重于手性季碳和连接环系 (attached rings) 等关键结构特征，对分子重排反应、分子内 Heck 反应和相关串联反应的运用堪称巧妙。

除了本反应外，最近还报道了以他名字命名的 Overman 酯化反应[7]，这是一种以潜手性的末端 Z-烯丙醇为原料合成手性烯丙酯和烯丙醇的不对称催化新方法 (式 4)，是继动力学拆分之后制备手性烯丙醇的又一种有效途径。

(4)

2 Overman 重排反应的定义和机理

2.1 Overman 重排和相关反应

在通常定义下，Overman 重排反应是指烯丙基三卤亚胺乙酸酯在加热或过渡金属催化下发生 [3,3]-σ-键转位重排，生成 N-烯丙基三卤乙酰胺的过程。如式 5 所示：在此过程中，分子中的 C=N 双键发生了 1,3-转位，生成了 C=O 双键。制备底物的原料烯丙醇可以是伯、仲或叔醇，烯丙基体系的 β 或 γ 位可以带有更多取代基或者是环结构的一部分。在多数情况下 (R^1、$R^2 \neq H$)，该反应还涉及到手性的 1,3-转位。三卤亚胺乙酸酯可以由烯丙醇和三卤代乙腈的加成反应制备，其中的卤素包括氯和氟，以前者的使用更为普遍。该反应是一个强放热过程，实际上是不可逆的[8]。

$$\text{(5)}$$

在 Overman 重排报道之后，又陆续出现了很多形式上相似的制备烯丙胺衍生物的重排反应。1978 年，Overman 本人报道了烯丙基氰酸酯的 [3,3]-重排 (式 6)[9a]。这类化合物十分活泼，在相对低温下 (–20~20 °C) 即可发生反应。1991 年，有人改进了底物的制备方法，使其可以通过氨基甲酸酯的脱水反应 (PPh$_3$, CBr$_4$, Et$_3$N, –20 °C；或 Tf$_2$O, DIPEA, –78 °C) 原位生成[9b,c]。对仲醇底物的研究发现：手性得到接近完全的 [1,3]-转移 (式 7)。由于该反应生成的重排产物异氰酸酯也不稳定，因此常直接转化成为各种稳定的衍生物进行分离。例如：用胺捕获生成脲、用过量三甲基铝处理生成乙酰胺、用醇或者其锡盐捕获异氰酸酯则生成对应的氨基甲酸酯。

$$\text{(6)}$$

$$\text{(7)}$$

烯丙基硫氰酸酯也能发生热重排[10]。有趣的是，与 Overman 重排相反，该反应具有可逆性。因此，这个特点在某些特定条件下可以被用来提高立体选择性。

例如：烯丙基硫氰酸酯 **1** 在加热反应 3 h 后以 92% 的总产率和 60:40 的比例得到一对非对映异构体 **2** 和 **3**。但是，延长加热时间或加入催化剂后，次要重排产物 **3** 的 *syn*-叔丁氧羰基胺基能与异硫氰酸酯反应生成环状的硫脲，而热力学较稳定的 *anti*-构型类似物 **2** 则由于位阻原因不能成环。因此，*syn*-构型的 **3** 逐渐被消耗，推动平衡向右侧移动，最终产物的非对映异构选择性 (**3:2**) 可以达到 > 99:1 (式 8)[10d]。但是，目前该方法的应用仍存在一定的局限，主要是因为烯丙型仲/叔烷基硫氰酸酯底物不易直接制备，以及反应的非对映异构选择性较低的缘故。

$$(8)$$

1997 年以来，Overman 课题组及其它课题组也陆续报道了 *N*-取代亚胺羧酸酯的不对称催化重排[11]，*N*-取代基主要是芳基。如式 9 所示：在平面手性的二茂铁环钯催化剂 (palladacycle) **4** 的作用下，反应具有较高的对映选择性。但是，此类反应的局限性在于重排产物中的 *N*-芳基和 *N*-酰基的去除产率不高，条件较苛刻。这不但影响了整个过程的效率，也限制了在复杂化合物合成中的应用。同时，底物的制备也比较复杂，需要两步反应且产率不高。另一方面，该类型反应的底物仅限于 *E*-型烯丙基伯醇的衍生物，一般不适用于 γ 位二取代的底物。

$$(9)$$

近年来，人们还报道其它几种过渡金属催化的类-Overman 重排反应。例如：Batey 等人发展了一种钯(II)-催化的不对称烯丙位 C-O 键转位反应[12]。

该反应的底物是烯丙氧基亚胺磷酰二胺 [(Allyloxy)iminodiazapholidines]，反应形式上属于 3-氮杂-2-磷杂-1-氧杂-[3,3]-σ-键转位重排 (式 10)。在该反应中，E-型烯丙基的重排产物基本保持了原料的光学纯度，但 Z-式烯丙基底物的反应结果不理想，产物的对映纯度从原料的 95% ee 下降到 70% ee。另外，该反应体系对于空间位阻比较敏感，3,3-二取代烯丙基的底物不能重排生成胺基取代的季碳。但是，该反应的一个优点在于产物可用稀酸温和地脱去 N-磷酰基保护。

$$(10)$$

几乎与此同时，有人报道了类似的亚胺磷酸烯丙酯的 [3,3]-重排反应。该反应的底物可以通过亚磷酸烯丙酯与叠氮化合物的 Staudinger 反应来制备，重排反应可在加热或钯(II)-催化条件下进行 (式 11)[13]。和上一反应类似，该反应的驱动力在于产物中 P=O 双键比原料 P=N 双键具有更高的键能。但是，该论文的作者未充分考察该反应对手性底物的适用范围，手性转移的有效性仅在一个例子中得到检验。

$$(11)$$

最近，Han 等人发展了一种铱(I)-催化的苄基氮杂二碳酸烯丙酯 (Allyl benzyl imidodicarbonates) 的不对称脱羧酰胺化反应。如式 12 所示[14]：该反应在手性单膦配体 **5** 存在下显示出优良的区域和对映选择性。分子间交叉实验显示：该反应的机理很可能涉及到 N-苄氧羰基氨基甲酸根负离子从反面进攻 Ir-

烯丙基配合物中间体，而不是 [3,3]-重排过程。

$$(12)$$

限于篇幅，本章将集中讨论经典意义下的 Overman 重排，对上述相关反应不再作详细介绍。同样，本章内容也不包括局限性较大的炔丙基三氯亚胺乙酸酯的热重排[15]。

2.2   Overman 重排反应的类型和机理

Overman 重排反应的底物主要有三氯亚胺乙酸酯和三氟亚胺乙酸酯两种，两者各有所长。一方面，三氯亚胺乙酸酯的制备比较简便 (见以下 3.1 节)，原料三氯乙腈廉价易得，是应用最广泛的底物类型。但是，产物中三氯乙酰基的水解条件比较剧烈，需要强碱 (2~6 mol/L 的 NaOH 水溶液)[16]或强酸 (1~6 mol/L HCl 水溶液，回流)[17] (式 13 和式 14)。因此在多步合成中，必须周密安排分子中其它官能团的保护策略。另一方面，三氟亚胺乙酸酯的重排产物是三氟乙酰胺，其脱保护条件较氯代类似物温和，采用弱碱性条件 (例如：K_2CO_3/MeOH，室温)[18] 即可完成。因此，从产物的转化角度考虑，该类型反应具有一定优越性。

$$(13)$$

$$(14)$$

上述两类底物在反应性上也有所不同。当三氯亚胺乙酸酯的反应效果不理想时，可以考虑尝试三氟亚胺乙酸酯。在某些情况下，后者不仅能够明显地改善反应产率，而且反应的速度也比较快 (式 15)[19]。

$$\text{(15)}$$

X = Cl, 22% (30 h), 50:50 dr
X = F, 93% (2 h), 42:58 dr

根据反应条件或反应机理，Overman 重排自然地分为两种类型：热重排和过渡金属催化重排 (式 16)。在后者中，Hg(II) 或 Pd(II) 盐显示出极强的催化活性。例如：Hg(OCOCF$_3$)$_2$ 能带来约 10^{12} 倍的加速作用[1a,b]，反应可在室温甚至 $-78\,^\circ\text{C}$ 下顺利进行。

$$\text{(16)}$$

大量的实验证据表明：热重排的机理是协同的同面 (suprafacial) [3,3]-σ-键转位重排，而不是分步的过程。下列证据支持协同机理的假设：(1) 反应的活化熵 $\Delta S^{\#}$ 为较大的负值[1b]，说明过渡态结构有序，与 Claisen 重排和 Cope 重排十分相似；(2) 即使底物 (例如：肉桂基三氯亚胺乙酸酯) 容易形成稳定的离域烯丙型碳正离子体系，也未观察到反应中间体；(3) 当仲烯丙醇三氯亚胺乙酸酯发生重排时，底物中原有手性能够完全转移，基本排除了底物解离的可能性；(4) 反应呈现优异的区域选择性，形式上的 [1,3]-重排副产物很罕见[20]。因此，也可以基本排除底物的解离-重结合历程。到目前为止，Overman 热重排的机理尚未用从头计算法或 DFT 方法研究。早期曾进行过 MNDO-PM3 半经验分子轨道计算研究，其结果似乎支持形成离子对过渡态[21]。然而，所有实验结果均支持 [3,3]-重排机理。因此，目前公认 Overman 热重排是经过协同机理和六元环状椅式过渡态进行的 (式 17)[22]。

$$\text{(17)}$$

与热重排相反，过渡金属催化的 Overman 重排则遵从一种环化引发的分步反应机理[23]。其催化循环与烯丙基氨基甲酸酯的 [3,3]-重排[24]类似，大致经过三个步骤：首先，阳离子性的过渡金属催化剂与烯双键配位使其活化；随后，亚胺作为亲核试剂从反面进攻活化的烯双键，氮原子与 C-3 成键后形成的中间体碳正离子具有氧/氮鎓离子共振结构而被稳定；最后，发生 β 消除并在 C-1 和 C-2

间生成新的烯键，同时催化剂得到再生 (式 18)。该机理的实验证据有：(1) 在 C-2 有取代的底物反应速度慢，因为不易形成金属-叔碳键；(2) 反应是完全的 1,3-O→N 重排，不涉及金属-π-烯丙基配合物；(3) 强 Lewis 酸 (例如：$BF_3 \cdot OEt_2$、$AlCl_3 \cdot OEt_2$ 和 $AgBF_4$ 等) 亦不能催化本反应。因此，金属催化的 Overman 重排也是完全的 [3,3]-重排，这是与热重排的共同之处。值得注意的是，类似的 Pd(0)-催化的 N-苯基亚胺羧酸酯的重排没有这种区域专一性[25]。

$$(18)$$

在上述反应机理中，亚胺对活化双键的亲核进攻属于 6-*endo-trig* 过程。理论上似乎还存在与其竞争的 5-*exo-trig* 过程，而且氮原子与 C-2 成键在动力学上似乎更有利。事实上，双键处于末端的烯丙醇三氯亚胺乙酸酯在过渡金属催化条件下副反应增多，产率明显降低，有时甚至完全得不到预期产物。例如：使用等物质的量的 $Hg(OCOCF_3)_2$ 并按还原脱汞处理，底物 **6** 最终生成 β-氨基醇而不是 [3,3]-重排产物 (式 19)[1f]。对于此类底物，使用 Pd(II)-催化剂也没有成功。因此，过渡金属催化的 Overman 重排的适用范围受到较大的限制，必须考虑到上述区域选择性问题。

$$(19)$$

3　Overman 重排反应的条件综述

3.1　底物的制备

Overman 重排反应的底物是烯丙基三卤亚胺乙酸酯，可以方便地从易得的烯丙醇与三氯乙腈或三氟乙腈在碱性条件下的加成制备。在经典的腈与醇的 Pinner 反应[26]中需要使用强酸性条件,但在这里却不能适用。一般使用催化量 (10 mol%) 乃至过量的 DBU 为碱 (式 20)[27],在二氯甲烷中或者其它干燥的非质子性溶剂中反应。在该类反应的早期研究中,常使用 NaH、KH、正丁基锂等强碱或金属钠[1,21,28]在醚类溶剂中反应。但是,碱的用量需要控制在催化量 (5~20 mol%) (式 21),这是由于醇盐与三氯乙腈反应的平衡偏向原料一边。在上述两种反应体系中,加料顺序对三卤亚胺乙酸酯的收率都没有明显的影响。有研究表明:与强碱相比,使用催化量的 DBU 常能得到更好的产率[29]。但是,烯丙型叔醇底物只能使用强碱条件。

$$
\begin{array}{c}
\text{1. CF}_3\text{CN, DBU, DCM, } -78\,^{\circ}\text{C} \\
\xrightarrow[\text{60\%}]{\text{2. xylene, 150 }^{\circ}\text{C, 96 h}}
\end{array}
\tag{20}
$$

$$
\begin{array}{c}
\text{1. KH, THF, rt} \\
\text{2. Cl}_3\text{CCN, Et}_2\text{O, 0 }^{\circ}\text{C, 1.5 h} \\
\xrightarrow[\text{57\%}]{\text{3. PhH, 80 }^{\circ}\text{C, 2 h}}
\end{array}
\tag{21}
$$

三氟乙腈在常压下是气体 (沸点 −64 °C),因此三氟亚胺乙酸酯的制备操作相对较复杂。一种方法是从三氟乙酰胺出发,用 P_2O_5 脱水来制备 (式 22)[28c]。生成的三氟乙腈用氮气流带出,在冷却至 −100 °C 的收集装置中冷凝为液态。使用时,可使之逐渐气化后通入反应体系,或者以其醚溶液形式加料。也有报道原位生成三氟乙腈的反应条件[30]。

$$
\text{F}_3\text{C} \overset{O}{\underset{\text{NH}_2}{\big|\big|}} \xrightarrow{\text{P}_2\text{O}_5, \, 150\,^{\circ}\text{C}} \text{F}_3\text{C}\!-\!\!\equiv\!\!\text{N}
\tag{22}
$$

少数特殊结构的烯丙醇难以制备相应的三卤亚胺乙酸酯。例如:在烯丙醇邻位的亲核性官能团与三卤亚胺乙酸酯中亲电性的 C=NH 发生进一步反应 (式 23)[28a];本身对碱敏感的原料容易发生分解等 (式 24)[31]。值得一提的是,尽管 7 是以氨基原酸酯形式存在,但在加热下仍能得到重排产物。这一结果说明:该化合物可能存在着 7 与三氯亚胺乙酸酯之间的平衡。

$$
\begin{array}{c}
\xrightarrow[\text{84\%}]{\begin{array}{c}\text{Cl}_3\text{CCN, Na}\\\text{THF, 70 }^{\circ}\text{C}\end{array}}
\quad
\xrightarrow[\text{80\%}]{\text{t-BuPh, 180 }^{\circ}\text{C, 1.5 h}}
\end{array}
\tag{23}
$$

$$\text{base:} \quad \text{(24)}$$

虽然烯丙基三氯亚胺乙酸酯的分子中带有 *N*-未取代的亚胺基团，但该化合物的稳定性可以满足使用硅胶快速柱色谱手段来纯化。由于其制备反应迅速、产率高和副产物少，很多场合下可以直接使用粗产物或者将反应液用粗硅胶短柱过滤以除去高极性的 DBU 等杂质。只有少数特殊结构的烯丙基三氯亚胺乙酸酯对制备的反应温度或者后处理过程中硅胶的微量酸性杂质敏感，这可能是因为它们易解离为烯丙基碳正离子并发生重新结合或者消除反应 (式 25)[32]。

$$\text{(25)}$$

3.2 反应的物理条件

3.2.1 反应介质

Overman 热重排反应的常用溶剂是二甲苯、甲苯、苯等芳烃，其它极性或非极性溶剂也有零星报道，例如：氯苯、二氯苯、硝基苯、叔丁基苯、正己烷、十氢萘、二苯醚等。为了后处理方便而采用较低沸点的溶剂时，可利用封管技术以提高其沸腾温度。一般而言，反应底物的浓度对反应的影响不大。

过渡金属催化的 Overman 重排常在四氢呋喃、苯、甲苯、二氯甲烷等溶剂中进行。最近发展起来的单体 COP 类型催化剂可以允许在较高的底物浓度下进行。

3.2.2 反应温度

根据反应的类型，Overman 重排反应所需温度的变化范围较大。大多数热重排在甲苯或二甲苯的回流温度 (110~140 °C) 下进行，而过渡金属催化的重排一般在低于室温到微热范围内即可进行。

对于热重排反应，所需反应温度受底物取代程度的影响很大。例如：烯丙基伯醇三氯亚胺乙酸酯的重排一般需要在 140 °C 左右长时间反应 (式 26)[1a]，而某些烯丙基叔醇三氯亚胺乙酸酯的重排则只需在苯中回流即可 (80 °C 左右) (式 21)。烯丙基体系的双键构型对反应温度的要求也有差异：一般而言，非环

状的 *E*-型底物的反应温度稍低于相应的 *Z*-型异构体,而且副反应相对较少。因此,*E*-型底物的应用最普遍。

$$(26)$$

近年来,微波化学的发展迅猛。微波供热具有升温迅速和加热均匀的特点,在部分领域具有传统供热手段不可比拟的优势。有人研究了微波促进的 Overman 重排反应后发现:不仅其反应时间大为缩短,而且反应产率普遍有明显提高。但是,两种条件下的非对映选择性没有实质的差别 (式 27 和式 28)[33]。

$$(27)$$

$$(28)$$

在天然产物 (–)-Lycoricidine 的全合成中,人们利用微波供热实现了较为罕见的 2-溴代烯丙基三氯亚胺乙酸酯类型底物的重排 (式 29)[34]。

$$(29)$$

3.2.3 添加剂

1998 年,Isobe 等人报道[32]:在 Overman 重排反应中加入催化量 (约 2 mg/mL 溶剂) 的 K_2CO_3,能够基本抑制敏感底物的酸催化分解,从而明显减少副反应。这种方法非常简单,但对于本反应确实是一个重要的改进。在优化条件下,许多反应的产率得到飞跃式的提高。而一些原先完全失败的底物也能够得到预期产物,其中以环状底物的改进效果最为显著 (式 30~式 32)[32,35]。

$$\text{(30)}$$

K$_2$CO$_3$, xylene, 140 °C, 13~5 h
37%~62%

$$\text{(31)}$$

K$_2$CO$_3$, xylene, 140 °C, 13~15 h
72%~95%

$$\text{(32)}$$

K$_2$CO$_3$, PhCl, 135 °C, 15 h
50%~95%

还有人报道：使用化学计量的 NBS 能够促进 α-磷酰基或氰基取代的 E-烯丙醇衍生的三氯亚胺乙酸酯重排 (式 33)[36a]。NBS 对于 Z-式底物则无效，反而引发 5-exo 类型的环化反应生成噁唑啉副产物。另外，烯丙醇的 α-位取代基必须是强吸电子基，换为苯基后会导致 β-溴代中间产物变得稳定而不发生消除。有趣的是，同样的 α-磷酰基-E-烯丙醇底物的热重排得到 E/Z 比例为 90:10 的产物[36b]。

$$\text{(33)}$$

NBS, CHCl$_3$, rt, 24 h
X = PO(OMe)$_2$, 91%
X = CN, 71%

3.3 反应的催化剂

3.3.1 非手性催化剂

在 Overman 重排反应发现之初，就已经认识到过渡金属对该反应的加速作用。事实上，早期的研究曾筛选了多种 Hg(II) 盐，发现三氟乙酸盐和硝酸盐最有效[1a,b]。

同时，Overman 也注意到：使用 Hg(II) 盐催化烯丙仲醇三氯亚胺乙酸酯的重排时存在较大的局限性，而且 Hg(II) 盐具有较大的毒性。因此，后续研究主要集中在 Pd(II) 类型的催化剂，特别是那些可溶性的配合物。其中，PdCl$_2$(MeCN)$_2$ 是这类催化剂中较优秀的代表。与众多钯催化交叉偶联反应不同的是：在 Overman 重排的整个过程中，钯催化剂不涉及金属价态的变化，也不存在氧化加成和还原消除等基元反应。

目前，钯催化的 Overman 重排的适用范围还相对狭窄，仅局限于烯丙基伯醇三氯亚胺乙酸酯底物。对于大多数仲醇、三氟亚胺乙酸酯以及 γ 位二取代等类型的底物来说，暂时还没有行之有效的催化反应体系 (式 34)[28b,28c,30]。

$$(34)$$

最近有人报道：在催化 Overman 重排反应中，基于磷杂烯 (phosphaalkene) 结构的 Pd(II)-P,N-螯合物 **8** 具有很高的催化活性 (式 35)[37]。

$$(35)$$

近年来的研究还发现：其它过渡金属盐也能有效催化 Overman 重排，例如：$PtCl_2$、$PtCl_4$、$AuCl$ 和 $AuCl_3$ 等 (式 36)[38]。其中，$PtCl_2$ 催化的反应产率明显高于常规的 $PdCl_2(MeCN)_2$，铂系催化剂的非对映选择性也高于 Pd(II)。与金系催化剂相比，$PtCl_2$ 和 $PtCl_4$ 还显示出较高的区域选择性 (**9:10**)。但是，与热重排相比，铂催化的反应具有区域选择性不够理想和催化剂价格昂贵的缺点。

$$(36)$$

序号	MCl_n	9 (anti-+syn-)/%	dr (anti-/syn-)	9:10
1	$PtCl_2$	85	6:1	8:1
2	$PtCl_4$	50	6:1	10:1
3	$AuCl$	70	2:1	5:1
4	$AuCl_3$	40	2:1	5:1
5	$PdCl_2$	62	2:1	n.d.
6	$PdCl_2(MeCN)_2$	58	2:1	—

3.3.2 手性催化剂

虽然不对称催化在其它领域中已经有长足的进展和广泛的应用，但不对称催化 Overman 重排的发展显得比较迟缓。存在的主要问题包括：反应速度慢、对映选择性低以及严重的消除副反应[39]。这可能是因为具有 Lewis 碱性的亚胺 N-原子容易与阳离子性的 Pd(II) 配位，阻碍了它与烯烃双键的配位。

直到 2003 年，有人使用手性钯催化剂 COP-Cl 完成了第一例高效的手性催化的 Overman 重排反应[40]。在此之前，许多手性催化体系仅对 *N*-苯基亚胺羧酸酯类型的底物取得不同程度的成功[1e,11a,41]。通过对 COP-Cl 催化剂的改进，最近有人发展出了适合 γ-二取代底物的手性催化剂[42]。因此，目前不对称催化 Overman 重排的有效底物仍然仅限于那些简单的烯丙基伯醇三氯亚胺乙酸酯。如式 37 所示：用于这两类反应的代表性手性催化剂已经不少，但适合更复杂底物的催化体系还有待开发。

(37)

上述催化剂都是二价钯的手性胺配合物。早期的简单配合物已被环钯化合物所取代，后者主要的结构特征是平面手性过渡金属夹心化合物。早期基于半夹心结构或二茂铁体系的催化剂总体效果不尽人意，在近年研究重点已转到具有独特结构的 COP (Cobalt Oxazoline Palladacycles) 型催化剂。COP 型催化剂还分为二聚体型 COP-X 和单体型 COP-Y，前者只溶于二氯甲烷，后者在 THF、MeCN 等有机溶剂中具有良好的溶解性。最近，有人报道了对手性 COP-Cl 催化 Overman 重排的机理研究和 DFT 理论计算结果[43]。

Overman 曾提出了不对称重排反应的催化剂设计思路，认为手性催化剂中处于钯配位区域远端的基团是手性控制的关键 (式 38，左)。近年来，有人对

Overman 的催化剂设计思路进行了修改。他们认为：过渡金属夹心结构的种类 (中心金属) 以及下方 (远离钯配位区域) 的环的取代情况是关键因素，这两个因素共同决定了烯烃与钯配位的面选择性。如果有较多的大取代基来有效屏蔽催化剂的底部，将有利于提高不对称控制的效率 (式 38, 右)[42]。这个修改基于 *N*-苯基亚胺酸酯的研究结果，是否能推广到经典意义上的 Overman 重排还需要检验。

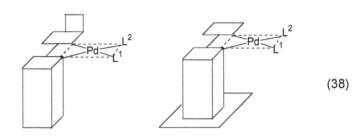

(38)

4　Overman 重排反应的选择性

4.1　非对映选择性

当 Overman 重排反应底物烯丙基体系的 δ 位是不对称取代的碳时，重排产物的酰胺基与该碳原子的取代基成为邻位。这样，自然就涉及到非对映选择性的问题。

δ 位烷氧基取代的烯丙基伯醇三氯亚胺乙酸酯底物的热重排反应生成非对映异构体混合物，一般选择性很差。如式 39 所示[19]：*Z*-式三氟亚胺乙酸酯底物能够得到高度的 *anti*-选择性属于较少见的特例。

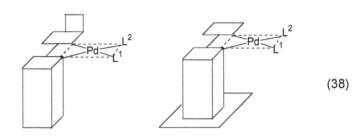

(39)

序号	双键构型	X	反应时间/h	dr (*anti*-/*syn*-)	产率/%
1	*E*-	Cl	30	1 : 1	22
2	*E*-	F	2	1.38 : 1	93
3	*Z*-	Cl	30	1 : 1	25
4	*Z*-	F	2	10.1 : 1	95

与热重排相反，这类底物的钯催化 Overman 重排反应显示出良好到优秀的非对映选择性。有时也能得到单一的 *anti*-立体异构体，因此这是合成 *anti*-邻氨基醇的一种潜在的有效途径 (式 40)[44]。

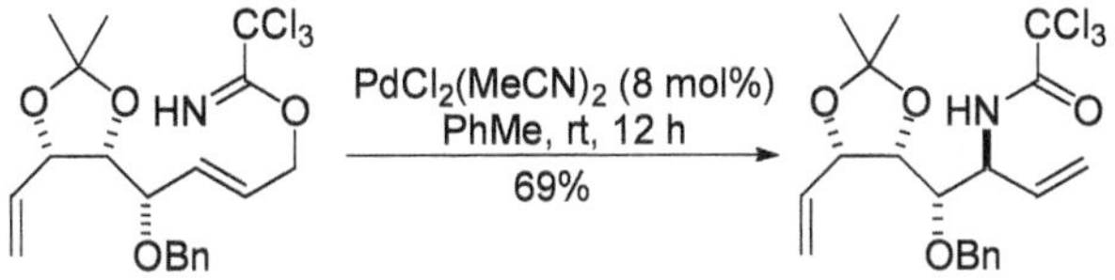

(40)

然而，并非所有的钯催化 Overman 重排都能实现高非对映选择性。有人考查了 δ 羟基的保护基的作用后发现：较小的甲基保护的底物选择性差，而 δ 烷氧基的电子效应对选择性影响不大。因此，反应的非对映选择性可能是通过空间位阻产生的立体诱导作用控制的 (式 41)[45]。

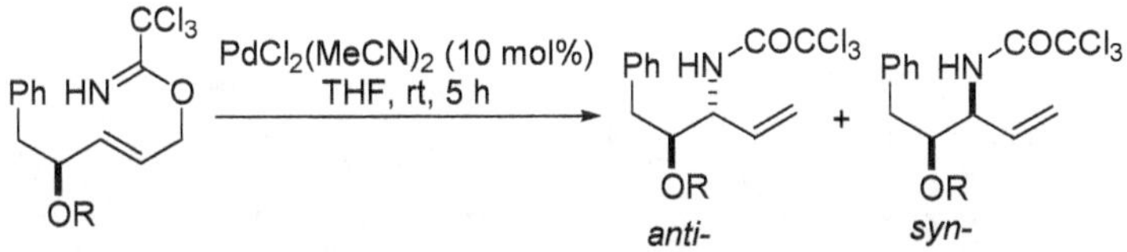

(41)

序号	R	dr (anti-/syn-)	产率/%
1	Me	1.4:1	63
2	MOM	6.2:1	58
3	BOM	9.95:1	57
4	TBS	10:1	61

底物 δ 位的碳链结构也有难以预料的作用。例如：底物 **11** 的 R 为苯基时，具有良好的非对映选择性。但是，当 R 换为乙基时则导致 *anti*-/*syn*- 比例急剧下降 (式 42)[45]。该结果似乎提示：在反应中间体中可能存在有苯环与钯的远程配位作用。

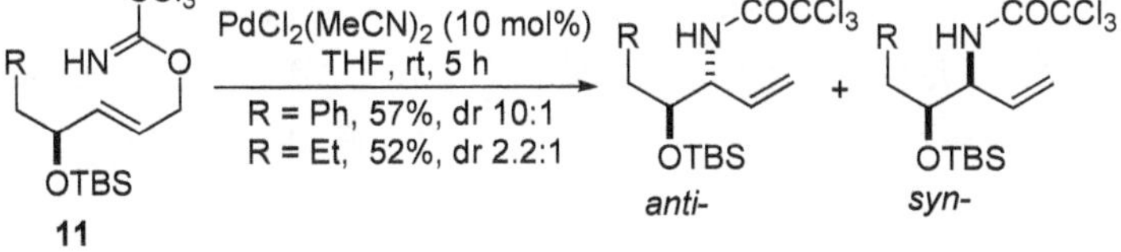

(42)

有人详细研究了 δ 取代基中配位性的氧原子的作用发现：氧取代的位置和数量都能显著影响非对映选择性。例如：甲氧基甲基 (MOM) 保护的羟基的两个氧原子可能同时与钯配位，因此给出最佳的 *anti*-选择性。丁基取代基无配位作用，其相应的底物主要生成 *syn*-产物 (式 43)[46]。

$$(43)$$

序号	R	dr (anti-/syn-)	产率/%
1	OCH$_2$OCH$_3$	10:1	64
2	CH$_2$CH$_2$CH$_2$CH$_3$	1:2	59
3	OCH$_2$CH$_2$CH$_3$	5:1	77
4	CH$_2$CH$_2$OCH$_3$	1:2	60

δ 胺取代基也能作为立体诱导基团：如式 44 所示[47]：在热重排条件下，产物的 anti-/syn- 比例为 62:38。但是，在 6~8 mol% 的 PdCl$_2$(MeCN)$_2$ 的催化下，产物的非对映选择性达到 99:1。一般认为：叔丁氧羰基氨基参与了同 Pd(II) 的配位。

$$(44)$$

更远程取代基的立体诱导作用也有所报道。例如：在 PdCl$_2$(MeCN)$_2$ 的催化下，δ 甲基-η-硅氧基取代的底物主要得到与热重排相反的 3,4-syn-选择性（式 45）[17b]。在反应过渡态中，Pd(II) 从远离大体积的叔丁基二苯基硅氧基取代的一侧与烯双键配位。

$$(45)$$

手性烯丙基仲醇三氯亚胺乙酸酯的 Overman 热重排反应具有立体专一性，产物中三氯乙酰胺基的构型完全由原不对称中心所决定。因此，不仅能合成 anti-产物，而且也适用一般方法难以制备的 syn-产物（式 46~式 48）[28b,28c,48]。

$$(46)$$

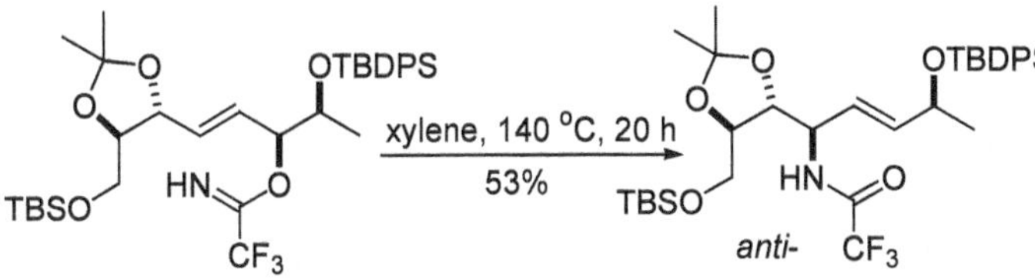

(47)

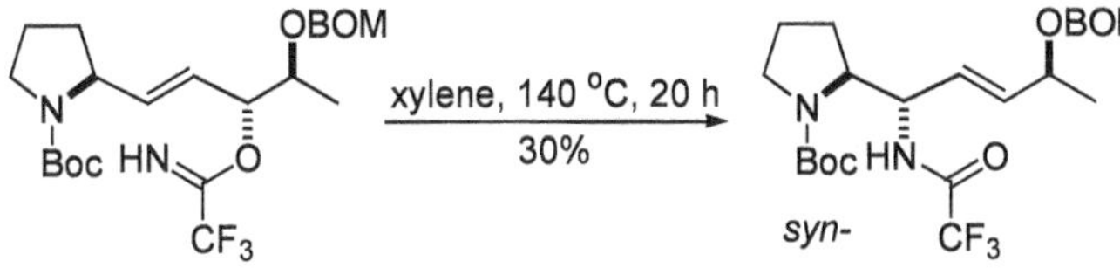

(48)

当烯丙基体系的 γ 位基团构成非对称取代的环己基时，重排反应也涉及到非对映选择性问题。研究表明：具有 3,3,5-三甲基取代环己烷骨架的底物以高选择性得到三氯乙酰胺基处于平伏键的重排产物，而 3-位无取代的底物无此选择性。这是由于前者的反应过渡态要避免产生甲基与三氯亚胺乙酸酯基之间的 1,3-双直立键相互作用 (式 49)[49]。

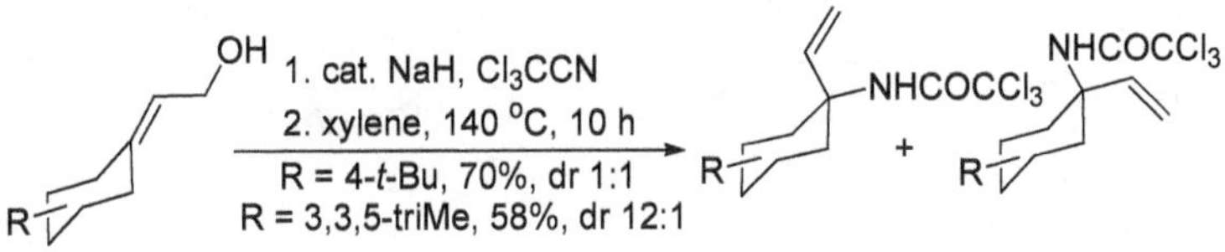

(49)

R = 4-t-Bu, 70%, dr 1:1
R = 3,3,5-triMe, 58%, dr 12:1

在生成非末端 C=C 双键重排产物的情况下，Overman 重排反应还涉及 E/Z 选择性。大量实验结果表明：产物新生成的双键的构型有明显的规律。无论原料中双键的构型如何，新生成的二取代双键一般具有较高的 E-式选择性，其构型由六元环状椅式过渡态的构象决定。通常情况下，底物的 α-取代基在过渡态中为平伏键取向，以避免 1,3-双直立键相互作用 (式 50)[1b]。当起始原料为非对称取代的叔醇时，三取代双键的 E/Z 选择性降低 (式 51)[1b]。

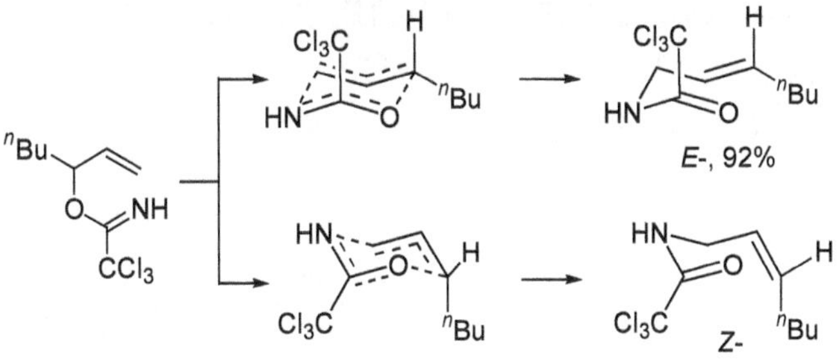

(50)

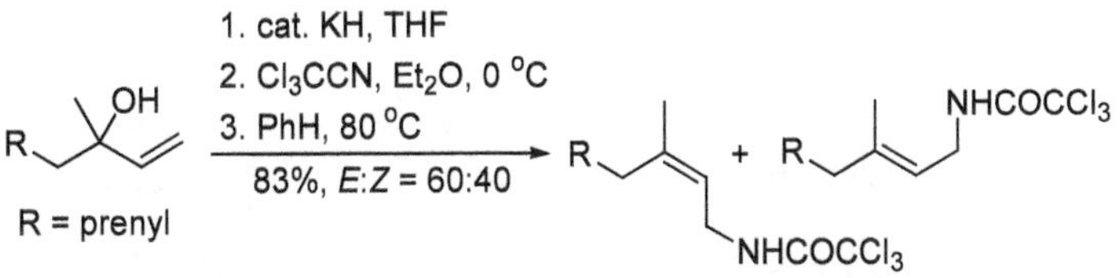

E-, 92%

Z-

1. cat. KH, THF
2. Cl$_3$CCN, Et$_2$O, 0 °C
3. PhH, 80 °C
83%, E:Z = 60:40

(51)

R = prenyl

4.2 对映选择性

4.2.1 仲醇的手性转移

手性仲醇底物中含有 α-取代基。在 Overman 热重排反应中，烯丙体系的 α-取代基位于六元环状过渡态之内，因此能作为有效的立体诱导因素。在大多数情况下，原有手性发生立体专一的同面转移 (式 52)[22]。这与上述 δ-取代基不能有效地控制热重排的非对映选择性不同。

$$(52)$$

该特性在钯催化的重排反应中也得到体现 (式 53)[50]。

$$(53)$$

上述 1,3-手性转移规律对 γ-二取代底物也有效，生成胺基取代的季碳手性中心 (式 54)[51]。

$$(54)$$

由于 Overman 热重排允许 Z-构型的底物，同时又是严格的 [3,3]-周环反应。因此，这为立体发散式合成提供了机遇。如式 55 和式 56 所示[52]：从同一手性源制备的 E-型或 Z-型烯丙基仲醇三氯亚胺乙酸酯的重排产物是一对对映体。

$$(55)$$

$$(56)$$

需要注意的是，少数情况下热重排的立体专一性有所降低，此时可尝试更温和的钯催化条件 (式 57)[53]。

$$\text{(57)}$$

4.2.2 过渡金属不对称催化反应

2003 年，Overman 课题组报道了首个烯丙基三氯亚胺乙酸酯的不对称催化重排。采用手性噁唑啉配位的二聚体环钯催化剂 COP-Cl，对于 *E*-烯丙基伯醇衍生物取得优异的效果。如式 58 和式 59 所示[40a]：该反应条件温和 (25~38 ℃)，可采用较高的底物浓度 (0.6~1.2 mol/L)，产物的对映选择性达到 92%~98% ee。

该催化体系能兼容酮、缩酮、乙酸酯、TBS 硅醚、氨基甲酸酯、乃至叔胺等官能团，但位于 δ 位的游离羟基使对映选择性下降。γ 位取代基的电子和空间效应影响很大，苯基或叔丁基等取代使反应产率急剧下降。另外，Z-式底物也不能顺利反应。

$$\text{(58)}$$

$$\text{(59)}$$

如将 COP 催化剂中的抗衡阴离子替换为二配位的乙酰丙酮类型，所得单体催化剂 COP-hfacac 具有更好的溶解性。不仅反应溶剂范围可以拓展到 THF、丙酮、乙腈、甲苯等，还可以使用较高的催化剂和底物浓度，以提高反应速度。在温热条件下，对映选择性没有明显下降 (91%~98% ee) (式 60)[40b]。

$$\text{(60)}$$

4.3 区域和化学选择性

非对称双乙烯基甲醇衍生的底物能够顺利进行 Overman 重排，反应产率良好。但是，该反应的区域选择性得不到保证 (式 61)[54]。因此，这类情况应尽量避免。

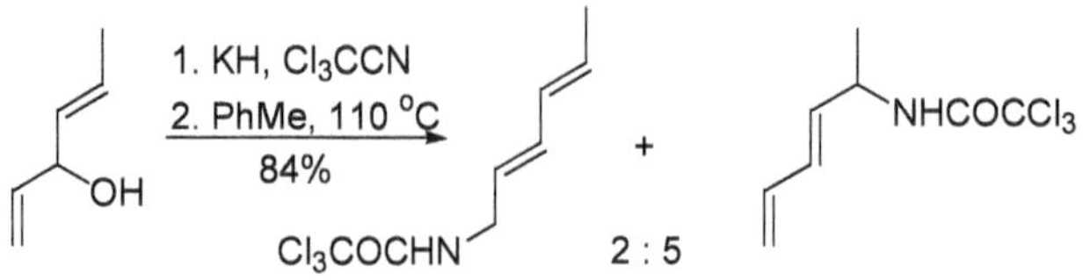

(61)

在含有多个三氯亚胺乙酸酯基的底物中，只有烯丙位的三氯亚胺乙酸酯能发生重排。如式 62 所示[55]：在产物中，β、γ 位饱和的烷基三氯亚胺乙酸酯被保留。但是，如果另一羟基位于高烯丙醇位，重排后的烯双键恰好能与其构成烯丙基体系。这时则可发生进一步的反应，称为串联 (cascade) Overman 重排 (式 63)[56]。需要注意的是：苄位的三氯亚胺乙酰氧基能作为离去基团，被分子中另一该基团所取代 (式 64)[57]。

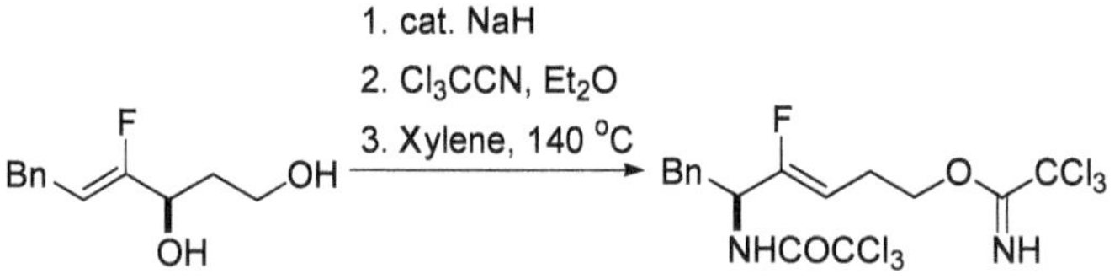

(62)

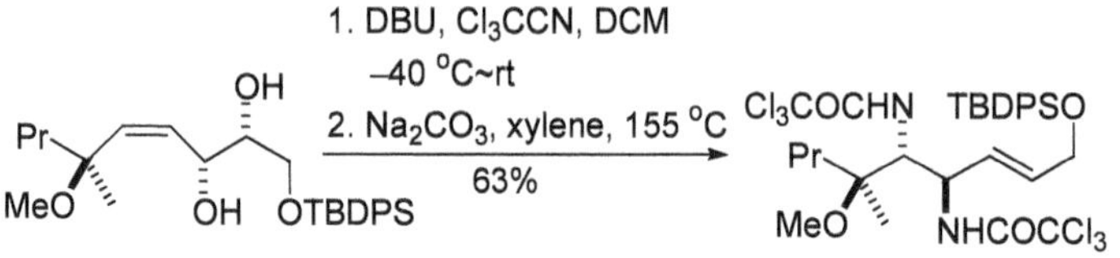

(63)

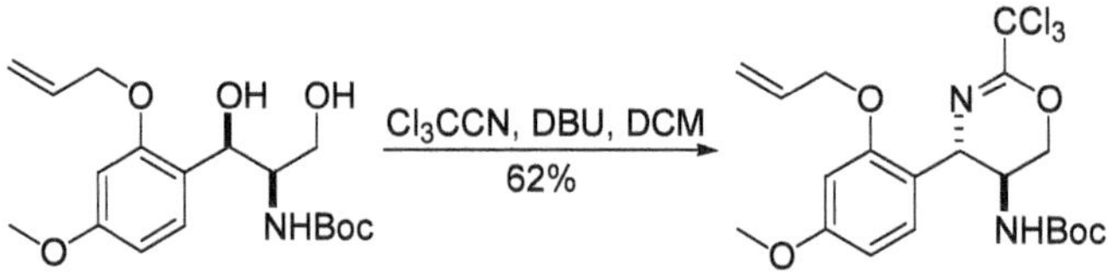

(64)

Overman 热重排反应的官能团兼容性较好，TBS、TBDPS、Tr、THP、MOM、酯、酰胺、缩醛、缩酮、叔胺、氨基甲酸酯、碳酸酯等常见的官能团和保护基均不受到明显的影响。但是，在钯催化重排反应中所使用的催化剂能影响某些酸敏保护基，例如：PdCl$_2$(MeCN)$_2$ 或 COP-Cl 都能部分地脱去二醇的 2,2-亚丙基保护 (式 65)[58]。该实例还说明了目前的不对称催化体系的限制：使用与底物手性匹配的 (S)-COP-Cl 催化剂需要 7 天才能反应完全。

$$\text{(65)}$$

序号	催化剂	反应时间/h	产率/%	syn-**12**:anti-**12**:**13**
1	PdCl$_2$(MeCN)$_2$	24	36	1:7:7
2	(S)-COP-Cl	168	81	52:1:0
3	(R)-COP-Cl	336	23	1:6:5

4.4 反应的范围和限制

过渡金属催化的 Overman 重排反应对底物的限制较大，一般仅适用于 E-式烯丙基伯醇的衍生物，Z-式或者 γ 位有大取代基的底物反应困难。相比之下，热重排是更普适的条件。

尽管分子内反应有利于克服空间位阻，但 Overman 重排反应难免受到大位阻基团的负面影响。例如：在全顺式底物 **14** 的反应过渡态中，大体积的 5-位叔丁基二甲硅氧基与三氯亚胺乙酸酯基之间的 1,3-二直立键作用十分严重。这使得后者难以与烯双键达到 [3,3]-重排必需的空间取向，因此无法得到预期的产物 (式 66)[59]。与此相对照，**14** 的 1-差向异构体的重排产率高达 95%。

$$\text{(66)}$$

同理，在 Tetrodotoxin (河豚毒素) 的全合成中，有人曾经尝试 **15** 的 Overman 重排反应而未获成功 (式 67)[60]。由于苯甲酰氧基的位阻，原料全部转化为重新结合副产物。但是，其类似物的模型反应却以 62% 的产率得到了预期的重排产物 (式 30)。

$$\text{(67)}$$

Overman 重排反应也不适用于那些因分子的内在性质而易解离的底物。例如：由于糖环上的氧原子提供孤对电子，糖苷基三氯亚胺乙酸酯容易形成稳定的氧鎓碳正离子。因此，在低温下 (−15 °C) 即可发生完全分解，生成重结合的副产物三氯乙酰胺和少量缩环重排副产物 (式 68)[61]。

$$\text{(68)}$$

双键取代基的电子效应也是反应成败的决定因素，烷基、卤素、乃至三甲硅基等电子效应不明显的取代基一般对反应影响不大。但是，对 γ 位有强吸电子的三氟甲基取代的底物 **16** 来说，其苯乙烯共轭体系若重排生成孤立的双键将损失较大的共振能。因此，这样的底物不能发生反应 (式 69)[62]。底物 **17** 的重排也需要破坏原有的大共轭体系，同样得不到产物 (式 70)[16]。与此相对照，将酯基还原为非共轭且电子效应不明显的羟甲基并加以保护后，重排就能顺利地进行 (式 71)[16]。

$$\text{(69)}$$

$$\text{(70)}$$

$$\text{(71)}$$

如果三氯亚胺乙酸酯基处于 α,β-不饱和酯[53,63]、腈[64]、砜[65]等 Michael 加成受体的 γ 位时，则可发生氮杂-Michael 加成生成噁唑啉 (式 72)。而 2-羟甲基-2,3-不饱和酯的 Overman 重排正常进行，产物中的烯键仍与酯基共轭 (式 73)[66]。

$$\text{(72)}$$

$$\text{(73)}$$

有人报道：在 Pd(II) 催化下，γ-乙酰氧基取代的 Z-烯丙基三氯亚胺乙酸酯可以生成烯基噁唑啉 (式 74)[67]，该产物可能通过烯烃的 5-exo 氨钯化-杂原子消除过程形成，γ-位的乙酰氧基取代可能使 5-exo 环化比正常的 6-endo 过程更占优势。

$$\text{(74)}$$

最近有人报道：在添加阻聚剂氢醌 (HQ) 的条件下，底物 **18** 完全不能够发生预期的 Overman 重排。如式 75 所示[68]：反应生成的唯一副产物是氯代转位产物 3-氯-3,6-二氢-2H-吡喃。在微波条件下，也观察到类似的氯代副反应[69]。

$$\text{(75)}$$

5 Overman 重排反应在有机合成中的应用

5.1 重排产物的转化

5.1.1 三氯乙酰基的脱保护

除了常规的较为剧烈的酸或碱水解条件外，应复杂分子全合成的需要，近年来出现了若干较温和的脱除 N-三氯乙酰基保护的方法。有人发现：N-三氯乙酰基能在低温 (–78 °C) 下能够被 DIBAL-H 还原脱去。在此条件下，酯基同时被还原为羟甲基 (式 76)[70]。

$$\text{(76)}$$

Isobe 等人发现：三氯乙酰胺在加热 (100 °C) 和过量 Cs₂CO₃ 作用下，能够迅速水解成为相应的胺。反应必须在极性非质子溶剂 DMF 或 DMSO 中进行，并可以得到良好的产率 (式 77)[71]。

$$(77)$$

Isobe 等人还发展了一种将三氯乙酰胺转化为易脱保护的氨基甲酸酯的"一锅反应"方法，该反应利用 CuCl (2 eq.) 促进醇对中间体异氰酸酯的加成，适合于将三氯乙酰基转变成为 Cbz- 和 Troc- 等保护的产物。但是，引入 *N*-Boc 保护基的效果一般 (式 78)[72]。

$$(78)$$

5.1.2　三氯乙酰胺基的转化

三氯乙酰胺在多种碱的作用下可消除三氯甲基，生成活泼的中间体异氰酸酯。利用此性质，可将其原位转化为其它官能团。例如：异氰酸酯用伯胺捕获生成脲。脲经过脱水 (PPh₃/CBr₄/Et₃N) 生成碳酰二亚胺后，再与另一分子伯胺反应得到胍类化合物。这两步反应的产率都接近定量，成胍的反应需要稀土盐 Sc(OTf)₃ 或 Yb(OTf)₃ (10 mol%) 的催化 (式 79)[73]。

$$(79)$$

又例如：以 DBU 为碱，三氯乙酰胺在极性溶剂 (MeCN 或者 DMSO) 中可以被转化为异氰酸酯。然后，不经分离直接用伯/仲胺捕获，可以高效地合成非对称取代的脲 (式 80)[74]。但是，此方法对三氟乙酰胺无效。

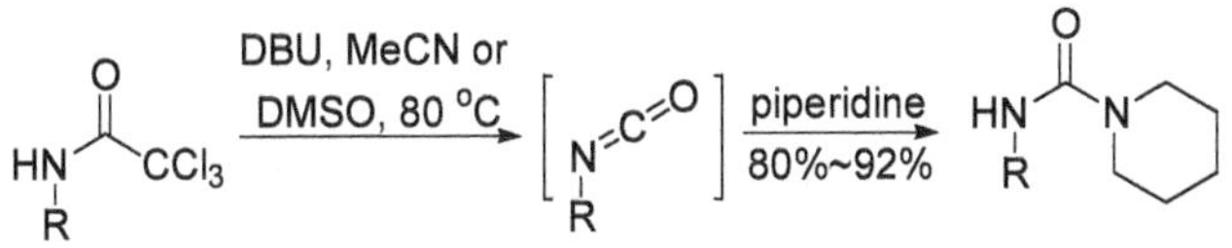

(80)

5.1.3 烯键的转化

三氯(氟)乙酰胺基能作为有效的诱导基团，实现 β,γ 位双键的高度 syn-立体选择性双羟化 (式 81)[75]。这是由于四氧化锇/TMEDA 配合物是氢键受体，而三氯(氟)乙酰基的强吸电子作用使相应的酰胺基成为良好的氢键供体。其它氨基保护基 (例如：叔丁氧羰基、对甲苯磺酰基或乙酰基) 的立体诱导作用不佳，但该反应体系的主要局限性是需要使用化学计量的四氧化锇。

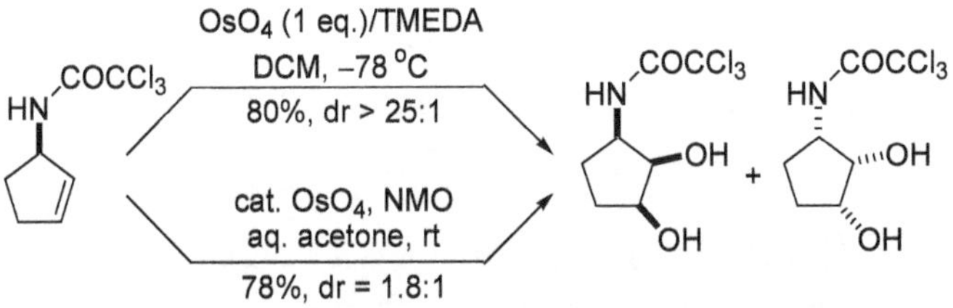

(81)

由于 Overman 重排反应能提供高效的 [1,3]-手性转移，常被用来合成高对映纯度的非天然 α-氨基酸。显而易见，此合成策略中产物的羧基是通过氧化断裂烯丙胺双键得到的。末端双键和内部双键均可用于该目的，α,α-二取代甘氨酸也可以用该方法来合成 (式 82 和式 83)[76]。

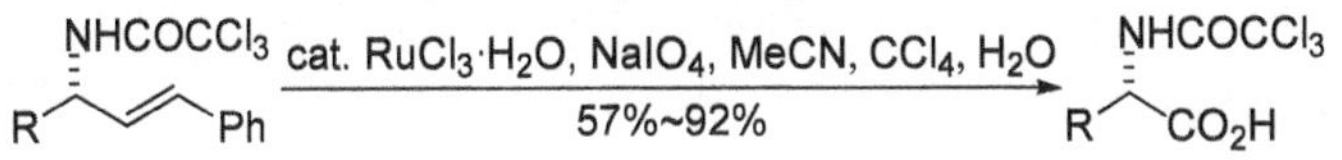

(82)

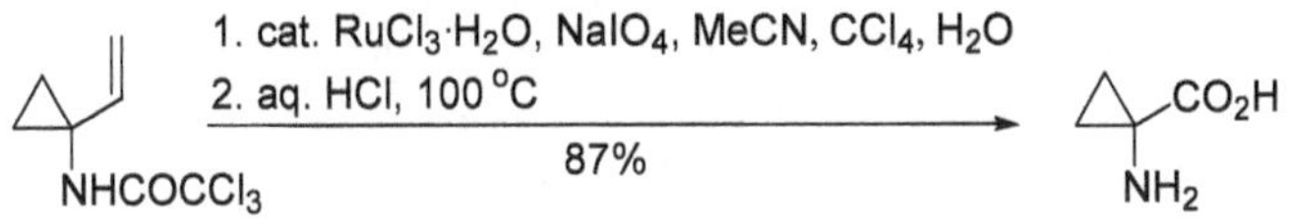

(83)

在适当条件下，三氯乙酰基还是自由基的来源。因此，重排产物的双键还可参与分子内碳-碳键的形成反应。例如：在 Ru(II) 催化剂的存在下，不饱和三氯乙酰胺能够发生原子转移自由基环化反应，区域选择地生成 exo-产物 (式 84)[77]。当分子中有多个烯键时，还可以发生串联环化。

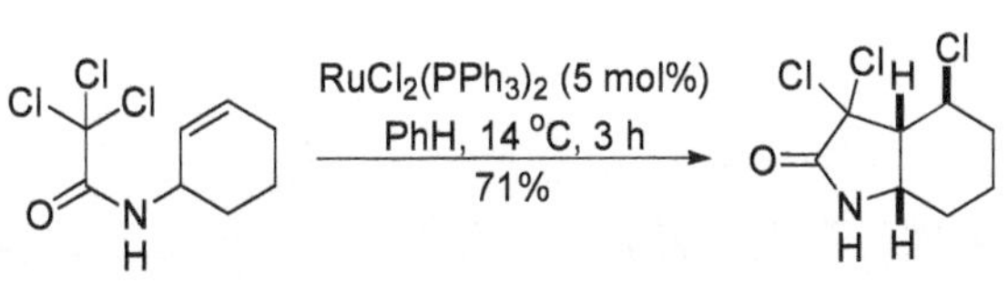

(84)

5.2 Overman 重排反应在天然产物全合成中的应用

Overman 重排反应具有高效性、较广的底物范围和良好的官能团兼容性等优点。三十多年来，在天然产物全合成中得到了相当广泛的应用。

5.2.1 (–)-Agelastatin A 的全合成

1993 年，Pietra 等人从珊瑚海深海海绵 *Agelas dendromorpha* 中分离出天然产物 (–)-Agelastatin A[78]。生理活性研究表明：该化合物具有显著的抗肿瘤活性。对小鼠淋巴白血病细胞 L1210 的 $IC_{50} = 0.033$ μg/mL，对人 KB 鼻咽癌细胞株的 $IC_{50} = 0.075$ μg/mL[79]。该天然产物还能抑制肿瘤转移[79c]，以及选择性抑制激酶 GSK-3β[80]。由于其具有化学结构独特和生物活性高的特点，天然来源又十分稀缺，因此成为全合成的目标。自 1998 年来，共有 12 个课题组发表了对 Agelastatin A 的全合成工作。其中，Wardrop 和 Chida 的工作具有一定代表性，二者都采用了 Overman 重排为关键反应。

Wardrop 等人从外消旋的 *syn*-环戊烯二醇单乙酸酯的三氯亚胺乙酸酯出发，在热重排条件下首先得到 *syn*-1-乙酰氧基-2-胺基环戊烯。然后，再利用三氯乙酰胺的邻基参与作用进行溴代环化。接着，经消除溴化氢得到具有正确的全顺式相对构型的 1-乙酰氧基-2-胺基-3-羟基环戊烯关键中间体 **19**，其中两个羟基已被区分 (式 85)[81]。再经过 9 步官能团转化，其中包括：羟基的 S_N2 取代引入胺基、三氯乙酰胺基转化为非对称脲、仿生氮杂-Michael 加成反应等，最终以 14 步反应和约 8% 的总产率合成了目标产物 (±)-Agelastatin A。

(85)

Chida 等人的合成路线是从 D-(–)-酒石酸为手性源衍生的二醇 **20** 出发，首先制备出双三氯亚胺乙酸酯。随后，利用串联 Overman 重排为关键反应，在一

步反应中构建了 *syn*-二胺结构单元。将其末端的苯硫基氧化为亚砜后，经
Mislow 反应转变成烯丙醇。在这两步转化中，生成羟基的立体选择性并不重要。
接着，1,6-二烯发生 RCM 反应，形成五元碳环。利用羟基邻位的三氯乙酰胺基
的邻基参与作用，实现了羟基构型的归一化，同时还达到了区分两个三氯乙酰胺
基的目的 (式 86)[82]。

得到双环中间体 **21** 后，再经过 9 步官能团转化，其中包括：脱三氯乙酰
基、酰胺化、三氯乙酰胺基转化为非对称脲、仿生氮杂-Michael 加成反应等，
最终用 21 步和近 1.2% 的总产率合成了 (−)-Agelastatin A。

(86)

5.2.2　(+)-Dibromophakellin 的全合成

(+)-Dibromophakellin 是 1985 年从海绵 *Pseudoaxinyssa cantharella* 中分
离到的一种吡咯–咪唑类海洋生物碱[83]。它具有螺环或稠环的胍结构，可能与
Oroidin 存在生源关系。上述结构的特殊性使其成为有机合成化学家感兴趣的目
标分子。

最近，Nagasawa 等人报道了该天然产物的全合成。其中，3-酰胺基烯丙醇
的 Overman 重排被用作关键反应，较为有效地构建了目标分子中 C-10 上的手
性胺基缩酮[84]。值得一提的是：该取代类型的烯丙醇作为 Overman 重排的底物
还是首次。

如式 87 所示：他们的路线从 (4*R*)-羟基-L-脯氨酸出发，经过 9 步反应

制备了烯丙仲醇 **22**。该化合物中的羟基具有需要的构型，而在胺基缩醛的位置是一对差向异构体。**22** 与三氯乙腈在室温即可发生 Overman 重排，以 48% 产率生成了预期的产物 **23** 和大约等量 (50%) 的消除副产物。该反应能够在温和条件下发生重排的原因可能是由于烯丙基体系的 γ 位有给电子的酰胺基取代，这使得双键更容易转位。将 **22** 的两个差向异构体分离后分别进行 Overman 重排发现：使用 *trans*-**22** 进行的重排反应不仅副反应少，而且产率也高。

接着，对胺基缩醛和三氯乙酰胺进行修饰后，用 DIBAL-H 还原脱去三氯乙酰基。将游离的胺用 NBocC(SMe)NHBoc 试剂处理形成胍基，然后再与邻位的胺基缩醛成环构建出目标分子的四环骨架。最后，经过二溴代和脱 *N*-Boc 保护完成了 (+)-Dibromophakellin 的全合成。未溴代的中间体直接脱 *N*-Boc 保护，则得到另一种天然产物 (+)-Phakellin。

(87)

5.2.3 Sphingofungin E 的全合成

1992 年，Merck 公司从菌种 *Paecilomyces variotii* (ATCC 74097 = MF 5537) 的发酵液中分离到两种新型多羟基取代氨基酸 Sphingofungin E 和 F[85]。从化学结构上看，它们是鞘氨醇及鞘脂类化合物的类似物。这类化合物是丝氨酸棕榈酰转移酶抑制剂，其中 Sphingofungin E 的 $IC_{50} \approx 7.2$ nmol/L。在体外的活性实验显示，它能够有效地抑制多种人类致病真菌。它们与 Sphingofungin A~D 的区别在于含有手性季碳，分别具有独特的 α-取代丝氨酸和 α-取代丙氨酸结构。由于氨基取代的手性季碳原子被包围在羧基和 β,γ 手性羟基之间，其合成难度较大。

在 Chida 课题组完成的全合成路线中，使用糖为手性模板诱导的 Overman 重排作为关键反应来构建氨（胺）基取代的季碳中心[70,86]。从二亚丙基葡萄糖出发，经过选择性保护、仲醇氧化成酮、Wittig 反应和 DIBAL-H 还原酯等 6 步，得到了重排前体 Z-烯丙醇 **24**。从 **24** 衍生的三氯亚胺乙酸酯可能具有较大的空间位阻，其 Overman 热重排需要在 140 ℃ 下加热 140 h 才能完成。通过该反应以 60% 产率得到了烯丙胺 **25**，同时还生成 14% 的非对映异构体 *epi*-**25**。接着，将 **25** 的乙烯基经过臭氧化和还原转化为羟甲基。经过保护基调整后与原葡萄糖的 4-羟基一同用 2,2-亚丙基保护，而糖的 1-醛在此过程中被展现并发生 Wittig 反应，形成目标产物中的反式烯烃。连接边链的步骤包括砜的烷基化、锂-萘还原脱砜基、羟甲基氧化为羧酸等 7 步，效率偏低。最后，经过 3 步保护基操作合成了 Sphingofungin E，该路线总长度为 23 步，总产率 2.3% (式 88)。

(88)

6　Overman 重排反应的实例

例　一

N-[(1S,5S,6R)-5,6-双(叔丁基二甲基硅氧基)环己-2-烯基]-2,2,2-三氯乙酰胺的合成[87]

(手性环状底物的 Overman 重排)

$$\text{(89)}$$

在氮气保护和搅拌下，依次将 DBU (0.5 mL, 3.3 mmol) 和三氯乙腈 (0.36 mL, 3.6 mmol) 滴加到由 (1S,4R,5S)-4,5-双(叔丁基二甲基硅氧基)环己-2-烯醇 (1.0 g, 2.8 mmol, > 95% ee) 溶于二氯甲烷 (30 mL) 的溶液 (−20 °C) 中。用 2 h 缓慢升至室温后，继续搅拌 18 h。然后，向反应体系中加入乙醚 (50 mL) 和饱和碳酸氢钠溶液 (20 mL)。分离的有机相用 Na$_2$SO$_4$ 干燥后浓缩，生成的残留物通过短硅胶柱 [乙醚-石油醚 (1:3) 淋洗] 色谱分离，得到三氯亚胺乙酸酯粗品。然后，将粗品溶于二甲苯 (30 mL) 并加入催化量 K$_2$CO$_3$。生成的混合物在 140 °C 下反应 18 h 后，冷却至室温。减压浓缩溶液，生成的残留物经硅胶快速柱色谱 [乙醚-石油醚 (1:10) 淋洗] 纯化得到白色固体产物 (1.32 g, 95%, > 95% ee)。

例　二

(E)-2,2,2-三氯-N-(3-甲基己-1,4-二烯-3-基)乙酰胺的合成[88]

(3,3-二取代烯丙基三氯亚胺乙酸酯的 Overman 重排)

$$\text{(90)}$$

将 35% KH 的矿物油悬浮液 (2.04 g, 17.84 mmol) 用正己烷洗涤三次后，加入到含有 18-冠-6 (4.72 g, 17.84 mmol) 的乙醚 (100 mL) 溶液中。然后，在搅拌下向此悬浮液中滴加 E-4-甲基己-3,5-二烯-2-醇 (10.0 g, 89.3 mmol) 的乙醚 (30

mL) 溶液。所得溶液在室温下搅拌 15 min 后，冷却至 –15~–10 °C。接着，缓慢滴加三氯乙腈 (13.73 g, 95.0 mmol) 的乙醚 (30 mL) 溶液。生成的反应混合物在此温度下反应 1 h 后，升至室温继续搅拌 3 h。在上述反应液中加入正己烷 (20 mL) 和甲醇 (6 mL) 终止反应后，经硅藻土过滤。将滤液浓缩，便得到三氯亚胺乙酸酯粗品。将其溶于二甲苯 (75 mL) 在 140 °C 反应 12 小时后，减压浓缩溶液。生成的残留物经硅胶快速柱色谱 [乙酸乙酯-石油醚 (1:4) 淋洗] 纯化，得到浅黄色的油状产物 (20.39 g, 89%)。

例 三

N-((1*R*,4*S*,*E*)-1-((4*S*,5*S*)-5-((叔丁基二甲基硅氧基)甲基)-2,2-二甲基-1,3-二氧戊环-4-基)-4-(叔丁基二苯基硅氧基)戊-2-烯基)-2,2,2-三氟乙酰胺的合成[28c]
(三氟亚胺乙酸烯丙酯的 Overman 重排)

在 –78 °C 和氩气保护下，将正丁基锂 (1.6 mol/L, 0.29 mL, 0.43 mmol) 滴加到含有烯丙醇 (250 mg, 0.43 mmol) 的干燥的 THF (6 mL) 溶液中。在此温度下搅拌 1 h 后，通入三氟乙腈气体 (持续 5 min)。所得反应混合物在 1 h 内升至室温，然后加入氯化铵 (0.2 g, 3.6 mmol) 淬灭。减压浓缩蒸去溶剂，残留物经柱色谱 [乙醚-石油醚 (1:9) 淋洗] 纯化，得到三氟亚胺乙酸烯丙酯 (237 mg, 81%)。

将上述三氟亚胺乙酸烯丙酯 (90 mg, 0.13 mmol) 溶于二甲苯 (2 mL)，经氩气洗气后回流 2 h。减压浓缩溶液，生成的残留物经硅胶快速柱色谱 [乙醚-石油醚 (1:15) 淋洗] 纯化得到产物 (74 mg, 82%)。

例 四

(2*S*,3*R*)-3-(2,2,2-三氯乙酰胺基)戊-4-烯-2-基氨基甲酸叔丁酯的合成[46]
(钯(II)-催化底物诱导的非对映选择性 Overman 重排)

在氮气保护下，将 (*S*,*E*)-5-羟基戊-3-烯-2-基氨基甲酸叔丁酯 (4.25 g, 21

mmol) 制备的粗品三氯亚胺乙酸酯溶于干燥的 THF (约 60 mL)。然后，在搅拌下加入催化剂 PdCl$_2$(MeCN)$_2$ (0.552 g, 2.13 mmol)。生成的混合物在室温下反应 3 h 后，减压浓缩溶液。生成的残留物经硅胶快速柱色谱 [乙酸乙酯-甲苯 (1:4) 淋洗] 纯化得到产物 (3.48 g, 48%)。

例 五

(*S*)-2,2,2-三氯-*N*-(5-甲基己-1-烯-3-基)乙酰胺的合成[89]

(不对称催化的 Overman 重排)

$$(93)$$

将含有 (*E*)-2-己烯基三氯亚胺乙酸酯 (6.81 g, 28 mmol)，(*S*)-COP-Cl 催化剂 (0.816 g, 0.56 mmol) 和干燥的 CH$_2$Cl$_2$ (9.3 mL) 的圆底烧瓶用聚乙烯胶塞子和 Parafilm 封口膜密封后，置于 38 °C 的油浴中加热反应 24 h。然后冷却至室温，并减压浓缩溶液。生成的残留物经 Davisil® 硅胶快速柱色谱 [乙酸乙酯-正己烷 (1:200) 淋洗] 纯化，得到浅黄色油状产物 (6.50 g, 95%, 94% ee)。

7 参考文献

[1] 原始文献：(a) Overman, L. E. *J. Am. Chem. Soc.* **1974**, *96*, 597. (b) Overman, L. E. *J. Am. Chem. Soc.* **1976**, *98*, 2901. 综述：(c) Overman, L. E. *Acc. Chem. Res.* **1980**, *13*, 218. (d) Ritter, K. in *Houben-Weyl. Stereoselective Synthesis*; Helchen, G.; Hoffmann, R. W.; Mulzer, J.; Schaumann, E.; Eds.; Georg Thieme: Stuttgart, **1996**; Vol. E21e, pp 5677. (e) Hollis, T. K.; Overman, L. E. *J. Organometallic Chem.* **1999**, *576*, 290. (f) Overman, L. E.; Carpenter, N. E. *Org. React.* **2005**, *66*, 1.

[2] 原始文献：(a) Claisen, L. *Chem. Ber.* **1912**, *45*, 3157. 综述：(b) Lutz, R. P. *Chem. Rev.* **1984**, *84*, 205. (c) Ziegler, F. E. *Chem. Rev.* **1988**, *88*, 1423. (d) Castro, A. M. M. *Chem. Rev.* **2004**, *104*, 2939.

[3] 原始文献：(a) Cope, A. C.; Hardy, E. M. *J. Am. Chem. Soc.* **1940**, *62*, 441. 综述：(b) Rhoads, S. J.; Raulins, N. R. *Org. React.* **1975**, *22*, 1. (c) Wilson, S. R. *Org. React.* **1993**, *43*, 93.

[4] Mumm, O.; Möller, F. *Chem. Ber.* **1937**, *70*, 2214.

[5] Heimgarter, H.; Hansen, H. J. in *Iminium Salts in Organic Chemistry*, Bohme, H.; Viehe, H. Eds., Wiley Interscience, 1979, p 655.

[6] Lipkowitz, K. B.; Scarpone, S.; McCullough, D.; Barney, C. *Tetrahedron Lett.* **1979**, *24*, 2241.

[7]   Kirsch, S. F.; Overman, L. E. *J. Am. Chem. Soc.* **2005**, *127*, 2866.

[8]   (a) Beak, P.; Mueller, D. S.; Lee, J. T. *J. Am. Chem. Soc.* **1974**, *96*, 3867. (b) Beak, P.; Bonham, J.; Lee, J. T. *J. Am. Chem. Soc.* **1968**, *90*, 1569.

[9]   (a) Overman, L. E.; Kakimoto, M. *J. Org. Chem.* **1978**, *43*, 4564. (b) Ichikawa, Y. *Synlett* **1991**, 238. (c) Ichikawa, Y.; Tsuboi, K.; Isobe, M. *J. Chem. Soc., Perkin Trans. 1* **1994**, 2791.

[10]   (a) Mumm, O.; Richter, H. *Chem. Ber.* **1940**, *73*, 834. (b) Smith, P. A.; Emerson, D. W. *J. Am. Chem. Soc.* **1960**, *82*, 3076. (c) Martinková, M.; Gonda, J. *Tetrahedron Lett.* **1997**, *38*, 875. (d) Gonda, J.; Martinková, M.; Raschmanová, J.; Balentová, E. *Tetrahedron: Asymmetry* **2006**, *17*, 1875.

[11]   (a) Calter, M.; Hollis, T. K.; Overman, L. E.; Ziller, J.; Zipp, G. G. *J. Org. Chem.* **1997**, *62*, 1449. (b) Donde, Y.; Overman, L. E. *J. Am. Chem. Soc.* **1999**, *121*, 2933. (c) Leung, P.-H.; Ng, K.-H.; Li, Y.; White, A. J. P.; Williams, D. J. *Chem. Commun.* **1999**, 2435.

[12]   (a) Lee, E. E.; Batey, R. A. *Angew. Chem., Int. Ed.* **2004**, *43*, 1865. (b) Lee, E. E.; Batey, R. A. *J. Am. Chem. Soc.* **2005**, *127*, 14887.

[13]   (a) Chen, B.; Mapp, A. *J. Am. Chem. Soc.* **2004**, *126*, 5364. (b) Chen, B.; Mapp, A. *J. Am. Chem. Soc.* **2005**, *127*, 6712.

[14]   Singh, O. V.; Han, H. *J. Am. Chem. Soc.* **2007**, *129*, 774.

[15]   Overman, L. E.; Clizbe, L. A.; Freerks, R. L.; Marlowe, C. K. *J. Am. Chem. Soc.* **1981**, *103*, 2807.

[16]   Bey, P.; Gerhart, F.; Jung, M. *J. Org. Chem.* **1986**, *51*, 2835.

[17]   (a) Casara, P. *Tetrahedron Lett.* **1994**, *35*, 3049. (b) Jamieson, A. G.; Sutherland, A.; Willis, C. L. *Org. Biomol. Chem.* **2004**, *2*, 808. (c) Mehta, G.; Lakshminath, S.; Talukdar, P. *Tetrahedron Lett.* **2002**, *43*, 335.

[18]   Bergeron, R. J.; McManis, J. J. *J. Org. Chem.* **1988**, *53*, 3108.

[19]   Gonda, J.; Zavacka, E.; Budesinsky, M.; Cisarova, I.; Podlaha, J. *Tetrahedron Lett.* **2000**, *41*, 525.

[20]   Dyong, I.; Merten, H.; Thiem, J. *Tetrahedron Lett.* **1984**, *25*, 277.

[21]   Eguchi, T.; Koudate, T.; Kakinuma, K. *Tetrahedron* **1993**, *49*, 4527.

[22]   Yamamoto, Y.; Shimoda, H.; Oda, J.; Inouye, Y. *Bull. Chem. Soc. Jpn.* **1976**, *49*, 3247.

[23]   Overman, L. E.; Campbell, C. B.; Knoll, F. M. *J. Am. Chem. Soc.* **1978**, *100*, 4822.

[24]   Bosnich, B.; Schenck, T. G. *J. Am. Chem. Soc.* **1985**, *107*, 2058.

[25]   Ikariya, T.; Ishikawa, Y.; Hirai, K.; Yoshikawa, S. *Chem. Lett.* **1982**, 1815.

[26]   原始文献：(a) Pinner, A.; Klein, F. *Chem. Ber.* **1877**, *10*, 1889. 综述：(b) Roger, R.; Neilson, D. G. *Chem. Rev.* **1961**, *61*, 179.

[27]   (a) Cramer, F.; Pawelzik, K.; Baldauf, H. J. *Chem. Ber.* **1958**, *91*, 1049. (b) Cramer, F.; Baldauf, H. J. *Chem. Ber.* **1959**, *92*, 370.

[28]   (a) Vyas, D. M.; Chiang, Y.; Doyle, T. W. *J. Org. Chem.* **1984**, *49*, 2037. (b) Chen, A.; Savage, I.; Thomas, E. J.; Wilson, P. D. *Tetrahedron Lett.* **1993**, *34*, 6769. (c) Savage, I.; Thomas, E. J.; Wilson, P. D. *J. Chem. Soc., Perkin Trans. 1* **1999**, *22*, 3291.

[29]   Lurain, A. E.; Walsh, P. J. *J. Am. Chem. Soc.* **2003**, *125*, 10677.

[30]   Nakajima, N.; Saito, M.; Kudo, M.; Ubukata, M. *Tetrahedron* **2002**, *58*, 3579.

[31]   Hijfte, L. V.; Heydt, V.; Kolb, M. *Tetrahedron Lett.* **1993**, *34*, 4793.

[32]   Nishikawa, T.; Asai, M.; Isobe, M. *J. Org. Chem.* **1998**, *63*, 188.

[33]   (a) Gonda, J.; Martinková, M.; Zadrošová, A.; Šoteková, M.; Raschmanová, J.; Čonka, P.; Gajdošiková, E.; Kappe, C. O. *Tetrahedron Lett.* **2007**, *48*, 6912. (b) Gajdošiková, E.; Martinková, M.; Gonda, J.; Čonka, P. *Molecules* **2008**, *13*, 2837.

[34]   Matveenko, M.; Kokas, O. J.; Banwell, M. G.; Willis, A. C. *Org. Lett.* **2007**, *9*, 3683.

[35]   Reilly, M.; Anthony, D. R.; Gallagher, C. *Tetrahedron Lett.* **2003**, *44*, 2927.

[36]   (a) Shabany, H.; Spilling, C. D. *Tetrahedron Lett.* **1998**, *39*, 1465. (b) Oehler, E.; Kotzinger, S. *Synthesis* **1993**, 497.

[37] Dugal-Tessier, J.; Dake, G. R.; Gates, D. P. *Organometallics* **2007**, *26*, 6481.

[38] (a) Jaunzeme, I.; Jirgensons, A. *Synlett* **2005**, 2984. (b) Jaunzeme, I.; Jirgensons, A. *Tetrahedron* **2008**, *64*, 5794.

[39] Imogai, H.; Petit, Y.; Larcheveque, M. *Synlett* **1997**, 615.

[40] (a) Anderson, C. E.; Overman, L. E. *J. Am. Chem. Soc.* **2003**, *125*, 12412. (b) Kirsch, S. F.; Overman, L. E.; Watson, M. P. *J. Org. Chem.* **2004**, *69*, 8101.

[41] Overman, L. E.; Owen, C. E.; Pavan, M. M.; Richards, C. J. *Org. Lett.* **2003**, *5*, 1809.

[42] Fischer, D. F.; Barakat, A.; Xin, Z.; Weiss, M. E.; Peters, R. *Chem. Eur. J.* **2009**, *15*, 8722.

[43] Watson, M. P. Overman, L. E.; Bergman, R. G. *J. Am. Chem. Soc.* **2007**, *129*, 5031.

[44] Ovaa, H.; Codee, J. D. C.; Lastdrager, B.; Overkleeft, H. S.; van der Marel, G. A.; van Boom, J. H. *Tetrahedron Lett.* **1999**, *40*, 5063.

[45] Yoon, Y.-J.; Chun, M.-H.; Joo, J.-E.; Kim, Y.-H.; Oh, C.-Y.; Lee, K.-Y.; Lee, Y.-S.; Ham, W.-H. *Arch. Pharm. Res.* **2004**, *27*, 136.

[46] Jamieson, A. G.; Sutherland, A. *Tetrahedron* **2007**, *63*, 2123.

[47] Gonda, J.; Helland, A. C.; Ernst, B.; Bellus, D. *Synthesis* **1993**, *7*, 729.

[48] Savage, I.; Thomas, E. J. *J. Chem. Soc., Chem. Commun.* **1989**, 717.

[49] Jaunzeme, I.; Jirgensons, A.; Kauss, V.; Liepins, E. *Tetrahedron Lett.* **2006**, *47*, 3885.

[50] Metz, P.; Mues, C.; Schoop, A. *Tetrahedron* **1992**, *48*, 1071.

[51] Imogai, H.; Petit, Y.; Larcheveque, M. *Tetrahedron Lett.* **1996**, *37*, 2573.

[52] Tanner, D.; He, H. M. *Acta Chem. Scand.* **1993**, *47*, 592.

[53] Mehmandoust, M.; Petit, Y.; Larcheveque, M. *Tetrahedron Lett.* **1992**, *33*, 4313.

[54] Birtwistle, D. H.; Brown, J. N.; Foxton, M. W. *Tetrahedron* **1988**, *44*, 7309.

[55] (a) Allmendinger, T.; Felder, E.; Hungerbuehler, E. *Tetrahedron Lett.* **1990**, *31*, 7301. (b) Allmendinger, T.; Angst, C.; Karfunkel, H. *J. Fluorine Chem.* **1995**, *72*, 247.

[56] (a) Demay, S.; Kotschy, A.; Knochel, P. *Synthesis* **2001**, 863. (b) Momose, T.; Hama, N.; Higashino, C.; Sato, H.; Chida, N. *Tetrahedron Lett.* **2008**, *49*, 1376.

[57] Rondot, C.; Retailleau, P.; Zhu, J. *Org. Lett.* **2007**, *9*, 247.

[58] Swift, M. D.; Sutherland, A. *Tetrahedron* **2008**, *64*, 9521.

[59] de Sousa, S.; O'Brien, P.; Pilgram, C. D. *Tetrahedron Lett.* **2001**, *42*, 8081.

[60] Ohyabu, N.; Nishikawa, T.; Isobe, M. *J. Am. Chem. Soc.* **2003**, *125*, 8798.

[61] Dyong, I.; Merten, H.; Thiem, J. *Liebigs Ann. Chem.* **1986**, 600.

[62] Felix, C.; Laurent, A.; Lebideau, F.; Mison, P. *J. Chem. Res. (S)* **1993**, 389.

[63] Matsushima, Y.; Kino, J. *Eur. J. Org. Chem.* **2010**, 2206.

[64] Fraser-Reid, B.; Burgey, C. S.; Vollerthum, R. *Pure Appl. Chem.* **1998**, *70*, 285.

[65] Li, X. C.; Fuchs, P. L. *Synlett* **1994**, 629.

[66] (a) Ramachandran, P. V.; Burghardt, T. E.; Reddy, M. V. R. *Tetrahedron Lett.* **2005**, *46*, 2121. (b) Galeazzi, R.; Martelli, G.; Orena, M.; Rinaldi, S. *Synthesis* **2004**, 2560.

[67] Maleckis, A.; Jaunzeme, I.; Jirgensons, A. *Eur. J. Org. Chem.* **2009**, 6407.

[68] Montero, A.; Benito, E.; Herradón, B. *Tetrahedron Lett.* **2010**, *51*, 277.

[69] Matveenko, M.; Willis, A. C.; Banwell, M. G. *Aust. J. Chem.* **2009**, *62*, 64.

[70] Oishi, T.; Ando, K.; Inomiya, K.; Sato, H.; Iida, M.; Chida, N. *Org. Lett.* **2002**, *4*, 151.

[71] Urabe, D.; Sugino, K.; Nishikawa, T.; Isobe, M. *Tetrahedron Lett.* **2004**, 45, 9405.

[72] Nishikawa, T.; Urabe, D.; Tomita, M.; Tsujimoto, T.; Iwabuchi, T.; Isobe, M. *Org. Lett.* **2006**, *8*, 3263.

[73] (a) Yamamoto, N.; Isobe, M. *Chem. Lett.* **1994**, 2299. (b) Nishikawa, T.; Ohyabu, N.; Yamamoto, N.; Isobe, M. *Tetrahedron* **1999**, 55, 4325.

[74] Braverman, S.; Cherkinsky, M.; Kedrova, L.; Reiselman, A. *Tetrahedron Lett.* **1999**, *40*, 3235.

[75] (a) Donohoe, T. J.; Blades, K.; Helliwell, M.; Moore, P. R.; Winter, J. J. G. *J. Org. Chem.* **1999**, *64*,

2980. (b) Donohoe, T. J.; Blades, K.; Moore, P. R.; Waring, M. J.; Winter, J. J. G.; Helliwell, M.; Newcombe, N. J.; Stemp, G. *J. Org. Chem.* **2002**, *67*, 7946.

[76] (a) Estieu, K.; Ollivier, J.; Salaun, J. *Tetrahedron Lett.* **1995**, *36*, 2975. (b) Chen, Y. K.; Lurain, A. E.; Walsh, P. J. *J. Am. Chem. Soc.* **2002**, *124*, 12225.

[77] Nagashima, H.; Wakamatsu, H.; Ozaki, N.; Ishii, T.; Watanabe, M.; Tajima, T.; Itoh, K. *J. Org. Chem.* **1992**, *57*, 1682.

[78] D'Ambrosio, M.; Guerriero, A.; Debitus, C.; Ribes, O.; Pusset, J.; Leroy, S.; Pietra, F. *J. Chem. Soc., Chem. Commun.* **1993**, 1305.

[79] (a) D'Ambrosio, M.; Guerriero, A.; Ripamonti, M.; Debitus, C.; Waikedre, J.; Pietra, F. *Helv. Chim. Acta* **1996**, *79*, 727. (b) Pettit, G. R.; Ducki, S.; Herald, D. L.; Doubek, D. L.; Schmidt, J. M.; Chapuis, J.-C. *Oncol. Res.* **2005**, *15*, 11. (c) Mason, C. K.; McFarlane, S.; Johnson, P. G.; Crowe, P.; Erwin, P. J.; Domostoj, M. M.; Campbell, F. C.; Manaviazar, S.; Hale, K. J.; El-Tanani, M. *Mol. Cancer Ther.* **2008**, *7*, 548.

[80] Meijer, L.; Thunnissen, A.-M. W. H.; White, A. W.; Garnier, M.; Nikolic, M.; Tsai, L.-H.; Walter, J.; Cleverley, K. E.; Salinas, P. C.; Wu, Y.-Z.; Biernat, J.; Mandelkow, E.-M.; Kim, S.-H.; Pettit, G. R. *Chem. Biol.* **2000**, *7*, 51.

[81] Dickson, D. P.; Wardrop, D. J. *Org. Lett.* **2009**, *11*, 1341.

[82] Hama, N.; Matsuda, T.; Sato, T.; Chida, N. *Org. Lett.* **2009**, *11*, 2687.

[83] de Nanteuil, G.; Ahond, A.; Guilhem, J.; Poupat, C.; Dau, E. T. H.; Potier, P.; Pusset, M.; Pusset, J.; Laboute, P. *Tetrahedron* **1985**, *41*, 6019.

[84] Imaoka, T.; Iwamoto, O.; Noguchi, K.; Nagasawa, K. *Angew. Chem., Int. Ed.* **2009**, *48*, 3799.

[85] Horn, W. S.; Smith, J. L.; Bills, G. F.; Raghoobar, S. L.; Helms, G. L.; Kurtz, M. B.; Marrinan, J. A.; Frommer, B. R.; Thornton, R. A.; Mandala, S. M. *J. Antibiot.* **1992**, *45*, 1692.

[86] Oishi, T.; Ando, K.; Inomiya, K.; Sato, H.; Iida, M.; Chida, N. *Bull. Chem. Soc. Jpn.* **2002**, *75*, 1927.

[87] O'Brien, P.; Pilgram, C. D. *Org. Biomol. Chem.* **2003**, *1*, 523.

[88] Hauer, F. M.; Ellenberger, S. R.; Glusker, J. P.; Smart, C. J.; Carrell, H. L. *J. Org. Chem.* **1986**, *51*, 50.

[89] Anderson, C. E.; Kirsch, S. F.; Overman, L. E.; Richards, C. J.; Watson, M. P. *Org. Synth.* **2005**, *82*, 134.

施陶丁格环加成反应
(Staudinger Cycloaddition)
许家喜

1 历史背景简述

1907 年，德国化学家赫尔曼·施陶丁格 (Hermann Staudinger) 教授首先报道了由二苯基烯酮与亚苄基苯胺进行环加成反应制备 1,3,3,4-四苯基-β-内酰胺的反应[1](式 1)。这也是报道最早的合成 β-内酰胺类化合物的方法。

$$\underset{Ph}{\overset{Ph}{>}}C=O \quad + \quad Ph\overset{}{\diagdown}N^{\diagup Ph} \longrightarrow \quad \underset{O}{\overset{Ph\ Ph}{\boxed{}}}\overset{H}{\underset{Ph}{}} \qquad (1)$$

虽然 1907 年 Staudinger 就合成了 β-内酰胺类化合物，但一直到 β-内酰胺被确认为高效抗菌药物青霉素的关键药效结构以后，人们才开始关注这类化合物的合成方法研究[2~4]。在众多的 β-内酰胺合成方法中，Staudinger 发展的由烯酮和亚胺的环加成反应不仅原料易得，而且容易实现产物结构的多样性。因此，该反应的应用范围最广泛，被人们称为 Staudinger 反应、烯酮-亚胺环加成反应或者 Staudinger 烯酮-亚胺环加成反应。

1919 年，Staudinger 报道了从三苯基膦和烃基叠氮形成磷-氮叶立德的反应。该叶立德可以进一步水解得到相应的胺，相当于将烃基叠氮还原成了胺[5]。在文献中，该反应也被称为 Staudinger 反应。为了避免混淆，我们建议将该反应称为 Staudinger 还原反应。而将烯酮和亚胺经过环加成合成 β-内酰胺的反应称为 Staudinger 环加成反应或者 Staudinger 环化反应 (因为严格来讲，烯酮与亚胺的反应并不是环加成反应，而是包括了亲核进攻和电环化关环的分步反应，有时还会包括中间体亚胺部分的异构化反应等，详见机理部分)。

在过去的一个多世纪中，Staudinger 环加成反应已经发展得比较成熟。该反应中的许多问题在近年来都已经得到解决，特别是立体选择性问题的解决为该反应的广泛应用奠定了基础。最近三十年来，许多专著[2~4]和综述论文从不同的角度对 Staudinger 环加成反应及其应用进行了讨论和总结[6~14]。

赫尔曼·施陶丁格 (Hermann Staudinger) 是著名的德国化学家 (1881-1965)。他父亲是新康德派的哲学家，使他从小就受到各种新的哲学思想的熏陶，并对新事物比较敏锐。1903 年，Staudinger 从哈勒大学毕业后来到斯特拉斯堡 (Strasbourg)，在著名有机化学家梯勒 (Thiele) 指导下继续深造。1907 年，他以在实验中发现的高活性烯酮为研究课题获得了博士学位。他首次报道了由烯酮与亚胺合成 β-内酰胺的反应，即 Staudinger 环加成反应。同年，他被聘为卡尔斯鲁厄 (Karlsruhe) 工业大学的化学教授。5 年后，他被瑞士苏黎世联邦理工大学 (Eidgenssische Technische Hochschule，ETH) 聘任为化学讲师并在那里执教 14 年。在此期间，他投入了关于高分子组成和结构的学术论战，提出了大分子理论。1919 年，他和同事还报道了叠氮化物和三苯基膦形成氮膦叶立德的反应。该叶立德经水解可以得到胺，也被称为 Staudinger 还原反应。1926 年，他应聘来到布莱斯高的弗来堡 (Freiburg) 大学任讲师。1940 年，他晋升为大分子化学研究所主任。他在弗来堡大学工作至 1951 年退休，并在 1951-1956 年间担任大分子化学国家研究所荣誉主任。

施陶丁格在高分子科学研究方面取得成功后，他开始按照早年的设想将研究重点逐步转入植物学领域。事实上，他选择高分子课题时，就曾考虑到它与植物学的密切关系。早在 1926 年，他就预言大分子化合物存在于生命有机体中，特别是在蛋白质类化合物中起到重要作用。他和他的妻子 (植物生理学家玛格达·福特) 合作研究大分子与植物生理，利用电子显微镜等手段证明了生物体内有大分子的存在。1947 年，Staudinger 出版了著作《大分子化学及生物学》。同年，他还主持编辑了《高分子化学》(Die makromolekulare Chemie) 专业杂志。从此，他把 "高分子" 概念引入到科学领域中。后来，他还建立了高分子溶液的黏度与分子量之间的关系，创立了确定分子量的黏度理论。现在，人们称之为 Staudinger 定律。他的科研成就对当时的塑料、合成橡胶和合成纤维等工业的蓬勃发展起了积极作用。由于对高分子科学的杰出贡献，他于 1953 年获得诺贝尔化学奖。

2　Staudinger 环加成反应的定义和机理

2.1　Staudinger 环加成反应的定义

Staudinger 环加成反应是指由烯酮和亚胺合成 β-内酰胺类化合物的反应[1] (式 2)。

$$R^1 \text{—CHO} + R^2\text{—CH=N—}R^3 \longrightarrow \beta\text{-lactam} \qquad (2)$$

在反应过程中，烯酮底物大多是由其前体化合物通过原位反应生成的。根据烯酮和亚胺上的取代基的不同，该反应既可以得到顺式 β-内酰胺类化合物，也可以得到反式 β-内酰胺类化合物，还可以生成顺式和反式 β-内酰胺类化合物的混合物[4](式 3)。

$$R^1\text{—CHO} + R^2\text{—CH=N—}R^3 \longrightarrow cis\text{-}\beta\text{-lactam} + trans\text{-}\beta\text{-lactam} \qquad (3)$$

2.2　Staudinger 环加成反应的机理

由于一大类抗菌素都含有 β-内酰胺结构，人们非常关注这类化合物的合成及其反应机理。Staudinger 环加成反应可能包括两个主要步骤：亚胺对烯酮的亲核进攻以及形成的中间体发生的环化反应[4]。对于有些反应而言，还会有亚胺本身或中间体中亚胺部分的互变异构[15]。亚胺一般从烯酮空间位阻小的一侧进攻形成两性离子中间体，生成的两性离子中间体经过顺旋的电环化反应得到 β-内酰胺类化合物。当 N-取代基位阻比较大时，亚胺在对烯酮进攻前就会发生互变异构[16~18]。对那些由含有吸电子取代基的烯酮或含有 C-强给电子取代基的亚胺形成的两性离子中间体来说，在关环过程中会发生互变异构[15]。光照也会引起亚胺[19,20]或两性离子中间体中亚胺部分[21,22]的互变异构。亚胺或两性离子中间体的互变异构都会影响 β-内酰胺产物的立体结构[15,23]。简单的 Staudinger 环加成反应的机理如式 4 所示。

$$R^1\text{—CHO} + R^2\text{—CH=N—}R^3 \xrightleftharpoons{exo\text{-}attack} \mathbf{A} \longrightarrow cis\text{-}\beta\text{-lactam} \qquad (4)$$

复杂的或比较详细的 Staudinger 环加成反应的机理如式 5 所示。

(5)

3　Staudinger 环加成反应的基本概念

3.1　烯酮

自从 1905 年 Staudinger 报道了第一个烯酮化合物二苯基乙烯酮的合成至今，烯酮类化合物被发现已经有一个多世纪了。在此期间，人们对烯酮类化合物的制备、结构和性质有了越来越深入的了解[24]。到目前为止，关于烯酮类化合物的制备方法主要分为以下几类[25]：(1) α-卤代酰卤在金属作用下的脱卤素反应；(2) 酰氯在三乙胺作用下脱除卤化氢的反应；(3) α-重氮羰基化合物的 Wolff 重排；(4) 酮、羧酸、酸酐和烷氧基乙炔的热解反应；(5) 2,5-二叠氮基-1,4-苯醌的热解反应。

α-卤代酰卤的脱卤素反应是制备烯酮类化合物最传统的方法，Staudinger 应用该方法制备出了第一个烯酮化合物二苯基乙烯酮[26]。用 α-溴代二苯基乙酰溴与活化锌作用，可以较高的收率得到二苯基乙烯酮 (式 6)。该方法也可以用来制备其它烯酮，对卤化锌副产物有较好溶解性的乙醚和乙酸乙酯是最常使用的溶剂。该方法在制备性质稳定的烯酮时可以得到较高的收率，但在制备双烷基烯酮、单芳基烯酮和单烷基烯酮时收率很低。Smith 等采用烯酮和溶剂共沸蒸馏的办法，在合成二甲基乙烯酮时可以获得 46%~54% 的收率[27]。McCarney 等使用四氢呋喃为溶剂，在 100 mmHg (13.33 kPa) 压力下室温即可保持沸腾状态。生成的烯酮随四氢呋喃共同馏出，可以制备一定产率的单烷基乙烯酮[28](式 7)。但是，与溶剂共沸馏出的这些烯酮无法进一步提纯，而且在室温下很容易发生二聚和三聚反应。三苯基膦与 α-溴代二苯基乙酰溴作用也可以用于制备二苯基乙烯酮[29](式 8)。

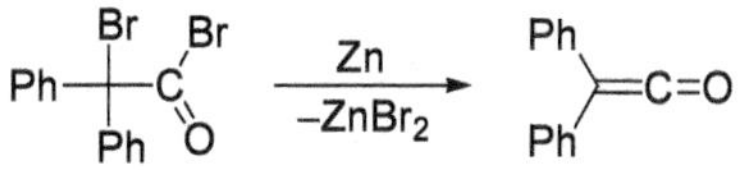

$$
\underset{\substack{Ph\\Ph}}{\overset{\substack{Br\quad Br}}{C}}\underset{O}{C} \xrightarrow[-ZnBr_2]{Zn} \underset{Ph}{\overset{Ph}{\diagdown}}C=O \qquad (6)
$$

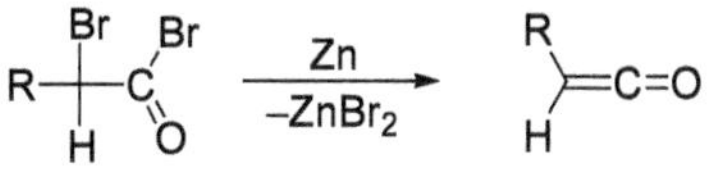

$$
\underset{\substack{R\\H}}{\overset{\substack{Br\quad Br}}{C}}\underset{O}{C} \xrightarrow[-ZnBr_2]{Zn} \underset{H}{\overset{R}{\diagdown}}C=O \qquad (7)
$$

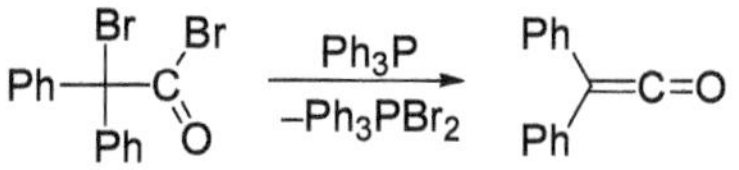

$$
\underset{\substack{Ph\\Ph}}{\overset{\substack{Br\quad Br}}{C}}\underset{O}{C} \xrightarrow[-Ph_3PBr_2]{Ph_3P} \underset{Ph}{\overset{Ph}{\diagdown}}C=O \qquad (8)
$$

在叔胺作用下，使酰卤发生脱去卤化氢的反应被广泛应用于制备烯酮化合物，最常用的叔胺是三乙胺[30]。Brady 等应用红外光谱和核磁共振谱的方法证实：异丁酰氯脱卤化氢过程起始于酰基铵盐的形成[31](式 9)。但是，在 α-氯丙酰氯脱卤化氢过程中却产生了烯醇盐[32](式 10)。这些实验结果说明：酰氯在三乙胺作用下脱除氯化氢可经历不同的路径。

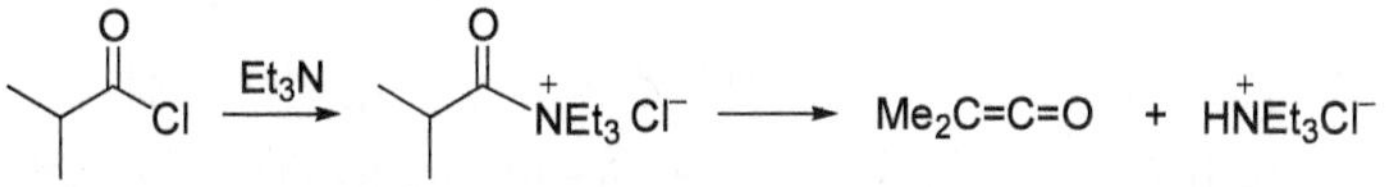

$$
\underset{}{\overset{O}{\diagup}}\!\!\diagdown_{Cl} \xrightarrow{Et_3N} \overset{O}{\diagup}\!\!\diagdown_{\overset{+}{N}Et_3\ Cl^-} \longrightarrow Me_2C=C=O \ + \ H\overset{+}{N}Et_3Cl^- \qquad (9)
$$

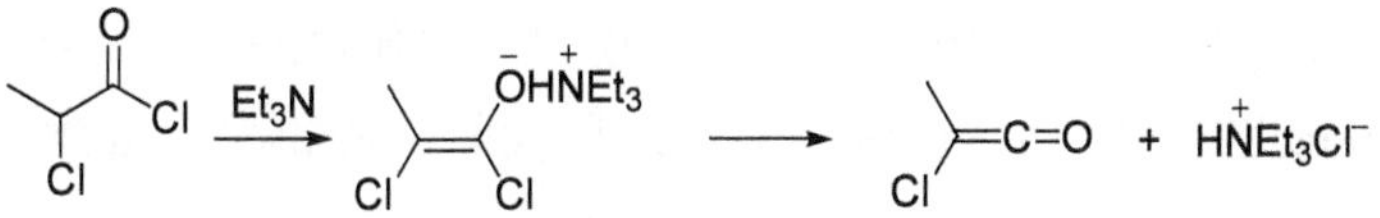

$$
\underset{Cl}{\overset{O}{\diagup}}\!\!\diagdown_{Cl} \xrightarrow{Et_3N} \underset{Cl}{\overset{\overset{-}{O}H\overset{+}{N}Et_3}{\diagup}}\!\!\!\underset{Cl}{\diagdown} \longrightarrow \underset{Cl}{\overset{}{\diagdown}}C=O \ + \ H\overset{+}{N}Et_3Cl^- \qquad (10)
$$

在热、紫外光或金属催化剂的作用下，α-重氮羰基化合物可以释放一分子氮气形成活性卡宾中间体。然后，卡宾中间体经历 Wolff 重排过程进一步形成活性烯酮中间体[33~37](式 11~式 13)。

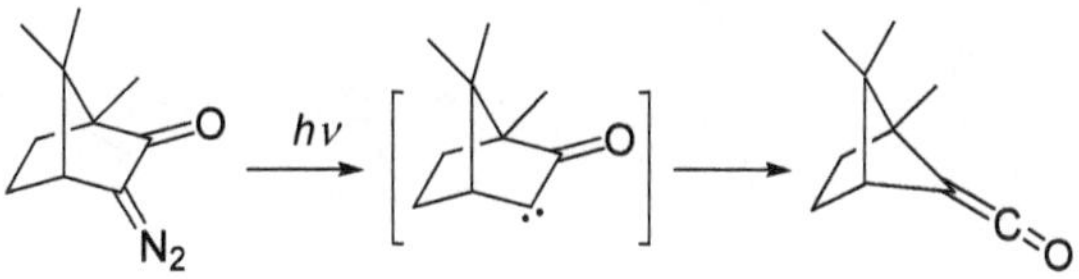

$$
\text{（结构式）} \xrightarrow{h\nu} [\text{（结构式）}] \longrightarrow \text{（结构式）}C=O \qquad (11)
$$

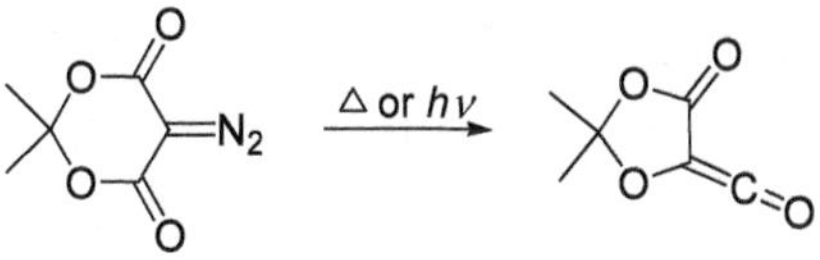

$$
\text{（结构式）} \xrightarrow{\triangle\ or\ h\nu} \text{（结构式）}C=O \qquad (12)
$$

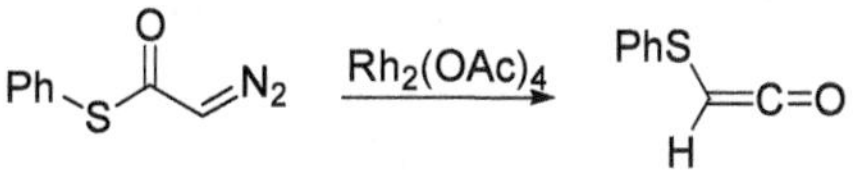

$$
\underset{Ph\diagdown S}{\overset{O}{\diagup}}\!\!\diagdown_{N_2} \xrightarrow{Rh_2(OAc)_4} \underset{H}{\overset{PhS}{\diagdown}}C=O \qquad (13)
$$

在加热条件下，酮、羧酸和酸酐均可发生分解生成烯酮类化合物。乙烯酮是最简单的烯酮，Wilsmore 最早报道了丙酮、乙酸乙酯或乙酸酐经热分解可以得到乙烯酮[38]。事实上，含有乙酰基的化合物经高温热分解都会产生乙烯酮。实验室中采用热解丙酮蒸汽的办法制备乙烯酮[39]，而热解乙酸则是工业制备乙烯酮的主要手段。将单烷基取代和二烷基取代乙酸在酸酐中高温热解，可以脱水生成相应的单烷基和二烷基乙烯酮。例如：从丙酸酐可以制备甲基乙烯酮，从异丁酸酐可以制备二甲基乙烯酮[40](式 14 和式 15)。在光激发条件下，一些具有特殊结构的酮也可以生成烯酮[41,42](式 16)。

$$R^1R^2CHCO_2H \xrightarrow{800\sim1000\ ^oC} R^1R^2C=C=O \qquad (14)$$

$$(R^1R^2CHCO)_2O \xrightarrow{pyrolysis} R^1R^2C=C=O + R^1R^2CHCO_2H \qquad (15)$$

$$(16)$$

Meldrum 酸及其衍生物也是一类重要的烯酮前体，在加热条件下很容易分解生成丙酮、二氧化碳和乙烯酮[43](式 17)。在 Meldrum 酸的亚甲基位置上很容易引入取代基，生成的产物可以用来制备单取代和二取代烯酮 (式 18)。含有取代基的 Meldrum 酸也可以直接从 (单取代) 二取代丙二酸和丙酮缩合得到。

$$H_2C=C=O + \text{丙酮} + CO_2 \qquad (17)$$

$$R^2 \quad R^1C=C=O + \text{丙酮} + CO_2 \qquad (18)$$

双乙烯酮-丙酮加合物 (2,2,6-三甲基-4H-1,3-二噁烷-4-酮) 是一个很好的乙酰基乙烯酮前体。双乙烯酮是乙烯酮的二聚体，在酸性催化剂的作用下可以与丙酮反应生成 2,2,6-三甲基-4H-1,3-二噁烷-4-酮。在加热条件下 (110~120 °C)，该化合物即可分解生成乙酰基乙烯酮。由于双乙烯酮-丙酮加合物性质较稳定且较易储存，因此是双乙烯酮很好的替代品[44](式 19)。

$$(19)$$

烷氧基乙炔类化合物的热解是获得单取代烯酮的一种重要途径。β-位置上至少含有一个氢原子的炔基醚对热很不稳定,加热即可消除一分子烯烃生成单取代乙烯酮。此反应过程被认为是一个分子内氢迁移的协同过程,反应中生成的单取代乙烯酮会和炔基醚发生 [2+2] 环加成反应生成环丁烯酮的衍生物[45](式 20)。在苯回流条件下,二叔丁氧基乙炔即可被转化成为叔丁氧基乙烯酮。进而再与二叔丁氧基乙炔发生环加成反应,生成产物 2,3,4-三叔丁氧基-3-环丁烯-1-酮[46](式 21)。

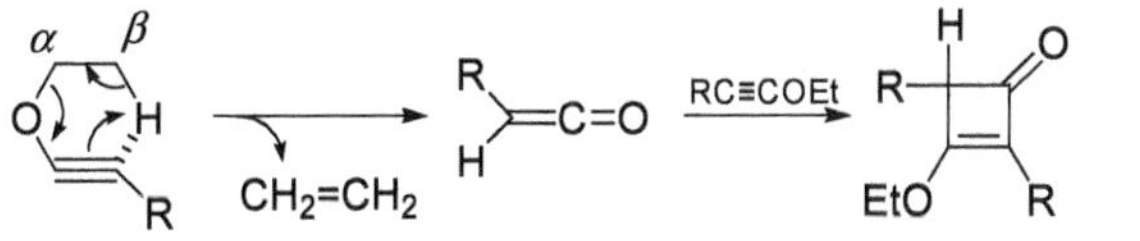

(20)

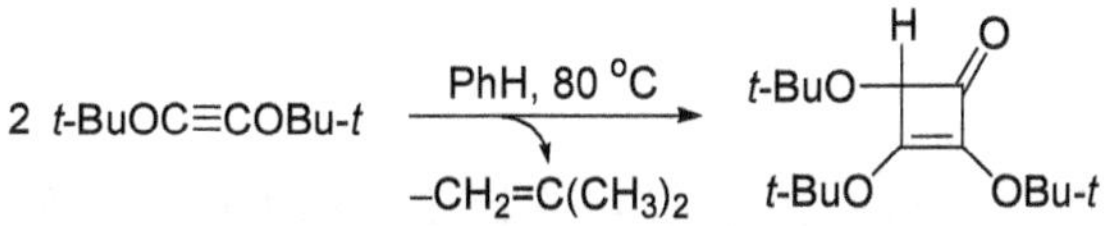

(21)

该方法除了用于制备单烷基取代的乙烯酮外,也能用于合成含硫、硅、锗和锡取代的乙烯酮[47]。乙氧基乙炔与甲基锂试剂作用首先得到锂盐,进而与三甲基氯硅烷反应生成三甲基硅基乙氧基乙炔。该炔烃经分解可以得到稳定的三甲基硅基乙烯酮。

2,5-二取代-3,6-二氯-1,4-苯醌与叠氮化钠作用可制得 2,5-二叠氮基-3,6-二取代-1,4-苯醌[48]。在加热条件下,该产物首先失去二分子氮气,最后得到二分子含有氰基的烯酮[48]。该方法在制备氰基烯酮上应用较广泛,许多二取代乙烯酮均可以通过相应的取代 2,5-二叠氮基苯醌热解得到,例如:甲基氰基乙烯酮、苯基氰基乙烯酮和 1,1-二甲基丙基氰基乙烯酮等 (式 22)。将 2,5-二叠氮基-3,6-二叔丁基-1,4-苯醌在苯溶液中回流,则发生裂解生成叔丁基氰基乙烯酮。

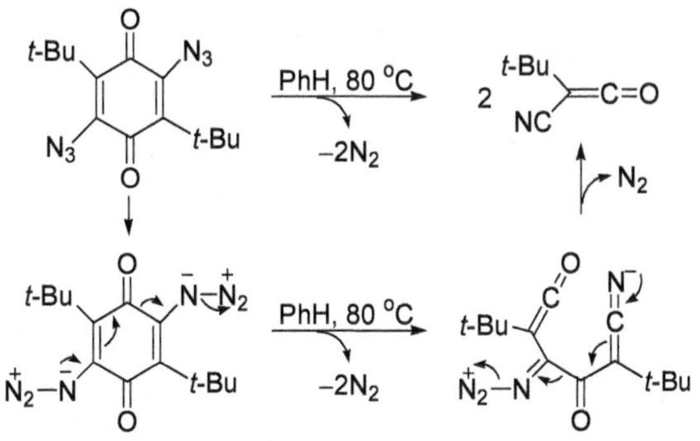

(22)

烯酮除了与亲核试剂 (例如:醇、胺和羧酸等) 发生亲核加成反应生成相应的酯、酰胺和酸酐外，还可以与含有不饱和键的化合物发生协同的或者分步的环化过程。这些反应形成两个新的化学键，生成具有各种结构特点的杂环化合物[50,51]。烯酮参与的环加成反应主要有 [2+2] 和 [4+2] 环加成反应。在 [2+2] 环加成反应中，参与反应的不饱和化合物主要有：烯烃类化合物 (单烯烃类、1,3-丁二烯类、环状共轭二烯类、丙二烯类、烯胺类和烯醇醚类)、炔烃类化合物 (普通炔烃、烷氧基乙炔类和炔胺类)、醛和酮 (包含硫代羰基类)、亚胺、异氰酸酯、碳二酰亚胺、亚硝基化合物和偶氮化合物。参与 [4+2] 环加成反应的化合物一般含有共轭双键结构,主要是共轭二烯化合物，还可以是氮杂共轭二烯、胩、邻苯醌、α,β-不饱和酮 (α,β-不饱和硫酮)、酰基异氰酸酯 (酰基异硫氰酸酯) 等。此外，一些具有共轭双键的烯酮也可以发生 [4+2] 环加成反应，例如：酰基乙烯酮、乙烯基乙烯酮、单烯烃、普通炔烃、醛、酮、腈、亚胺、偶氮化合物和杂累积多烯等。

3.2 亚胺

含有烷基和芳基取代的链状和环状亚胺都可以与烯酮发生 Staudinger 环加成反应生成 β-内酰胺产物[4,15]。但是，含有 C=N 双键的噁唑啉类化合物通常较难形成双环 β-内酰胺产物[52]。除了亚胺外，一些其它含有 C=N 双键的化合物也能够作为亚胺发生 Staudinger 环加成反应。例如：由邻二醛酮制备的邻二亚胺、碳二酰亚胺、异氰酸酯、异硫氰酸酯、N-亚烷基胩衍生物等。

亚胺化合物一般可以通过醛酮与伯胺经脱水反应来制备。芳基取代的亚胺比较容易制备，并且也比较稳定。烷基取代的亚胺通常不稳定，一般由等量的醛酮与胺脱水制备后直接使用。通常，它们只可以通过蒸馏或重结晶纯化，硅胶柱色谱会导致亚胺分解成为相应的醛酮和胺[15]。环状亚胺的稳定性相对较好，常见的亚胺化合物如图 1 所示。

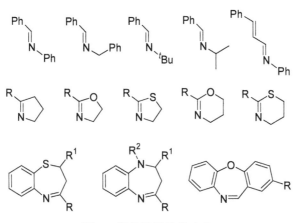

图 1　常见的亚胺化合物

3.3　亚胺对烯酮的进攻方向

对于单取代烯酮而言,亚胺基本上都是从其位阻小的含氢一侧进攻形成偶极中间体 (式 23)。从位阻小的一侧进攻称为外侧进攻 (*exo*-attack)(式 23),从位阻大的一侧进攻称为内侧进攻 (*endo*-attack)(式 24)。对于双取代烯酮而言,亚胺也是选择性地从位阻较小的一侧进攻 (式 25 和式 26)。当两个取代基位阻差别不大且较小取代基为强电子给体时,亚胺也会从位阻稍大一侧进攻。这可能是因为形成的中间体在环化时的过渡态能量比较低,结果得到从烯酮两侧进攻并环化的混合产物[53](式 27)。

(23)

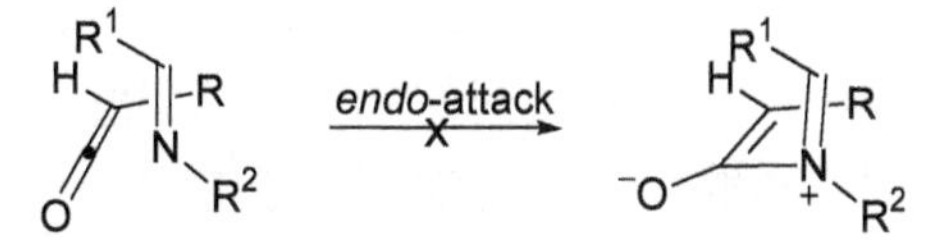

(24)

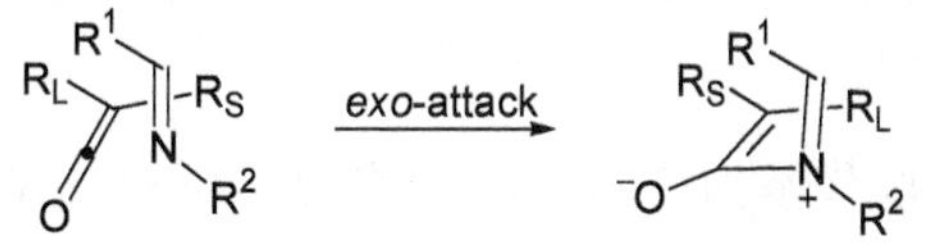

(25)

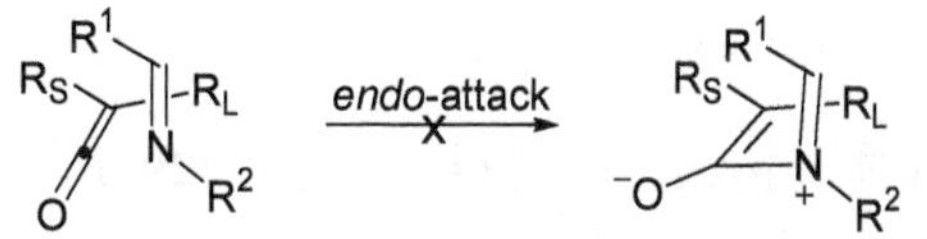

(26)

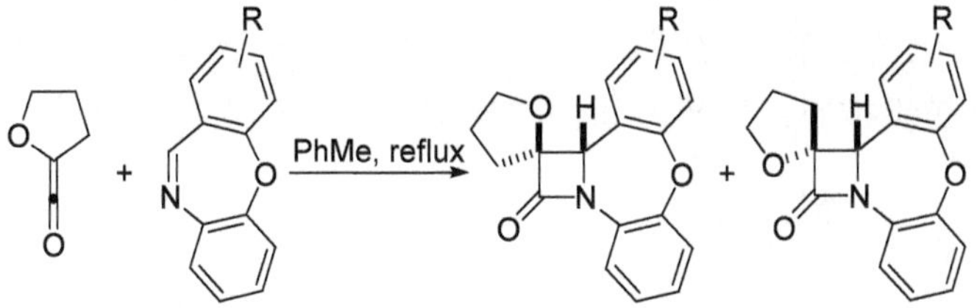

(27)

3.4　偶极中间体

亚胺对烯酮加成进攻首先形成偶极中间体。偶极中间体通常不能稳定存在,形成后随即发生环化反应生成 β-内酰胺。如果不能发生环化反应时,在后处理过程中会与水发生加成反应生成酰胺衍生物。通常,亚胺从烯酮空间位阻小的一侧进攻,形成中间体 **A**。**A** 可以直接环化生成顺式 β-内酰胺,也可以异构化为空间位阻较小的中间体 **B** 后再环化得到反式 β-内酰胺。**A** 发生直接环化还是异构化，其选择性主要受到取代基 R^1 和 R^2 的电子效应以及 R^3 的位阻效应控制。当 R^1 是强给电子取代基、R^2 是吸电子取代基和 R^3 是大位阻取代基时，则有利于直接环化。反之，则有利于异构化[15](式 28)。

$$(28)$$

3.5 亚胺和偶极中间体的互变异构

链状亚胺基本以稳定的 (*E*)-构型存在,需要在高温或者光照条件下才会转化成 (*Z*)-构型[54]。目前的理论和实验结果都倾向于认为：亚胺从 (*E*)-构型到 (*Z*)-构型的互变异构是通过 *N*-取代基的翻转来实现的，而不是通过 C=N 双键的扭转来实现的。因为 *N*-取代基翻转需要的能量比 C=N 双键扭转需要的能量较低[19~22]。在光照条件下生成的 (*Z*)-亚胺，可以在停止光照后或者在加热条件下转化成 (*E*)-亚胺[20]。

亚胺的 *N*-取代基为多环芳烃[16]或 2,6-位双取代芳烃取代基时[17]，其在对烯酮进攻前就会发生亚胺的互变异构。因为 (*Z*)-亚胺位阻小，进攻烯酮后的过渡态能量较低而有利于反应的进行。

对偶极中间体异构化的研究很少。如式 29 所示：加热有利于偶极中间体从 **A** 到 **B** 的异构化。在光照条件下，偶极中间体的异构化目前还没有明确的结论。有人研究过质子化的亚胺在光照条件下的异构化，认为与亚胺的异构化相似[20,21]。由此可以初步推断：偶极中间体的异构化可能与亚胺相似。

$$(29)$$

3.6　环化及其取代基对环化的影响（扭转电子效应）

环丁烯的电开环反应为顺旋开环，其顺旋方向除了受到价键断裂处两个碳原子上取代基位阻的控制外，还受到这些取代基电子效应的控制。而且，电子效应对开环方向的影响比位阻效应更大。在顺旋开环时，电子给体取代基向外顺旋，电子受体取代基向内顺旋。此时，过渡态的能量低而有利于开环。这就是 Houk 提出的扭转电子效应，也称之为扭转选择性[55]。Staudinger 环加成反应的速控步是环化步骤，其环化过程与环丁烯开环的逆过程是一致的。因此，Staudinger 环加成反应的立体选择性也应该受到扭转电子效应的控制 (式 30)。Hegedus 等人的研究结果在实验上支持该观点[56]。但是，他们实验所用的烯酮是烷氧基和二烷基氨基烯酮，取代基的位阻效应与扭转电子效应是一致的。因此，难以区分是位阻效应还是扭转电子效应的影响。Cossio 和 Sordo 等人使用计算方法研究了扭转电子效应对 Staudinger 环加成反应立体选择性的影响[57~60](式 31 和式 32)，其结果认为 Staudinger 反应的立体选择性主要受控于扭转电子效应。

inward rotation
σ vs p interaction
disfavorable in energy

outward rotation
favorable in energy

(30)

R = OH, Cl, F

conrotate

(±)

(31)

conrotate

(±)

(32)

最近，Xu 等人从理论和实验上研究了含有电子受体取代基的单取代烯酮参与的 Staudinger 环加成反应的立体选择性[61]。对于含有电子受体取代基的单取代烯酮，其位阻效应与扭转电子效应是不一致的。通过该类烯酮与环状和链状亚胺反应的对比发现：含有电子受体烯酮参与 Staudinger 环加成反应时，电子受体取代基能够降低直接环化的速率。从而使偶极中间体中的亚胺部分发生异构化，然后再环化形成 β-内酰胺产物。电子受体取代基对立体选择性的影响是通过空间位阻效应和异构化来实现的，而不是通过扭转电子效应来实现的 (式 33 和式 34)。计算研究结构表明：只有实验上不可实现的甲硼烷基烯酮参与的 Staudinger 环加成反应，其立体选择性才会受烯酮取代基的扭转电子效应所控制。

$$(33)$$

$$(34)$$

R = CO₂Et, CONMePh, CHNHMe, COPh, COMe
CHO, CN, NO₂, P(O)(OEt)₂, SO₂Ph, BH₂

trans -(±)-*β*-lactam

3.7 顺反选择性 (非对映选择性)

长期以来，Staudinger 环加成反应的立体选择性一直困扰着有机化学家和药物合成化学家。因为在合成 *β*-内酰胺类抗生素时，得到的 *β*-内酰胺必须具有特定的立体结构。先后有多个课题组对该问题开展过理论和实验研究，提出过几种可能的解释[57~59,62]或根据实验总结出的经验规则[4]。但是，一直未能给出一个完整的解释。Xu 等人最近根据多年的研究提出了一个模型，可以合理解释 Staudinger 环加成反应的立体化学。同时还更正了文献中的一些不合理解释，该模型得到了广泛的应用。该模型指出：对于大多数 Staudinger 环加成反应而言，顺反立体选择性是由烯酮和亚胺形成的偶极中间体的直接环化和其亚胺部分的互变异构之间的竞争决定的。烯酮分子中含有强给电子取代基、亚胺分子中含有强吸电子取代基或者含有位阻较大的 *N*-取代基有利于直接环化。因此，直接环化速率大于异构化速率，主要得到顺式 *β*-内酰胺。若烯酮分子中含有吸电子取代基、亚胺分子中含有给电子取代基或者含有位阻较小的 *N*-取代基则不利于直接环化。因此，异构化的速率大于直接环化的速率，有利于生成反式 *β*-内酰胺。若烯酮分子中含有弱给电子取代基、亚胺分子中不含有强吸电子取代基和位阻较大的 *N*-取代基时，直接环化和异构化的速率就比较接近。因此，就会得到顺式

和反式 β-内酰胺的混合物 (式 35)。只有 N-取代基位阻比较大的亚胺参与的 Staudinger 环加成反应在对烯酮进攻前就会发生亚胺的互变异构，例如：N-取代基为多环芳烃或 2,6-位双取代的芳烃取代基。亚胺以 (Z)-构型进攻烯酮具有位阻小和过渡态能量低的特点，有利于反应的进行。反应中形成的偶极中间体经直接环化后，得到反式 β-内酰胺 (式 36)。对于某些 Staudinger 环加成反应，加热[63]和光照[23]也会有利于生成反式 β-内酰胺 (式 36)。但是，微波照射对反应的立体选择性却没有明显的影响，即使有微弱的影响也可能是由于温度不均匀引起的[64]。

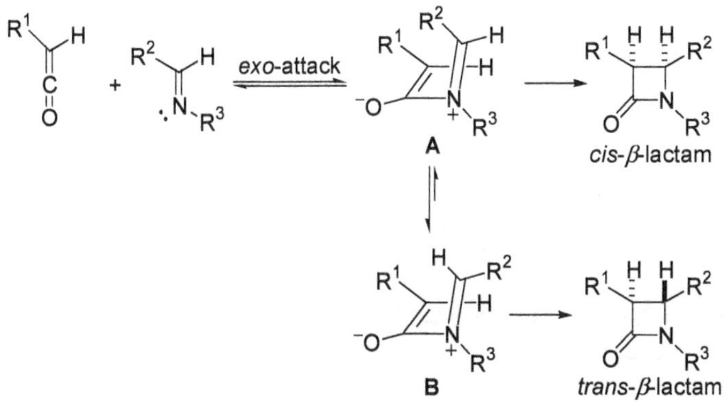

(35)

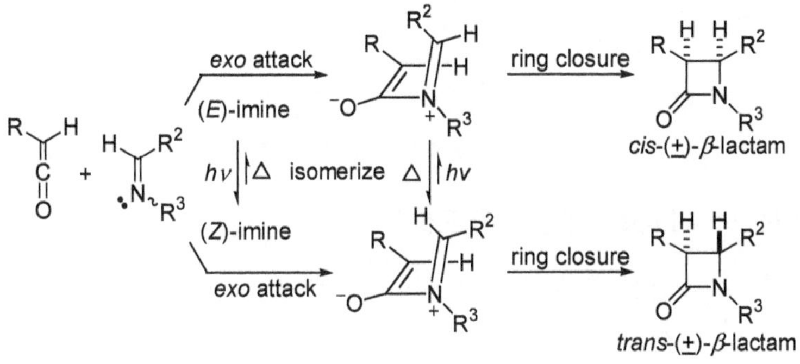

(36)

4　Staudinger 环加成反应的条件综述

4.1　溶剂对 Staudinger 环加成反应的影响

Cossio 通过理论计算研究认为：Staudinger 反应对溶剂的极性比较敏感，极性溶剂有利于生成顺式产物，而非极性溶剂则有利于得到反式产物[58]。Xu 等人研究了由重氮乙酸苯硫酯生成的苯硫基烯酮与不同亚胺在常用溶剂中的反应，Hammett 分析结果表明 Staudinger 环加成反应的立体选择性几乎不受溶剂的影响[65]。所观察到的微弱影响是由于极性溶剂有利于稳定偶极中间体的存在，增加了异构化的机会。因此，使得反式产物略有增加。

4.2　温度对 Staudinger 环加成反应的影响

在早期的文献中，曾经零星地报道了温度对 Staudinger 环加成反应的影响。一般认为升高温度有利于反应的进行，还可以提高某些反应的产率[4]。但是，温度对 Staudinger 环加成反应的立体选择性确实有明显的影响。而且，这种影响还与烯酮和亚胺的取代基密切相关。一般而言，升高温度有利于得到反式产物 (式 37 和式 38)。但某些烯酮 (例如：邻苯二甲酰亚胺基烯酮) 在低温下主要得到顺式产物，而在高温下则主要得到反式产物[63]。

$$R = Me, Ph, PhO, Cl, PhthN, PhS$$
$$R^1 = 4\text{-}NO_2C_6H_4, 4\text{-}MeO\text{-}C_6H_4$$

(37)

(38)

4.3　加料顺序对 Staudinger 环加成反应的影响

在酰氯作为烯酮前体参与的 Staudinger 环加成反应中，加料顺序对 Staudinger 环加成反应有非常明显的影响。在这类 Staudinger 环加成反应操作中，有两种不同的加料顺序。一种是将酰氯滴加到含有亚胺和叔胺的溶液中。在该条件下，酰氯滴加到三乙胺中就会直接生成烯酮。然后与亚胺反应生成 β-内酰胺，其顺反选择性取决于烯酮和亚胺的取代基。另一种是将三乙胺滴加到酰氯和亚胺的溶液中。酰氯和亚胺在溶液中混合后首先生成酰化亚胺，然后再与三乙胺反应直接生成偶极中间体，并得到与第一种滴加方式一样的产物。酰化亚胺也可以先与反应体系中的氯离子发生加成反应，得到氯代酰胺中间体。然后，三乙胺摄取酰基 α-位的氢原子生成烯醇式或碳负离子。最后，再发生分子内 S_N2 反应主要生成反式 β-内酰胺[65](式 39)。

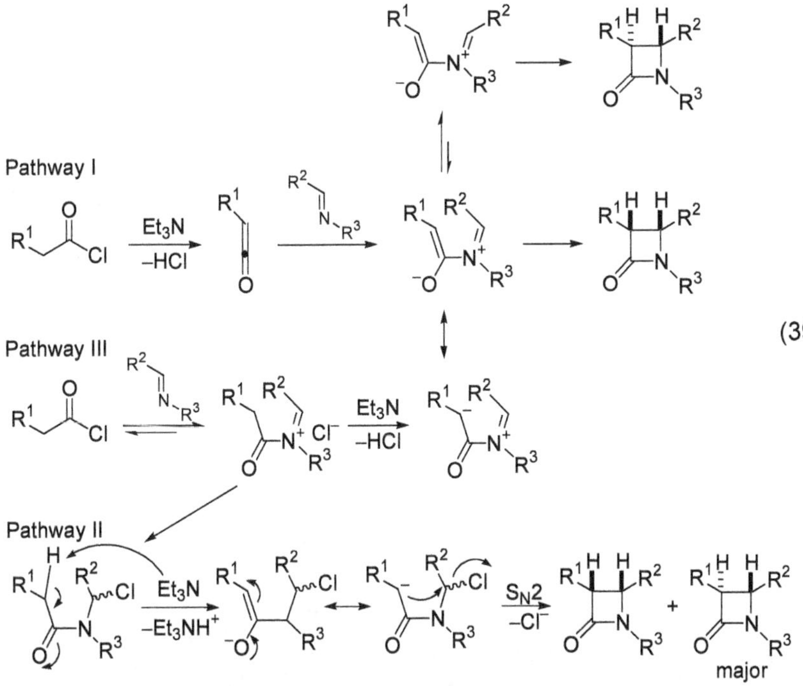

(39)

4.4 烯酮产生方式对 Staudinger 环加成反应的影响

　　虽然不同的烯酮往往需要通过不同的反应来制备，但有些烯酮可以通过多种不同的反应来制备。例如：烷基和芳基烯酮或者烷氧基和芳氧基烯酮等既可以通过酰氯消除反应来制备，也可以通过重氮酮的 Wolff 重排获得。为了研究不同烯酮制备方式对 Staudinger 环加成反应的影响，特别对立体化学的影响，Xu 等人研究了通过酰氯消除和通过重氮酮经 Wolff 重排生成的烯酮对 Staudinger 环加成反应的影响[65]。一般来说，重氮酮分解反应比酰氯消除反应需要更高的温度。因此，重氮酮参与的 Staudinger 环加成反应通常需要在较高温度下进行。在相同的反应温度下，不同加热方式对 Staudinger 反应的立体选择性没有明显的影响 (式 40 和式 41)。

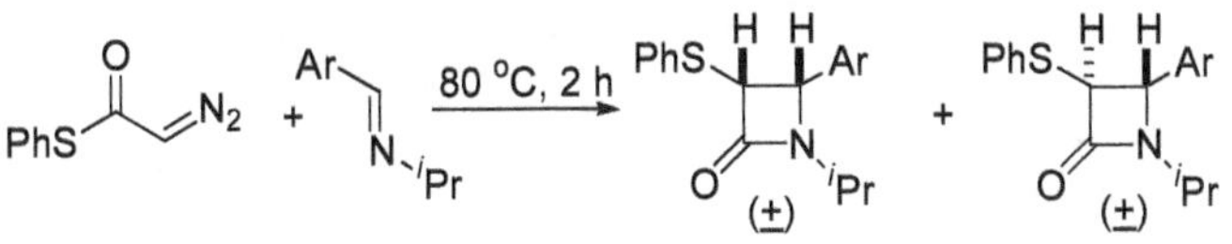

(40)

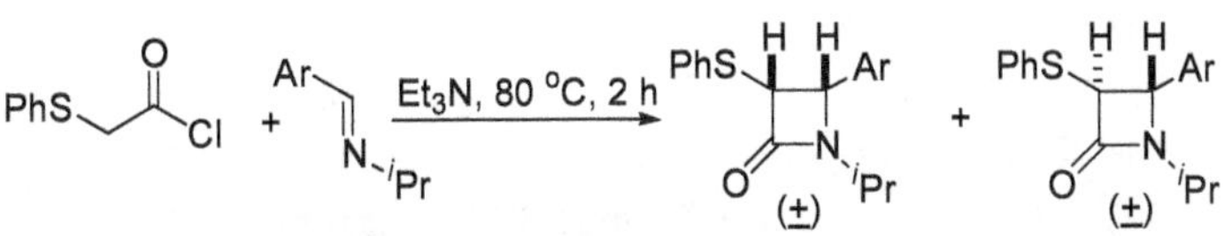

(41)

Ar = 4-MeOC$_6$H$_4$, 4-MeC$_6$H$_4$, 4-C$_6$H$_5$, 4-ClC$_6$H$_4$, 4-CF$_3$C$_6$H$_4$, 4-NO$_2$C$_6$H$_4$

4.5 光照射的 Staudinger 环加成反应

虽然 Poldlich 等人曾经报道在光照条件下可以得到反式 β-内酰胺产物，但他们没有研究清楚生成反式产物的原因和途径。Xu 等人对这一问题进行深入研究表明：虽然 Staudinger 环加成反应的中间体是一类氮杂 1,3-丁二烯体系，但与 1,3-丁二烯的电环化反应不同。因此，光照不会使其发生对旋关环。反式产物的生成是偶极中间体中亚胺部分首先发生互变异构，然后再反式顺旋关环引起的[66~69](式 42)。其中，环状亚胺除了得到 β-内酰胺产物外，还生成了 [2+2+2] 的环加成产物[70](式 43)。

$$(42)$$

$$(43)$$

Xu 等人最近的一项研究表明：由于光照会促进亚胺本身的异构化，因此光照会对某些 Staudinger 环加成反应的立体选择性产生影响。但是，这种影响与烯酮的取代基密切相关。若烯酮取代基具有较弱的给电子能力时，影响反而比较明显[71](式 44~式 46)。

$$(44)$$

R^1 = Me, R^2 = R^3 = Ph   140 °C, xylene   cis:trans = 5:95
   0 °C, hv, CH$_2$Cl$_2$ cis:trans = 0:100

R^1 = R^2 = R^3 = Ph   140 °C, xylene   cis:trans = 6:94
   0 °C, hv, CH$_2$Cl$_2$ cis:trans = 0:100

R^1 = Ph, R^2 = 4-O$_2$NPh   140 °C, xylene   cis:trans = 47:53
R^3 = ^{i}Pr   0 °C, hv, CH$_2$Cl$_2$ cis:trans = 43:57

$$(45)$$

R[1] = Et   cis:trans = 100:0
R[1] = Ph   cis:trans = 100:0

$$(46)$$

R[1] = Et   cis:trans = 24:76
R[1] = Ph   cis:trans = 33:67

4.6 微波照射的 Staudinger 环加成反应

微波已经广泛应用于有机合成，也应用于 Staudinger 环加成反应。早期在家用微波炉中进行的 Staudinger 环加成反应研究认为：微波可以改变产物的顺反选择性。但后来用微波反应器进行的研究表明：在严格控制反应温度的条件下，微波加热与传统加热的 Staudinger 环加成反应的立体选择性基本相同。家用微波炉的研究结果是由于反应温度不均匀造成的，而微波辐射仅仅是加热方式不同。

微波辐射既可以应用于以酰氯为烯酮前体的 Staudinger 环加成反应，也可以应用于以重氮酮为烯酮前体的 Staudinger 环加成反应中。由于重氮酮发生 Wolff 重排往往需要较高的温度，因此更适合在微波辐射条件下进行。

1995 年，Manhas 等人研究了微波辅助条件下碱促进的酰氯和亚胺合成 β-内酰胺的反应。他们发现：微波不仅可以加快反应速度，而且可以影响反应的立体选择性。在 N-甲基吗啡啉存在下，他们研究了微波对苄氧乙酰氯和亚苄基甲胺合成 β-内酰胺时立体选择性的影响。如式 47 所示：反应的顺反选择性从低功率微波下的 84:16 到高功率下的 45:55[72]。

$$(47)$$

cis-(±)   trans-(±)

2000 年，他们又报道了微波对 β-甲基巴豆酰氯和苯亚甲基甲胺反应形成 β-内酰胺的顺反选择性的影响。他们在反应完成后马上测定反应的温度，并与传统加热反应进行了对比。但是，他们没有进行相同温度下反应的对比，也未能给出微波对选择性影响的明确原因[73](式 48)。

$$(48)$$

cis-(±)   *trans*-(±)

Podlech 等报道：在微波照射下，α-重氮酮与亚胺反应可以立体专一性地得到反式 β-内酰胺[74](式 49)。

$$(49)$$

4.7　固相 Staudinger 环加成反应

1996 年，Ruhland 等报道了固相 Staudinger 环加成反应。他们将连在树脂上的氨基酸的氨基或胺与醛反应生成亚胺，然后与酰氯生成的烯酮发生反应[75]。在酸敏的 Sasrin 树脂上进行该反应时，可以 55%~97% 的产率得到顺式加成产物，两个顺式非对映异构体的比例为 1:1~1:3。他们还发现：氨基酸的手性对加成产物的立体选择性无明显的诱导作用 (式 50)。使用光敏 TentaGel S 树脂时，可以 71%~90% 的产率合成出氮原子未被取代的 β-内酰胺 (式 51)。

$$(50)$$

他们还在固相载体上进行了双不对称诱导的 Staudinger 环加成反应。首先，将连接有氨基酸的 Sasrin 树脂的氨基与醛反应生成亚胺。然后，再与手性噁唑烷基乙酰氯在三乙胺存在下反应。最后，使用三氟乙酸切除连接在树脂上的 β-

内酰胺产物（式 52）

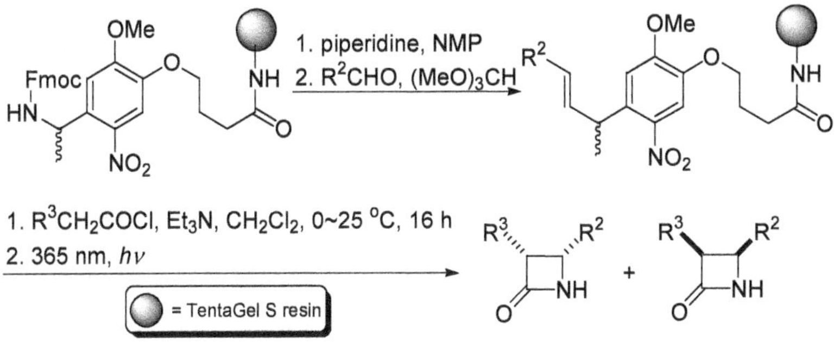

(51)

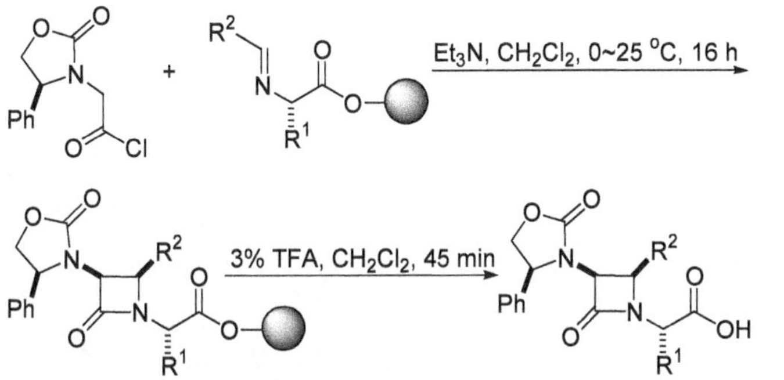

(52)

1999 年，Singh 等人也报道了固相 Staudinger 环加成反应[76]（式 53）。他们先将对甲酰基苯甲酸引入到氨基树脂上，然后与胺反应得到亚胺。在三乙胺的作用下，固相亚胺与乙酰氧基乙酰氯反应生成 β-内酰胺产物。

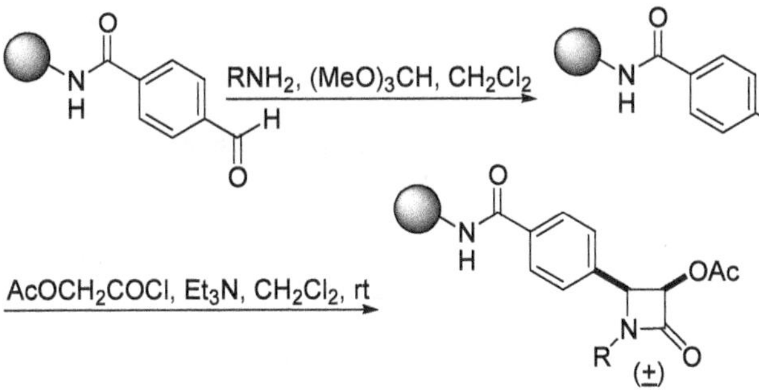

(53)

5 Staudinger 环加成反应的类型综述

Staudinger 环加成反应有许多分类方式。根据烯酮的制备方法，可以分为酰氯、羧酸、重氮酮、重氮乙酸酯或氰基叠氮苯醌为前体的 Staudinger 环加成反应。根据烯酮和亚胺的种类，又可以分为烯基烯酮、烯基亚胺和双亚胺参与的 Staudinger 环加成反应。根据手性 β-内酰胺的制备方法，还可以分为不对称诱导和不对称催化 Staudinger 环加成反应。

5.1 以酰卤为烯酮前体的 Staudinger 环加成反应

以酰卤为烯酮前体的 Staudinger 环加成反应是研究最多和应用最广泛的一类反应。通用的酰卤可以是酰氯和酰溴，但以酰氯为主。卤代或者烷基杂原子 (包括氧原子和氮原子) 取代的乙酰氯是最常用，也是最有效的制备卤代或烷基杂原子取代烯酮的前体化合物。在有机碱的作用下，它们很容易生成相应的取代烯酮。脂肪族酰氯和芳基乙酰氯是用来制备烷基和芳基烯酮的重要前体化合物，广泛用于原位制备烷基和芳基烯酮。

Bose 等人研究了叠氮乙酰氯与亚胺在三乙胺存在下的 Staudinger 环加成反应，制备了反式 3-叠氮基-β-内酰胺[77](式 54)。将其 3-叠氮基还原后可以得到 3-氨基-β-内酰胺，该化合物是 β-内酰胺类抗生素的重要结构单元。

$$(54)$$

Xu 等人研究了一系列取代乙酰氯与环状亚胺在三乙胺存在下发生的 Staudinger 环加成反应，立体专一性地得到了反式 β-内酰胺产物[78~81](式 55)。

$R^1 = PhO, PhtN, Cl, Ph; X = S, NCOPh$

$$(55)$$

Evans 较早报道了用手性噁唑烷基乙酰氯与亚胺在三乙胺存在下发生的 Staudinger 环加成反应，以较高的立体选择性制备了手性 β-内酰胺产物[82](式 56)。

$$(56)$$

5.2 以羧酸为烯酮前体的 Staudinger 环加成反应

羧酸作为烯酮前体也广泛应用于 Staudinger 环加成反应。常用的是卤代或者烷基杂原子 (包括氧原子和氮原子) 取代的乙酸，可以是脂肪族羧酸和芳基乙酸。它们的羧基通过活化试剂活化后，在有机碱的作用下可以生成相应的取代烯酮。常用的活化试剂包括：三氯氧磷[83]、苯氧基二氯氧磷[84]、二乙氧基氯化磷[85]、二苯氧基氯氧磷、二甲氨基二氯化磷[87]、磺酰氯[87]、羰基二咪唑[88]、Vilsmeier 试剂[89]和三光气[90]等。

在三氯氧磷存在下，氯乙酸与芳基亚胺反应可以得到顺式和反式-3-氯-β-内酰胺混合物[83](式 57)。

$$ (57) $$

Brady 等报道：在三乙胺作用下，N-烷基-N-芳基甘氨酸盐酸盐与对甲苯磺酰氯生成的混合酸酐经消除对甲基苯磺酸后生成 N-烷芳基乙烯酮。然后，再与苄叉苯胺发生 Staudinger 环加成反应，生成 3-烷芳氨基-β-内酰胺[87](式 58)。

$$ (58) $$

2006 年，Melman 等人发现 CDI (1,1-羰基二咪唑) 可以催化丙二酸单乙酯、二乙氧基磷酰基乙酸和苯磺酰基乙酸生成相应的烯酮。这些烯酮与亚胺发生 Staudinger 环加成反应可以得到相应的反式 β-内酰胺-3-甲酸乙酯、二乙氧基磷酰基-和苯磺酰基-β-内酰胺[88] (式 59~式 61)。

$$ (59) $$

$$ (60) $$

$$(61)$$

在 Vilsmeier 试剂催化下，氰基乙酸可以与亚胺发生 [2+2] 环加成反应生成顺式 3-氰基-β-内酰胺[89](式 62)。

$$(62)$$

5.3 以重氮酮为烯酮前体的 Staudinger 环加成反应

重氮酮可以作为烯酮前体应用于烃基 β-内酰胺的合成。在加热或光照条件下，重氮基丙酮均可与亚胺反应得到 β-内酰胺产物[65](式 63)。

$$(63)$$

R = 4-MeOPh, 4-MePh, 4-Ph, 4-ClPh, 4-CF$_3$Ph, 4-NO$_2$Ph

如式 64 所示：取代重氮苯乙酮也可以与环状亚胺二苯并噁䓬发生 Staudinger 环加成反应[15]。

$$(64)$$

R = 4-MeOPh, 4-MePh, 4-ClPh, 4-NO$_2$Ph

在加热条件下，重叠噻吩乙酮可以与环状亚胺发生 Staudinger 环加成反应[91](式 65 和式 66)。在光照和微波辅助下，重氮酮可以与链状和环状亚胺二苯并噁䓬发生 Staudinger 环加成反应[66~70](式 42 和式 43)。

$$(65)$$

$$(66)$$

5.4 以重氮乙酸酯为烯酮前体的 Staudinger 环加成反应

重氮乙酸酯可以作为烯酮前体应用于烃氧基 β-内酰胺的合成。虽然重氮乙酸酯在加热条件下可以与亚胺反应生成 β-内酰胺，但反应温度较高且产率较低。但是，在光照条件下可以得到较好的产率，与链状亚胺反应生成顺式和反式烃氧基 β-内酰胺混合物，与环状亚胺反应生成反式烃氧基 β-内酰胺产物[23](式 67～式 69)。

$$(67)$$

R = Et, ^{i}Pr, Bn, Ph; R^1 = Ph, Bn

$$(68)$$

$$(69)$$

重氮乙酸硫酯也可以作为烯酮前体应用于烃硫基 β-内酰胺的合成。在加热、光照、微波辐射或过渡金属催化的条件下，重氮乙酸苯硫酯都可以与亚胺反应，以较好到几乎定量的产率生成苯硫基 β-内酰胺。它与链状亚胺反应时，通常得到反式 β-内酰胺。只有当亚胺的 N-取代基位阻较大时，才可以得到顺式 β-内酰胺产物[15,92](式 70 和式 71)。

$$\text{(70)}$$

R = Bn	0	:	> 98
R = i-Pr	12	:	88
R = t-Bu	> 98	:	0

$$\text{(71)}$$

在乙酸铑催化下，重氮丙二酸单乙酯单苯硫酯也可以生成苯硫基乙氧羰基烯酮。这些烯酮与亚胺反应可以得到 β-内酰胺衍生物[93](式 72~式 74)。

$$\text{(72)}$$

$$\text{(73)}$$

$$\text{(74)}$$

在 $Co_2(CO)_8$ 存在下，重叠乙酸乙酯与亚胺反应可以用来合成 β-内酰胺-3-甲酸乙酯[94](式 75)。

$$\text{(75)}$$

5.5 以铬卡宾为烯酮前体的 Staudinger 环加成反应

Hegedus 等人发展了一种以铬卡宾为烯酮前体的 Staudinger 环加成反应。

该类烯酮前体的反应活性很好，只需在日光照射下就可以反应。亚胺底物的适用范围也很广，生成的 β-内酰胺一般具有很好的立体选择性，使用手性亚胺可以得到手性 β-内酰胺产物[95~97]。如式 76~式 80 所示：使用烷基烷氧基铬卡宾可以用于制备 3-烷基-3-烷氧基-β-内酰胺。

$$(76)$$

$$(77)$$

$$(78)$$

$$(79)$$

$$(80)$$

后来，他们将该方法扩展到应用二烷氨基铬卡宾为烯酮前体。该方法可以用于合成 3-二烷氨基-β-内酰胺，使用手性的前体化合物可以得到手性的 β-内酰胺产物[98~101](式 81~式 84)。

$$(81)$$

$$(82)$$

$$(83)$$

$$(84)$$

5.6 以氰基叠氮苯醌为烯酮前体的 Staudinger 环加成反应

Moore 等人发展了一种通过热解 2,5-二叠氮基苯醌生成氰基烯酮的方法[102]。该方法可以制备含有电子受体氰基的烯酮，与亚胺反应生成含有氰基的 β-内酰胺。他们用该方法制备了氯代氰基双烯酮和不同的烷基氰基双烯酮，并将它们与亚胺反应制备了含有氰基的 β-内酰胺。在与烯基亚胺反应时，还会同时得到六元环产物四氢吡啶酮衍生物 (式 85~式 88)。

$$(85)$$

R = Ph, 4-ClPh, 4-MeOPh, ^{n}Bu, cHex

$$(86)$$

$$(87)$$

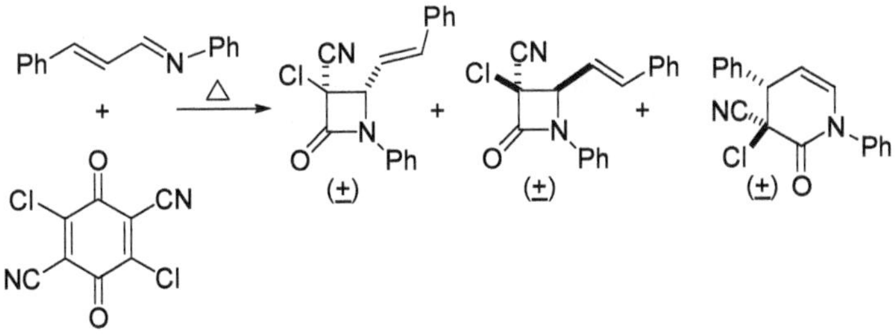

(88)

5.7 其它烯酮前体的 Staudinger 环加成反应

烯酮二聚体也可以作为乙酰基烯酮的前体与亚胺发生 Staudinger 环加成反应，用来合成 3-乙酰基-β-内酰胺[103](式 89)。

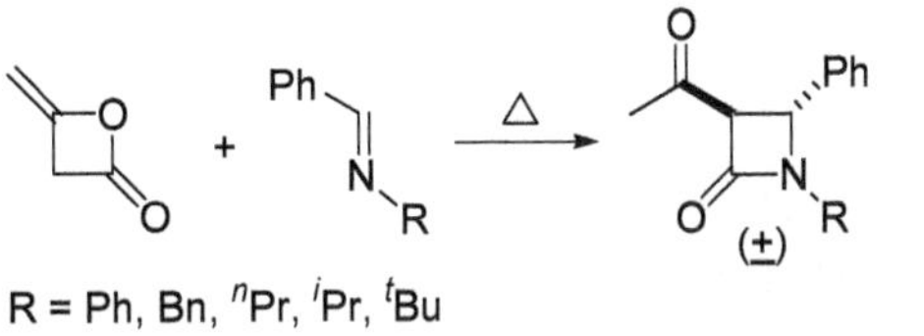

(89)

R = Ph, Bn, ^{n}Pr, ^{i}Pr, ^{t}Bu

除了 Meldrum 酸及其重叠衍生物可以作为烯酮前体合成具有螺环结构的 β-内酰胺-3-甲酸酯衍生物外[104]，其羟亚烷基和环氧衍生物也可以作为烯酮前体，分别用于合成 3-乙酰基-β-内酰胺[105]和具有螺环结构的 β-内酰胺-3-甲酸酯衍生物[104]。以烷氨基羟基亚甲基 Meldrum 酸为烯酮前体时，将其与亚胺在氯化氢饱和的甲苯中回流反应可以得到反式 β-内酰胺-3-甲酰胺衍生物[106](式 90~式 93)。

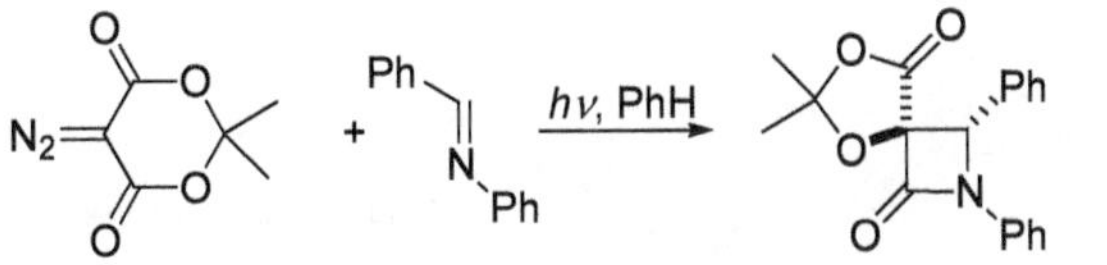

(90)

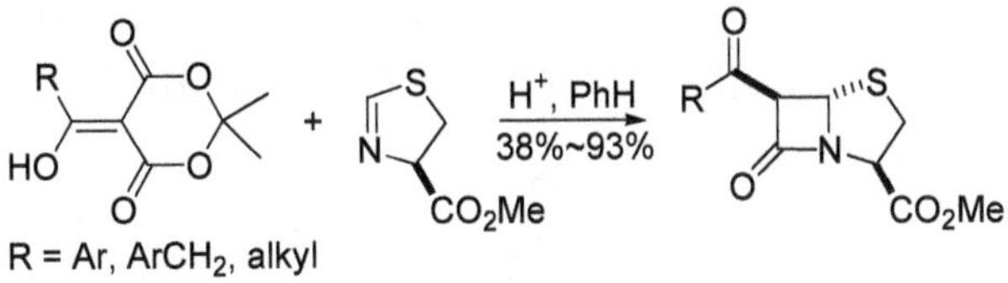

(91)

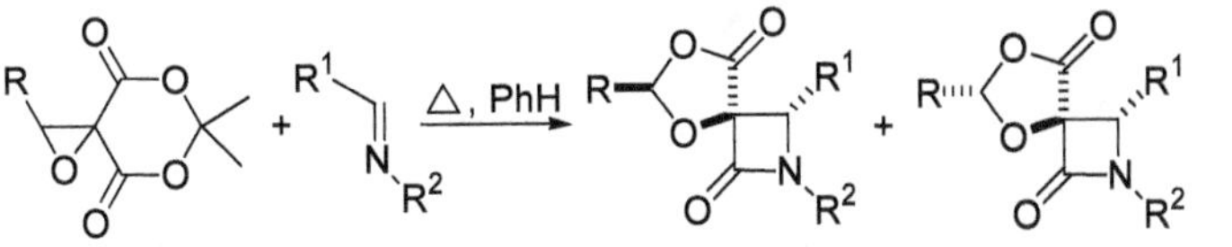

R = Ar, ArCH$_2$, alkyl

(92)

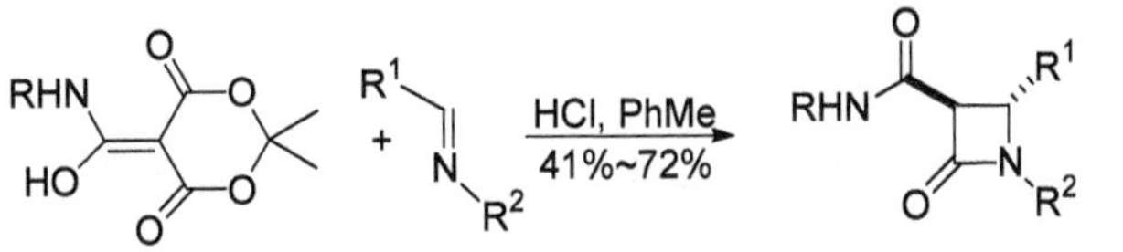

(93)

α-重叠芳乙酸与芳甲酸形成的混合酸酐也可以作为烯酮前体，将其与亚胺反应用于制备 3-芳甲酰氧基-β-内酰胺[107,108](式 94)。

$$R = 4\text{-}NO_2Ph, \ R^1 = 4\text{-}ClPh, \ R^2 = 4\text{-}MePh$$

5.8 烯基烯酮和烯基亚胺参与的 Staudinger 环加成反应

除了烯酮和亚胺的 Staudinger 环加成反应外，人们还研究了烯基烯酮与亚胺和烯酮与烯基亚胺的 Staudinger 环加成反应，以及烯基烯酮与烯基亚胺的 Staudinger 环加成反应。这些反应除了可以生成 β-内酰胺产物外，还能够生成六元环的 δ-内酰胺产物。反应的选择性既受到反应底物空间位阻的控制，也受到反应底物电子效应的影响。

5.8.1 烯基烯酮参与的 Staudinger 环加成反应

Bose 等人最早报道了烯基烯酮与亚胺的 Staudinger 环加成反应。在三乙胺存在下，巴豆酰氯与亚胺反应得到反式 β-内酰胺[109](式 95)。在三乙胺存在下，巴豆酰氯与乙醛酸乙酯或苯乙酮醛和苯胺生成的亚胺反应得到反式 β-内酰胺(式 96)。3-甲基巴豆酰氯也可以发生类似的反应[110]。

$$Ar^1, Ar^2 = Ph, 4\text{-}MeOC_6H_4$$

$$R = Ph, CO_2Et; \ Ar = Ph, 4\text{-}MeOC_6H_4$$

Battaglia 等和 Benfatti 等分别研究了烯基烯酮与亚胺发生环加成反应形成四元环和六元环产物的选择性[111,112]。

Bennett 等报道了富电子烯基烯酮与亚胺的环加成反应。三烷基硅基烯基烯酮可作为富电子二烯与亚胺发生杂 Diels-Alder 环加成反应，生成六元环产物。

该反应可以通过协同机理进行，也可以通过分步机理进行。在分步机理中，亚胺首先对烯酮亲核加成后再关环。因为六电子体系过渡态比四电子体系过渡态稳定而关环速度快，所以只得到了六元环产物[113](式 97)。

$$\text{(97)}$$

5.8.2　烯基亚胺参与的 Staudinger 环加成反应

1982 年，Brady 报道了一系列烯基亚胺与二苯基和二氯双取代烯酮的环加成反应。他们发现：根据亚胺和烯酮所含取代基的不同，所得产物可以是 β-内酰胺或 δ-内酰胺。反应的选择性主要受到烯酮和亚胺空间位阻的控制[114]。二苯基烯酮与大多数烯基亚胺反应都得到 β-内酰胺产物 (式 98)，只有与富电子的二甲氨基烯基亚胺反应时得到 β-内酰胺产物 (式 99)。二氯烯酮与烯基亚胺反应时，产物的结构明显受到亚胺位阻的控制 (式 100 和式 101)。

$$\text{(98)}$$

$R^1 = Ph, cHex, CHMe_2, CMe_3;$
$R^2, R^3 = H, Me; R^4, R^5 = H, Me, Ph$

$$\text{(99)}$$

$$\text{(100)}$$

$$\text{(101)}$$

1985 年，Moore 等人报道了氯和氰基取代的烯酮与烯基亚胺反应。其产物

是 β-内酰胺和 δ-内酰胺的混合物，而且两者的比例随着 R^1 和 R^2 的大小变化而改变。当 R^1 为芳基和 R^2 为氢时，主要生成六元环产物。当 R^1 为芳基和 R^2 为苯基时，主要生成四元环产物[115](式 102)。

$$(102)$$

Arrastia 等通过理论计算研究了烯基亚胺与烯酮反应生成 β-内酰胺和 δ-内酰胺的选择性。其结果显示：由于烯基的存在，烯基亚胺进攻烯酮后可能生成两种两性离子中间体。这两种两性离子中间体的稳定性决定了生成 β-内酰胺和 δ-内酰胺的选择性[116]。

Borer 和 Balogh 研究了手性烯酮与烯基亚胺的不对称 Staudinger 环加成反应，以较低的产率和中等的立体选择性合成了 4-烯基取代的 β-内酰胺产物[117](式 103)。

$$(103)$$

5.8.3 烯基烯酮和烯基亚胺参与的 Staudinger 环加成反应

Alcaide 等人研究了由肉桂醛生成的烯基亚胺与由巴豆酰氯或 3-甲基巴豆酰氯生成的烯基烯酮的 Staudinger 环加成反应。其中，巴豆酰氯与苄胺生成的亚胺的反应得到顺式双烯基 β-内酰胺 (式 104)。3-甲基巴豆酰氯与手性 α-苯乙胺生成的亚胺反应得到一对非对映异构体 (式 105)。在加热条件下，3,4-双烯基 -β-内酰胺很容易发生 Cope-重排生成八元环的内酰胺产物 (式 106)。由于重排后 β-内酰胺四元环的张力得到了释放，使得该重排反应非常容易发生。该反应也是一种合成八元环内酰胺的新方法[118]。

$$(104)$$

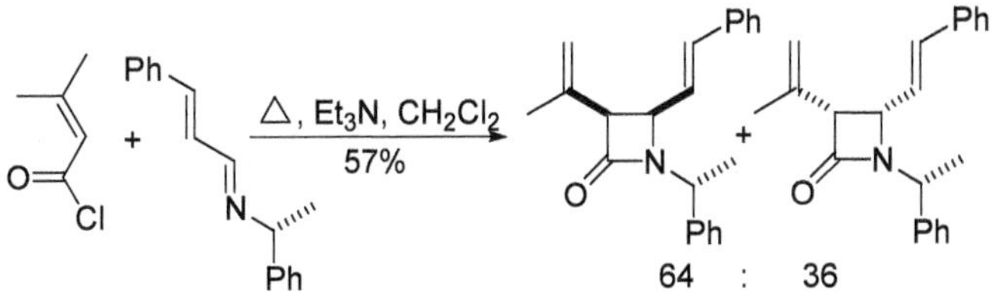

(105)

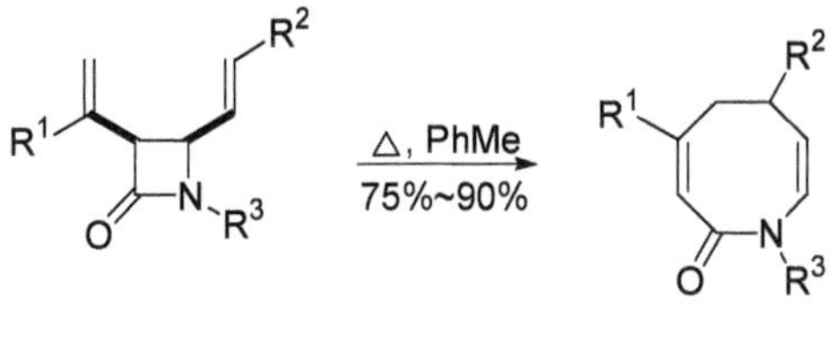

(106)

5.9 双亚胺参与的 Staudinger 环加成反应

双亚胺与烯酮也可以发生 Staudinger 环加成反应。常用的双亚胺主要有两类：一类是由乙二醛或邻二酮化合物制备的 1,4-二氮杂-1,3-丁二烯型的双亚胺，另一类是由脒衍生物制备的 1,3-二氮杂-1,3-丁二烯型的双亚胺。根据烯酮的用量和性质，前者可以生成 β-内酰胺或双 β-内酰胺。其中，亚胺基 β-内酰胺是制备酰基 β-内酰胺的重要中间体，酰基 β-内酰胺在合成 β-内酰胺类抗生素中得到广泛应用。根据双亚胺的结构不同，有些双亚胺会生成 β-内酰胺，有些会生成六元环产物二氢嘧啶-4-酮，有些会得到二者的混合物。

5.9.1 由邻二羰基化合物制备的双亚胺参与的 Staudinger 环加成反应

1957 年，Pfleger 和 Jager 用二苯乙二酮生成的双亚胺与双甲基烯酮反应得到了 [2+4] 产物二氢吡嗪-5-酮衍生物[119]。1970 年，Burpitt 用丁二酮和二苯乙二酮生成的双亚胺分别与双甲基烯酮反应得到二氢吡嗪-5-酮衍生物[120]。但是，Sakamoto 等在 1974 年纠正了前面的错误报道。他们认为这些反应得到的是 [2+2] 产物亚胺基 β-内酰胺衍生物，该产物与二氢吡嗪-5-酮衍生物互为同分异构体 (式 107)。由于这些化合物在核磁氢谱中没有 H-H 偶合，单纯从核磁共振氢谱和元素分析上无法确定产物的结构。因此，他们通过将产物还原证明了自己的结论[121]。

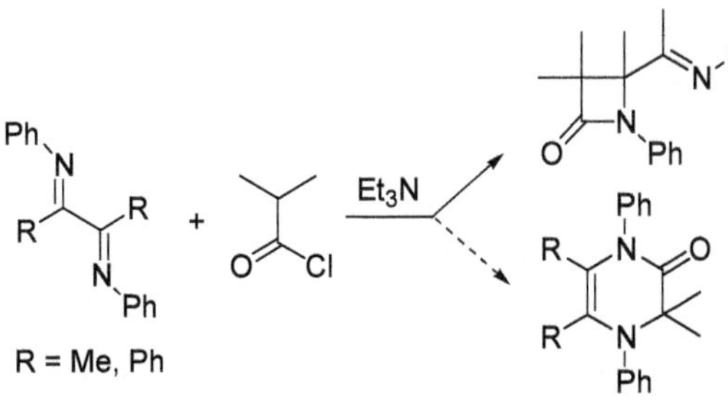

(107)

R = Me, Ph

1992 年，Alcaide 等人研究了由乙二醛生成的双亚胺与不同单取代烯酮的

Staudinger 环加成反应。他们使用的单取代烯酮都是通过酰氯消除反应制备的，烯酮分子上的取代基包括：甲氧基、苯氧基、苄氧基、苯硫基、马来酰亚胺基 (Md)、邻苯二甲酰亚胺基 (Pht)、甲基、苯基和氯等。在反应过程中，双亚胺先与 1 倍量的酰氯反应可以选择性地得到 4-位亚胺基 β-内酰胺。再与另 1 倍量的酰氯反应，就可以得到双 β-内酰胺。使用相同或不同的酰氯，可以制备出含有两个相同或不同 β-内酰胺结构的双 β-内酰胺产物。但是，得到的 β-内酰胺都具有顺式结构[122](式 108)。

$$R = 4\text{-}MeOC_6H_4, (4\text{-}MeOC_6H_4)_2CH$$
$$R^1 = Me, R^2 = PhO; R^1 = PhS, R^2 = Pht;$$
$$R^1 = PhO, R^2 = PhS, Md, Cl;$$
$$R^1 = R^2 = MeO, BnO, PhO, Md, Pht$$

Xu 等人最近研究了由邻二酮制备的双亚胺与单取代烯酮的 Staudinger 环加成反应。发现不论是强电子给体还是弱电子给体取代的烯酮都生成顺式单 β-内酰胺(式 109)。使用强给电子烯酮烷氧基烯酮与邻二亚胺反应时，可以通过控制反应物投料比例选择性地合成顺式单 β-内酰胺或双 β-内酰胺[123](式 110)。而对于弱电子给体取代的烯酮，增加烯酮的量也不会生成双 β-内酰胺。

$$Ar = Ph, 4\text{-}MeOC_6H_4; R = Me, Ph;$$
$$R^1 = EtO, Pht, Cl, Me$$

Xu 等人还研究了由丙酮醛制备的非对称双亚胺与单取代烯酮的 Staudinger 环加成反应。但反应都发生在富电子的酮亚胺上，而不是在醛亚胺上。由于醛亚胺基的吸电子作用，都生成顺式的 4-醛亚胺基 β-内酰胺[124](式 111)。即使增加酰氯的用量至 2 倍量以上，带有弱电子给体取代基的烯酮也只能得到单 β-内酰胺。使用带有强给电子烯酮烷氧基烯酮时，通过控制反应物投料比例可以选择性地合成顺式单 β-内酰胺或双顺式的双 β-内酰胺，以及含有顺式和反式结构的双 β-内酰胺[123](式 112)。

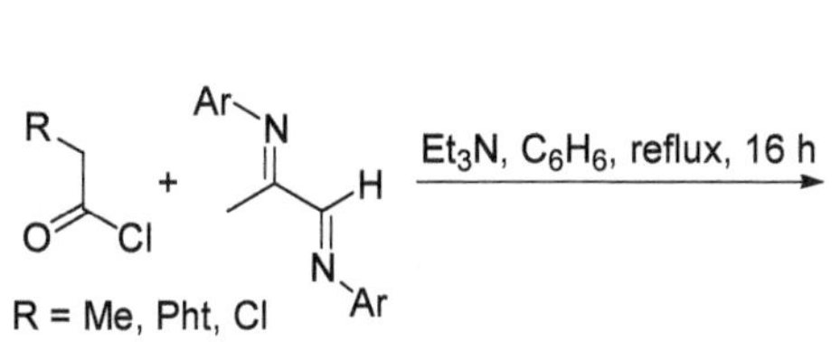

(111)

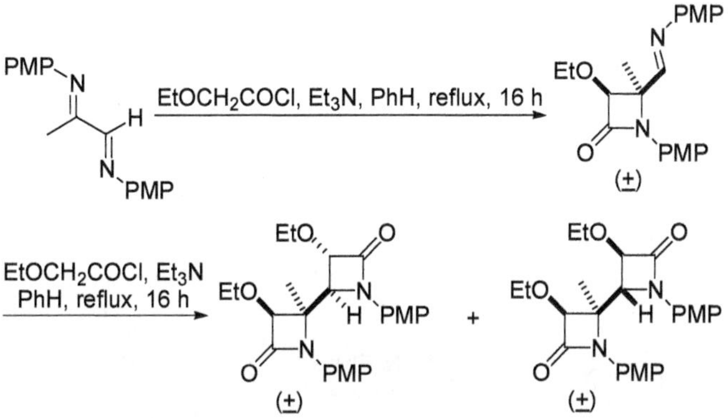

(112)

Alcaide 等通过乙二醛生成的双亚胺与 (S)-苯基噁唑烷基乙酰氯反应，实现了手性双 β-内酰胺的合成。在该反应过程中，使用双亚胺 2 倍量的酰氯就可以直接得到双 β-内酰胺。如果与 1 倍量的酰氯反应，就会选择性地得到手性 4-位亚胺基取代的 β-内酰胺。然后再与 1 倍量的酰氯反应，也可以得到双 β-内酰胺。直接制备和分步制备的双 β-内酰胺的立体构型没有差异[125](式 113)。

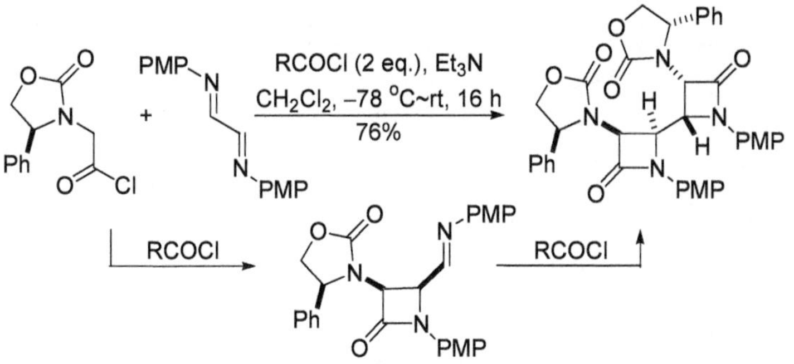

(113)

5.9.2 1,3-二氮杂 1,3-丁二烯型双亚胺参与的 Staudinger 环加成反应

1-位取代基位阻较小的 1,3-二氮杂-1,3-丁二烯型的双亚胺与单取代烯酮和双取代烯酮反应均得到 β-内酰胺衍生物，例如：1-苄基-2,4-二苯基-1,3-二氮杂-

1,3-丁二烯[126](式 114 和式 115)。进一步研究发现：由异丁酰氯生成的二甲基烯酮、由甲氧基乙酰氯生成的甲氧基烯酮、由二氯乙酰氯生成的二氯烯酮、以及由巴豆酰氯生成的乙烯基烯酮与该双亚胺也发生相似的反应[127]。

$$R = H, 57\% \quad R = Ph, 64\% \tag{114}$$

$$71\% \tag{115}$$

1-苄基-2,4-二苯基-1,3-二氮杂-1,3-丁二烯与手性单取代烯酮反应可以高度立体选择性地得到 β-内酰胺衍生物[128](式 116 和式 117)。

$$75\%, 99.5\% \text{ de} \tag{116}$$

$$73\%, 99.5\% \text{ de} \tag{117}$$

1-位取代基位阻较大的 1,3-二氮杂-1,3-丁二烯型的双亚胺与单取代烯酮和双取代烯酮反应都生成二氢嘧啶-4-酮，例如：1-芳基-2,4-二苯基-1,3-二氮杂-1,3-丁二烯[126](式 118)。

$$\tag{118}$$

$R^1 = H, R^2 = Ph, 66\%; \quad R^1 = R^2 = Ph, 75\%$

$R^1 = H, R^2 = CO_2Et, 52\%; \quad R^1 = H, R^2 = Cl, 22\%$

5.10 手性诱导的不对称 Staudinger 环加成反应

在早期，通过 Staudinger 环加成反应来合成具有手性的 β-内酰胺都是通过手性诱导来实现的。既可以使用通过手性烯酮前体制备的手性烯酮，也可以使用手性的亚胺。但是，使用手性醛酮生成的亚胺比使用手性胺生成的亚胺具有更好的手性诱导效果。也有同时使用手性的烯酮和亚胺来共同诱导合成 β-内酰胺的报道[6,8,129,130]。

5.10.1 手性烯酮诱导的不对称 Staudinger 环加成反应

1996 年，Bhawal 等人由樟脑磺酸制备了樟脑磺酸氨基乙酰氯。该酰氯可以与芳香亚胺发生不对称 Staudinger 环加成反应，生成立体专一性的产物。但遗憾的是：无论酸碱催化水解还是催化氢解都无法去掉产物中的磺酰基[131]（式 119）。

$$\text{(119)}$$

Alcaide 和 Rodriguez-Vicente 用 (S)-苯基噁唑烷基乙酰氯与菲啶进行不对称 Staudinger 反应，立体专一性地得到了多环 β-内酰胺产物[132]（式 120）。

$$\text{(120)}$$

Muller 等用 (R)-苯基噁唑烷基乙酰氯与 1H-1,2-二氮杂䓬-1-甲酸酯进行不对称 Staudinger 反应，立体专一性地得到了 β-内酰胺产物[133]（式 121）。

$$\text{(121)}$$

R^1 = Me; R^2 = Et   97 :   3
R^1 = Me; R^2 = Bn   89 : 11
R^1 = H; R^2 = Me   91 :   9
R^1 = H; R^2 = ^{t}Bu   87 : 13

脂肪醛亚胺容易发生互变异构形成烯胺。Palomo 等发现：N-双三甲基硅基甲基的脂肪醛亚胺不会发生异构化。他们用手性噁唑烷基乙酰氯与该类脂肪醛亚胺进行不对称 Staudinger 环加成反应，成功地得到了手性 β-内酰胺产物[134](式 122)。该反应可以广泛应用于该类脂肪醛亚胺参与的不对称 Staudinger 环加成反应，C-4 位烷基取代的 β-内酰胺产物的 dr 在 (70:30)~(> 98:2) 之间[135~137]。

$$R = H, 75\% \quad 9 : 1$$
$$R = Ph, 85\% \quad 9 : 1$$

Palomo 等首次实现了由甲醛制备的该类亚胺的不对称 Staudinger 环加成反应，以较好的产率和立体专一性实现了 C-4 位无取代的手性 β-内酰胺的合成[138](式 123)。

后来，该反应也应用于该类脂肪酮亚胺参与的不对称 Staudinger 环加成反应中 (式 124)，以 60%~80% 的产率和 49%~98% 的立体选择性得到了 C-4 位双取代的 β-内酰胺产物。其中，对称酮形成的酮亚胺 ($R^1 = R^2 = Me, Et, {}^nPr$) 的立体选择性非常好 (de > 98%)，而非对称酮形成的酮亚胺 ($R^1 = Me, R^2 = Et,$ PhCH$_2$CH$_2$) 的立体选择性较差。将该反应应用于芳香酮亚胺参与的不对称 Staudinger 环加成反应中时，产物的立体选择性都比较好 (Ar = Ph, 4-MeOPh, PhCH=CH)[122](式 125)。

Bhawal 等人使用手性的烃氧基乙酸与亚胺进行不对称 Staudinger 环加成反应，以较好的产率得到了目标产物，但立体选择性较低[139,140](式 126)。

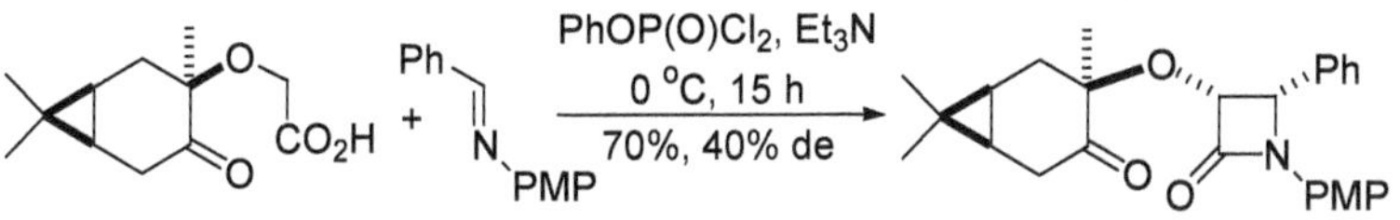

(126)

烷基酰氯通常不容易在碱存在下发生消除反应生成烷基烯酮，而且生成的烯酮也不稳定。因此，使用烷基烯酮进行的 Staudinger 反应的产率大多都不理想。使用手性芳基丁二酸制备的酰氯与亚胺进行不对称 Staudinger 环加成反应时，可以得到较好的产率 (81%)，但非对映选择性很差 (dr = 50:50)[141](式 127)。

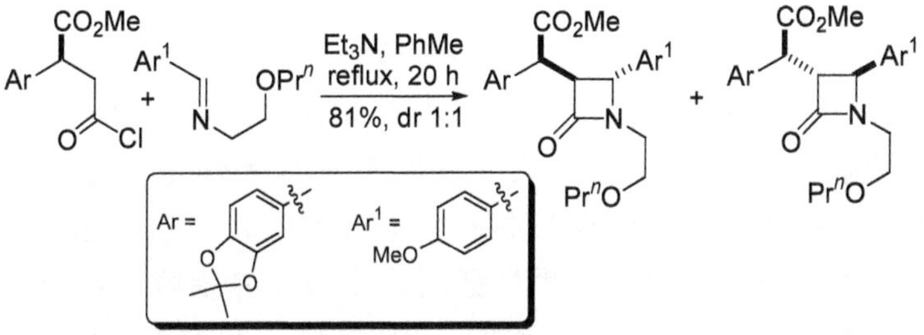

(127)

手性 3-三烷硅氧基烷基酰氯与亚胺进行不对称 Staudinger 环加成反应通常比较顺利。该反应不仅可以得到较好的产率，也可以得到中等到较好的立体选择性[142](式 128)。

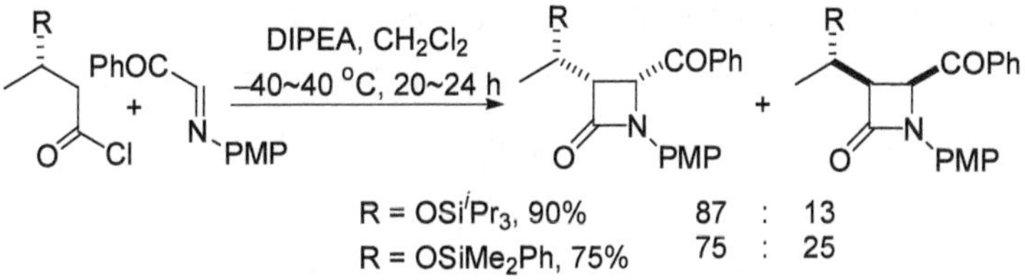

(128)

R = OSi^{i}Pr$_3$, 90%　　87 : 13
R = OSiMe$_2$Ph, 75%　　75 : 25

改变手性 3-三烷硅氧基烷基酰氯的构型，可以得到 C3-构型相反的 β-内酰胺产物[143]。在 Lewis 酸三氟化硼乙醚催化下，它与 1,3,5-三对甲氧基苯基-1,3,5-氮杂环己烷进行的不对称 Staudinger 环加成反应，可以得到中等的产率和较好的立体选择性[144](式 129)。

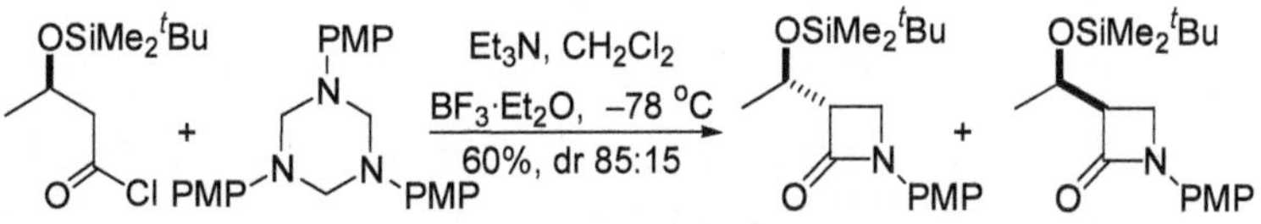

(129)

　　手性重氮酮产生的烯酮也可以用于不对称 Staudinger 环加成反应。Podlech 等人使用 N-保护的天然氨基酸制备的重氮酮在光照条件下与亚胺进行不对称 Staudinger 环加成反应，制备了一系列手性 β-内酰胺产物。其中以叔亮氨酸制备的重氮酮反应的立体选择性最好，可以达到 93:7 的 dr 值[66,144,145](式 130)。

(130)

93 : 7

5.10.2　手性亚胺诱导的不对称 Staudinger 环加成反应

　　使用手性醛和非手性胺、非手性醛和手性胺或者手性醛和手性胺都可以制备手性亚胺。但是，在手性亚胺诱导的不对称 Staudinger 反应中，通常由手性醛衍生的手性亚胺的不对称诱导效果明显好于只有手性胺衍生的手性亚胺。当手性醛和手性胺生成的手性亚胺中两个不对称中心相互匹配的话，也能够实现很好的立体选择性。常用的手性醛通常来自于甘油醛、糖衍生物或者由天然氨基酸制备的醛衍生物等。常用的手性胺包括 α-苯乙胺和天然氨基酸衍生物等。

5.10.2.1　手性醛形成的手性亚胺诱导的不对称 Staudinger 环加成反应

　　1996 年，Panunzio 等人报道了由 (S)-3-甲基-2-羟基丁醛衍生的手性亚胺与邻苯二甲酰亚氨基乙酰氯发生的不对称 Staudinger 环加成反应，产物具有 90:10 的非对映选择性[146](式 131)。手性 α-烷氧基醛形成的亚胺诱导的不对称 Staudinger 环加成反应得到了广泛的研究，取得了很好的结果[147~151]。

(131)

85 : 15

　　Palomo 等用含有手性噁唑烷的亚胺与邻苯二甲酰亚氨基乙酰氯进行不对称 Staudinger 环加成反应，以 41%~85% 的产率得到了手性 β-内酰胺产物[152](式 132, R^1 = H)。他们还研究了一系列该类手性亚胺诱导的不对称 Staudinger 环加成反应[153]。Jayaraman 等用含有苯基的手性噁唑烷的亚胺与邻苯二甲酰亚氨基乙酰氯进行不对称 Staudinger 环加成反应，以 73%~91% 的产率得到了具有相同构型的手性 β-内酰胺产物[154,155](式 132, R^1 = Ph)。

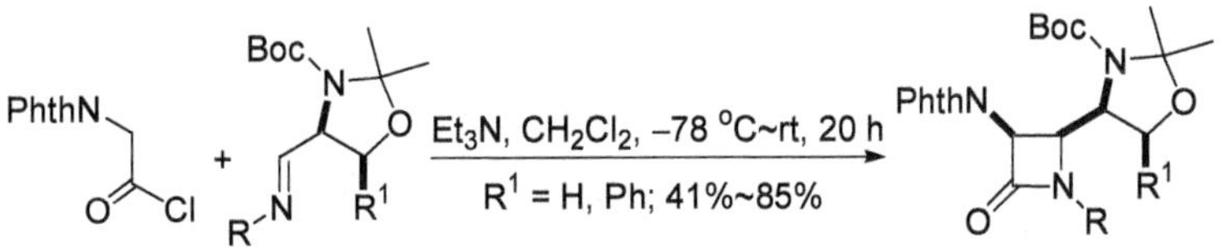

(132)

Palomo 等用甘氨酸的 Dane 盐与 (S)-Boc-保护的 α-氨基丙醛的亚胺在苯氧基二氯氧磷存在下反应，以 46%~48% 的产率得到了手性 β-内酰胺产物。该产物用对甲苯磺酸处理后，得到含有游离氨基的手性 β-内酰胺类化合物[156](式 133)。

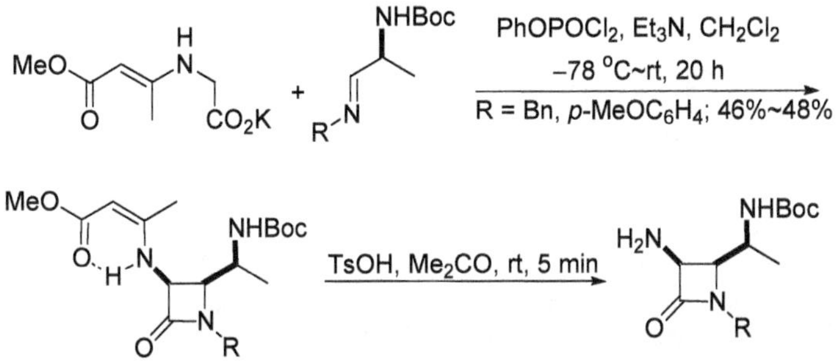

(133)

1996 年，Bhawal 等人报道了一个由手性烃基亚胺与邻苯二甲酰亚氨基乙酰氯发生的不对称 Staudinger 反应，以高产率和高度非对映选择性得到了 β-内酰胺产物[157](式 134)。

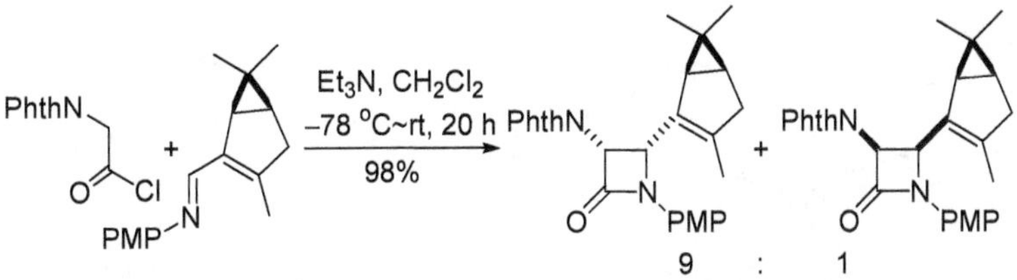

(134)

由糖衍生的醛制备的手性亚胺与酰氧基乙酰氯和烷氧基乙酰氯的不对称 Staudinger 环加成反应也得到了广泛研究，大多数反应都能实现很好的立体选择性和较好的产率[158](式 135~式 137)。

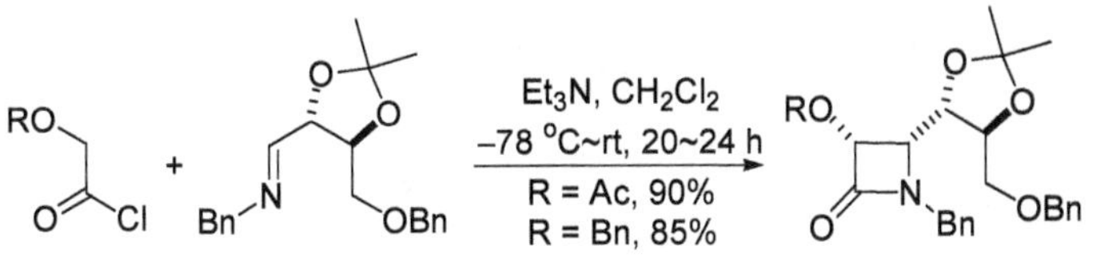

(135)

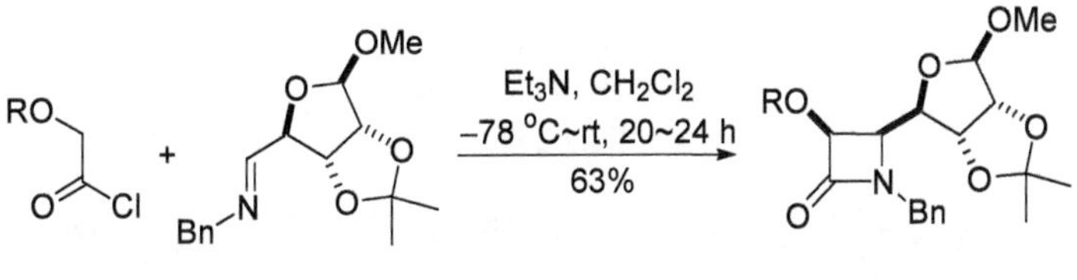

(136)

$$(137)$$

R = Ac, 72%   80 : 20
R = Bn, 66%   85 : 15

Baldoli 等用手性三羰基(η^6-芳基)铬(0)亚胺与酰氧基乙酰氯或烷氧基乙酰氯进行不对称 Staudinger 环加成反应，以高产率和高度立体选择性得到了手性三羰基(η^6-芳基)铬(0) β-内酰胺产物。该产物在空气中光照分解除去三羰基铬(0)后，即可得到了手性 β-内酰胺产物[159](式 138)。

1. Et₃N, CH₂Cl₂, 0 °C, 4 h
2. $h\nu$, air, CH₂Cl₂, 4 h
R = Ac, 92%, > 98% ee
R = Ph, 95%, > 98% ee

$$(138)$$

氟乙酰氯与由甘油醛缩丙酮和对甲氧基苯胺制备的亚胺进行不对称 Staudinger 环加成反应，以中等的产率立体专一性地得到了 3-氟代-β-内酰胺产物[160,161](式 139)。

Et₃N, rt, 16 h
68%

$$(139)$$

5.10.2.2　手性胺形成的手性亚胺诱导的不对称 Staudinger 环加成反应

由手性 α-苯乙胺制备的手性亚胺与乙酰氧基乙酰氯或苄氧基乙酰氯进行的不对称 Staudinger 环加成反应的立体选择性通常都不理想，de 值在 15%~50% 之间。而由手性 α-(2,6-二氯苯)乙胺制备的手性亚胺与苯氧乙酰氯进行的不对称 Staudinger 环加成反应却可以获得较高的立体选择性，de 值在 70%~82% 之间[162~167](式 140)。

Et₃N, CH₂Cl₂
R = Ph, 70% de
R = PhCH=CH, 76% de
R = ᵗBu, 82% de

$$(140)$$

Farina 等以苏氨酸衍生物为手性胺和苯甲醛反应生成的手性亚胺与乙酰氧

基乙酰氯反应，以较高的立体选择性得到了 β-内酰胺产物[168](式 141)。

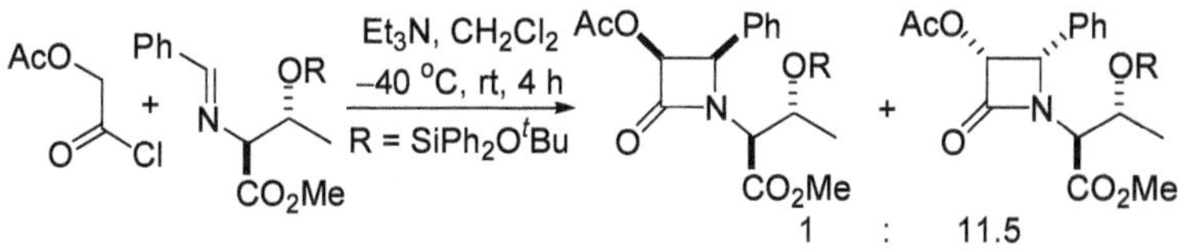

(141)

除了手性亚胺外，手性腙也可以诱导不对称 Staudinger 反应制备手性 β-内酰胺产物[169,170]。Fernandez 等由脯氨酸衍生的肼和异戊醛反应生成的腙与苄氧基乙酰氯进行不对称 Staudinger 环加成反应，得到了满意的产率和立体选择性[170](式 142)。

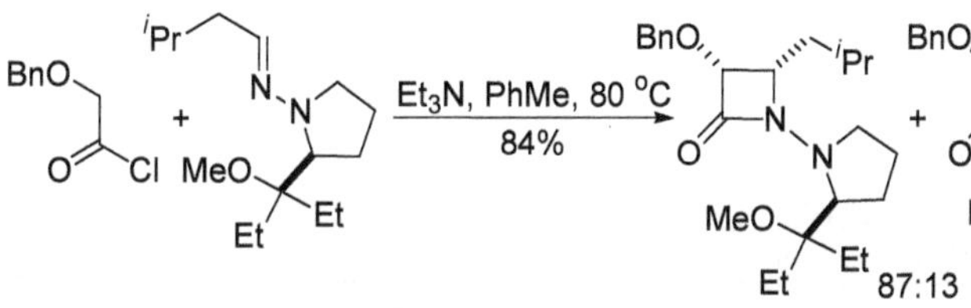

(142)

5.10.2.3　手性醛和手性胺形成的手性亚胺诱导的不对称 Staudinger 环加成反应

由手性醛和手性胺制备的双手性亚胺也可用于不对称 Staudinger 环加成反应中。1996 年，Miller 等人由手性甘油醛衍生物和苏氨酸衍生物反应制备了含有 3 个手性中心的亚胺，将其与邻苯二甲酰亚氨基乙酰氯反应得到 90% 产率的手性 β-内酰胺[171](式 143)。

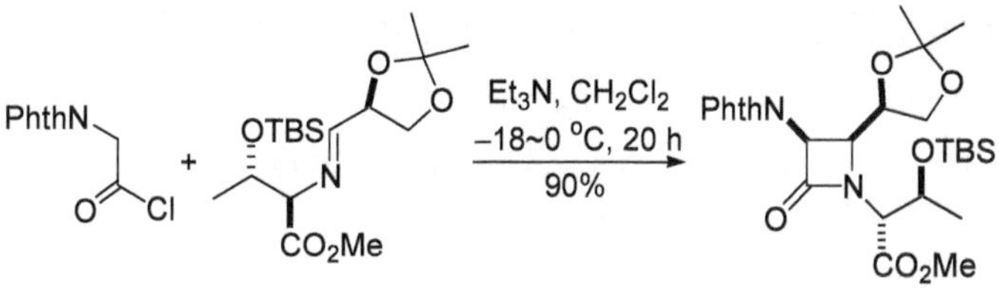

(143)

一年后，Palomo 等报道了一类由天然氨基酸制备的醛与 (R)-苯甘氨醇硅醚制备的双手性亚胺与甲氧基乙酰氯或苄氧基乙酰氯的不对称 Staudinger 环加成反应。由于反应底物中两个手性中心的构型比较匹配，以满意的产率得到了立体专一的产物[172](式 144)。

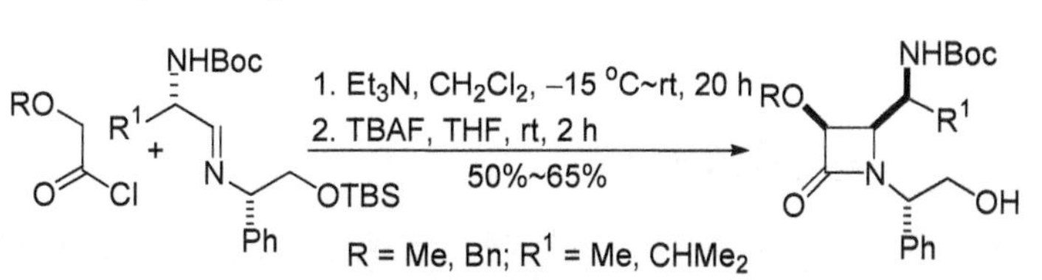

(144)

5.10.3 手性烯酮和手性亚胺共同诱导的不对称 Staudinger 环加成反应

为了提高不对称诱导的效果，人们还发展了双诱导的不对称 Staudinger 环加成反应。在双诱导的不对称 Staudinger 环加成反应中，手性烯酮与手性亚胺都对反应有诱导作用。在构型匹配的情况下，双诱导作用可以实现高度的立体选择性。但是，在双不对称诱导的反应中，必须考虑两个手性中心的匹配问题。两个手性中心的立体结构匹配，可以实现好的立体选择性；如果两个手性中心的立体结构不匹配，其诱导效果往往不如单手性中心。例如：(S)-构型噁唑烷酮取代的乙酰氯与 (S)-构型甘油醛衍生的亚胺反应，由于两者的立体结构不匹配只得到了 40:60 的非对映选择性[173](式 145)。而 (S)-构型噁唑烷酮取代的乙酰氯与 (S)-构型的羟基醛衍生的亚胺反应，由于两者的立体结构比较匹配而使非对映选择性提高到 90:10[174,175](式 146)。

$$(145)$$

$$(146)$$

人们也研究了多手性中心诱导的不对称 Staudinger 环加成反应。例如：在 (S)-构型噁唑烷酮取代的乙酰氯与 (R)-构型的羟基醛和 (R)-构型的 α-苯乙胺衍生的亚胺反应中，由于各个手性中心的立体结构比较匹配，也实现了比较好的非对映选择性 (85:15)[173](式 147)。

$$(147)$$

5.11 不对称催化 Staudinger 环加成反应

不对称催化 Staudinger 反应发展得比较晚，首例报道出现在 2000 年[176]。

之后，才陆续出现为数不多的几例报道[177~182]。在不对称催化 Staudinger 反应中，一般使用缺电子亚胺为底物。在反应过程中，亲核性的手性催化剂首先进攻烯酮形成的手性中间体。然后，再亲核进攻缺电子的亚胺并环化得到 β-内酰胺（式 148）。

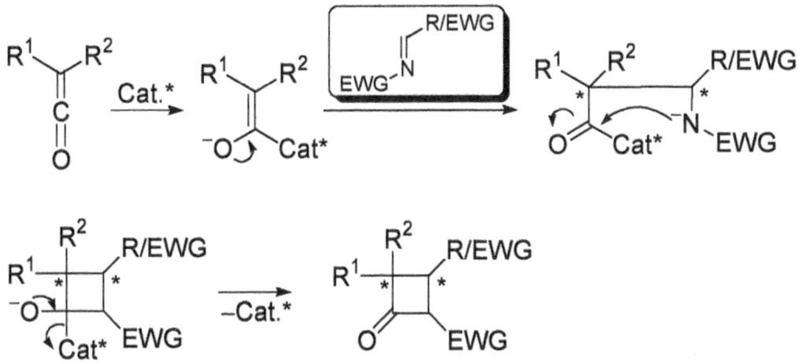

(148)

5.11.1 手性胺催化的不对称 Staudinger 环加成反应

2000 年，Lectka 等人报道了第一例不对称催化 Staudinger 环加成反应。他们设计了一个非常巧妙的反应体系，将两种不同的 Brønsted 碱同时用于该反应[176,177]（式 159）。他们用强 Brønsted 碱 1,8-二(二甲氨基)萘作为质子吸附剂来吸附质子形成盐酸盐，而用苯甲酰化的奎宁或奎尼定作为碱来消除酰氯的氯化氢。苯甲酰化奎宁或奎尼定首先作为弱碱消除酰氯的氯化氢，然后将氯化氢转移给强碱 1,8-二(二甲氨基)萘。接着，游离的苯甲酰化奎宁或奎尼定作为亲核试剂进攻烯酮生成手性偶极中间体，并进攻缺电子的亚胺。最后，经环化得到手性 β-内酰胺产物。如式 149 所示：苯甲酰化奎宁催化的反应具有很高的非对映选择性和对映选择性，用苯甲酰化奎尼定作为催化剂时可以得到构型相反的产物。

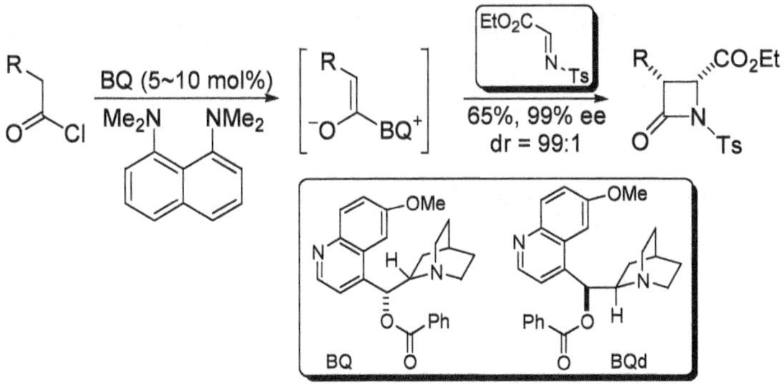

(149)

Fu 等使用平面手性二茂铁衍生物作为手性催化剂，实现了双取代烯酮与缺电子亚胺的不对称 Staudinger 反应。如式 150 所示：其中 R^2 可以是烷基、芳基和苯乙烯基等，均可得到很好的产率、非对映选择性和对映选择性[178]。用该催化剂催化双取代烯酮与 N-三氟甲磺酰亚胺的不对称 Staudinger 环加成反应，也可以得到很好的结果[179]。

$$(150)$$

5.11.2　手性杂环卡宾催化的不对称 Staudinger 环加成反应

2008 年，Ye 等报道了一种使用手性 N-杂环卡宾催化剂催化的烷基芳基烯酮与 N-Ts 或 Boc-保护的缺电子亚胺的不对称 Staudinger 环加成反应。大多数例子显示，该反应具有较好的产率、中等的非对映选择性和很好的对映选择性[180]（式 151）。

$$(151)$$

同年，Smith 等使用类似的手性 N-杂环卡宾催化剂完成了二苯基烯酮与芳香醛和对甲苯磺酰胺形成的缺电子亚胺的不对称 Staudinger 环加成反应。该反应以很好的产率和中等的对映选择性得到了 R-构型的 β-内酰胺产物[181]（式 152）。

$$(152)$$

5.11.3　手性二硫代甲酸根催化的不对称 Staudinger 环加成反应

2009 年，Wilhelm 等人报道：用光学纯的 N-杂环卡宾（咪唑卡宾）与二硫化碳反应制备了手性 1,3-二甲基-4,5-二芳基-4,5-二氢-1H-咪唑-3-二硫代甲酸内盐。用该内盐作为催化剂，可以有效地催化由芳甲醛和对硝基苯胺形成的亚胺与双取代烯酮发生的不对称 Staudinger 反应。该反应主要生成顺式产物，具有 96%~99% 的产率、75:25~89:11 的顺反比和 48%~96% ee。当催化剂中的芳基为苯基时，反式产物的对映选择性略高于顺式产物。当催化剂中的芳基为间三氟甲基苯基时，顺式产物的对映选择性明显高于反式产物[182]（式 153）。

$$R = Me, Et, Ph$$
$$R^1 = 4\text{-}NO_2Ph$$

$$96\%\sim99\%$$
$$cis:trans = 75:25\sim89:11$$

$$74\%\sim96\% \ ee \qquad 48\%\sim83\% \ ee$$

(153)

6　Staudinger 反应在天然产物合成中的应用

β-内酰胺结构广泛存在于抗生素类及其天然产物分子中，是许多抗生素的重要药效基团。Staudinger 反应作为合成 β-内酰胺类化合物的重要方法之一，也广泛应用于具有 β-内酰胺结构的天然产物的全合成或者把 β-内酰胺作为中间体的天然产物全合成。

20 世纪 80 年代，Christophersen 等人从北海采集的海洋苔藓虫 *Chartella papyracea* 中分离得到一种具有较高卤素含量的吲哚/咪唑类生物碱[183~185]。其中的 Chartelline A 虽然没有明显的生物活性，但由于结构新颖而受到有机合成化学家的广泛关注。如式 154 所示：Weinreb 等人发展了一种合成该类化合物的方法。他们首先让硝基吲哚烷二酮与对甲氧基苯胺反应生成亚胺，然后再与氯乙酰氯在碱性条件下发生 Staudinger 反应得到顺反比为 1:5 的氯代 β-内酰胺衍生物。该顺/反混合物并不影响后续的反应，因为随后的自由基还原将去除该氯原子。最后，再通过一系列转化合成了目标天然产物 Chartelline A[186]。

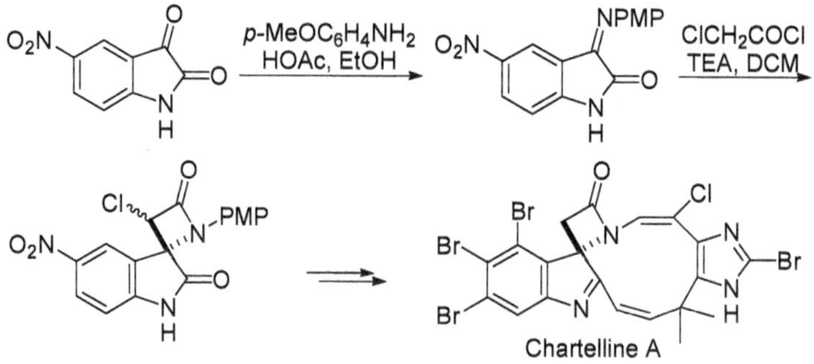

(154)

Chartelline A

Epithienamycin A 是由美国 Merck 公司开发的一种碳青霉素 (Carbapenem) 类抗生素药物。2009 年，Bodner 等通过不对称催化的方法合成了该药物。如式 155 所示[187]：在他们设计的合成路线中，手性催化剂 O-苯甲酰化奎宁 (O-Bz-Quinine) 被用于催化 (S)-3-叔丁基二苯基硅氧基丁酰氯与乙醛酸苄酯和对甲苯磺酰胺形成的亚胺的不对称 Staudinger 反应。该反应生成的 β-内酰胺中间体只有中等产率，但具有非常理想的对映选择性和非对映选择性。最后，再经过多步反应和转化完成了该药物的全合成。

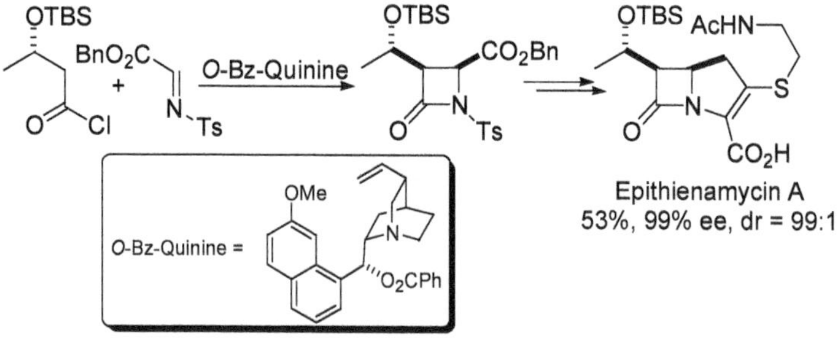

(155)

Epithienamycin A
53%, 99% ee, dr = 99:1

卡芦莫南 (Carumonam) 是单环内酰胺抗生素，其对需氧革兰阴性细菌具有强大的特殊抗菌活性。与其它 β-内酰胺抗生素不同，卡芦莫南不会诱导 β-内酰胺酶活性，对产酶的病原菌具有同样的抗菌活性。如式 156 所示[188]：Fujisawa 等使用叠氮乙酰氯和手性亚胺为原料，通过 Staudinger 反应制备了该药物的 β-内酰胺中间体。最后，经过多步反应和转化完成了该药物的全合成。

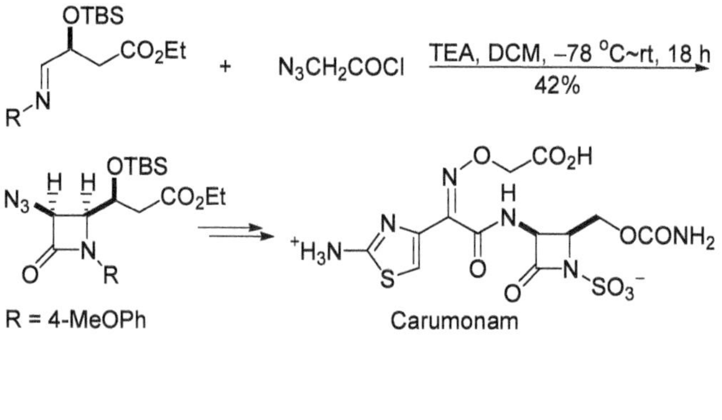

(156)

R = 4-MeOPh

Carumonam

氯碳头孢 (Loracarbef) 是一种与头孢菌素 (Cephalosporins) 相似的抗生素，可以用于治疗多种细菌感染。Palomo 等使用 (1R,2S)-1,2-二苯基-1-氨基乙醇制备的噁唑烷-2-酮为手性助剂，将其衍生化的乙酰氯与肉桂醛和甘氨酸甲酯制备的亚胺进行 Staudinger 反应合成了关键的 β-内酰胺中间体。最后，经多步转化得到目标天然产物 Loracarbef[189](式 157)。

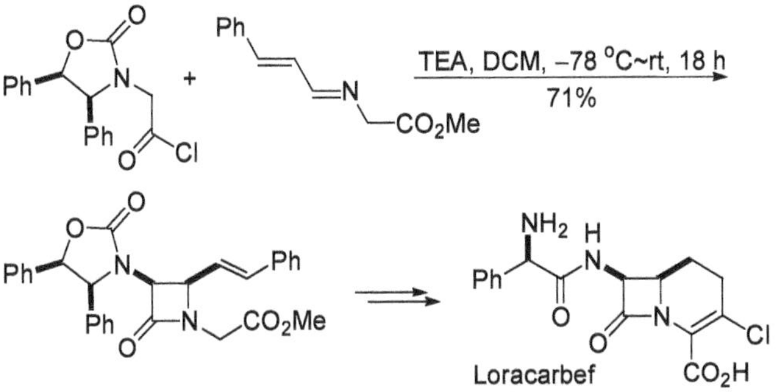

(157)

Ecteinascidin-743 是一种具有很高抗肿瘤活性的天然产物，已经在进行 II~III 期临床研究。该分子含有 9 个环，其中有 8 个环是通过桥环相连的，还有 2 个环之间是通过螺环相连的。该分子还含有 7 个手性碳原子，在合成上具有一定的挑战性[190~192]。如式 158 所示[193]：Williams 等人发展了一条起始于 Staudinger 反应的合成路线。他们首先将多取代芳甲醛与苯胺形成的亚胺与带有手性助剂的乙酰氯发生 Staudinger 反应，高立体选择性地合成了手性的 β-内酰胺衍生物，构建了不对称合成中的前两个手性中心。然后，以该手性 β-内酰胺衍生物为主要中间体，经过一系列的转化，合成了天然产物中关键的五环骨架部分。

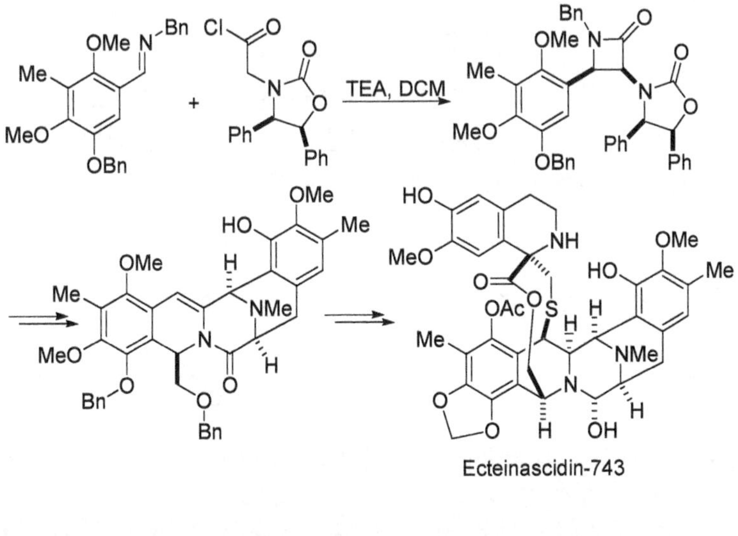

(158)

Ecteinascidin-743

(–)-Renieramycin H，也被称之为 (–)-Cribrostatin 4。该化合物是从海洋海绵体植物中分离得到的四氢异喹啉类天然生物碱，具有很强的抗肿瘤和抗菌活性。因此，近三十年来该化合物的全合成研究备受关注。如式 159 所示[194]：Williams 等人发展了一条起始于 Suadinger 反应的合成方法。他们用合成 Ecteinascidin-743 五环骨架相似的方法，首先将多取代芳甲醛与苯胺反应形成亚胺。然后，亚胺与带有手性助剂的乙酰氯反应生成高度立体选择性的 β-内酰胺衍生物。最后，经过一系列的转化合成了目标天然产物 (–)-Renieramycin H。

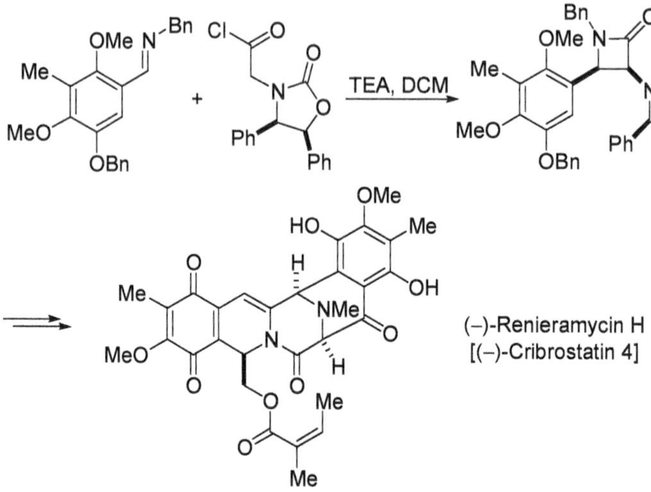

(159)

7　Staudinger 环加成实例

例　一

rel-(2S,2aR,4S)-4-甲基-2a-苯基-2-邻苯二甲酰亚胺基-2,2a,3,4-四氢-1H-氮杂环丁烷并[1,2-d]苯并[b][1,4]硫氮杂䓬-1-酮的合成[79]

（以酰卤为烯酮前体的 Staudinger 环加成反应）

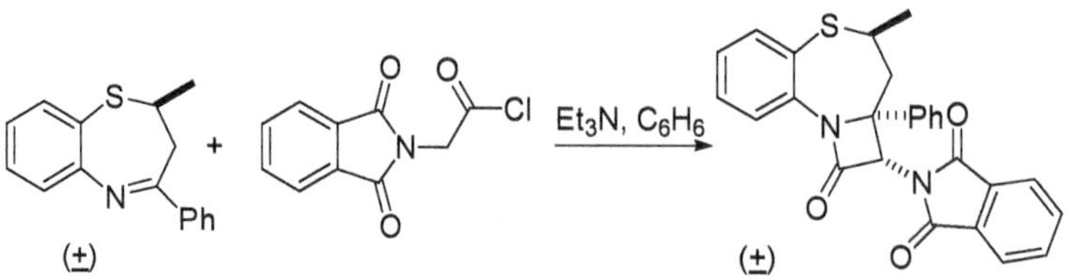

(160)

将 2-甲基-4-苯基-2,3-二氢苯并[1,5]硫氮杂䓬 (253 mg, 1.0 mmol) 和邻苯二

甲酰亚胺基乙酰氯 (447 mg, 2.0 mmol) 溶于无水苯 (20 mL) 中，在室温下 20 min 内将含有三乙胺 (222 mg, 2.2 mmol) 的苯 (10 mL) 溶液在搅拌下滴加到上述反应混合物中。搅拌反应 4 h 后，滤掉生成的三乙胺盐酸盐。有机相依次用水、饱和碳酸氢钠水溶液和食盐水洗涤。经无水硫酸钠干燥后浓缩，得到的残留物用乙醇重结晶得到无色晶体产物 rel-(2S,2aR,4S)-4-甲基-2a-苯基-2-邻苯二甲酰亚胺基-2,2a,3,4-四氢-1H-氮杂环丁烷并[1,2-d]苯并[b][1,4]硫氮杂䓬-1-酮 (338 mg, 79%)，熔点 251~252 °C。

例 二

(反)-1-对甲氧基苯基-11-硝基-1H-氮杂环丁烷并[1,2-d]
二苯并[b,f][1,4]噁草-2(12bH)-酮的合成[15]

(以重氮酮为烯酮前体的 Staudinger 环加成反应)

$$ \text{(161)} $$

将 2-硝基二苯并[b,f][1,4] 噁草 (240 mg, 1 mmol) 和 2-重氮基-4′-甲氧基苯乙酮 (194 mg, 1.1 mmol) 溶于无水二甲苯 (15 mL) 中，生成的混合物在搅拌下加热回流 2 h。蒸除溶剂后，得到的残留物用硅胶柱色谱 [石油醚 (60~90 °C):乙酸乙酯 = 10:1] 分离得到浅黄色晶体产物 (369 mg, 95%)。

例 三

Rel-(3R,4S)-3-叔丁基-1,4-二苯基-2-氰基氮杂环丁-2-酮的合成[115]

(以氰基叠氮苯醌为烯酮前体的 Staudinger 环加成反应)

$$ \text{(162)} $$

将 2,5-二叔丁基-3,6-二叠氮基苯醌 (160 mg, 0.5 mmol) 和亚苄基本苯胺 (181 mg, 1 mmol) 溶于无水苯 (30 mL) 中，生成的混合物在搅拌下加热回流 2 h。然后，加入乙醚和己烷进行研磨直到有无色晶体产物生成。母液经浓缩后得到的残留物经硅胶柱色谱分离，还可以得到部分无色晶体产物 *rel*-(3*R*,4*S*)-3-叔丁基-1,4-二苯基-2-氰基氮杂环丁-2-酮 (212.4 mg, 86%)，熔点 204~205 °C。

例 四

Rel-(5*R*,6*R*)-2,2,6-三甲基-6-甲氧基-4-叔丁氧羰基-1,4-二氮杂二环[3.2.0]庚烷-7-酮的合成[195]

(以铬卡宾为烯酮前体的 Staudinger 环加成反应)

$$(CO)_5Cr \stackrel{O-}{=} + \underset{N}{\overset{Boc}{\bigcirc}} \xrightarrow[\text{MeCN, }h\nu,\ 12\ h]{} \underset{(\pm)}{\overset{MeO\ \ H\ \ Boc}{\underset{O}{\bigcirc}}} \tag{163}$$

将五羰基铬甲基甲氧基卡宾 (250 mg, 1.0 mmol) 和 4,4-二甲基-1-叔丁氧羰基咪唑啉 (198 mg, 1.0 mmol) 溶于乙腈 (70 mL) 中，得到的深黄色溶液在惰性气体保护下用 450 W 中压汞灯照射 12 h。蒸除溶剂后，加入己烷-乙酸乙酯 (2:1, 140 mL) 混合溶剂。生成的混合物暴露在空气中日光照射，直到反应混合物变成无色。然后，通过硅藻土过滤，母液浓缩得到的残留物用硅胶柱色谱 [石油醚 (60~90 °C)-乙酸乙酯, 2:1] 分离得到无色产物 *rel*-(5*R*,6*R*)-2,2,6-三甲基-6-甲氧基-4-叔丁氧羰基-1,4-二氮杂二环[3.2.0]庚烷-7-酮 (196 mg, 69%)。

例 五

(3*S*,4*R*)- 和 (3*R*,4*R*)-3-乙基-3-苯基-4-对三氟甲基苯基-1-对硝基苯基氮杂环丁-2-酮的合成[182]

(不对称催化 Staudinger 环加成反应)

$$\underset{O}{\overset{Ph\ \ Et}{=}} + \underset{N^{-}R^1}{\overset{R}{\parallel}} \xrightarrow[\text{Cat., PhMe, rt, 16 h}]{} \underset{O}{\overset{Ph}{\underset{Et}{\bigcirc}}}\overset{R}{\underset{N-R^1}{}} + \underset{O}{\overset{Et}{\underset{Ph}{\bigcirc}}}\overset{R}{\underset{N-R^1}{}} \tag{164}$$

Cat. = (4*R*,5*R*)-1,3-二甲基-4,5-二三氟甲基苯基咪唑 二硫代甲酸内盐

将乙基苯基烯酮 (40 μL, 39.4 mg, 0.27 mmol)、对三氟甲基亚苄基对硝基苯胺 (35.8 mg, 0.1 mmol) 和催化剂 (4*R*,5*R*)-1,3-二甲基-4,5-二三氟甲基苯基-4,5-二氢-1*H*-咪唑-3-二硫代甲酸内盐 (4.62 mg, 0.01 mmol, 10 mol%) 溶于干燥的甲苯 (1.5 mL) 中。室温搅拌 16 h 后，经硅胶柱色谱 (乙醚:石油醚 = 1:8) 分离得到白色晶体产物 (48 mg, 96%, *trans:cis* = 1:6.5)。*cis*-产物：白色晶体，熔点

131 °C, $[\alpha]_D^{20}$ = −76.6 (c 0.5 g, CH$_2$Cl$_2$)。trans-产物：白色晶体，熔点 158~159 °C，$[\alpha]_D^{20}$ = +56.1 (c 0.76, CH$_2$Cl$_2$)。

8　参考文献

[1]　Staudinger, H. *Justus Liebigs Ann. Chem.* **1907**, *356*, 51.

[2]　Morin, R. B.; Gorman, M. *Chemistry and Biology of β-Lactam Antibiotics*; Vols. 1-3, Academic Press, New York, **1982**.

[3]　Southgate, R.; Branch, C.; Coulton, S.; Hunt, E. In. Luckacs, G. *Recent progress in the Chemical Synthesis of Antibiotics and Related Microbital Products*, Vol. 2, p 621, Springer-Verlag, Berlin, **1993**.

[4]　Georg, G. I. *The Organic Chemistry of β-Lactams*, Verlag Chemie, New York, **1993**.

[5]　Staudinger, H.; Meyer, J. *Helv. Chim. Acta* **1919**, *2*, 635.

[6]　Palomo, C.; Aizpurua, J. M.; Ganboa, I.; Oiarbide, M. *Eur. J. Org. Chem.* **1999**, 3223.

[7]　Singh, G. S. *Tetrahedron* **2003**, *59*, 7631.

[8]　Palomo, C.; Aizpurua, J. M.; Ganboa, I.; Oiarbide, M. *Curr. Med. Chem.* **2004**, *11*, 1837.

[9]　Alcaide, B.; Almendros, P.; Aragoncillo, C. *Chem. Rev.* **2007**, *107*, 4437.

[10]　Cossío, F. P.; Arrieta, A.; Sierra, M. A. *Acc. Chem. Res.* **2008**, *41*, 925.

[11]　Brandi, A.; Cicchi, S.; Cordero, F. M. *Chem. Rev.* **2008**, *108*, 3988.

[12]　Fu, N. Y.; Tidwell, T. T. *Tetrahedron* **2008**, *64*, 10465.

[13]　Xu, J. X. *ARKIVOC* **2009**, *9*, 21.

[14]　Aranda, M. T.; Perez-Faginas, P.; Gonzalez-Muniz, R. *Curr. Org. Synth.* **2009**, *6*, 325.

[15]　Jiao, L.; Liang, Y.; Xu, J. X. *J. Am. Chem. Soc.* **2006**, *128*, 6060.

[16]　Banik, B. K.; Becker, F. F. *Tetrahedron Lett.* **2000**, *41*, 6551.

[17]　Brady, W. T.; Dad, M. M. *J. Org. Chem.* **1991**, *56*, 6118.

[18]　Banik, B. K.; Lecea, B.; Arrieta, A.; de Cózar, A.; Cossío, F. P. *Angew. Chem. Int. Ed.* **2007**, *46*, 3028.

[19]　Lehn, J. M. *Chem. Eur. J.* **2006**, *12*, 5910.

[20]　Damrauer, R.; Rutledge, T. E. *J. Org. Chem.* **1973**, *38*, 3330.

[21]　Childs, R. F.; Dickie, B. D. *J. Am. Chem. Soc.* **1983**, *105*, 5041.

[22]　Pankratz, M.; Childs, R. F. *J. Org. Chem.* **1985**, *50*, 4553.

[23]　Qi, H. Z.; Yang, Z. H.; Xu, J. X. *Synthesis* **2011**, 723.

[24]　Tidwell, T. T. *Angew. Chem., Int. Ed.* **2005**, *44*, 5778.

[25]　Patai, S. *The Chemistry of Ketenes, Allenes and Related Compounds*, Part 1, JohnWiley & Sons, New York, **1980**.

[26]　Staudinger, H. *Chem. Ber.* **1905**, *38*, 1735.

[27]　Smith, C. W.; Norton, D. G. *Org. Synth.* **1953**, *33*, 29.

[28]　McCarney, C. C.; Ward, R. S. *J. Chem. Soc., Perkin I* **1975**, 1600.

[29]　Darling, S. D.; Kidwell, R. L. *J. Org. Chem.* **1968**, *33*, 3974.

[30]　Brady, W. T.; Waters, O. H. *J. Org. Chem.* **1967**, *32*, 3703.

[31]　Brady, W. T.; Scherubel, G. A. *J. Am. Chem. Soc.* **1973**, *95*, 7447.

[32]　Brady, W. T.; Scherubel, G. A. *J. Org. Chem.* **1974**, *39*, 3790.

[33]　Wolff, L. *Justus Liebigs Ann. Chem.* **1902**, *325*, 129.

[34]　Wolff, L. *Justus Liebigs Ann. Chem.* **1904**, *333*, 1.

[35]　Wolff, L. *Justus Liebigs Ann. Chem.* **1912**, *394*, 25.

[36] Lawlor, M. D.; Lee, T. W.; Danheiser, R. L. *J. Org. Chem.* **2000**, *65*, 4375.

[37] Kirmse, W. *Eur. J. Org. Chem.* **2002**, 2193.

[38] Wilsmore, N. T. M. *J. Chem. Soc.* **1907**, 1938.

[39] Williams, J. W.; Hurd, C. D. *J. Org. Chem.* **1940**, *5*, 122.

[40] England, D. C.; Krespan, C. G. *J. Fluorine Chem.* **1973/74**, *3*, 91.

[41] Chapman, O. L.; Lassila, J. D. *J. Am. Chem. Soc.* **1968**, *90*, 2449.

[42] Gutsche, C. D.; Armbruster, C. W. *Tetrahedron Lett.* **1962**, *26*, 1297.

[43] Hurd, C. D.; Hayao, S. *J. Am. Chem. Soc.* **1954**, *76*, 5563.

[44] Carroll, M. F.; Bader, A. R. *J. Am. Chem. Soc.* **1953**, *75*, 5400.

[45] Vollema, G.; Arens, J. F. *Rec. Trav. Chim.* **1963**, *82*, 305.

[46] Pericas, M. A.; Serratosa, F. *Tetrahedron Lett.* **1977**, *18*, 4437.

[47] Ruden, R. A. *J. Org. Chem.* **1974**, *39*, 3607.

[48] Moore, H. W.; Weyler, W. *J. Am. Chem. Soc.* **1970**, *92*, 4132.

[49] Weyler, W.; Duncan, G.; Liewen, M. B.; Moore, H. W. *Org. Synth.* **1976**, *55*, 32.

[50] Tidwell, T. T. *Eur. J. Org. Chem.* **2006**, 563.

[51] Hyatt, J. A.; Raynolds, P. W. Ketene cycloaddition. *Org. React.* **1994**, *45*, 159.

[52] Jiao, L.; Liang, Y.; Wu, C. Z.; Huang, X.; Xu, J. X. *Chem. Res. Chin. Univ.* **2005**, *21*, 59.

[53] Liang, Y.; Jiao, L.; Zhang, S. W.; Yu, Z. Q.; Xu, J. X. *J. Am. Chem. Soc.* **2009**, *131*, 1542.

[54] Wettermark, G. In *The Chemistry of the Carbon-Nitrogen Double Bond*; Patai, S., Ed.; Interscience: London, **1970**; pp 565-596.

[55] Dolbier, W. R., Jr.; Koroniak, H.; Houk, K. N.; Sheu, C. *Acc. Chem. Res.* **1996**, *29*, 471.

[56] Dumas, S.; Hegedus, L. S. *J. Org. Chem.* **1994**, *59*, 4967.

[57] Cossio, F. P.; Ugalde, J. M.; Lopez, X.; Lecea, B.; Palomo, C. *J. Am. Chem. Soc.* **1993**, *115*, 995.

[58] Arrieta, A.; Lecea, B.; Cossio, F. P. *J. Org. Chem.* **1998**, *63*, 5869.

[59] Lopez, R.; Sordo, T. L.; Sordo, J. A.; Gonzalez, J. *J. Org. Chem.* **1993**, *58*, 7036.

[60] Lopez, R.; Suarez, D.; Ruiz-Lopez, M. F.; Gonzalez, J.; Sordo, J. A.; Sordo, T. L. *J. Chem. Soc., Chem. Commun.* **1995**, 1677.

[61] Qi, H. Z.; Li, X. Y.; Xu, J. X. *Org. Biomol. Chem.* **2011**, *9*, 2702.

[62] Hegedus, L. S.; Montgomery, J.; Narukawa, Y.; Snustad, D. C. *J. Am. Chem. Soc.* **1991**, *113*, 5784.

[63] Li, B. N.; Wang, Y. K.; Du, D.-M.; Xu, J. X. *J. Org. Chem.* **2007**, *72*, 990.

[64] Hu, L. B.; Wang, Y. K.; Li, B. N.; Du, D.-M.; Xu, J. X. *Tetrahedron* **2007**, *63*, 9387.

[65] Wang, Y. K.; Liang, Y.; Jiao, L.; Du, D.-M.; Xu, J. X. *J. Org. Chem.* **2006**, *71*, 6983.

[66] Podlech, J.; Linder, M. R. *J. Org. Chem.* **1997**, *62*, 5873.

[67] Linder, M. R.; Podlech, J. *Org. Lett.* **1999**, *1*, 869.

[68] Maier, T. C.; Frey, W. U.; Podlech, J. *Eur. J. Org. Chem.* **2002**, 2686.

[69] Linder, M. R.; Frey, W. U.; Podlech, J. *J. Chem. Soc., Perkin Trans. 1* **2001**, 2566.

[70] Liang, Y.; Jiao, L.; Zhang, S. W.; Xu, J. X. *J. Org. Chem.* **2005**, *70*, 334.

[71] Yang, Z. H.; Xu, J. X. *Tetrahedron Lett.* **2012**, *53*, 786.

[72] Bose, A. K.; Banik, B. K.; Manhas, M. S. *Tetrahedron Lett.* **1995**, *36*, 213.

[73] Manhas, M. S.; Banik, B. K.; Mathur, A.; Vincent, J. E.; Bose, A. K. *Tetrahedron* **2000**, *56*, 5587.

[74] Linder, M. R.; Podlech, J. *Org. Lett.* **2001**, *3*, 1849.

[75] Ruhlan, B.; Bhandari, A.; Gordon, E. M.; Gallop, M. A. *J. Am. Chem. Soc.* **1996**, *118*, 253.

[76] Singh, R.; Nuss, J. M. *Tetrahedron Lett.* **1999**, *40*, 1249.

[77] Bose, A. K.; Anjaneyulu, B.; Bhattacharya, S. K.; Manhas, M. S. *Tetrahedron* **1967**, *23*, 4769.

[78] Huang, X.; Xu, J. X. *Heteroat. Chem.* **2003**, *14*, 564.

[79] Xu, J. X.; Zuo, G.; Zhang, Q. H.; Chan, W. L. *Heteroat. Chem.* **2002**, *13*, 276.

[80] Xu, J. X.; Zuo, G.; Chan, W. L. *Heteroat. Chem.* **2001**, *12*, 636.

[81]   Xu, J. X.; Wang, C.; Zhang, Q. H. *Chin. J. Chem.* **2004**, *22*, 1012.

[82]   Evans, D. A.; Sjogren, E. B. *Tetrahedron Lett.* **1985**, *26*, 3783.

[83]   Nelson, D. A. *J. Org. Chem.* **1972**, *37*, 1447.

[84]   Aizpurua, J. M.; Ganboa, I.; Cossio, F. P.; Gonzalez, A.; Arrieta, A.; Palomo, C. *Tetrahedron Lett.* **1984**, *25*, 3905.

[85]   Manhas, M. S.; Lal, B.; Amin, S. G.; Bose, A. K. *Synth. Commun.* **1976**, *6*, 435.

[86]   Cossio, F. P.; Ganboa, I.; Garcia, J. M.; Lecea, B.; Palomo, C. *Tetrahedron Lett.* **1987**, *28*, 1945.

[87]   Brady, W. T.; Gu, Y. Q. *J. Org. Chem.* **1989**, *54*, 2838.

[88]   Nahmany, M.; Melman, A. *J. Org. Chem.* **2006**, *71*, 5804.

[89]   Jarrahpour, A.; Zarei, M. *Tetrahedron* **2009**, *65*, 2927.

[90]   Krishnaswamy, D.; Govande, V. V.; Gumaste, V. K.; Bhawal, B. M.; Deshmukh, A. R. A. S. *Tetrahedron* **2002**, *58*, 2215.

[91]   李伯男, 梁勇, 焦雷, 胡立博, 杜大明, 许家喜. *化学学报* **2007**, *65*, 1649.

[92]   Jiao, L.; Liang, Y.; Zhang, Q. F.; Zhang, S. W.; Xu, J. X. *Synthesis* **2006**, 659.

[93]   Jiao, L.; Zhang, Q. F.; Liang, Y.; Zhang, S. W.; Xu, J. X. *J. Org. Chem.* **2006**, *71*, 815.

[94]   Fordos, E.; Tuba, R.; Parkanyi, L.; Kegl, T.; Ungvary, F. *Eur. J. Org. Chem.* **2009**, 1994.

[95]   Hegedus, L. S.; McGuire, M. A.; Yijun, C.; Anderson, O. P. *J. Am. Chem. Soc.* **1984**, *106*, 2680.

[96]   Betschart, C.; Hegedus, L. S. *J. Am. Chem. Soc.* **1992**, *114*, 5010.

[97]   Hegedus, L. S.; Moser, W. H. *J. Org. Chem.* **1994**, *59*, 7779.

[98]   Hegedus, L. S.; deWeck, G.; D'Andrea, S. *J. Am. Chem. Soc.* **1988**, *110*, 2122.

[99]   Hededus, L. S.; Montgomery, J.; Narukawa, Y.; Snustad, D. C. *J. Am. Chem. Soc.* **1991**, *113*, 5784.

[100] Borel, C.; Hegedus, L. S.; Krebs, J.; Satoh, Y. *J. Am. Chem. Soc.* **1987**, *109*, 1101.

[101] Hegedus, L. S.; Imwinkelried, R.; Alarid-Sargent, M.; Dvorak, D.; Satoh, Y. *J. Am. Chem. Soc.* **1990**, *112*, 1109.

[102] Moore, H. W.; Wilbur, D. S. *J. Org. Chem.* **1980**, *45*, 4483.

[103] Sato, M.; Ogasawara, H.; Yoshizumi, E.; Kato, T. *Chem. Pharm. Bull.* **1983**, *31*, 1902.

[104] Tsuno, T.; Kondo, K.; Sugiyama, K. *J. Heterocycl. Chem.* **2006**, *43*, 21.

[105] Emtenas, H.; Soto, G.; Hultgren, S. J.; Marshall, G. R.; Almqvist, F. *Org. Lett.* **2000**, *2*, 2065.

[106] Janikowska, K.; Pawelska, N.; Makowiec, S. *Synthesis* **2011**, 69.

[107] Hamaguchi, M.; Tomida, N.; Mochizuki, E.; Oshima, T. *Tetrahedron Lett.* **2003**, *44*, 7945.

[108] Hamaguchi, M.; Tomida, N.; Iyama, Y.; Oshima, T. *J. Org. Chem.* **2006**, *71*, 5162.

[109] Bose, A. K.; Krishnan, L.; Wagle, D. R.; Manhas, M. S. *Tetrahedron Lett.* **1986**, *27*, 5955.

[110] Firestone, R. A.; Barker, P. L.; Pisano, J. M.; Ashe, B. M.; Dahlgren, M. E. *Tetrahedron* **1990**, *46*, 2255.

[111] Barbaro, G.; Battaglia, A.; Giorgianni, P. *J. Org. Chem.* **1987**, *52*, 3289.

[112] Benfatti, F.; Bottoni, A.; Cardillo, G.; Fabbroni, S.; Gentilucci, L.; Stenta, M.; Tolomelli, A. *Adv. Synth. Catal.* **2008**, *350*, 2261.

[113] Bennett. D.; Okamoto, I.; Danheiser, R. L. *Org. Lett.* **1999**, *1*, 641.

[114] Brady, W. T.; Shieh, C. H. *J. Org. Chem.* **1983**, *48*, 2499.

[115] Moore, H. W.; Hughes, G.; Srinivasachar, K.; Fernandez, M.; Nguyen N, V.; Schoon, D.; Tranne, A. *J. Org. Chem.* **1985**, *50*, 4231.

[116] Arrastia, I.; Arrieta, A.; Ugalde, J. M.; Cossıo, F. P.; Lecea, B. *Tetrahedron Lett.* **1994**, *42*, 7825.

[117] Borer, B. C.; Balogh, D. W. *Tetrahedron Lett.* **1991**, *32*, 1039.

[118] Alcaide, B.; Rodriguez-Ranera, C.; Rodriguez-Vicente, A. *Tetrahedron Lett.* **2001**, *42*, 3081.

[119] Pfleger, R.; Jager, A. *Chem. Ber.* **1957**, *90*, 2460.

[120] Burpittk, R.; Brannocrko, E.; Nationsa, N.; Martin, N. J. *J. Org. Chem.* **1971**, *36*, 2222.

[121] Sakamoto, M.; Miyazawa, K.; Ishihara, Y.; Tomimatsu, Y. *Chem. Pharm. Bull.* **1974**, *22*, 1419.

[122] Alcaide, B.; Martin-Cantalejo, Y.; Perez-Castells, J.; Rodriguez-Lopez, J.; Sierra, M. A.; Monge, A.; Perez-Garcia, V. *J. Org. Chem.* **1992**, *57*, 5921.

[123] (a) 王志新. 北京：北京化工大学硕士论文 **2011**. (b) Wang, Z. X.; Chen, N.; Xu, J. X. *Tetrahedron* **2011**, *67*, 9690.

[124] Wang, Z. X.; Xu, J. X. *Sci. China Chem.* **2011**. in press.

[125] Alcaide, B.; Martin-Cantalejo, Y.; Perez-Castells, J.; Sierra, M. A.; Monge, A.; *J. Org. Chem.* **1996**, *61*, 9156.

[126] Rossi, E.; Abbiati, G.; Pini, E. *Tetrahedron* **1997**, *53*, 14107.

[127] Rossi, E.; Abbiati, G.; Pini, E. *Tetrahedron* **1999**, *55*, 6961.

[128] Abbiati, G.; Rossi, E. *Tetrahedron* **2001**, *57*, 7205.

[129] Cooper, R. D. G.; Daugherty, B. W.; Boyd, D. B. *Pure Appl. Chem.* **1987**, *59*, 485.

[130] Palonao, Claudio; Aizpurua, Jesus M. *Trends Org. Chem.* **1993**, *4*, 637.

[131] Srirajan, V.; Puranik, V. G.; Deshmukh, A. R. A. S.; Bhawal, B. M. *Tetrahedron* **1996**, *52*, 5579.

[132] Alcaide, B.; Rodriguez-Vicente, A. *Tetrahedron Lett.* **1999**, *40*, 2005.

[133] Muller, M.; Bur, D.; Tschamber, T.; Streith, J. *Helv. Chim. Acta* **1991**, *74*, 767.

[134] Palomo, C.; Aizpurua, J. M.; Legido, M.; Galarza, R.; Deya, P. M.; Dunogues, J.; Picard, J. P.; Ricci, A.; Seconi, G. *Angew. Chem., Int. Ed. Engl.* **1996**, *35*, 1239.

[135] Palomo, C.; Aizpurua, J. M.; Mielgo, A.; Galarza, R. *Chem. Eur. J.* **1997**, *3*, 1432.

[136] Matsui, S.; Hashimoto, Y.; Saigo, K. *Synthesis* **1998**, 1161.

[137] Barreau, M.; Commercon, A.; Mignani, S.; Mouysset, D.; Perfetti, P.; Stella, L. *Tetrahedron* **1998**, *54*, 11501.

[138] Palomo, C.; Aizpurua, J. M.; Legido, M.; Galarza, R. *Chem. Commun.* **1997**, 233.

[139] Srirajan, V.; Deshmukh, A. R. A. S.; Bhawal, B. M. *Tetrahedron* **1996**, *52*, 5585.

[140] Joshi, S. N.; Deshmukh, A. R. A. S.; Bhawal, B. M. *Tetrahedron: Asymmetry* **2000**, *11*, 1477.

[141] Bhagwat, S. S.; Gude, C.; Chan, K. *Tetrahedron Lett.* **1996**, *37*, 4627.

[142] Palomo, C.; Aizpurua, J. M.; Iturburu, M.; Urchegui, R. *J. Org. Chem.* **1994**, *59*, 240.

[143] Gainelli, G.; Galletti, P.; Giacomini, D. *Tetrahedron Lett.* **1998**, *39*, 7779.

[144] Podlech, J. Steurer, S. *Synthesis* **1999**, 650.

[145] Podlech, J. *Synlett* **1996**, 582.

[146] Bandini, E.; Martelli, G.; Spunta, G.; Bongini, A.; Panunzio, M. *Tetrahedron Lett.* **1996**, *37*, 4409.

[147] Kobayashi, Y.; Takemoto, Y.; Kamijo, T.; Harada, H.; Ito, Y.; Terashima, S. *Tetrahedron* **1992**, *48*, 1853.

[148] Banik, B. K.; Manhas, M. S.; Bose, A. K. *J. Org. Chem.* **1993**, *58*, 307.

[149] Palomo, C.; Aizpurua, J. M.; Urchegui, R.; Garcia, J. M. *J. Org. Chem.* **1993**, *58*, 1646.

[150] Alcaide, B.; Miranda, M.; Perez-Castells, J.; Polanco, C.; Sierra, M. A. *J. Org. Chem.* **1994**, *59*, 8003.

[151] Jayaraman, M.; Deshmuh, A. R. A. S.; Bhawal, B. M. *J. Org. Chem.* **1994**, *59*, 932.

[152] Palomo, C.; Cossio, F. P.; Cuevas, C.; Lecea, B.; Mielgo, A.; Roman, P.; Luque, A.; Martinez-Ripoll, M. *J. Am. Chem. Soc.* **1992**, *114*, 9360.

[153] Palomo, C.; Cossio, F. P.; Cuevas, C.; Ontoria, J. M.; Odriozola, J. M.; Munt, S. *Bull. Soc. Chim. Belg.* **1992**, *101*, 541.

[154] Jayaraman, M.; Deshmukh, A. R. A. S.; Bhawal, B. M. *Tetrahedron* **1996**, *52*, 8989.

[155] Jayaraman, M.; Puranik, V. G.; Bhawal, B. M. *Tetrahedron* **1992**, *52*, 9005.

[156] Palomo, C.; Cossio, F. P.; Cuevas, C.; Lecea, B.; Mielgo, A.; Roman, P.; Luque, A.; Martinez-Ripoll, M. *J. Am. Chem. Soc.* **1992**, *114*, 9360.

[157] Jayaraman, M.; Deshmukh, A. R. A. S.; Bhawal, B. M. *Tetrahedron* **1996**, *52*, 3741.

[158] Palomo, C.; Oiarbide, M.; Esnal, A.; Miranda, J. I. Linden, A. *J. Org. Chem.* **1998**, *63*, 761.

[159] Baldoli, C.; Del Buttero, P.; Licandro, E.; Maiorana, S.; Papagni, A. *Tetrahedron: Asymmetry* **1994**, *5*, 809.

[160] Araki, B. K.; O'Toole, J. C.; Weilch, J. T. *Bioorg. Med. Chem. Lett.* **1993**, *13*, 2457.

[161] Welch, J. T.; Araki, K.; Kawchi, R.; Wichtowski, J. A. *J. Org. Chem.* **1993**, *58*, 2454.

[162] Palomo, C.; Ganboa, I.; Odriozola, B.; Linden, A. *Tetrahedron Lett.* **1997**, *38*, 3093.

[163] Bourzat, J. D.; Commercon, A. *Tetrahedron Lett.* **1993**, *34*, 6049.

[164] Brown, S.; Jordan, A. M.; Lawrence, N. J.; Pritchard, R. G.; McGown, A. T. *Tetrahedron Lett.* **1998**, *39*, 3559.

[165] Abouabdellah, A.; Begue, J. P.; Bonnet-Delpon, D.; Nga, T. T. T. *J. Org. Chem.* **1997**, *62*, 8826.

[166] Hashimoto, Y.; Kai, A.; Saigo, K. *Tetrahedron Lett.* **1995**, *36*, 8821.

[167] Srirajan, V.; Deshmukh, A. R. A. S.; Puranik, V. G.; Bhawal, B. M. *Tetrahedron: Asymmetry* **1996**, *7*, 2733.

[168] Farina, V.; Hauck, S. I.; Walker, D. G. *Synlett* **1992**, 761.

[169] Fernandez, R.; Ferrete, A.; Lassaletta, J. M.; Llera, J. M.; Monge, A. *Angew. Chem., Int. Ed.* **2000**, *39*, 2893.

[170] Fernandez, R.; Ferrete, A.; Lassaletta, J. M.; Llera, J. M.; Martin-Zamora, E. *Angew. Chem., Int. Ed.* **2002**, *41*, 831.

[171] Niu, C.; Petterson, T.; Miller, M. J. *J. Org. Chem.* **1996**, *61*, 1014.

[172] Palomo, C.; Ganboa, I.; Cuevas, C.; Boschetti, C.; Linden, A. *Tetrahedron Lett.* **1997**, *38*, 4643.

[173] Palomo, C.; Aizpurua, J. M.; Mielgo, A.; Linden, A. *J. Org. Chem.* **1996**, *61*, 9186.

[174] Bandini, E.; Martelli, G.; Spunta, G.; Panunzio, M. *Synlett* **1997**, 1017.

[175] Martelli, G.; Spunta, G.; Panunzio, M. *Tetrahedron Lett.* **1998**, *39*, 6257.

[176] Taggi, A. E.; Hafez, A. M.; Wack, H.; Young, B.; Drury, III, W. J.; Lectka, T. *J. Am. Chem. Soc.* **2000**, *122*, 7831.

[177] Taggi, A. E.; Hafez, A. M.; Wack, H.; Young, B.; Ferraris, D.; Lectka, T. *J. Am. Chem. Soc.* **2002**, *124*, 6626.

[178] Hodous, B. L.; Fu, G. C. *J. Am. Chem. Soc.* **2002**, *124*, 1578.

[179] Lee, E. C.; Hodous, B. L.; Bergin, E.; Shih, C.; Fu, G. C. *J. Am. Chem. Soc.* **2005**, *127*, 11586.

[180] Zhang, Y. R.; He, L.; Wu, X.; Shao, P. L.; Ye, S. *Org. Lett.* **2008**, *10*, 277.

[181] Duguet, N.; Campbell, C. D.; Slawin, A. M. Z.; Smith, A. D. *Org. Biomol. Chem.* **2008**, *6*, 1108.

[182] Sereda, O.; Blanrue, A.; Wilhelm, R. *Chem. Commun.* **2009**, 1040.

[183] Chevolot, L.; Chevolot, A.-M.; Gajhede, M.; Larsen, C.; Anthoni, U.; Christophersen, C. *J. Am. Chem. Soc.* **1985**, *107*, 4542.

[184] Anthoni, U.; Chevolot, L.; Larsen, C.; Nielsen, P. H.; Christophersen, C. *J. Org. Chem.* **1987**, *52*, 4709.

[185] Nielsen, P. H.; Anthoni, U.; Christophersen, C. *Acta Chem. Scand.* **1988**, *B42*, 489.

[186] Sun, C. X.; Lin, X. C.; Weinreb, S. M. *J. Org. Chem.* **2006**, *71*, 3159.

[187] Bodner, M. J.; Phelan, R. M.; Townsend, C. A. *Org. Lett.* **2009**, *11*, 3606.

[188] Fujisawa, T.; Shibuya, A.; Sato, D.; Shimizu, M. *Synlett* **1995**, 1067.

[189] Palomo, C.; Ganboa, I.; Kot, A.; Dembkowski, L. *J. Org. Chem.* **1998**, *63*, 6398.

[190] Rinehart, K. L.; Holt, T. G.; Fregeau, N. L.; Keifer, P. A.; Wilson, G. R.; Perun, T. J.; Sakai, R.; Thompson, A. G.; Stroh, J. G.; Shield, L. S.; Seigler, D. S. *J. Nat. Prod.* **1990**, *53*, 771.

[191] Rinehart, K. L.; Holt, T. G.; Fregeau, N. L.; Stroh, J. G.; Keifer, P. A.; Sun, F.; Li, L. H.; Martin, D. G. *J. Org. Chem.* **1990**, *55*, 4512.

[192] Wright, A. E.; Forleo, D. A.; Gunawardana, G. P.; Gunasekera, S. P.; Koehn, F. E.; McConnell, O. J. *J. Org. Chem.* **1990**, *55*, 4508.

[193] Jin, W.; Metobo, S.; Williams, R. M. *Org. Lett.* **2003**, *5*, 2095.

[194] Vincent, G.; Williams, R. M. *Angew Chem., Int. Ed.* **2007**, *46*, 1517.

[195] Betschart, C.; Hegedus, L. S. *J. Am. Chem. Soc.* **1992**, *114*, 5010.

哌嗪类化合物的合成

(Synthesis of Piperazine Derivatives)

李润涛

1 概　述

　　哌嗪是一个 1,4-二氮杂六元环状化合物 (式 1)。其分子骨架上的各个位置都可以引入相同或不同的取代基，由此衍生出的各类化合物通称为哌嗪类化合物。该类化合物在医药、农药和材料等精细化工领域具有重要的用途。有关该类化合物的合成方法很多，按照化合物的结构大致可分为五类：即 *N,N'*-对称双取代哌嗪、*N*-单取代哌嗪、*N,N'*-不对称双取代哌嗪、碳原子上取代的哌嗪、桥环和螺环哌嗪。哌嗪本身是一种重要的精细化工原料，其制备方法已很成熟，而且来源丰富。因此，本章主要介绍哌嗪衍生物的合成方法。

$$HN\bigcirc NH \qquad\qquad (1)$$

2　*N,N'*-对称双取代哌嗪的合成

　　哌嗪环上两个氮原子的性质与一般仲胺非常相似。一般仲胺能够发生的反应，哌嗪都可以发生，例如：烷化反应、酰化反应、Michael 加成和 Mannich 反应等。不同之处仅仅是哌嗪的反应需要至少两倍量 (物质的量) 以上的试剂，以保证双取代反应能够完全进行。

2.1　*N,N'*-对称双烷基取代哌嗪

2.1.1　烷基化反应

　　在碱性条件下，各种卤代烃可与哌嗪在乙醇等极性溶剂中反应，以良好的收率得到 *N,N'*-对称双烷基取代哌嗪衍生物。在该类反应中，控制烷基化试剂的用量非常重要。在保证双烷基化反应完全的前提下，要尽量减少烷基化试剂的用量，使反应更具原子经济性。例如：0.06 mol 的哌嗪和 0.14 mol 的卤代烃在乙醇中回流 12~24 h，可以生成相应的 1,4-双烷基哌嗪盐酸盐。然后用碱中和即可得到相应的 1,4-双烷基哌嗪，收率为 60%~90% (式 2)。该方法不需要另外加入碱试剂，巧妙地利用产物叔胺的碱性强于仲胺的特点即可使反应顺利进行[1]。

$$HN\overset{}{\underset{}{\bigcirc}}NH\cdot 6H_2O \xrightarrow[60\%\sim90\%]{\substack{\text{1. RX/EtOH, reflux 12}\sim24\text{ h}\\ \text{2. NaOH}}} R-N\overset{}{\underset{}{\bigcirc}}N-R \qquad (2)$$

　　哌嗪和卤代烃的反应也可以在适当的无机碱存在下进行。如式 3 所示[2]：在碳酸钠存在下，哌嗪与 α-卤代羧酸衍生物在乙醇中回流，即可以 80%~85% 的收率得到相应的双烷基化产物。

$$HN\overset{}{\underset{}{\bigcirc}}NH + \overset{EWG}{\underset{Cl}{\diagdown}} \xrightarrow[\substack{80\%\sim85\%\\ EWG = CO_2H, CO_2R, CN}]{EtOH/Na_2CO_3,\ reflux} GWE\diagdown N\overset{}{\underset{}{\bigcirc}}N\diagup EWG \qquad (3)$$

2.1.2　与醛的还原氨化反应

　　N,N'-对称双烷基取代哌嗪也可以通过哌嗪与醛反应首先形成亚胺，然后再经还原制备。许多还原剂均可用于该目的，例如：锌/盐酸和甲酸等（式 4）[3]。

$$HN\overset{}{\underset{}{\bigcirc}}NH\cdot 6H_2O \xrightarrow[\substack{62\%\sim98\%\\ R = Me, Et, Bu, ArCH_2}]{\substack{\text{1. RCHO/H}_2\text{O, HCl}\\ \text{2. Zn/HCl}\\ \text{3. Na}_2\text{CO}_3}} R\diagdown N\overset{}{\underset{}{\bigcirc}}N\diagup R \qquad (4)$$

2.1.3　Michael 加成反应

　　哌嗪可以与多种 Michael 受体发生 N-Michael 加成反应，生成带有不同官能团的 N,N'-双烷基取代哌嗪衍生物。该反应可以在没有其它催化剂存在的条件下进行，例如：哌嗪与马来酸酯[4]和查儿酮的加成反应[5]（式 5）。

$$\underset{\underset{H}{N}}{\overset{\overset{H}{N}}{\bigcirc}} + \overset{R^1}{\underset{R}{\diagup\!\!\diagdown}} \xrightarrow[\substack{65\%\sim70\%\\ R = Ar, CO_2R^2\\ R^1 = CO_2R^3, COR^4}]{EtOH\ or\ PhMe,\ reflux} \begin{array}{c}R^1 \\ R\diagdown\!\!\diagup N\overset{}{\underset{}{\bigcirc}}N\diagup\!\!\diagdown R \\ R^1\end{array} \qquad (5)$$

　　将哌嗪与芳基亚甲基丙二酸酯在乙醇中回流，即可方便地得到相应的 Michael 加成产物。进一步的研究发现：直接将芳醛、丙二酸酯和哌嗪三组分一锅反应，同样可以完成上述 Michael 加成反应。其中，芳基亚甲基丙二酸酯可以在反应体系中原位生成（式 6）[6]。

$$(6)$$

2.1.4 Mannich 反应

　　哌嗪作为胺组分可以与醛和活泼氢组分发生 Mannich 反应，这是在哌嗪的 1-位和 4-位引入含有多种官能团取代基的一种重要途径。如式 7 所示[7]：在甲醇溶液中，哌嗪、甲醛水溶液和 2,4-二叔丁基苯酚可以发生 Mannich 反应生成 1,4-二(2-羟基-3,5-二叔丁基)苄基哌嗪。该产物可以用作 Suzuki-Miyaura 偶联反应和 Mizoroki-Heck 偶联反应中催化剂的配体。

$$(7)$$

　　当哌嗪与芳醛和端炔类化合物反应时，可以在哌嗪的 1-位和 4-位引入 α-芳基炔甲基。在金属催化剂的作用下，2-吡啶甲醛生成的 Mannich 碱还可以进一步发生分子内反应生成杂环取代的哌嗪类化合物 (式 8)[8]。

$$(8)$$

2.1.5 哌嗪的 N,N'-二羟亚胺甲基化

　　通过哌嗪与二(三甲硅氧基)乙烯胺类化合物反应，可以实现哌嗪的 N,N'-二羟亚胺甲基化反应。如式 9 所示：该反应首先得到相应的三甲硅氧基保护

的前体化合物，然后脱去三甲硅氧基得到产物[9]。在三乙胺的存在下，二(三甲硅氧基)乙烯胺类化合物可以方便地通过硝基甲烷类化合物与四甲基卤硅烷反应制备[10]。

$$\begin{array}{c} \underset{R}{\overset{NO_2}{\diagdown}} \quad \xrightarrow{\text{TMSX, Et}_3\text{N}} \quad \underset{R}{\overset{N(OTMS)_2}{\diagup}} \quad \xrightarrow[\substack{CH_2Cl_2, \text{ rt, 2 h} \\ 65\%\sim95\%}]{\text{Piperazine}} \end{array} \tag{9}$$

R = H, Me, CH₂OH, CH₂CH₂CO₂Me

2.2 N,N'-对称双酰基取代哌嗪

酰基哌嗪是一类重要的哌嗪类化合物。它们可以通过哌嗪与不同的酰化试剂反应来制备，常用的酰化试剂是酰氯、酸酐或磺酰氯等。与通常胺的酰化反应不同，由于哌嗪中有两个氨基而需要至少两倍量的酰化试剂。在 KF-Al₂O₃ 的催化下，哌嗪和三氯甲烷在乙腈中反应即可得到相应的 1,4-二甲酰基哌嗪。如式 10 所示：该反应在室温下 24 h 可以得到 76% 的产物。在回流条件下，同样反应仅需 1.5 h 即可得到 85% 的产物[11]。

$$\begin{array}{c} \underset{HN}{\overset{NH}{\diagup}} \quad \xrightarrow[\substack{\text{rt, 24 h, 76\%} \\ \text{reflux, 1.5 h, 85\%}}]{\text{KF-Al}_2\text{O}_3\text{, CHCl}_3\text{, MeCN}} \end{array} \tag{10}$$

2.3 N,N'-二亚硝基哌嗪

胺的亚硝化产物也被称为硝亚胺类化合物。它们是一类潜在的一氧化氮供体，具有重要的生物活性。通常，胺的亚硝化反应可以由胺与亚硝化试剂反应来实现。已经报道的亚硝化试剂有很多，其中聚乙烯吡咯烷酮负载的 N₂O₄(PVP-N₂O₄) 是一种方便洁净的高选择性亚硝化试剂。在室温下的 CH₂Cl₂ 溶液中，哌嗪经 PVP-N₂O₄ 处理即可高收率地得到 N,N'-二亚硝基哌嗪 (式 11)[12]。

$$\begin{array}{c} \underset{HN}{\overset{NH}{\diagup}} \quad \xrightarrow[98\%]{\text{PVP-N}_2\text{O}_4/\text{CH}_2\text{Cl}_2\text{, rt, 20 min}} \end{array} \tag{11}$$

2.4 1,4-哌嗪二硫代甲酸酯类化合物

氨基二硫代甲酸酯类化合物具有抗菌、消炎、镇痛和抗肿瘤等多方面的生物活性，1,4-哌嗪二硫代甲酸酯类化合物是其中重要的一种类型。Li 等人发现：在无水磷酸钾的存在下，哌嗪和二硫化碳与卤化物、环氧乙烷类化合物或者缺电子

烯烃发生室温反应,即可方便地生成相应的 1,4-哌嗪二硫代甲酸酯类化合物 (式 12)[13]。该方法具有反应条件温和、速度快和收率高等优点。

$$(12)$$

3 *N*-单取代哌嗪和 *N,N'*-不对称双取代哌嗪的合成

3.1 *N*-单取代哌嗪的制备

    N-单取代哌嗪的合成主要有三种途径:(a) 直接取代法,即以哌嗪为原料直接进行单取代反应;(b) 单端 *N*-保护法,即首先选择性地保护哌嗪中的一个氮原子,然后在未保护的氮原子上引入各种取代基,最后脱去保护基得到产物;(c) 直接成环法,即选择适当原料通过环化反应构成 *N*-单取代哌嗪。

3.1.1 直接取代法

    直接取代法的优点是反应步骤少和操作简便,其缺点是需要使用过量的哌嗪 (2.5~4 倍量) 为原料。由于使用该方法不可避免地会生成双取代的副产物,因此只能得到中等的收率。但值得注意的是:哌嗪化合物非常便宜,而且过量的哌嗪在反应中起到缚酸剂的作用并最终形成相应的哌嗪盐,很容易被回收循环使用。因此,当使用比较昂贵的取代试剂时,采用这种方法比较合适。

3.1.1.1 直接单烷基化

    N-(2,6-二甲苯基)-2-哌嗪基-1-乙酰胺是一个重要的药物中间体,原来采用单端 *N*-保护方法经过三步反应制备,总收率仅有 2.1%。若采用直接取代法,使用 3 倍量的哌嗪与 3-氯乙酰基-2,6-二甲基苯胺在盐酸水溶液中 80 ℃ 下反应

2 h，即可以 68% 的收率得到相应的单取代哌嗪 (式 13)[14]。生成的双取代副产物可通过简单的过滤除去，过量的哌嗪可回收使用。

$$(13)$$

在该类反应中，为了减少双取代副产物的生成需要使用过量的哌嗪。同时，还要调节烷基化试剂的加入速度，许多时候加入速度对反应有很大影响。如式 14 所示[15]：在 1-(4-苯基)丁基哌嗪的合成中，将烷基化试剂的滴加时间从 4 h 延长到 8 h 后，收率由 52% 提高到 72%。

$$(14)$$

滴加烷基化试剂的速度: 4 h, 52%
滴加烷基化试剂的速度: 8 h, 72%

提高哌嗪与烷基化试剂的比例，可以明显减少二取代产物的生成。尤其是对于那些较难制备或比较昂贵的烷基化试剂而言，采用这种方法可以降低烷基化试剂的用量。如式 15 所示[16]：在化合物 1-(ω-巯基辛基)哌嗪的制备中，通过提高哌嗪与烷基化试剂的比例可以得到 91% 的单取代产物。

$$(15)$$

3.1.1.2　直接单芳基化反应

与卤代烷烃相比较，芳基卤化物的反应活性较低。因此，它们与胺的取代反应比较困难。哌嗪作为一类重要的杂环二胺类化合物，其氮的芳基化反应研究很受重视，研究的重点是寻找高效易得的催化剂。

Fort 等人发现[17]：零价镍与 2,2-联吡啶联用可以有效地催化哌嗪的 N-单芳基化反应，多数反应的收率大于 80% (式 16)。

$$(16)$$

| 25 mol | 27.5 mol | < 65% |
| 25 mol | 50 mol | > 80% |

Hartwig 等人[18]选用钯的二氢咪唑啉卡宾配合物为催化剂，以 71% 的收率得到 *N*-对甲苯基哌嗪 (式 17)。

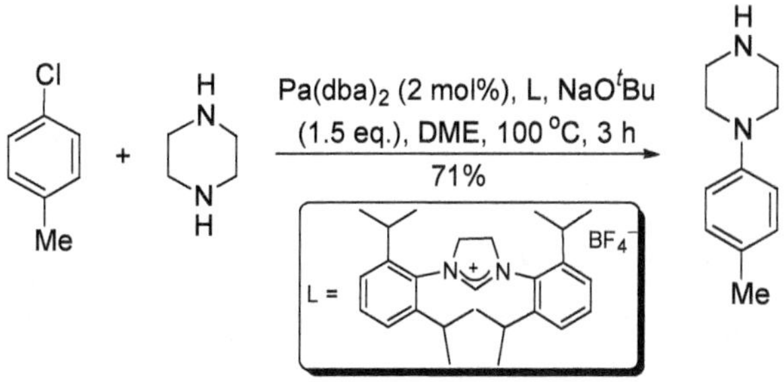

(17)

在一些强化试验条件下，即使没有催化剂也可以实现这类反应。这些方法包括提高反应温度、使用强碱或增加反应的压力等。Pearlman 等人报道[19]：在氟化钾的存在下，将 2-氯-3-乙氨基吡啶与过量的哌嗪 (5.13 倍量) 在密闭高温下反应即可得到 83.7% 的 1-(3-乙氨基吡啶-2)哌嗪 (式 18)。

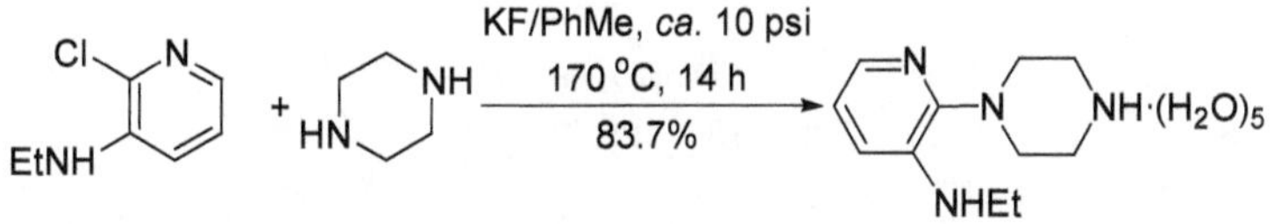

(18)

Potkin 等人最近报道[20]：在含氟化钾的 DMSO 溶液中，4,5-二氯异噻唑-3-羧酸叔丁酯与过量的哌嗪 (3 倍量) 在 80 °C 反应 12 h，以 95% 的收率高选择性地得到了 4-氯-5-(1-哌嗪基)异噻唑-3-羧酸叔丁酯 (式 19)。

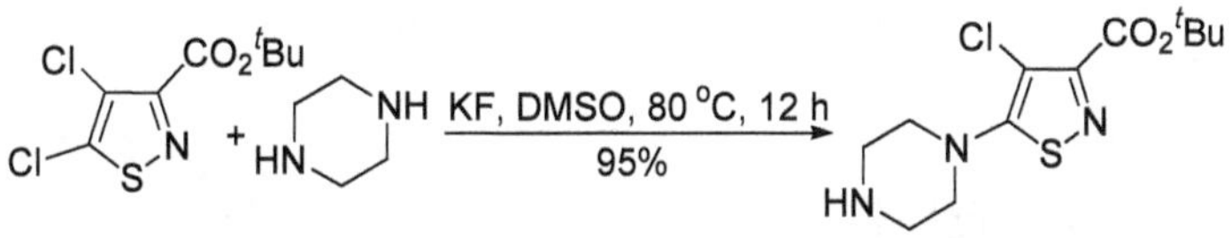

(19)

Wang 等人报道[21]：将 4-溴-*N*-甲基-1,8-萘酰亚胺和哌嗪在高沸点的乙二醇单甲醚溶液中搅拌回流 4 h，可以 83.8% 的收率得到相应的 4-哌嗪基-*N*-甲基-1,8-萘酰亚胺 (式 20)。

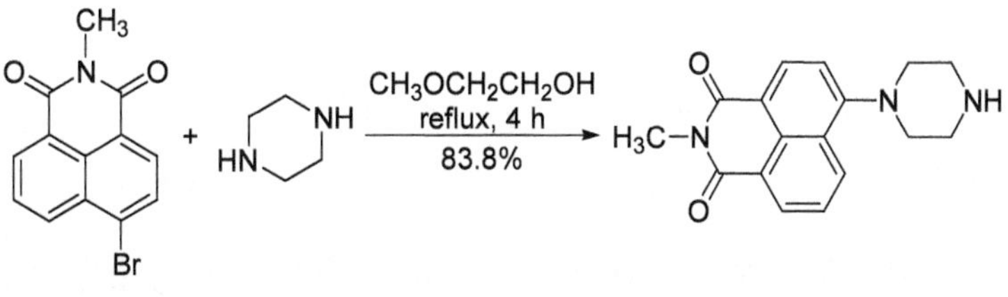

(20)

对于一些反应活性较高的芳基卤化物而言，在温和的反应条件下无需催化剂也能顺利地完成这类反应。如式 21 所示：2-氯-3-硝基吡啶与过量的哌嗪在异丙醇中室温搅拌 30 min，即可得到 96.5% 的 1-(3-硝基吡啶-2)哌嗪[22]。

$$ (21) $$

除了利用芳基卤化物与哌嗪反应制备 N-芳基哌嗪外，还可以利用其它的芳基化试剂。Walinsky 等人发现[23]：在少量 DMSO 的存在下，二-(2-氰基苯)二硫醚与过量的无水哌嗪在 120~140 °C 下反应可以得到 72% 的 1-(苯并噻唑)-3-哌嗪。而且，在 DMSO 的存在下，反应的副产物 2-巯基苯基腈可以重新被转化成为原料（式 22）。该方法的发现为此类抗精神病药物关键中间体的合成提供了一种非常有效的途径。

$$ (22) $$

3.1.1.3 直接酰化反应

与哌嗪的 N-单烷基化反应相比较，单酰化反应比较容易进行。常用的酰化剂是羧酸或酰氯，反应条件也比较温和。尽管如此，避免双酰化产物的生成仍然是提高收率的关键。如式 23 所示：在 1,1'-二咪唑甲酰 (CDI) 的作用下，4-苄氧羰基氨基苯甲酸与过量的哌嗪反应可以得到 51% 的 1-(4-苄氧羰基氨基)苯甲酰基哌嗪[24]。该产物是制备抗高血压药物 IAAP 的关键中间体。

$$ (23) $$

玫瑰红类激光染料在生物医学中具有重要应用，玫瑰红类酰基哌嗪衍生物是制备该类化合物的重要中间体。Nguyen 等人发现[25]：以玫瑰红-B 为原料，在氢氧化钠的作用下可以转化成为内酯；在三甲基铝的催化下，将内酯与过量的哌嗪反应可以得到 70% 的该中间体 (式 24)。

$$(24)$$

在上述方法中，均需要使用大过量的哌嗪来控制产物的选择性。尽管过量的哌嗪可以回收使用，但最好能够降低哌嗪的用量。研究发现[26]：在 30~40 °C 的冰醋酸溶液中，苯甲酰氯与稍稍过量的哌嗪 (1.2 倍量) 反应即可高度选择性地得到 83% 的 1-苯甲酰基哌嗪 (式 25)。该方法成功的关键是将苯甲酰氯慢慢地滴加到哌嗪的冰醋酸溶液中。

$$(25)$$

除了使用羧酸和酰氯作为酰化试剂外，还可以使用乙烯基二溴化物作为酰化试剂。如式 26 所示：在 DMF-H$_2$O (3:1) 中，1-苯基-2,2-二溴乙烯与过量的哌嗪在 100 °C 下反应 16 h 即可得到 60% 的 N-苯乙酰基哌嗪[27]。在该反应中，1-苯基-2,2-二溴乙烯可以按照文献方法以苯甲醛为原料制备[28]。

$$(26)$$

3.1.1.4　直接亚硝化反应

Iranpoor 等人发现：将 N$_2$O$_4$ 负载于交联聚乙烯吡咯酮上可以生成亚硝化试剂 PVP-N$_2$O$_4$。该试剂不但能够很有效地使哌嗪发生 N,N'-双亚硝化反应，还可以选择性地使哌嗪发生 N-单亚硝化反应[12]。如式 27 所示：使用等当量的 PVP-N$_2$O$_4$ 与哌嗪在 CH$_2$Cl$_2$ 中室温下反应 15 min 即可得到 94% 的 N-亚硝基哌嗪。

$$(27)$$

3.1.2 单端 *N*-保护法

制备 *N*-单取代哌嗪的另一种途径是单端 *N*-保护法,即选择适当的保护基首先将哌嗪分子中的一个氮原子保护起来。然后,使另一端发生各种反应后再脱去保护基。使用这种方法需要较多的反应步骤,但反应的收率通常比较高。当取代基试剂比较难得或昂贵时,该方法提供了一个适合的选择。

在制备 *N*-保护哌嗪时,保护基的选择决定于所引入的取代基的性质。不但要有利于取代基的引入,而且脱除保护基的条件尽可能不要对所引入的取代基产生负面影响。该方法常用的保护基包括:苄基、Boc-、苯甲酰基和单盐酸盐等。

3.1.2.1 苄基保护法

在 *N*-苄基保护的哌嗪中,一端是苄基化的叔胺而另一端是裸露的仲胺。此时,利用叔胺和仲胺在反应性质上的不同可以方便地达到合成目的。脱苄基最常用的方法是催化氢解法,因此不能引入在催化氢解条件下发生反应的取代基。

如式 28 所示:芳乙基哌嗪是制备 5-HT$_{2A}$ 拮抗剂的关键中间体。Beller 等人发现:在正丁基锂作用下,芳基烯烃与 *N*-苄基哌嗪在室温反应即可顺利地得到 1-芳乙基-4-苄基哌嗪。然后,在 Pearlman 催化剂 [20% Pd(OH)$_2$/C] 存在下催化脱去苄基,高产率地得到相应的芳乙基哌嗪[29]。

$$(28)$$

Chandra 等人发现[30]:在聚乙二醇 (PEG-400) 的存在下,等摩尔的 1-苄基哌嗪和不同的 Michael 加成受体在室温下即可快速发生反应,以几乎定量的产率得到相应的 1-苄基哌嗪的 Michael 加成产物 (式 29)。该方法具有反应条件温和、速度快、收率高和符合绿色化学要求等优点。

$$EWG = -CN, 45\ min, 99\%$$
$$EWG = -CO_2Me, 35\ min, 99\%$$

实现上述方法的关键是能够方便有效地制备 1-苯基哌嗪。其中，最方便的制备方法是使用哌嗪单盐酸盐保护法。哌嗪单盐酸盐可以通过将等摩尔的哌嗪二盐酸盐和哌嗪在无水乙醇中搅拌来制备，它们与苄氯反应可以高收率地得到 1-苯基哌嗪盐酸盐。最后，再向反应体系中通入氯化氢，即可得到易于储藏的 1-苯基哌嗪二盐酸盐 (式 30)[31]。该方法操作简单，一般可在 30 min 内将原料转化成为产物且无任何二取代产物混杂。

3.1.2.2　烷氧甲酰基保护

烷氧甲酰基保护基经常用于哌嗪的保护，它们可以在酸性条件下方便地脱除。叔丁氧羰基 (Boc-) 是应用最多的烷氧甲酰基保护基，在单取代哌嗪的制备中应用比较广泛。

(1) 酰基的引入

在比较温和的条件下，1-烷氧甲酰基保护的哌嗪即可有效地脱除保护基。因此，其它酰基在脱除烷氧甲酰基时不会受到明显的影响。如式 31 所示：1-(2-吡咯)甲酰基哌嗪衍生物是一类重要的杂环类化合物。该类化合物的制备需要三步反应：首先，使用取代的哒嗪甲酸与 1-叔丁氧甲酰基哌嗪反应生成 1-哒嗪甲酰基-4-叔丁氧羰基哌嗪。然后，利用哒嗪环上的取代基发生一系列反应。最后，将叔丁氧羰基脱除得到目标化合物[32]。

$$(31)$$

a. R^1 = i-Pr, R^2 = Bn, R^3 = H; **b**. R^1 = i-Bu, R^2 = CH$_2$-(1-Napht), R^3 = H
c. R^1 = i-Pr, R^2 = i-Pr, R^3 = i-Pr; **d**. R^1 = Ph, R^2 = i-Pr, R^3 = i-Pr

(2) 还原胺化引入烷基

1-烷氧甲酰基保护的哌嗪还可以通过与醛或酮发生还原胺化反应引入烷基。例如：AMG 628 是一个潜在的 TRPV1 拮抗剂，N-[1-(4-氟苯基)乙基]哌嗪是合成该化合物的关键中间体。如式 32 所示[33]：首先，通过 N-叔丁氧羰基哌嗪与 4-氟苯乙酮发生还原胺化反应，生成 1-[1-(4-氟苯基)乙基]-4-叔丁氧羰基哌嗪。然后，利用标准的试验方法脱去保护基即可得到目标产物。

$$(32)$$

(3) 引入杂环芳基

1-[3-(6-氟-苯并吡唑)]哌嗪是一类重要的药物中间体。Ayers 等人[34]以 4-氟-2-氯苯甲酸为起始原料，经两步反应首先得到氯代对甲苯磺酰脲。然后，在碳酸钾存在下与 1-乙氧甲酰基哌嗪发生取代环化反应，以 84% 的收率得到 1-[3-(6-

氟苯并吡唑)]-4-乙氧甲酰基哌嗪。最后，脱去乙氧甲酰基得到 77% 的目标产物（式 33）。

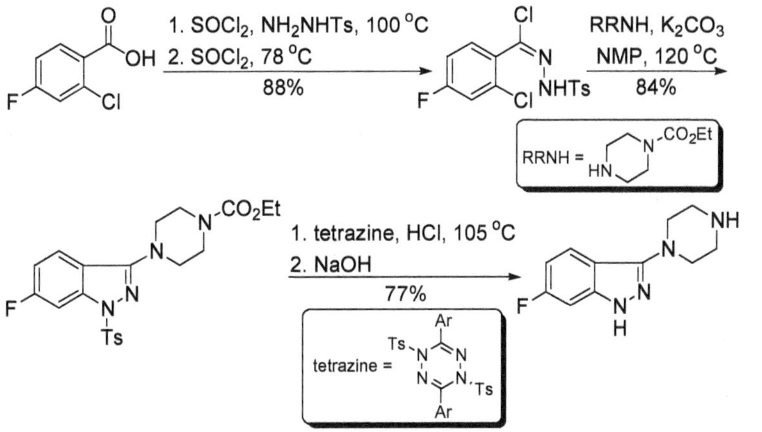

(33)

3.1.2.3 苯甲酰基保护

1-苯甲酰基哌嗪也常用于 N-单取代哌嗪的合成。与烷氧羰基保护基相比较，苯甲酰基通常需要在 10% 的盐酸中回流数小时才能脱除。但是，1-苯甲酰基哌嗪比较容易制备，保护基脱除后生成的苯甲酸可以回收再用。因此，在引入对酸稳定的基团时可考虑使用该方法。

Li 等人报道：在含有碳酸氢钠的乙醇溶液中，将苯甲酰基哌嗪与各种卤代烃一起回流可以生成一系列 1-苯甲酰基-4-烷基哌嗪衍生物。然后，将它们在 10% 的盐酸溶液中加热脱除苯甲酰基，即得到相应的 N-烷基哌嗪衍生物（式 34）[35]。

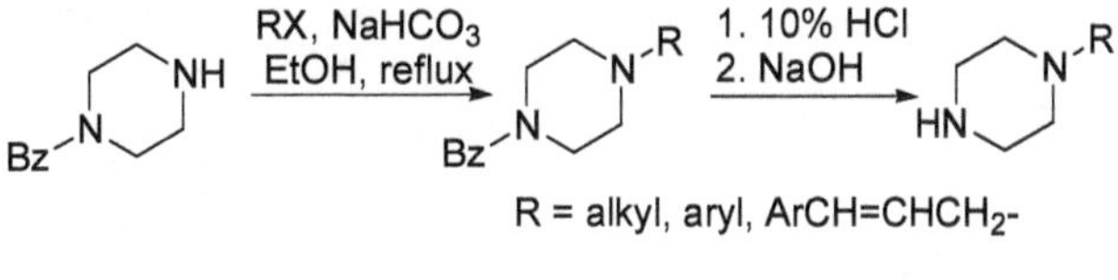

(34)

R = alkyl, aryl, ArCH=CHCH₂-

3.1.3 直接环化法

直接环化法是通过选择适当原料使其在生成哌嗪环的同时引入需要的取代基，这是制备 N-单取代哌嗪的另一种有效方法。例如：(R)-N-[1-(4-氟苯基)乙基]哌嗪是制备药物 AMG 628 的关键中间体，其大规模合成就是通过直接环化法完成的。如式 35 所示[36]：在二异丙胺存在下，将 (R)-1-(4-氟苯)乙胺与 N,N-二氯乙基对甲苯磺酰胺加热回流 36 h，即可以 86% 的收率得到 (R)-N-[1-(4-氟苯基)乙基]-N′-对甲苯磺酰基哌嗪。然后，使其发生脱保护反应得到 70% 的目标产物。

$$(35)$$

1-(8-氟-1-萘基)哌嗪也是一个重要的药物中间体，它的合成也是采用直接环化法完成的。如式 36 所示[37]：在四丁基碘化铵的催化下，8-氟-1-萘胺与二(2-氯乙基)胺盐酸盐在氯苯和正己醇的混合溶液中回流 74 h 即可得到 76% 的 1-(8-氟-1-萘基)哌嗪盐酸盐 (纯度 96%)。

$$(36)$$

2005 年，Dancer 等人报道了一种固相环化合成芳基哌嗪的方法[38]。如式 37 所示：他们将二氯乙胺通过甲酰基固载在聚乙二醇上，使其与不同的芳胺发生环化反应生成哌嗪环。然后，再用叔丁醇钾处理即可得到各种芳基哌嗪化合物。虽然该方法的收率不很理想，但可以避免直接使用剧毒的二氯乙胺。

$$(37)$$

a. R^1 = OCH_3, R^2 = H
b. R^1 = H, R^2 = H
c. R^1 = F, R^2 = H
d. R^1 = Cl, R^2 = Cl

3.2 *N,N'*-不对称双取代哌嗪的制备

N,N'-不对称双取代哌嗪结构存在于许多药物分子中。它们的合成通常是先引入一个取代基形成 *N*-单取代哌嗪，然后再在哌嗪的另一氮原子上引入第二个取代基。这种方法的效率主要取决于两个取代基引入的次序，首先引入的取代基

最好具有便宜和不影响后续反应的优点。当第一个取代基引入后，可以使用通常的方法引入第二个取代基。

如式 38 所示：抗高血压药物 IAAP 是一个含有 *N,N'*-不对称二取代哌嗪结构的化合物。原来的合成路线[39]是先引入喹唑环，再引入酰基。但是，该路线因工艺复杂和收率不稳定而不适合工业生产。新的工艺路线[40]改变了取代基引入的次序：首先利用直接酰化法形成 1-(4-叔丁氧甲酰氨基)苯甲酰基哌嗪，然后再引入喹唑环。最后，脱去苯环氨基上的保护基，再经碘化和叠氮化反应得到目标化合物。与原工艺相比较，新工艺简化了操作步骤并提高了总收率。

(38)

如式 39 所示：化合物 DBA 是一个 *N,N'*-不对称双取代哌嗪类多巴胺受体拮抗剂。在最初的合成路线中：首先由 2,4-二氟苯腈与 *N*-叔丁氧羰基哌嗪反应引入 3-氟-4-氰基苯基，然后脱保护得到 1-(3-氟-4-氰基)苯基哌嗪，最后再与相应的酮发生还原胺化反应得到目标化合物。其中，由 2,4-二氟苯腈制得 1-(3-氟-4-氰基)苯基哌嗪的收率低于 40%。在改进的路线中，由 2,4-二氟苯腈与过量的哌嗪直接反应可以得到 71% 的产物。但是，由于还原胺化反应的非对映选择性较低仍不适合大规模生产。

$$(39)$$

实际生产的合成路线

在实际用于生产的合成路线中，调换了两个取代基的引入次序。首先，使用过量的哌嗪与螺环甲磺酸酯 (10:1) 反应得到 70% 的 N-单取代哌嗪中间体。然后，中间体与 2,4-二氟苯腈反应得到 66% 的 DBA[41]。该路线不仅收率高和操作简便，更重要的是在最后一步使用最贵的原料 2,4-二氟苯腈可以节约生产成本。

大多数 N,N'-不对称双取代哌嗪的制备是采用分步法依次引入两个不同的取代基。但是，有些特殊的底物也可以用一步法或一锅多步法来完成反应。如式 40 所示：Tron 等人利用四组分一锅法 Ugi 反应，由醛、N-酰基甘氨酸、二胺和异腈成功地合成了一系列不对称多胺化合物。当二胺为哌嗪时，可得到 N,N'-不对称双取代哌嗪[42]。

$$(40)$$

Hsung 等人在研究脒类化合物的合成方法时发现：使用由 N-炔基烯丙胺在钯催化下形成的 π-配合物与哌嗪反应，可以生成 1-烯丙基取代的不对称双取代哌嗪类化合物 (式 41)[43]。

$$(41)$$

4 C-取代哌嗪的合成

C-取代哌嗪是指哌嗪环的碳原子上连有不同取代基的哌嗪衍生物。重要的取代基主要有两类：一类是与哌嗪环中的碳原子形成碳-氧或碳-硫双键，另一类是含有不同官能团的烷基或羧基等。与 N-取代哌嗪的合成不同，C-取代哌嗪主要通过环化法合成，即在成环的同时将取代基引入到合适的位置上。

4.1 以氨基酸化合物为原料

以氨基酸化合物为原料，通过相同氨基酸或不同氨基酸之间的缩合，可以制备对称和不对称的 C-取代哌嗪衍生物。如果使用氨基酸与其它适当的底物发生环化反应，还可以生成更丰富的 C-取代哌嗪衍生物。

4.1.1 相同氨基酸之间的缩合

通过相同的两分子氨基酸发生环化缩合反应，可以形成对称的 2,5-二羰基-3,6-二烷基哌嗪。将产物中的羰基还原后，即可得到对称的 2,5-二取代哌嗪。常用的环化缩合反应条件就是简单地将底物在二缩乙二醇中加热回流，一般可以得到 60%~70% 的产率。如式 42 所示[44]：以 α-氨基异丁酸为原料可以制备 2,5-二羰基-3,3,6,6-四甲基哌嗪，然后经化学还原或者催化氢化得到 2,2,5,5-四甲基哌嗪。

$$(42)$$

由于经典的制备方法需要在高温下反应，不仅会生成多种线性聚氨基酸副产物，还会引起产物中手性碳原子的消旋化。为了克服这些缺点，Basiuk 等人研发了一种"气-固相合成法"(gas-solid-phase method)。即将氨基酸和硅胶连续加入到反应器中，通过在高温下减压升华使之环化。利用这种方法不仅可以使收率提高，而且还能有效地减少消旋化产物的生成 (式 43)[45]。

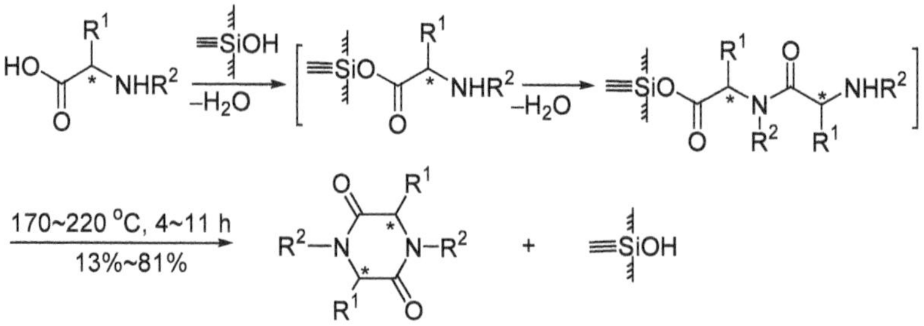

$$R^1 = Me, R^2 = H \quad 产物: cyclo-(L-Ala)_2, 74\%, 92\% \text{ ee}$$
$$R^1 = i\text{-Pr}, R^2 = H \quad 产物: cyclo-(D-Val)_2, 81\%, 96\% \text{ ee}$$
$$R^1, R^2 = -(CH_2)_3 \quad 产物: cyclo-(L-Pro)_2, 71\%, 98\% \text{ ee}$$

4.1.2 不同氨基酸之间缩合

当不同氨基酸之间发生缩合时，可以形成不对称的 2,5-二取代哌嗪类化合物。为了避免氨基酸自身的缩合，必须采取一定的保护措施。一般需要先形成开链二肽，然后再发生分子内环化反应即可得到预期产物。如式 44 所示：5-烷基哌嗪-2-羧酸是一类具有重要生物活性的化合物，其分子骨架就是由 L-丝氨酸与相应的另一分子氨基酸缩合形成的。首先，经二肽环化得到 2,5-二羰基-6-羟甲基-5-取代哌嗪。然后，再经氢化铝锂还原得到 2-羟甲基-5-取代哌嗪。如果将哌嗪的两个氮原子保护后实施对羟基的氧化反应，则得到 5-烷基哌嗪-2-羧酸衍生物[46]。

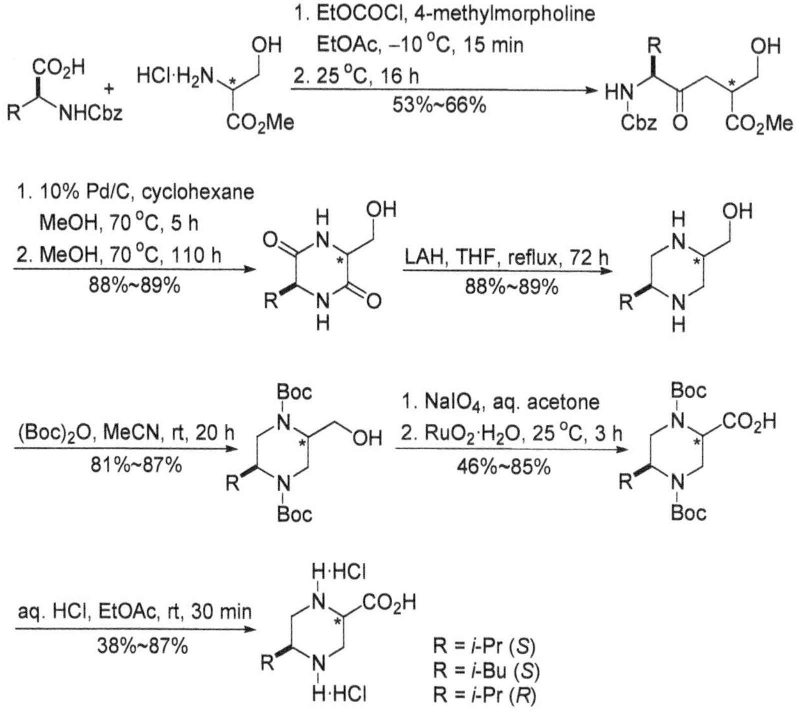

$$R = i\text{-Pr } (S)$$
$$R = i\text{-Bu } (S)$$
$$R = i\text{-Pr } (R)$$

如果利用 L-谷氨酸酯和甘氨酸酯为原料，则可得到 2,5-二羰基哌嗪-3-丙酸酯 (式 45)[47]。

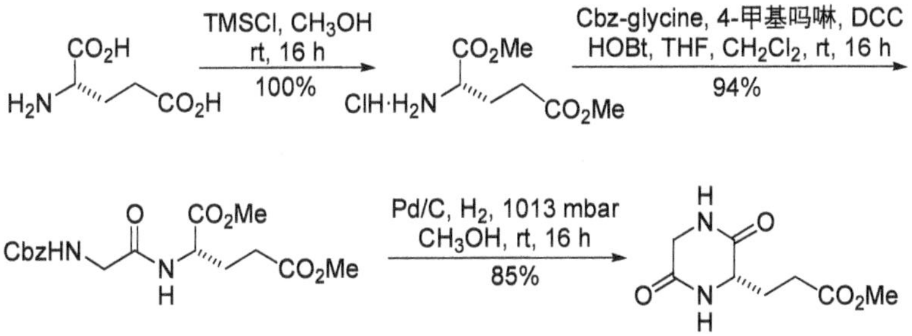

(45)

利用由赖氨酸还原得到的醛与不同的氨基酸反应，可以制备 2-羰基-6-(4-氨基)丁基哌嗪衍生物。例如：L-甘氨酸可以通过该反应生成 2-羰基-6-(4-氨基)丁基哌嗪-3-丙酸衍生物 (式 46)[48]。

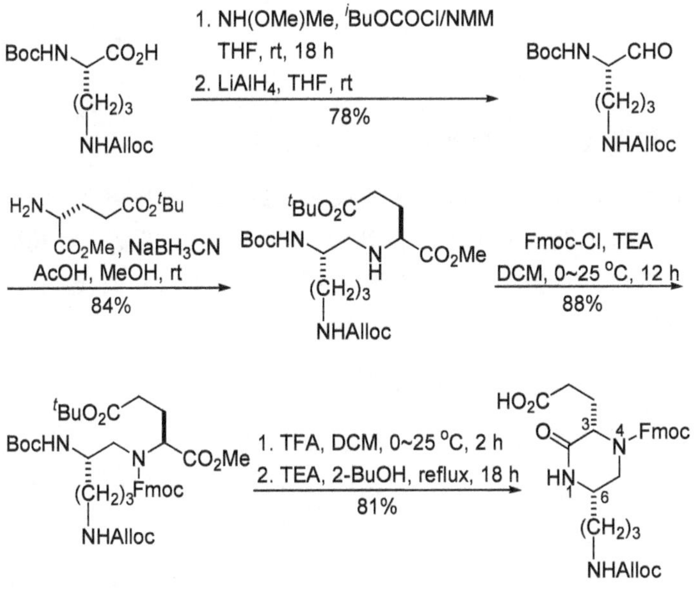

(46)

4.1.3 氨基酸衍生物的环化反应

将氨基酸经适当的衍生化后再发生环化反应是构建 C-取代哌嗪环骨架的另一种有效途径。

4.1.3.1 2-羰基-3-取代哌嗪衍生物的制备

使用 N-Boc-甘氨酸与乙醇胺类化合物缩合可以得到相应的 α-氨基酰胺类化合物。然后，再依次经还原反应、与 2-溴乙酸反应和环化反应得到 2-羰基哌嗪衍生物。利用该类化合物 3-位氢原子比较活泼的性质，还可以与不同的烷基化试剂发生亲电取代反应得到 2-羰基-3-取代哌嗪衍生物。然后，将 2-羰基还原即可得到 3-取代哌嗪类化合物 (式 47)[49]。

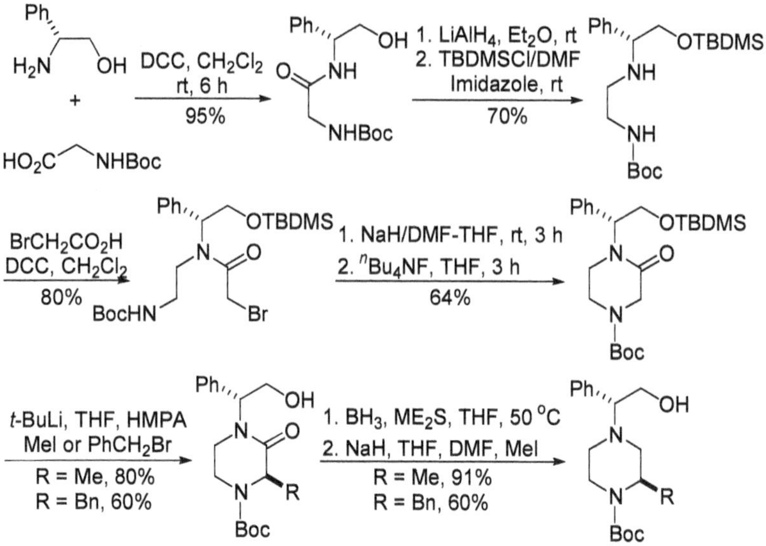

(47)

4.1.3.2 1,4-不对称取代-2,5-二羰基-6-取代哌嗪的制备

如式 48 所示：α-氨基酸酯与醛或酮反应后经还原可以得到 N-取代的 α-氨基酸酯。然后，经 2-氯乙酰氯处理得到 N-烷基取代-N-2-氯乙酰基取代的 α-氨基酸酯。最后，再与不同的胺发生环化反应得到 1,4-不对称取代-2,5-二羰基-6-取代哌嗪衍生物[50]。

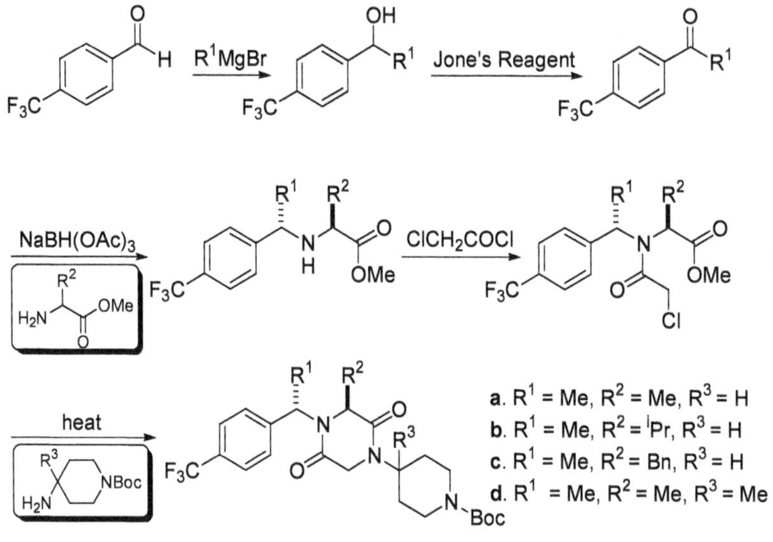

(48)

a. R^1 = Me, R^2 = Me, R^3 = H
b. R^1 = Me, R^2 = ^{i}Pr, R^3 = H
c. R^1 = Me, R^2 = Bn, R^3 = H
d. R^1 = Me, R^2 = Me, R^3 = Me

4.1.3.3　3,6-二羰基-2-哌嗪羧酸酯类化合物的制备

氨基保护的 α-氨基酸与氨基丙二酸酯缩合后，再经脱保护环化和水解脱羧即可得到相应的 3,6-二羰基-2-哌嗪羧酸酯类化合物。根据氨基丙二酸酯中氨基上的取代基和氨基酸中氨基保护基的不同，所得产物的 1,4-位可以引入不同的基团，为进一步的结构转化奠定了基础。如式 49 所示：利用甲氨基取代的丙二酸二乙酯与 N-Cbz-保护的甘氨酸为原料，可以方便地合成 1,4-二甲基-3,6-二羰基-2-哌嗪羧酸酯[51]。

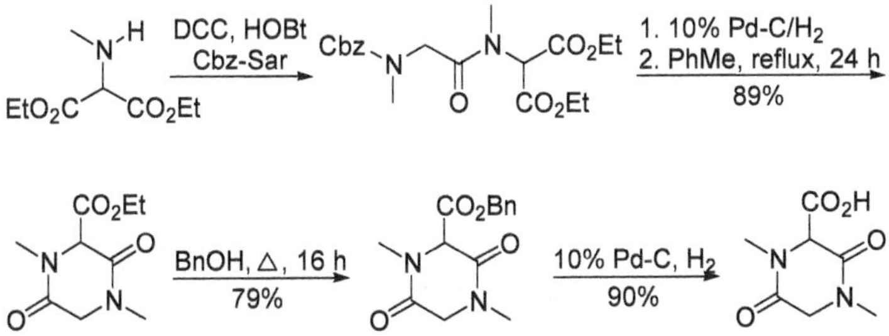

(49)

4.1.3.4　1,3,4-不同三取代-2,5-二羰基哌嗪类化合物的制备

不同氨基酸之间的环化缩合反应是制备 2,5-二羰基哌嗪类化合物的方便方法。但是，对 1,4-位上取代基的引入有一定限制。如果使用保护的氨基酸首先与 2-氯乙酰氯反应生成酰化产物，然后再与不同的胺发生环化反应则可以得到取代基范围更广的 1,3,4-不同三取代的 2,5-二羰基哌嗪类化合物。如式 50 所示[52]：通过进一步还原即可得到 1,3,4-不同三取代的哌嗪类化合物。

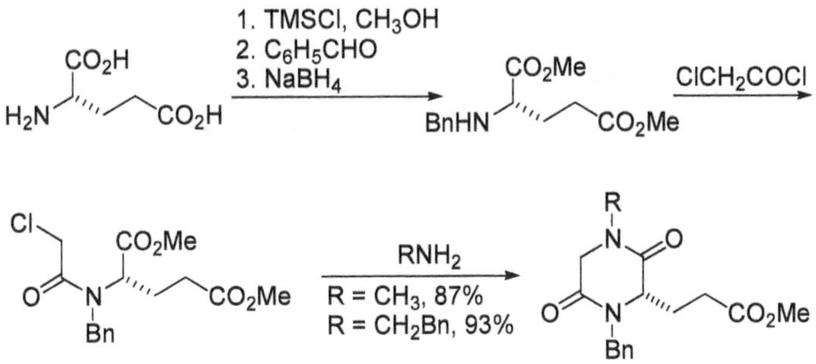

(50)

4.1.3.5　5-羰基-2-哌嗪羧酸类化合物的制备

最近，Reiser 和 Piarulli 等人报道了一种以 L-丝氨酸甲酯为原料制备 5-羰基-2-哌嗪羧酸的方便方法[53]。如式 51 所示：首先，L-丝氨酸甲酯与乙醛酸乙酯缩合。然后，再经钯催化还原得到 L-丝氨酸甲酯衍生物。最后，经叠氮化和

还原胺化即可高收率地得到 5-羰基-2-哌嗪羧酸甲酯。

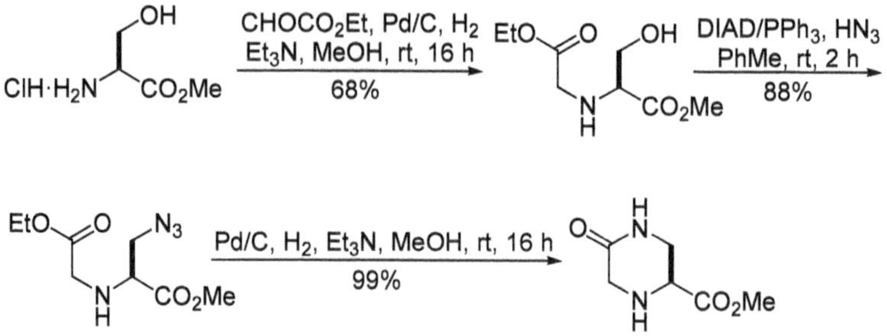

(51)

4.1.3.6　1-芳基-5-羰基-2-羟甲基哌嗪的制备

　　1-芳基-2-羰基-6-羟甲基哌嗪类化合物可以由丝氨酸与甘氨酸反应制得。但是，这种方法具有原料比较昂贵和原子经济性差的缺点。因此，Powell 等人研发了一种由芳胺、2-氯乙酰氯、苄胺和手性环氧氯丙烷为原料制备该类化合物的方便方法。如式 52 所示：首先，芳胺与 2-氯乙酰氯发生酰胺化反应生成 2-氯乙酰芳胺。然后，用苄胺处理得到 2-苄氨基乙酰芳胺。接着，再与环氧氯丙烷发生亲核开环反应。最后，经环化反应得到相应的 1-芳基-2-羰基-6-羟甲基哌嗪类化合物[54]。该方法具有原料易得和收率高等优点。

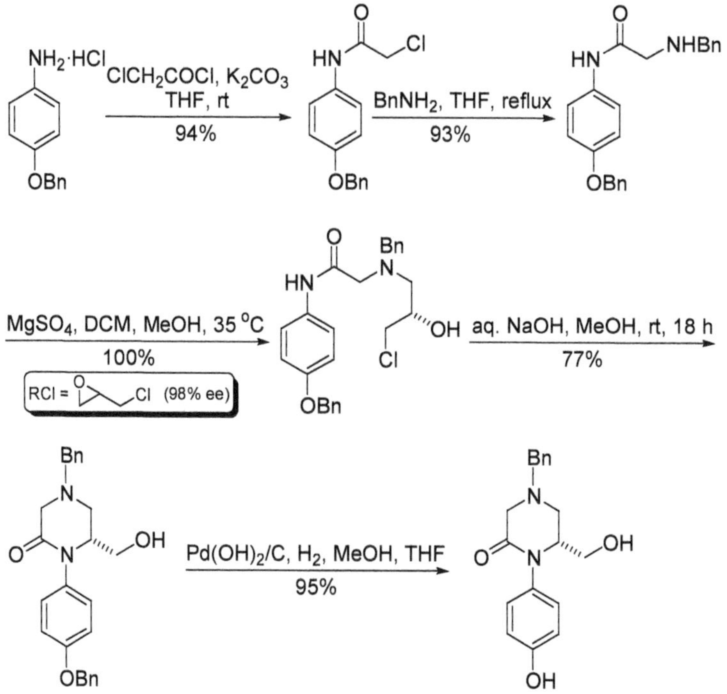

(52)

4.2 以乙二胺衍生物为原料

4.2.1 乙二胺与 1,2-二溴化物反应

乙二胺类化合物与 1,2-二溴乙烷类化合物反应是制备哌嗪类化合物的经典方法之一。由于氯化物的活性较低，一般使用比较活泼的二溴化物或者带有活化基团的二溴化物。如式 53 所示[55]：在三乙胺的存在下，将 N,N'-二苄基乙二胺与 2,3-二溴代丙酸叔丁酯在苯中回流即可得到 1,4-二苄基哌嗪-2-羧酸叔丁酯。

$$
\begin{array}{c}
\text{Bn}\\
\text{NH}\\
\text{NH}\\
\text{Bn}
\end{array}
+
\begin{array}{c}
\text{Br}\\
\text{Br} \quad \text{CO}_2{}^t\text{Bu}
\end{array}
\xrightarrow[\text{82\%}]{\text{Et}_3\text{N, PhH, 80 °C}}
\begin{array}{c}
\text{Bn}\\
\text{N}\\
\text{N} \quad \text{CO}_2{}^t\text{Bu}\\
\text{Bn}
\end{array}
\qquad (53)
$$

4.2.2 乙二胺与 α-羟基酮反应

乙二胺类化合物与 1,2-二羰基化合物依次发生缩合和还原反应是制备哌嗪类化合物的另一经典方法。该方法的主要缺点是 1,2-二羰基化合物比较难以得到。最近，Taylor 等人研发了一种由 α-羟基酮和 1,2-二胺为原料经"一锅连续法"制备哌嗪类化合物的方便方法[56]。如式 54 所示：首先，在反应体系中直接将 α-羟基酮氧化成为 1,2-二羰基化合物。然后，加入 1,2-二胺反应生成二氢吡嗪。最后，再经还原反应生成哌嗪衍生物。采用该方法可以方便地制备各种取代的哌嗪衍生物。

$$
\begin{array}{c}
\text{OH}\\
\text{R} \quad \text{O}
\end{array}
+
\begin{array}{c}
\text{H}_2\text{N} \quad \text{R}^1\\
\text{H}_2\text{N} \quad \text{R}^1
\end{array}
\xrightarrow[\text{reflux, then MeOH}]{\text{MnO}_2, \text{NaBH}_4, \text{CH}_2\text{Cl}_2}
\begin{array}{c}
\text{H}\\
\text{N} \quad \text{R}^1\\
\text{R} \quad \text{R}^1\\
\text{H}
\end{array}
\qquad (54)
$$

R	R¹	哌嗪	产率/%
Ph	H	(2-苯基哌嗪)	52
Ph	(CH₂)₄	(2-苯基十氢喹喔啉)	75
2-Fur	(CH₂)₄	(N,N-二乙酰基-2-呋喃基十氢喹喔啉)	60

续表

R	R^1	哌嗪	产率/%
C$_6$H$_{11}$	(CH$_2$)$_4$	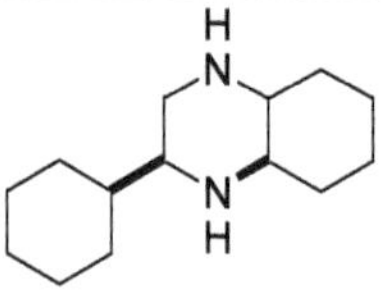	84
氢化可的松	H	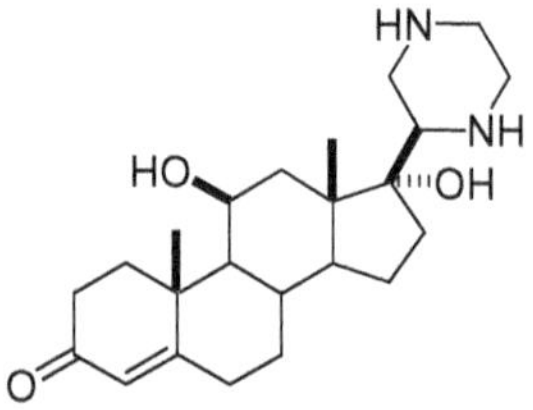	69
氢化可的松	(CH$_2$)$_4$	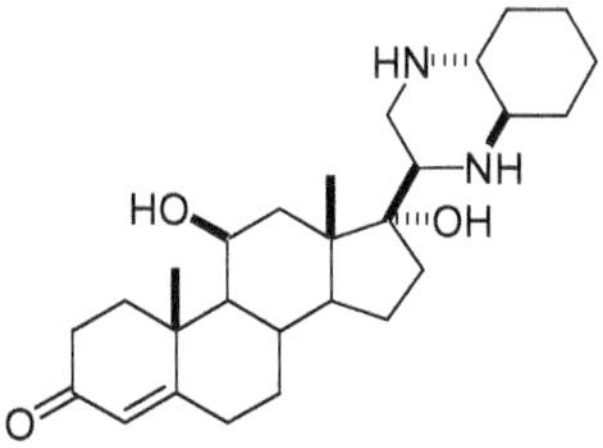	87

4.2.3 乙二胺与乙二醇反应

Madsen 等人在 2007 年报道[57]：在铱催化剂的作用下，可以由乙二醇与乙二胺直接反应制备哌嗪类化合物。如式 55 所示：在 0.5 mol% 的 [CpIrCl$_2$]$_2$ 和 5 mol% 的 Na$_2$CO$_3$ 的存在下，1,2-环己二胺与乙二醇在水中反应可以得到 96% 的二环哌嗪。该方法具有环境友好和原子经济性高等优点。

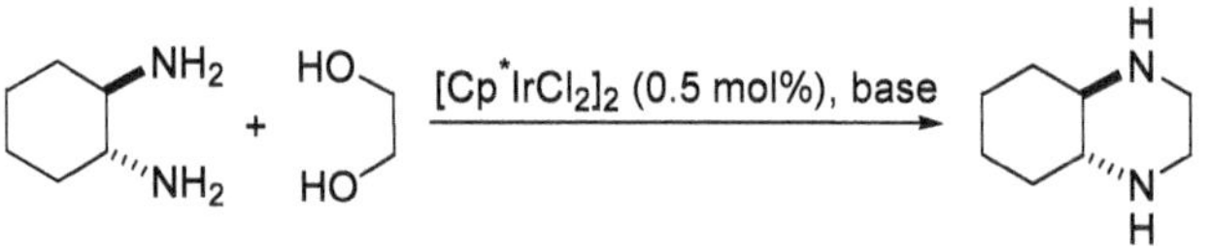

(55)

序号	胺	二醇	产物	溶剂	温度/°C	产率[①]/% (dr)[②]
1	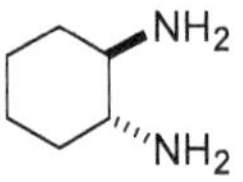	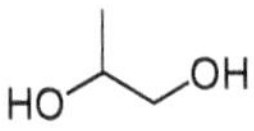	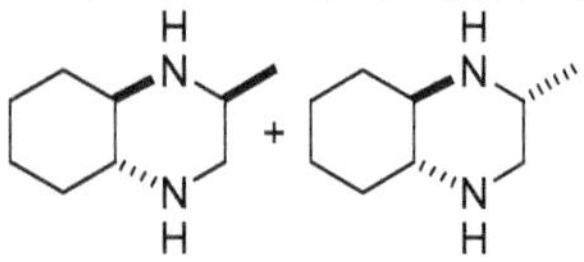	PhMe	110	87 (3:1)
				H$_2$O	100	98 (> 20:1)
2	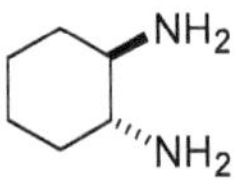	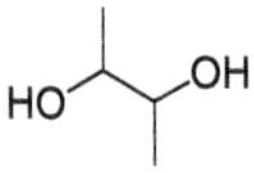	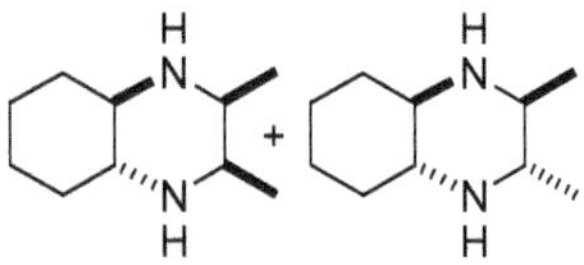	PhMe	140	79 (1:1)
				H$_2$O	140	81 (3:1)

续表

序号	胺	二醇	产物	溶剂	温度/°C	产率[①]/% (dr)[②]
3	NHBn ... NHBn	HO～OH	BnN◯NBn	PhMe	140	74
				H_2O	140	73
4	Ph Ph H_2N NH_2	HO～OH	Ph Ph HN◯NH	PhMe	110	54[③]
				H_2O	100	60[③]/80[④]
5	H_2N～NH_2	Ph HO～OH	Ph HN◯NH	H_2O	120	Quant.
6	$BnNH_2$	HO～OH	BnN◯NBn	neat	160[⑤]	94

[①] 分离产率。

[②] 用 ^{1}H NMR 光谱法测定。

[③] 反应 64 h。

[④] 使用 10% 的 TFA 代替 $NaHCO_3$。

[⑤] 反应 6 h。

注：等摩尔的胺和二醇在 0.5 mol% 的 $[Cp^*IrCl_2]_2$ 和 5% 的 $NaHCO_3$ 存在下反应过夜。

该反应的机理如式 56 所示：首先，高价态的催化剂作为氧化剂将醇氧化成为相应的羰基化合物。接着，生成的羰基化合物与胺反应形成亚胺。然后，被还原为低价态的催化剂又被用作还原剂将亚胺还原为胺。同时，催化剂再次被氧化成为高价态进入新一轮的催化循环。

(56)

4.2.4　*N*-烯丙基乙二胺与溴化物的环合反应

近年来，由 *N*-烯丙基乙二胺衍生物与溴化物发生环化反应制备哌嗪类化合物的方法学研究备受重视。研究的重点集中在 *N*-烯丙基乙二胺衍生物的制备和开发高效的环化反应催化剂 (式 57)。

$$(57)$$

Wolfe 等人报道[58]：氨基酸与烯丙胺反应后将羧基还原即可制得 *N*-烯丙基乙二胺衍生物。使用 Pd$_2$(dba)$_3$/P(2-furyl)$_3$ 作为环化反应的催化剂，可以得到中等的收率以及高度的对映选择性和非对映选择性。如式 58 所示：该反应可以用来制备高度立体选择性的 1,2,4,6-四取代哌嗪类化合物。

$$(58)$$

Michael 等人报道：通过环状磺酰胺与烯丙胺反应可以高收率地制备 *N*-磺酰基-*N*-烯丙基乙二胺衍生物[59]。然后，在钯试剂催化下高度立体选择性地得到 2,6-二取代哌嗪类化合物。该方法不但可以避免氨基酸中的羧基被还原，而且可以在室温条件下发生钯催化的环化反应 (式 59)。

$$(59)$$

4.2.5　乙二胺与乙烯基锍叶立德的反应

Aggarwal 等人发现[60]：在弱碱性条件下反应，乙二胺与乙烯基锍叶立德反应可以高产率地生成 2,3-二取代哌嗪类化合物 (式 60)。如式 61 所示：三氟甲磺酸溴乙酯与二苯硫醚反应后脱除溴化氢即可方便地制备乙烯基锍叶立德。该方法不仅原料易得和条件温和，而且不需要使用贵重的过渡金属催化剂。

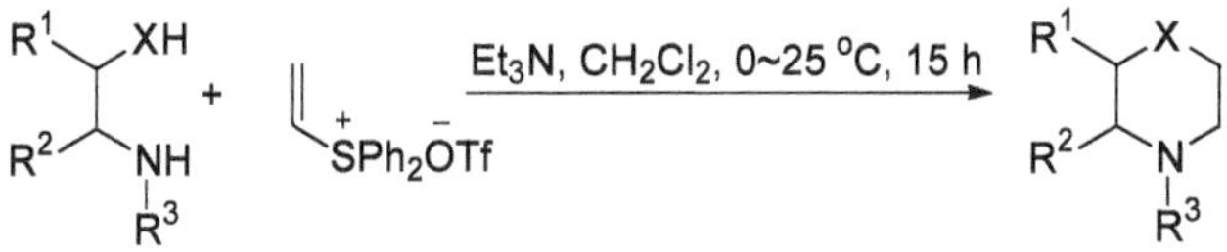

(60)

序号	底物	产物	分离产率/%
1	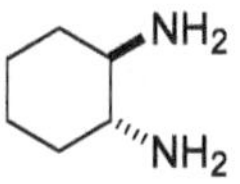	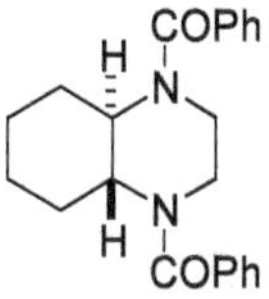	98[①]
2	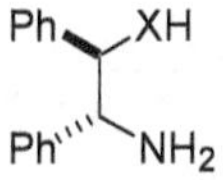	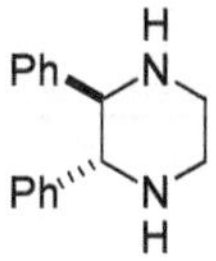	91
3	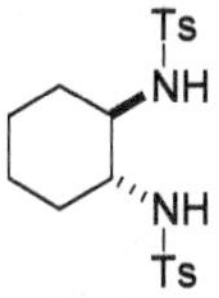	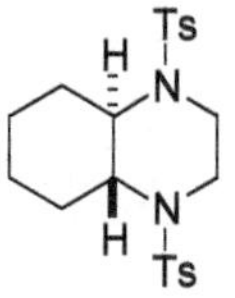	99[②]
4			98[②]

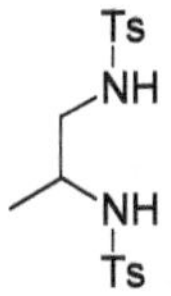

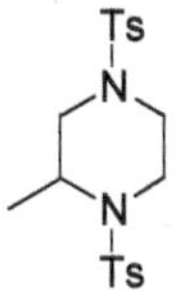

[①]苯甲酰化后再分离。

[②]使用 DBU (2 eq.) 作为碱。

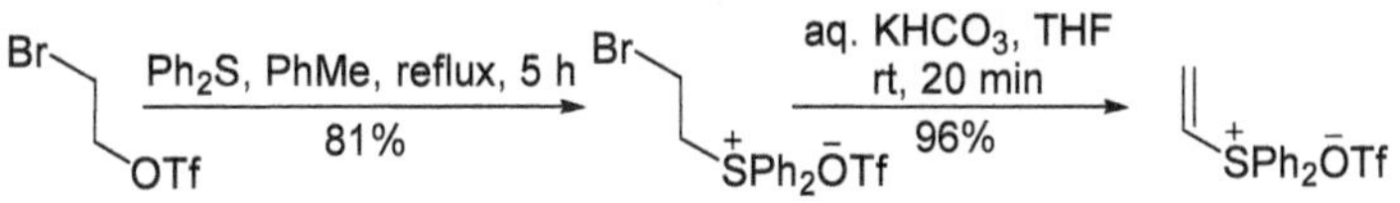

(61)

4.2.6　乙二胺与芳醛反应

Sigman 等人发现[61]：在 Lewis 酸和零价锰的作用下，乙二胺与芳醛形成的二亚胺可以发生还原环化反应，高收率和高立体选择性地生成 2,3-二芳基取代哌嗪 (式 62)。

$$(62)$$

R = Ph, p-ClC$_6$H$_4$, 2,5-(CH$_3$)$_2$C$_6$H$_3$, 2-furyl,
2,4-(CH$_3$)$_2$C$_6$H$_3$, 2-naphthyl, $_4$-CH$_3$OC$_6$H$_4$;
Brønsted acid = pyridine·HCl or TFA

4.2.7 乙二胺与联烯基羰基化合物或炔基羰基类化合物的反应

Lu 等人发现[62]：在三苯基膦催化下，一些双官能团试剂可以与联二烯羰基类化合物或炔基羰基类化合物依次发生极性翻转加成和共轭加成反应，最终生成杂环类化合物。当双官能团试剂为 1,2-二胺类化合物时，可以生成取代哌嗪类化合物 (式 63)。该反应可能的机理如式 64 所示。

$$(63)$$

$$(64)$$

4.3 以吖啶衍生物为原料

吖啶衍生物也是合成哌嗪环的起始原料。因为吖啶环具有较大的环张力，很容易与适当的亲核试剂发生亲核开环反应生成 1,2-二胺类化合物。然后，经进一步发生环化反应即可得到哌嗪类化合物。

Lee 等人[63]利用手性的 1-(1-苯乙基)吖啶-2-甲醛为原料，通过 Witting 反应可以高产率地制备相应的 2-烯基吖啶。然后，再依次与三甲硅基叠氮反应、还原反应和亲核开环胺化反应得到端基手性 1,2-二胺类化合物。该二胺类化合物中的伯氨基还可以与适当的醛发生缩合还原反应，引入不同的取代基。最后，在乙二醛的存在下发生还原胺化反应得到手性取代的哌嗪类化合物 (式 65)。

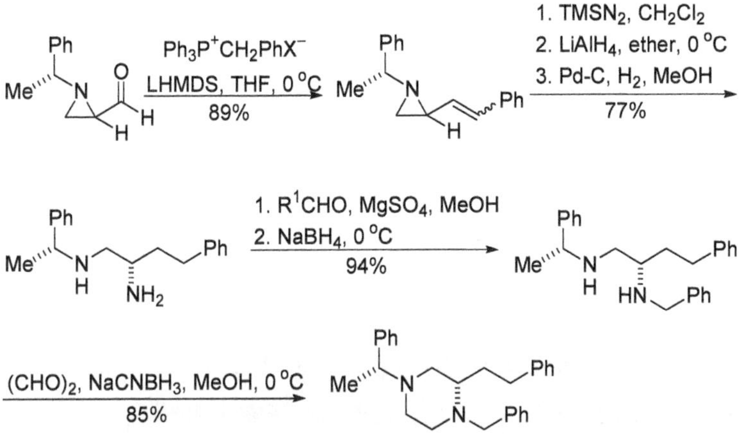

(65)

Franzyk 等人发现[64]：手性 N-对硝基苯磺酰基-2-取代吖啶衍生物与 ω-氨基醇依次发生氨解反应和 Fukuyama-Mitsnobu 环化反应即可生成单取代的手性哌嗪类化合物 (式 66)。该方法具有反应速度快、反应条件温和以及立体选择性高等优点。

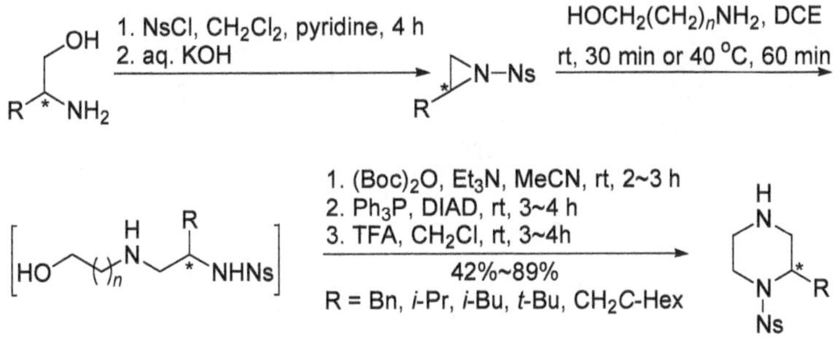

(66)

最近，Franzyk 等人报道了一种制备 N-保护的手性 2,5-二取代哌嗪类化合物的新方法[65]。首先，他们将 1-三苯甲基-2-羟甲基吖啶通过 2-羟甲基与高分子载体连接生成高分子负载的吖啶衍生物。然后，在微波促进下与乙醇胺发生开环反应形成相应的二胺。最后，将二胺经环化反应得到的产物从载体上切割下来 (式 67)。尽管该方法的收率还比较低，但符合绿色化学的发展方向而值得深入研究。

$$(67)$$

4.4 吡嗪衍生物还原法

如前所述：通过环化方法制备哌嗪类化合物通常需要经多步反应完成，有时甚至需要使用贵重的催化剂。因此，人们仍在进一步探索由吡嗪类化合物直接还原制备哌嗪类化合物的新途径，并取得了一定的进展。

2,5-二(3'-吲哚基)哌嗪类化合物是一类重要的生物碱。Horne 等人报道：3-氰基甲酰基吲哚经还原反应可以生成 3-(2'-氨基)乙酰基吲哚。然后，再经缩合环化反应即可得到 2,5-二(3'-吲哚基)吡嗪衍生物。如式 68 所示[66]：在非常简单的还原条件下，2,5-二(3'-吲哚基)吡嗪衍生物能够直接转化成为相应的 2,5-二(3'-吲哚基)吡嗪衍生物。

$$(68)$$

Olsson 等人报道：通过亲核取代反应可以在吡嗪氮氧化物的 2-位上引入各种取代基。然后，经硼氢化钠还原即可得到 1-羟基-2-取代哌嗪类化合物 (式 69)[67]。这两步反应均可在"一锅煮"条件下完成，一般得到良好的收率。如式 70 所示：产物中的保护基可以根据实际需求进行变换或脱除。

$$\text{(吡嗪氮氧化物)} \xrightarrow[\substack{33\%\sim91\% \\ R = aryl,\ aza\text{-}aryl,\ alkyl, \\ alkenyl,\ alknyl;\ X = Cl,\ Br}]{\substack{1.\ RMgX/DCM,\ -78\,^{\circ}C \\ 2.\ NaBH_4,\ MeOH \\ 3.\ Boc_2O,\ -78\,^{\circ}C}} \text{(Boc-哌嗪-R-OH)} \quad (69)$$

$$\text{(Bn/Bn-Ph)} \xleftarrow[92\%]{\substack{1.\ Zn,\ MeOH,\ AcOH,\ pH\ 4 \\ 2.\ BnBr,\ DIPEA,\ MeOH}} \text{(Boc-哌嗪-Ph-OH)} \xrightarrow[89\%]{\substack{1.\ aq.\ HCl,\ dioxane \\ 2.\ BnBr,\ DIPEA,\ MeOH}} \text{(Bn-哌嗪-Ph-OH)} \quad (70)$$

$$90\% \downarrow \substack{1.\ Zn,\ MeOH,\ AcOH,\ pH\ 4 \\ 2.\ aq.\ HCl,\ dioxane}$$

$$\text{(H-哌嗪-Ph-H)}$$

5　桥环和螺环哌嗪的合成

5.1　桥环哌嗪的合成

许多具有生物活性的化合物含有桥环哌嗪的结构。因此，桥环哌嗪类化合物的合成同样受到高度的重视，并取得了一定的进展。

5.1.1　六氢吡嗪并[1,2-*a*]喹啉类化合物的合成

Reinhoudt 等人发现[68]：由邻氟苯甲醛与单取代哌嗪发生芳基取代反应可以生成 1-(2-甲酰基)苯基哌嗪。将该中间体与丙二腈缩合得到的产物在叔丁醇中回流即可发生分子内环化反应，最终得到六氢吡嗪并[1,2-*a*]喹啉类化合物 (式 71)。如式 72 所示：该分子内环化反应可能经过了一个 [1,5]-氢迁移过程。

5.1.2　3-羰基-2,6-桥环哌嗪衍生物的合成

Hiemstra 等人报道[69]：当 2,5-二羰基-4-苄基-1-哌嗪甲酸甲酯类化合物的 6-位连有适当的亲核性取代基时，通过依次发生羰基的还原和分子内亲核环化反应

即可得到较好收率的桥环哌嗪类化合物 (式 73)。

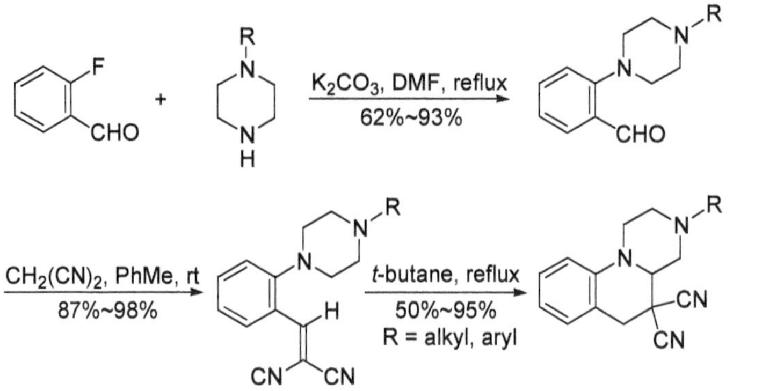

(71)

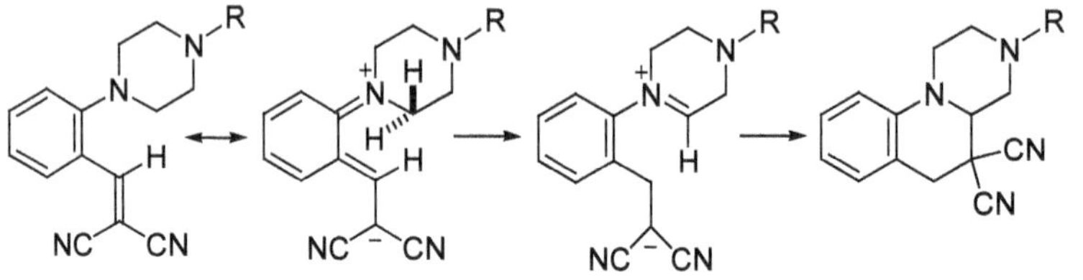

(72)

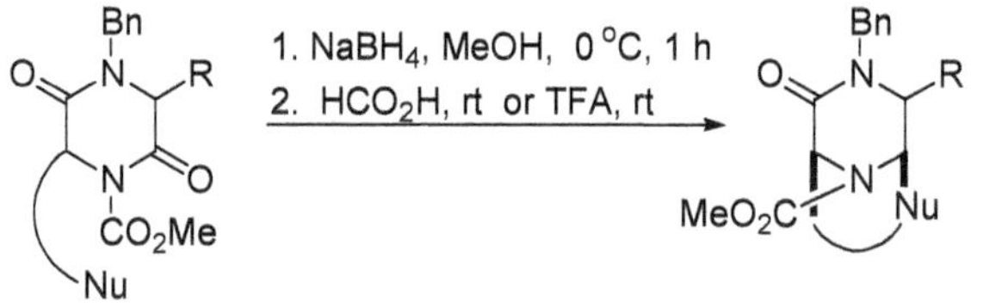

(73)

序号	溶剂	时间	产物	(产率)	序号	溶剂	时间	产物	(产率)
1	TFA	24 h	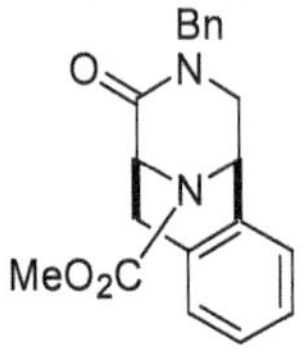	(76%)	4	HCO$_2$H	24 h	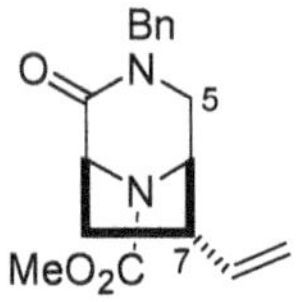	(64%)
2	TFA	72 h	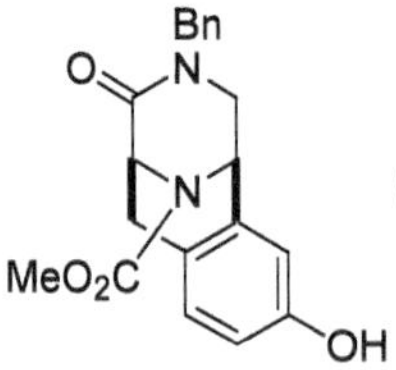	(88%)	5	TFA	24 h	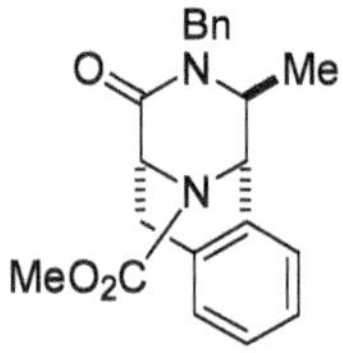	(74%)
2	HCO$_2$H	2 h	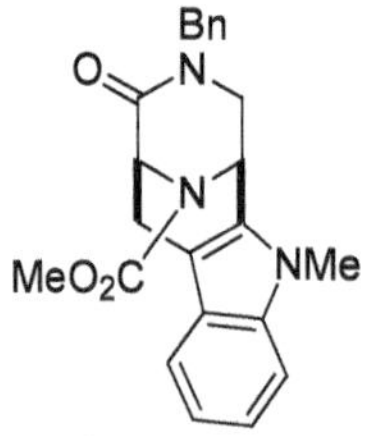	(80%)	6	TFA	24 h	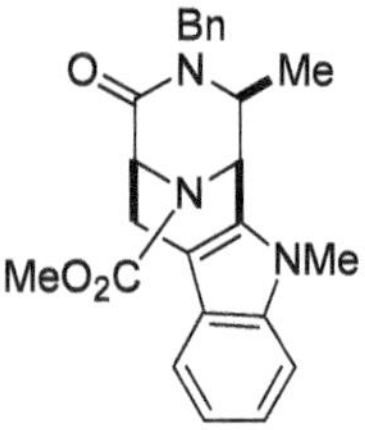	(71%)

后来，Opatz 报道了一种更方便的方法[70]。如式 74 所示：首先，由 *N*-Fmoc-苯丙氨酸与 2-甲氨基二甲醇缩乙醛缩合生成相应的苯丙胺酸酰胺类化合物。然后，该类化合物在三氟乙酸作用下即可方便地环化生成相应的桥环哌嗪类化合物。如式 75 所示：这可能是一个通过酰基亚胺离子中间体发生的"一锅多步"成环反应。

$$(74)$$

反应条件: i. *t*BuOCOCl, NMM, CH$_2$Cl$_2$, 20 ^{o}C; ii. MeHNCH$_2$CH(OMe)$_2$, 0 ^{o}C;
iii. TFA, reflux, 60% for three steps.

$$(75)$$

5.1.3   2,5-二氮杂二环[2.2.1]庚烷衍生物的合成

Savoia 等人报道了一种构建 2,5-二氮杂二环[2.2.1]庚烷骨架的方便方法[71]。如式 76 所示：首先，由乙二醛与伯胺反应形成乙二亚胺类化合物。然后，使用烯丙基锌试剂与之发生加成反应。最后，在碘的作用下发生巧妙的环化反应生成 2,5-二氮杂二环[2.2.1]庚烷衍生物。如式 77 所示：其中的一个双键在碘的作用下形成了两个 C-N 键。

5.1.4   吡咯并氧代哌嗪类化合物的合成

Nenajdenko 等人报道[72]：由 2-(2-甲酰基-1*H*-吡咯)羧酸酯、伯胺和异氰酸酯通过三组分 Ugi 反应可以制备吡咯并氧代哌嗪类化合物 (式 78)。该反应条件温和且收率良好，但非对映选择性不高。如式 79 所示：作为重要原料的 2-(2-甲酰基-1*H*-吡咯)羧酸需要经两步反应来制备。首先由 L-氨基酸酯与 2,5-二甲氧基四氢呋喃反应生成 2-(1*H*-吡咯)羧酸酯，然后通过 Vilsmeier 反应在吡咯环的 2-位上引入甲酰基。

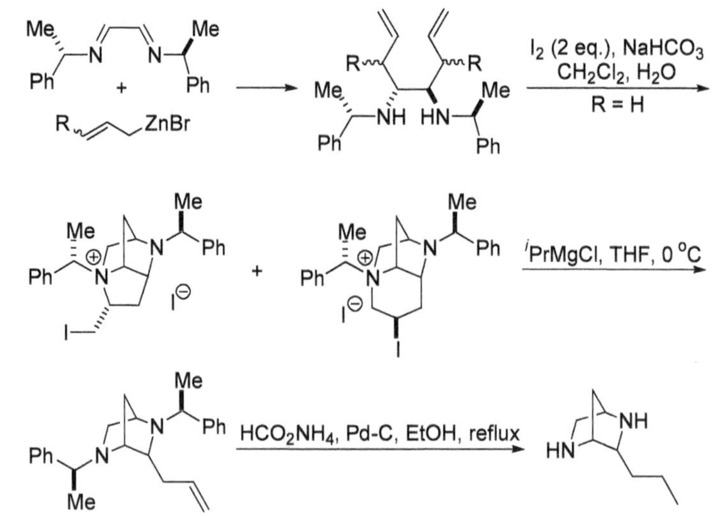

(76)

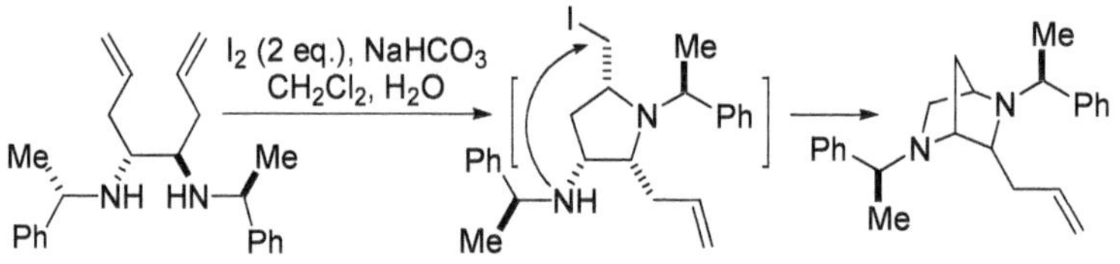

(77)

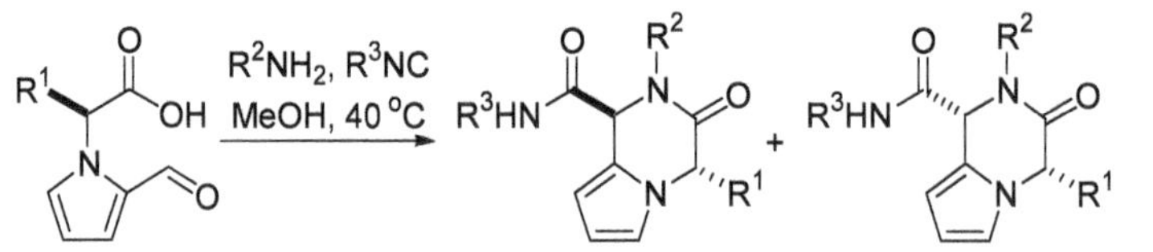

(78)

R¹	R²	R³	产率/%	dr
Me	4-MeOPh	t-Bu	62	1.7:1
Me	2-Furylmethyl	t-Bu	58	1.9:1
Me	i-Pr	t-Bu	59	1.7:1
Me	t-Bu	t-Bu	0	—
Me	Bn	Bn	68	1.8:1
Me	Bn	t-Bu	70	1.7:1
Me	4-MeOPh	4-BrPh	74	1.6:1
Bn	4-MeOPh	t-Bu	62	1.9:1
i-Bu	4-MeOPh	t-Bu	59	2.2:1
i-Pr	4-MeOPh	t-Bu	68	2.9:1
s-Bu	4-MeOPh	t-Bu	67	3.2:1
Bu	Bu	t-Bu	66	2.2:1
i-Bu	Bu	t-Bu	68	2.3:1
i-Pr	Bn	t-Bu	60	2.8:1
s-Bu	Bn	t-Bu	70	3.1:1

续表

R¹	R²	R³	产率/%	dr
Bn	2-Furylmethyl	t-Bu	63	2.1:1
i-Bu	Bn	Et	68	2.3:1
s-Bu	Bn	Et	61	3.1:1
H	(1R)-PhEt	t-Bu	67	1.3:1
CH₃	(1R)-PhEt	t-Bu	66	1.9:1
CH₃	(1S)-PhEt	t-Bu	64	1.8:1
i-Bu	(1R)-PhEt	t-Bu	65	2.7:1
i-Bu	(1S)-PhEt	t-Bu	63	2.4:1
s-Bu	(1R)-PhEt	t-Bu	65	4.0:1
s-Bu	(1S)-PhEt	t-Bu	62	3.6:1

(79)

5.1.5 哌嗪并-β-内酰胺类化合物的合成

Kimpe 等人发现[73]：使用手性 1-(2-卤乙基)-3-羟基-4-甲酰基-β-内酰胺与不同的伯胺反应，可以生成 N-(2-卤乙基)-3-羟基-4-酰亚氨基-β-内酰胺类衍生物。然后，经还原环化反应即可得到相应的哌嗪并-β-内酰胺类化合物 (式 80)。

(80)

i. NaBH₄, MeOH or EtOH, heating, 1~3 h.
ii. R²NH₂, MgSO₄, CH₂Cl₂, rt, 1 h.

R¹	R²	产率/% 4-imidoyl-β-lactams	diazabicycloalkanones
Bn	allyl	98	81
Bn	iPr	97	59
Me	allyl	98	87
Me	tBu	99	41
Me	Bn	97	63

在上述反应中，关键原料 1-(2-卤乙基)-3-羟基-4-甲酰基-β-内酰胺可以按照式 81 所示的路线来合成。首先，异亚丙基保护的甘油醛与 2-卤乙胺发生缩合反应得到相应的亚胺。然后，再与烷氧基乙酰氯发生酰化环化反应构成 β-内酰胺骨架。最后，依次经脱保护反应和邻位二醇的氧化裂解反应得到预期的 1-(2-卤乙基)-3-羟基-4-甲酰基-β-内酰胺。

$$R^1 = Me, Bn, Ph \tag{81}$$

i. ClCH$_2$CH$_2$NH$_2$·HCl, Et$_3$N, MgSO$_4$, DCM, rt, 1 h.
ii. R^{1}OCH$_2$COCl, Et$_3$N, DCM, 0 °C, rt, 15 h.
iii. p-TsOH, aq. THF, heating, 4 h.
iv. NaIO$_4$, NaHCO$_3$, DCM, rt, 2 h.

5.2 螺环哌嗪的合成

5.2.1 C-螺哌嗪类化合物的合成

5.2.1.1 螺-2,5-二羰基哌嗪类化合物

C-螺哌嗪类化合物通常是用环状碳环的 α-氨基酸为原料来制备。Mash 等人报道：利用各种取代的 2-氨基茚-2-羧酸酯与不同的氨基酸反应，可以生成一系列单螺和双螺 2,5-二羰基哌嗪类衍生物 (式 82)[74]。

$$\tag{82}$$

Grøtli 等人报道[75]：在微波辅助下，含有环状碳环的叔丁氧羰基保护的二肽

可在水中发生环合反应，生成相应的螺-2,5-二羰基哌嗪类化合物 (式 83)。

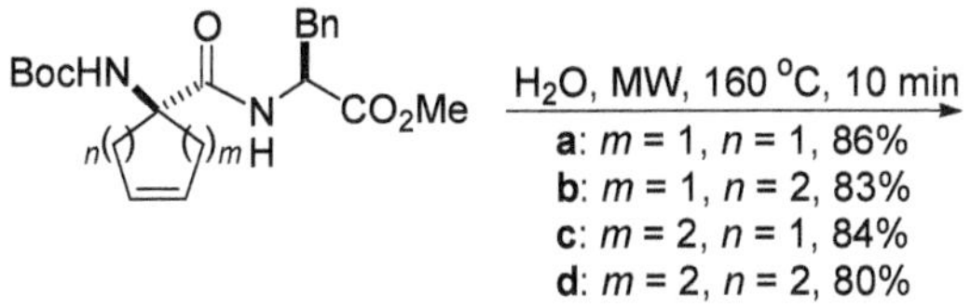

$$
\begin{array}{l}
\text{a: } m = 1, n = 1, 86\% \\
\text{b: } m = 1, n = 2, 83\% \\
\text{c: } m = 2, n = 1, 84\% \\
\text{d: } m = 2, n = 2, 80\%
\end{array}
$$

(83)

该方法的关键是含环状碳环氨基酸二肽的制备。这类化合物的制备通常需要经多步反应才能完成：首先，使用易得的 2,5-二乙氧基-3-异丙基二氢吡嗪与烯丙基或烯丁基溴化物发生双烷基化反应。然后，得到的产物经催化环化反应和二氢吡嗪环的裂解反应得到相应的环状氨基酸。最后，环状氨基酸与 L-苯丙氨酸缩合生成相应的含环状氨基酸二肽。在微波辅助条件下，催化环化反应和二氢吡嗪环的裂解反应可以在数分钟内完成，多数反应的收率在 80% 以上 (式 84)。

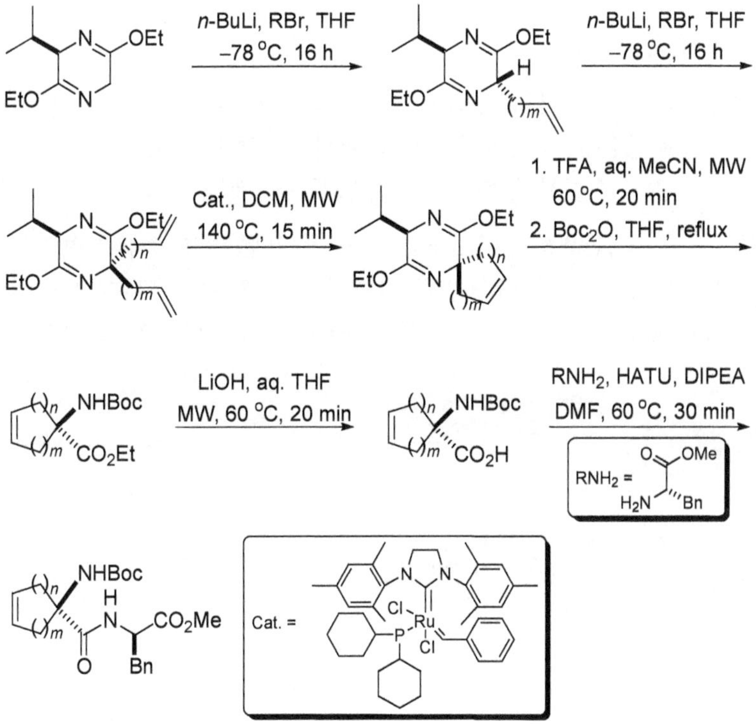

(84)

5.2.1.2　螺-2,6-二羰基哌嗪类化合物

相对于螺-2,5-二羰基哌嗪类化合物而言，有关螺-2,6-二羰基哌嗪类化合物的合成研究比较少。Herranz 等人报道[76]：首先，将环酮与保护的氨基酸发生反应生成亚胺衍生物。然后，不经分离直接用三甲硅基腈处理得到腈化物。最后，经环化反应生成相应的螺-2,6-二羰基哌嗪类化合物 (式 85)。

$$(85)$$

Xaa-OP =

a: L-Phe-OMe   **e**: L-Asp(OBn)-OBn
b: L-Pro-OMe   **g**: L-Glu(OMe)-OMe
c: L-Trp-OMe   **j**: L-Ser-OMe
d: L-Asp(OMe)-OMe   **k**: L-Ser(OTMS)-OMe

5.2.2 *N*-螺哌嗪类化合物的合成

N-螺哌嗪类化合物是一类螺环哌嗪季铵盐类化合物，它们具有抗肿瘤和镇痛等多种生物活性。有关它们的合成方法主要有两种：一种是由哌嗪与二卤化物反应来制备，另一种是由氮芥类化合物与环状仲胺反应来制备。

如式 86 所示[77]：在碳酸氢钠存在下，1-苯甲酰基哌嗪与 1,4-二溴丁烷在乙醇中回流 6 h 即可得到 80% 的螺环哌嗪季铵盐 (式 86a)。在同样的条件下，环磷酰胺与环己胺反应可以得到 87% 的螺环哌嗪季铵盐衍生物 (式 86b)。

$$(86a)$$

$$(86b)$$

6 哌嗪类化合物在有机合成中的应用

6.1 非烯醇化羰基化合物的三氟甲基化反应

由于氟原子特殊的结构特性，许多含氟有机化合物具有重要的生物学活性。

因此，其合成方法的应用研究受到人们的高度重视。Billard 等人发现[78]：三氟乙醛的哌嗪半缩胺 (PHTFA) 是一个有效的三氟甲基化试剂。它可以与各种非烯醇化的羰基化合物发生亲核加成反应，以良好的收率生成相应的三氟甲基化产物 (式 87)。通常，PHTFA 可以由三氟乙醛的甲醇半缩醛与 1-苄基哌嗪一步反应制得。

$$
\begin{array}{c}
\text{Bn-piperazine-NH} + \underset{F_3C}{\overset{OMe}{\underset{OH}{\big|}}} \xrightarrow[\text{75\%}]{\text{CH}_2\text{Cl}_2,\ \text{rt, 48 h}} \text{PHTFA} \xrightarrow[\text{X = H, SiMe}_3]{\substack{\text{1. RCOR}^1,\ ^t\text{BuOK} \\ \text{2. TMSCl, THF, rt}}} F_3C\!-\!\underset{R^1}{\overset{OX}{\big|}}\!-\!R
\end{array}
\qquad (87)
$$

PHTFA

序号	RCOR′	产物	产率/%[①]
1	Ph–CO–Ph	F_3C, OH / Ph, Ph	80 (90)
2	(fluorenone)	F_3C, OH	64 (63)
3	(4,4'-difluorobenzophenone)	F_3C, OH / F...F	75 (90)
4	(2-pyridyl phenyl ketone)	F_3C, OH	80 (85)
5	(di-2-pyridyl ketone)	F_3C, OTMS	60 (70)
6	(2-naphthyl phenyl ketone)	F_3C, OH	80 (94)
7	(3-thienyl phenyl ketone)	F_3C, OH	47 (50)
8	(thioxanthone)	F_3C, OH	71 (76)
9	Ph–CHO	F_3C, OTMS / Ph, H	65 (72)
10	(N-methylpyrrole-2-carbaldehyde)	Me H OTMS, CF_3	96 (100)
11	(N-methylphthalimide)	F_3C, OTMS, NMe	76 (79)

①分离产率；括号 ( ) 内数据为粗产率，以 $PhOCF_3$ 为内标，通过 ^{19}F NMR 谱测得到。

6.2 催化有机反应

哌嗪及其衍生物也可以用于催化多种有机反应。如式 88 所示：手性 2,5-二苄基哌嗪可以高度选择性地催化硝基乙烯类化合物的 Michael 加成反应[79]。

$$\text{Ar} \diagdown \text{NO}_2 + \text{R}^2\text{CHO} \xrightarrow[\text{DCM, hexane}]{\text{Cat. (10 mol\%)}}$$

(88)

up to 78%, R = Et, Pr, ^{i}Pr, ^{i}Bu
80:20~9:3 dr; 68%~85% ee

手性哌嗪-2-甲酰胺类化合物可以高度选择性地催化亚胺的氢硅化反应，生成相应的手性胺产物 (式 89)[80]。

$$\text{R}^1 \diagup^{\text{N} \diagdown \text{Ph}}_{\text{R}^2} \xrightarrow[\text{}]{\text{HSiCl}_3, \text{Cat. (10 mol\%), DCM, } -20\ ^{\circ}\text{C}}$$

(89)

up to 97% ee
R^1 = Ar, c-C_6H_{11}
R^2 = Me, Et, ^{n}Pr, ^{i}Pr, c-Pr, ^{n}Bu, ^{i}Bu

高分子负载的哌嗪二乙酸盐可以非常有效地催化 Knoevenagel 缩合反应，因为催化剂很容易除去而有利于产物的分离和纯化 (式 90)[81]。

(90)

三价有机磷化合物是常见的过渡金属催化剂配体，但非常容易被氧化。而三价有机磷化合物的硼配合物具有很好的稳定性，甚至不会被一般的氧化剂所氧化。该类配合物相当于三价有机磷化合物的前体化合物，在使用时脱除硼烷即可原位生成活性的三价有机磷配体。Pericas 等人发现：聚苯乙烯负载的哌嗪或甲基哌嗪是一种简单有效的三价有机磷-硼配合物的脱硼试剂 (式 91)[82]。

$$\text{R}-\overset{\text{R}^1}{\underset{\text{R}^2}{\text{P}}}\rightarrow\text{BH}_3 \xrightarrow{\text{Cat., PhMe, heating}} \text{R}-\overset{\text{R}^1}{\underset{\text{R}^2}{\text{P}}}$$

(91)

序号	底物	温度/°C	时间/h	转化率/%
1	Ph₃P→BH₃	60	4.5	99
2	PhMe₂P→BH₃	115	17	68
3	Ph₂PCH₂CH₂PPh₂	60	4	90
4	(PhO)₃P→BH₃	60	1.5	100
5	(−)-DIOP→BH₃	60	22	100
6	CamPHOS→BH₃	60	4	99
7	PuPHOS→BH₃	60	2	95
8		60	2	98
9		回流	16	99
10		60	16	99

7 哌嗪类化合物的合成实例

例 一

1-苯甲酰基哌嗪的合成[26]

(92)

在装有搅拌器、回流冷凝管、滴液漏斗和温度计的四口瓶中，加入六水合哌嗪 (174.8 g, 0.9 mol) 和 HOAc (600 mL)。搅拌使之溶解后，在 30~40 °C 下滴加 PhCOCl (105 g, 0.75 mol)。约 2 h 加完后，再在室温下放置 3 h。然后，减压蒸出大部分 HOAc，并用 45% 的 NaOH 水溶液中和至 pH = 9~10。混合物经抽滤后得到的滤液用 CHCl₃ 萃取，合并的有机相用无水 K₂CO₃ 干燥。蒸去溶剂得到 118.4 g (83%) 淡黄色固体产物，熔点 65~66 °C。

例 二

1-(3-苯丙基)哌嗪盐酸盐的制备[15]

$$(93)$$

在 75~80 °C 下，将 1-溴-3-苯基丙烷 (85 mL, 0.56 mol) 慢慢滴加到哌嗪 (500 g, 5.5 mol) 的 MeCN (1 L) 溶液中，滴加时间维持在 8 h 以上。然后，将反应液冷却到 15~25 °C。过滤出固体后，用 MeCN (250 mL) 洗涤滤饼 (滤饼为过量的哌嗪)。滤液在 < 40 °C 下减压浓缩，得到的残留物用 EtOAc 和水 (1 L, 1:1) 稀释。分出有机相，水相用 EtOAc 萃取。合并的有机相用饱和 NaCl 水洗 (250 mL)，然后在 < 40 °C 下减压浓缩得到黏稠油状的游离碱。将游离碱溶于 EtOH (250 mL) 中，在 20~30 °C 下加入浓盐酸搅拌 1 h。接着，再加入 CH₃COCH₃ (700 mL) 搅拌 2 h 后，冷却到 0~5 °C 后过滤。滤饼在 40 °C 下减压干燥至恒重，得到 111.5 g (72%, 纯度为 98.4%) 1-(3-苯丙基)哌嗪盐酸盐。

例 三

4-氯-5-(1-哌嗪基)异噻唑-3-羧酸叔丁酯的制备[20]

$$(94)$$

将 4,5-二氯异噻唑-3-羧酸叔丁酯 (300 mg, 1.18 mmol)、哌嗪 (3.05 g, 3.54 mmol) 和 KF (400 mg, 7.08 mmol) 溶于 DMSO (3 mL) 中，并在 80 °C 下搅拌反应 12 h。冷却至室温后加入水 (~30 mL)，生成的混合物用 CH₂Cl₂ 萃取。合并的有机相用 NaCl 水溶液洗涤和无水 MgSO₄ 干燥后，减压蒸去溶剂。生成的残留物用硅胶柱色谱 (己烷-乙酸乙酯, 95:5) 纯化得到 378 mg (95%) 固体产物，熔点 76~77 °C。

例 四

(R)-1-[1-(4-氟苯基)乙基]-4-(4-甲基苯磺酰基)哌嗪的制备[36]

$$(95)$$

将 (R)-1-[1-(4-氟苯基)乙胺 (1.0 kg, 7.18 mol)、N,N-二(2-氯乙基)-4-甲基苯磺酰胺 (2.13 kg, 7.18 mol) 和二异丙基乙胺 (2.495 L, 14.32 mol) 加入到反应器中。形成的混合物搅拌回流 36 h 后冷至室温，加入由去离子水 (6 L)、冰 (20 kg)、K_2CO_3 (7 kg) 和 CH_2Cl_2 (25 L) 配成的混合溶液。分出有机相，水相用 CH_2Cl_2 萃取。合并的有机相用活性炭脱色和无水 $MgSO_4$ 干燥后，减压蒸去溶剂。生成的油状残留物经正己烷 (10 L) 稀释后，在 0 ℃ 下静置 30 min。然后，将析出的固体抽滤分离，并用冷的正己烷洗涤多次。最后，经干燥得到 2.5 kg (96%) 白色结晶状产物，熔点 129 ℃。

例 五

4-[6-氟-1-(4-甲苯基磺酰基)-1H-3-吲唑基]-1-氰甲基哌嗪的制备[83]

$$(96)$$

将 1-氰甲基哌嗪 (22.9 g, 183 mmol) 和 DABCO (0.7 eq., 13.0 g) 溶于干燥的 NMP (60 mL) 中。然后，在氮气保护搅拌下，滴加冷却至 0 ℃ 的 2-氯-4-氟苯甲酰氯对甲苯磺酰腙 (60 g, 0.166 mol) 的 NMP 溶液。大约在 60 min 滴加完毕后，生成的混合物在室温下继续搅拌 1 h。接着，向反应体系中加入研细的 K_2CO_3 (91.8 g, 0.664 mol) 粉末固体。将形成的浆状物在氮气保护下再加热到 90~95 ℃ 反应，直到 HPLC 检测环化反应完成为止 (约 4 h)。将体系冷至室温后，慢慢加入冷水 (600 mL)。生成的混合物搅拌 15 min 后，滤出固体并用冷水洗涤。将固体产物悬浮在甲醇 (350 mL) 中，室温搅拌 40 min 后过滤。得到的固体在减压条件下加热干燥 (40 ℃, 30 mmHg) 过夜，最后得到 48.8 g (70.9%) 亮褐色的固体产物。

例 六

3-(2,5-二羰基)哌嗪丙酸甲酯的制备[47]

(97)

(S)-2-[2-(苄氧羰基氨基)乙酰氨基]戊二酸二甲酯的制备 将 L-谷氨酸盐酸盐(1.06 g, 5.01 mmol) 和 4-乙基吗啉 (1.25 mL, 9.87 mmol) 加入到由 N-Cbz-甘氨酸 (1.28 g, 6.12 mmol)、THF (25 mL) 和 CH$_2$Cl$_2$ (25 mL) 形成的悬浮液中。然后，在 0 °C 下加入 HOBt (1.50 g, 9.79 mmol) 和 DCC (1.23 g, 5.96 mmol)。反应 30 min 后，升至室温继续反应 16 h。将过滤和减压浓缩后得到的残留物溶于 CH$_2$Cl$_2$ (100 mL) 中，依次用饱和 NaHCO$_3$ 水溶液、0.5 mol/L 的 HCl 溶液和饱和 NaCl 水溶液洗涤。经无水 MgSO$_4$ 干燥后减压浓缩，生成的粗产物用柱色谱 (CH$_2$Cl$_2$-AcOEt, 1:1) 纯化，得到 1.71 g (94%) 无色固体产物，熔点 65~67 °C。

3-(3,6-二羰基-2-哌嗪)丙酸甲酯的制备 将上述操作得到的固体产物 (423 mg, 1.15 mmol) 和 Pd/C (10%, 100 mg) 的甲醇 (35 mL) 悬浮液在氢气氛下 (气球, 1013 mbar) 室温搅拌反应 16 h。然后过滤出催化剂，滤液在减压下蒸去溶剂。将生成的黏稠液体放置固化后，经乙醇重结晶得到 196 mg (85%) 产物，熔点 197~198 °C，$[\alpha]_{589}^{20}$ = +4.1 (c 0.32, CHCl$_3$)。

例 七

(2R,3R)-2,3-二苯基哌嗪的制备[61]

(98)

在室温和氮气保护下，依次向干燥的反应瓶中加入 Mn(0) (325 目) (70 mg, 1.3 mmol) 和 MeCN (16 mL)。然后，在搅拌下依次加入二苯甲醛乙二亚胺 (205 mg, 0.9 mmol) 的 PhMe 溶液和 CF$_3$CO$_2$H (200 μL, 2.6 mmol)。生成的混合物剧烈搅拌 6 h 后，减压蒸出 MeCN 和 PhMe。生成的残留物依次用 10% 的

Na₂CO₃ 水溶液和 CHCl₃ 洗涤，水层用 CHCl₃ 萃取。合并的有机相用无水 Na₂SO₄ 干燥后，减压蒸去溶剂得到 193 g (95%) 无定形固体产物。

例 八

(±)-1,4-二苯甲酰基十氢喹喔啉的制备[60]

(99)

在 0 ℃ 和氮气保护搅拌下，将三乙胺 (0.308 g, 3.04 mmol) 加入到含有 (±)-1,2-二氨基环己烷 (173 mg, 1.52 mmol) 的无水 CH₂Cl₂ (10 mL) 溶液中。搅拌 10 min 后，再滴加二苯基乙烯磺酸盐 (575 mg, 1.59 mmol) 的 CH₂Cl₂ (5 mL) 溶液，滴加时间不少于 2 min。生成的混合物在 0 ℃ 下搅拌 2 h 后，升至室温搅拌过夜。减压蒸除溶剂，剩余物溶于 1.0 mol/L NaOH (4.56 mL) 中，搅拌冷却，在 0 ℃ 滴加入苯甲酰氯 (64 mg, 4.55 mmol)，反应混合物升至室温，继续搅拌 3 h。反应液用 CH₂Cl₂ (100 mL) 萃取，合并有机相，依次用稀盐酸，食盐水洗，无水硫酸镁干燥，过滤，蒸出溶剂，得到 519 mg (98%) 白色固体产物，R_f = 0.44 (EtOAc-PE, 4:6)，熔点 60~61 ℃ (EtOAc-PE)。

例 九

(3S)-3-苄基哌嗪-1-甲酸叔丁酯的制备[64]

(100)

在室温下，将 (2S)-1-(4-硝基)苯磺酰基-2-苄基氮杂环丙烷 (1.5 g, 4.7 mmol) 加入到含有 2-氨基乙醇 (4.32 g, 70.7 mmol) 的干燥 CH₂Cl₂ (15 mL) 溶液中。搅拌反应 30 min 后减压浓缩，残留物用 EtOAc (180 mL) 稀释。生成的混合物经水洗和无水 Na₂SO₄ 干燥后，减压蒸去溶剂。

将上述操作得到的黄色油状物溶于 MeCN (90 mL) 中，加入 Et₃N (1.30 mL, 9.4 mmol) 和 (Boc)₂O (1.13 g, 5.2 mmol)。生成的混合物在室温下反应 3 h 后，减压蒸去溶剂。生成的残留物用 EtOAc (180 mL) 稀释后，依次用水和饱和 NaCl 水溶液洗涤。经无水 Na₂SO₄ 干燥后减压蒸去溶剂。

　　将上述操作得到的黄色油状物溶于干燥的 THF (75 mL) 中，在氮气保护下加入 Ph₃P (1.85 g, 7.1 mmol)。生成的混合物在室温下搅拌 5 min 后，再加入 DIAD (1.37 mL, 7.1 mmol, 1.5 eq.) 继续搅拌 3.5 h。减压蒸去溶剂后，将粗产物溶于 MeCN (75 mL) 中。然后，向溶液中加入 DBU (1.41 mL, 9.4 mmol) 和 1-辛硫醇 (1.64 mL, 9.4 mmol)。生成的混合物在室温下搅拌 15 min 后，减压蒸去溶剂。将粗产物溶于 EtOAc (180 mL) 中，依次用 10% 的 Na₂CO₃ 溶液和饱和 NaCl 水溶液洗涤。经无水 Na₂SO₄ 干燥后减压蒸去溶剂，残留物经硅胶柱色谱 (洗脱剂：CH₂Cl₂-MeOH) 纯化得到 0.91 g (70%) 黄色油状产物 (3*S*)-3-苄基哌嗪-1-甲酸叔丁酯，$[\alpha]_D = -1.1$ (*c* 0.90, MeOH)。

例 十

8-苯甲酰基-5,8-二氮杂二环[4.5]癸烷溴化物的制备[84]

$$(101)$$

　　将 1-苯甲酰基哌嗪 (4.8 g, 25 mmol)、无水 NaHCO₃ (5.3 g, 62.5 mmol)、1,4-二溴丁烷 (5.4 g, 25 mmol) 和无水 EtOH (15 mL) 的混合物搅拌回流 6 h 后，趁热过滤并用少量无水 EtOH 洗涤。滤液冷却后析出白色结晶，再用无水 EtOH 重结晶后得到 6.50 g (80%) 白色固体产物，熔点 219~220 °C。

8　参考文献

[1]　Smith, D. R.; Curry, J. W.; Eifert, R. L. *J. Am. Chem. Soc.* **1950**, *72*, 2969.

[2]　Adelson, D. E.; Pollard, C. B. *J. Am. Chem. Soc.* **1935**, *57*, 1280.

[3]　Forsee, W. T.; Pollard, C. B. *J. Am. Chem. Soc.* **1935**, *57*, 1788.

[4]　Pollard, C. B.; Bain, P.; Adelson, D. E. *J. Am. Chem. Soc.* **1935**, *57*, 199.

[5]　Stewart, V. E.; Pollard, C. B. *J. Am. Chem. Soc.* **1936**, *58*, 1980.

[6]　Bain, J. P.; Pollard, C. B. *J. Am. Chem. Soc.* **1937**, *59*, 1719.

[7]　Mohanty, S.; Suresh, D.; Balakrishna, M. S.; Mague, J. T. *Tetrahedron* **2008**, *64*. 240.

[8]　Yan, B.; Liu, Y. *Org. Lett.* **2007**, *9*, 4232.

[9]　Semakin, A. N.; Sukhorukov, A. Y.; Lesiv, A. V.; Khomutova, Y. A.; Ioffe, S. L.; Lyssenko, K. A. *Synthesis* **2007**, 2862.

[10]　(a) Dilman, A. D.; Tishkov, A. A.; Lyapkalo, I. M.; Ioffe, S. L.; Strelenko, Yu. A.; Tartakosky, V. A. *Synthesis* **1998**, 181. (b) Dilman, A. D.; Tishkov, A. A.; Lyapkalo, I. M.; Ioffe, S. L.; Kachala, V. V.; Strelenko, Yu. A.; Tartakosky, V. A. *J. Chem. Soc., Perkin Trans. 1* **2000**, 2926. (c) Sukhorukov, A.

Yu.; Bliznets, I. V.; Lesiv, A. V.; Khomutova, Yu. A.; Strelenko, Yu. A.; Ioffe, S. L. *Synthesis* **2005**, 1077.

[11] Mihara, M.; Ishino, Y.; Minakata, S.; Komatsu, M. *Synthesis* **2003**, 2317.

[12] Iranpoor, N.; Firouzabadi, H.; Pourali, A. *Synthesis* **2003**, 1591.

[13] (a) Li, R. T.; Cai, M. S.; Cai, J. C. *Synth. Commun.* **1999**, *29*, 65. (b) Guo, B. G.; Ge, Z. M.; Cheng, T. M.; Li, R. T. *Synth. Commun.* **2001**, *31*, 135. (c) Cui, J. L.; Ge, Z. M.; Cheng, T. M.; Li, R. T. *Synth. Commun.* **2003**, *33*, 1969.

[14] Guillaume, M.; Cuypers, J.; Vervest, I.; Smaele, D. D.; Leurs, S. *Org. Proc. Res. Dev.* **2003**, *7*, 939.

[15] Ironside, M. D.; Sugathapala, P. M.; Robertson, J.; Darey, M. C. P.; Zhang, J. *Org. Proc. Res. Dev.* **2002**, *6*, 621.

[16] Pearson, A. J.; Hwang, J. *J. Org. Chem.* **2000**, *65*, 3466.

[17] Brenner, E.; Schneider, R.; Fort, Y. *Tetrahedron* **2002**, *58*, 6913.

[18] Stauffer, S. R.; Lee, S.; Stambuli, J. P.; Hauck, S. I.; Hartwig, J. F. *Org. Lett.* **2000**, *2*, 1423.

[19] Perrault, W. R.; Shephard, K. P.; LaPean, L. A.; Krook, M. A.; Dobrowolski, P. J.; Lyster, M. A.; McMillan, M. W.; Knoechel, D. J.; Evenson, G. N.; Watt, W.; Pearlman, B. A. *Org. Proc. Res. Dev.* **1997**, *1*, 106.

[20] Zubenko, Y. S.; Potkin, V. I. *Synthesis* **2009**, 2361.

[21] 张跃华，张其平，雷武，夏明珠，王风云，王南平. *化学世界* **2009**, *50*, 135.

[22] Romero, D. L.; Morge, R. A.; Biles, C.; Berrios-Pena, N.; May, P. D.; Palmer, J. R.; Johnson, P. D.; Smith, H. W.; Busso, M.; Tan, C.-K.; Voorman, R. L.; Reusser, F.; Althaus, I. W.; Downey, K. M.; So, A. G.; Resnick, L.; Tarpley, W. G.; Aristoff, P. A. *J. Med. Chem.* **1994**, *37*, 999.

[23] Walinsky, S. W.; Fox, D. E.; Lambert, J. F.; Sinay, T. G. *Org. Proc. Res. Dev.* **1999**, *3*, 126.

[24] Andrus, M. B.; Mettath, S. N.; Song, C. *J. Org. Chem.* **2002**, *67*, 8284.

[25] Nguyen, T.; Francis, M. B. *Org. Lett.* **2003**, *5*, 3245

[26] 陈恒昌，刘振中，李润涛. *郑州大学学报（自然科学版）* **1989**, *21*, 90.

[27] Shen, W.; Kunzer, A. *Org. Lett.* **2002**, *4*, 1315.

[28] (a) Corey, E. J.; Fuchs, P. L. *Tetrahedron Lett.* **1972**, 3769. (b) Ramirez, F.; Desai, N. B.; McKelvie, N. *J. Am. Chem. Soc.* **1962**, *84*, 1745.

[29] Kumar, K.; Michalik, D.; Castro, I. G.; Tillack, A.; Zapf, A.; Arlt, M.; Heinrich, T.; Böttcher, H.; Beller, M. *Chem. Eur. J.* **2004**, *10*, 746.

[30] Kumar, R.; Chaudhary, P.; Nimesh, S.; Chandra, R. *Green Chem.* **2006**, *8*, 356.

[31] Craig, J. C.; Young, R. J. *Org. Synth.* **1962**, *42*, 19.

[32] Moisan, L.; Odermatt, S.; Gombosuren, N.; Carella, A.; Jr., J. R. *Eur. J. Org. Chem.* **2008**, 1673.

[33] Thiel, O. R.; Bernard, C.; King, T.; Dilmeghani-Seran, M.; Bostick, T.; Larsen, R. D.; Faul, M. M. *J. Org. Chem.* **2008**, *73*, 3508.

[34] Watson, T. J.; Ayers, T. A.; Shah, N.; Wenstrup, D.; Webster, M.; Freund, D.; Horgan, S.; Carey, J. P. *Org. Proc. Res. Dev.* **2003**, *7*, 521.

[35] Gao, F.; Wang, X.; Zhang, H.; Cheng, T.; Li, R. *Bioorg. Med. Chem. Lett.* **2003**, *13*, 1535.

[36] Thiel, O. R.; Bernard, C.; King, T.; Dilmeghani-Seran, M.; Bostick, T. Larsen, R. D.; Faul, M. M. *J. Org. Chem.* **2008**, *73*, 3508.

[37] Zhu, Z.; Colbry, N. L.; Lovdahl, M.; Mennen, K. E.; Acciacca, A.; Beylin, V. G.; Clark, J. D.; Belmont, D. T. *Org. Proc. Res. Dev.* **2007**, *11*, 907.

[38] Christian, H.; Johannsen, I.; Nielsen, O.; Ruhland, T.; Sommer, M. B.; Tanner, D.; Dancer, R. *Synthesis* **2005**, 3456.

[39] Althuis, T. H.; Hess, H. J. *J. Med. Chem.* **1977**, *20*, 146.

[40] Andrus, M. B.; Mettath, S. N.; Song. C. *J. Org. Chem.* **2002**, *67*, 8284.

[41] Urban, F. J.; Anderson, B. G.; Stewart, M. A.; Young, G. R. *Org. Proc. Res. Dev.* **1999**, *3*, 460.

[42] Pirali, T.; Callipari, G.; Ercolano, E.; Genazzani, A. A.; Giovenzana, G. B.; Tron, G. C. *Org. Lett.* **2008**, *10*, 4199.

[43] Zhang, Y.; DeKorver, K. A.; Lohse, A. G.; Zhang, Y. S.; Huang, J.; Hsung, R. P. *Org. Lett.* **2009**, *11*. 899.

[44] McElvain, S. M.; Pryde, E. H. *J. Am. Chem. Soc.* **1949**, *71*, 326.

[45] Basiuk, V. A.; Gromovoy, T. Y.; Chuiko, A. A.; Soloshonok, V. A.; Kukhar, V. P. *Synthesis* **1992**, 449.

[46] Falorni, M.; Giacomelli, G.; Satta, M.; Cossu, S. *Synthesis* **1994**, 391.

[47] Weigl, M.; Wunsch, B. *Tetrahedron* **2002**, *58*, 1173.

[48] Gellerman, G.; Hazan, E.; Kovaliov, M.; Albeck, A.; Shatzmiler, S. *Tetrahedron* **2009**, *65*, 1389.

[49] Schanen, V.; Cherrier, M.; Melo, S. J. D.; Quirion, J.; Husson, H. *Synthesis* **1996**, 833.

[50] Jiang, X.; Song, Y.; Feng, D.; Long, Y. *Tetrahedron* **2005**, *61*, 1281.

[51] Chai, C. L. L.; Elix, J. A.; Huleatt, P. B. *Tetrahedron* **2005**, 61, 8722.

[52] (a) Weigl, M.; Wulnsch, B. *Org. Lett.* **2000**, *2*, 1177. (b) Maity, P.; Kölnig, B. *Org. Lett.* **2008**, *10*, 1473.

[53] Guitot, K.; Carboni, S.; Reiser, O.; Piarulli, U. *J. Org. Chem.* **2009**, *74*, 8433.

[54] Powell, N. A.; Ciske, F. L.; Clay, E. C.; Cody, W. L.; Downing, D. M.; Blazecka, P. G.; Holsworth, D. D.; Edmunds, J. J. *Org. Lett.* **2004**, *6*, 4069.

[55] Demaine, D. A.; Smith, S.; Barraclough, P. *Synthesis* **1992**, 1065.

[56] Raw, S. A.; Wilfred, C. D.; Taylor, R. J. K. *Chem. Commun.* **2003**, 2286.

[57] Nordstrøm, L. U.; Madsen, R. *Chem. Commun.* **2007**, 5034.

[58] (a) Nakhla, J. S.; Wolfe, J. P. *Org. Lett.* **2007**, *9*, 3279. (b) Nakhla, J. S.; Schultz, D. M.; Wolfe, J. P. *Tetrahedron* **2009**, *65*, 6549.

[59] Cochran, B. M.; Michael, F. E. *Org. Lett.* **2008**, *10*, 329.

[60] Yar, M.; McGarrigle, E. M.; Aggarwal, V. K. *Angew. Chem., Int. Ed.* **2008**, *47*, 3784.

[61] Mercer, G. J.; Sigman, M. S. *Org. Lett.* **2003**, *5*, 1591.

[62] Lu, C.; Lu, X. *Org. Lett.* **2002**, *4*, 4677.

[63] Lee, B. K.; Kim, M. S.; Hahm, H. S.; Kim, D. S.; Lee, W. K.; Ha, H. *Tetrahedron* **2006**, *62*, 8393.

[64] Crestey, F.; Witt, M.; Jaroszewski, J. W.; Franzyk, H. *J. Org. Chem.* **2009**, *74*, 5652.

[65] Ottesen, L. K.; Olsen, C. A.; Witt, M.; Jaroszewski, J. W.; Franzyk, H. *Chem. Eur. J.* **2009**, *15*, 2966.

[66] (a) Miyake, F. Y.; Yakushijin, K.; Horne, D. A. *Org. Lett.* **2000**, *2*, 3185. (b) Tonsiengsom, sF.; Miyake, F. Y.; Yakushijin, K.; Horne, D. A. *Synthesis* **2006**, 49.

[67] Andersson, H.; Banchelin, T. S.; Das, S.; Gustafsson, M.; Olsson, R.; Almqvist, F. *Org. Lett.* **2010**, *12*, 284.

[68] Nijhuis, W. H. N.; Verboom, W. V.; Reinhoudt, D. N. *Synthesis* **1987**, 641.

[69] Veerman, J. J. N.; Bon, R. S.; Hue, B. T. B.; Girones, D.; Rutjes, F. P. J. T.; Maarseveen, J. H. V.; Hiemstra, H. *J. Org. Chem.* **2003**, *68*, 4486.

[70] Opatz, T. *Eur. J. Org. Chem.* **2004**, 4113.

[71] Fiorelli, C.; Marchioro, C.; Martelli, G.; Monari, M.; Savoia, D. *Eur. J. Org. Chem.* **2005**, 3987.

[72] Nenajdenko, V. G.; Reznichenko, A. L.; Balenkova E. S. *Tetrahedron* **2007**, *63*, 3031.

[73] Brabandt, W. V.; Vanwalleghem, M.; D'hooghe, M.; Kimpe, N. D. *J. Org. Chem.* **2006**, *71*, 7083.

[74] Williams, L. J.; Jagadish, B.; Lansdown, M. G.; Carducci, M. D.; Mash, E. A. *Tetrahedron* **1999**, *55*, 14301.

[75] Jam, F.; Tullberg, M.; Luthman, K.; Grøtli, M. *Tetrahedron* **2007**, *63*, 9881.

[76] González-Vera, J. A.; Garcĭa-Löpez, M. T.; Herranz, R. *J. Org. Chem.* **2005**, *70*, 3660.

[77] (a) Gao, F.; Wang, X.; Zhang, H.; Cheng, T.; Li, R. *Bioorg. Med. Chem. Lett.* **2003**, *13*, 1535. (b) Sun, Q.; Li, R.; Guo, W.; Cui, J.; Cheng, T.; Ge, Z. *Bioorg. Med. Chem. Lett.* **2006**, *16*, 3727.

[78] Billard, T.; Langlois, B. R.; Blond, G. *Eur. J. Org. Chem.* **2001**, 1467.

[79] Barros, M. T.; Phillips, A. M. F. *Eur. J. Org. Chem.* **2007**, 178.

[80] Wang, Z.; Cheng, M.; Wu, P.; Wei, S.; Sun, J. *Org. Lett.* **2006**, *8*, 3045.

[81] (a) Simpson, J.; Rathbone, D. L.; Billington, D. C. *Tetrahedron Lett.* **1999**, *40*, 703. (b) Yadav, J. S.; Syamala, M. *Chem. Lett.* **2002**, 688.

[82] Sayalero, S.; Pericàs, M. A. *Synlett* **2006**, 2585.

[83] Leroy, V.; Lee, G. E.; Lin, J.; Herman, S. H.; Lee, T. B. *Org. Proc. Res. Dev.* **2001**, *5*, 179.

[84] 李润涛, 陈恒昌, 杨锦宗. *化学通报* **1993**, 29.

喹啉和异喹啉的合成
(Synthesis of Quinolines and Isoquinolines)

王歆燕

1 喹啉和异喹啉类化合物简介

1.1 喹啉类化合物

喹啉 (图 1) 是 1834 年从煤焦油中分离得到的一种苯并吡啶类杂环化合物。数年后，该化合物又被发现是辛可胺的一种热解产物。喹啉也被称为 1-氮杂萘、1-苯并吡啶或苯并[b]吡啶，是一种具有香甜气味的无色高沸点液体化合物。其名称来源于从金鸡纳树皮中分离得到的抗疟疾药物—奎宁 (Quinine)，而"奎宁"则是由西班牙语音译南美当地语言中金鸡纳树皮的名称 Quina 演变而来。

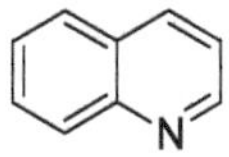

图 1 喹啉的结构

喹啉结构广泛存在于各种具有重要生物活性的天然产物分子结构中。其中金鸡纳生物碱 Quinine 和 Quinidine[1]以及其它从芸香科植物中分离得到的生物碱是重要的一类含喹啉结构的天然产物 (图 2)。例如：Toddaquinoline 是从药用植物 *Toddalia asiatica* 中分离得到的一种生物碱[2]，对肝癌细胞增生及肝癌细胞去氧核糖核酸合成具有抑制作用。γ-Fagarine 是从植物 *Glycosmis arborea* 中分离得到的一种生物碱，是针对化学致癌的一种保护剂[3]，并对鼠白血病肿瘤 P-288 细胞系表现出有效的细胞毒性[4]。

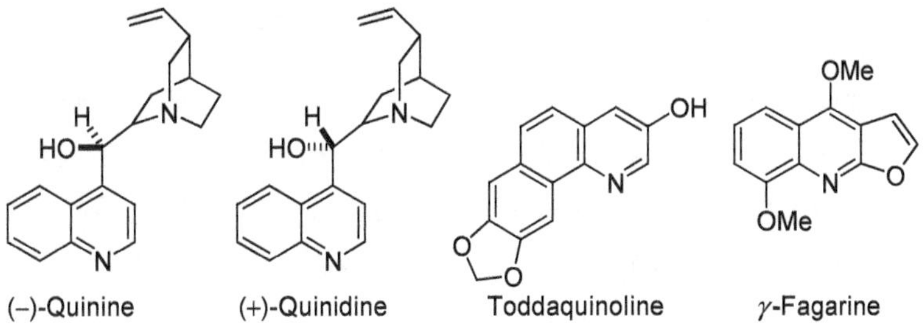

(–)-Quinine   (+)-Quinidine   Toddaquinoline   γ-Fagarine

图 2 金鸡纳生物碱和其它从芸香科植物中分离得到的一些生物碱

另一类含喹啉结构的重要生物碱是吡咯并喹啉类生物碱。喜树碱 (Camptothecin) 是其中最具代表性的例子 (图 3)。该化合物是 1966 年从中国特有植物喜树 (*Camptotheca acuminate*) 中分离得到的一种生物碱[5]，具有显著的抗肿瘤活性。近年来，喜树碱又被证明具有明显的抗逆转录活性，因此可能为艾滋病提供一种新的化学治疗途径。Cryptotackieine 是 1996 年从西非的灌木 *Cryptolepis sanguinolenta* 中提取得到的一种生物碱[6]，具有显著的抗疟活性。

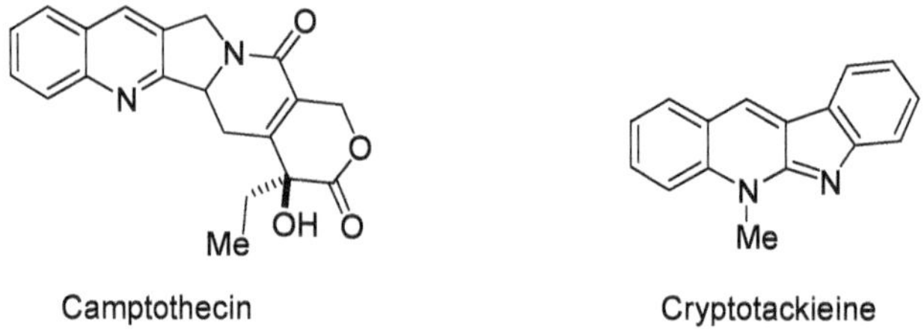

Camptothecin   Cryptotackieine

图 3   代表性的吡咯并喹啉类生物碱

此外，吡喃并喹啉类生物碱也是含喹啉结构的一类重要的生物碱。从中国野花椒树的根部提取的生物碱 Simulenoline、Huajiaosimuline 和 Zanthodioline 是该类生物碱中具有代表性的例子 (图 4)[7]。这些类单萜类吡喃并喹啉衍生物是有效的血小板凝聚抑制剂。其中 Huajiaosimuline 还对雌激素受体阳性乳腺癌细胞具有一定的细胞毒性。

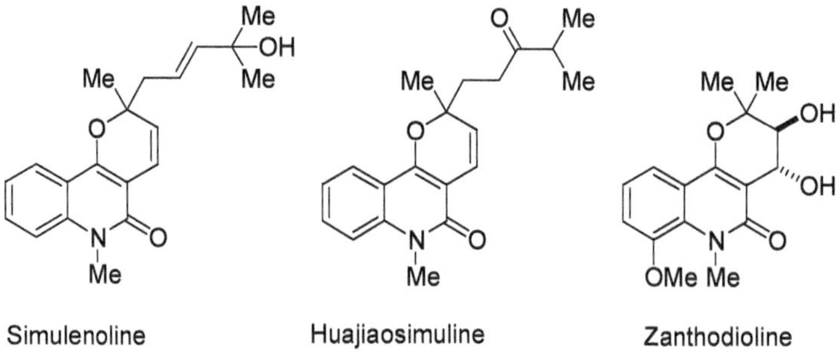

Simulenoline   Huajiaosimuline   Zanthodioline

图 4   代表性的吡喃并喹啉类生物碱

许多人工合成的喹啉衍生物也在工业、农业和医药等领域中发挥了重要的作用。如图 5 所示：花青类染料乙基红 (Ethyl red) 是第一个被用作胶片敏化剂的喹啉衍生物[8]。Chloroquine[9] 和 Mefloquine[10] 是由奎宁母体结构修饰得到的抗疟疾药物。而 Irinotecan 是美国辉瑞公司开发的一种抗癌药物[11]。

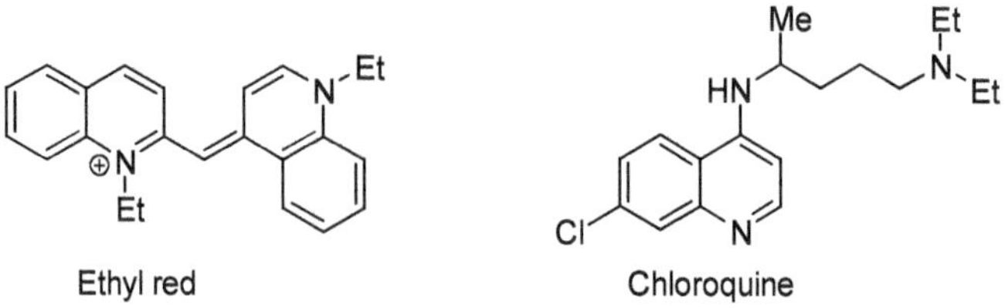

Ethyl red   Chloroquine

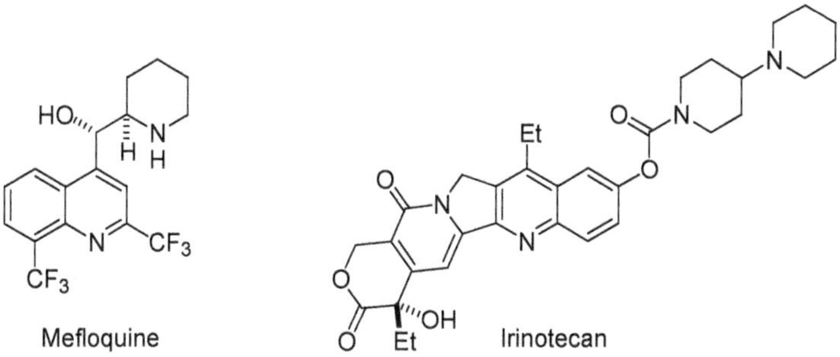

图 5　代表性的人工合成的喹啉衍生物

1.2　异喹啉类化合物

异喹啉（图 6）是 1885 年从煤焦油中分离得到的另外一种苯并吡啶类杂环化合物，是喹啉的异构体。异喹啉也被称为 2-氮杂萘、β-喹啉或苯并[c]吡啶，是一种具有刺激性气味的低熔点固体化合物。

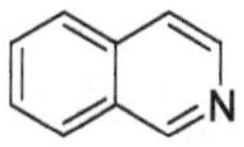

图 6　异喹啉的结构

异喹啉结构也存在于许多天然产物的分子结构中。例如：Papaverine 是一种罂粟类生物碱；Berberine 是从中草药中分离得到的一种生物碱；Minosamycin 是从海洋生物中获得的结构最简单的异喹啉醌类化合物之一；Martidine 是一种手性四氢异喹啉类生物碱（图 7）。

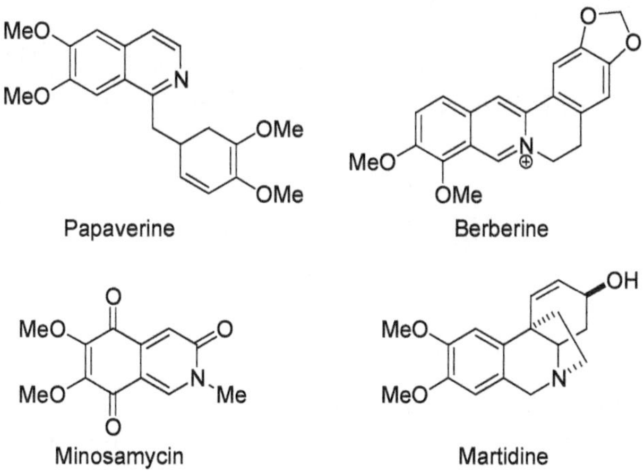

图 7　代表性的异喹啉生物碱

异喹啉在许多生物碱的二级代谢过程中起到重要的作用。许多含有异喹啉结构的生物碱具有抗炎、抗疟疾以及抗心血管疾病等活性，对它们的全合成研究一直是学术界和工业界共同的热点之一。近年来，人们也合成出一些具有新颖性质的含有异喹啉结构的新材料分子。如图 8 所示：铱-异喹啉配合物是一种化学发光材料[12,13]，可以被用作红色或白色有机发光二极体 (OLED)。聚醚化合物是一种新型的 DSA (donor-spacer-acceptor) 分子，被证明是对锂、镁和钙离子有效作用的双通道氟传感器[14]。

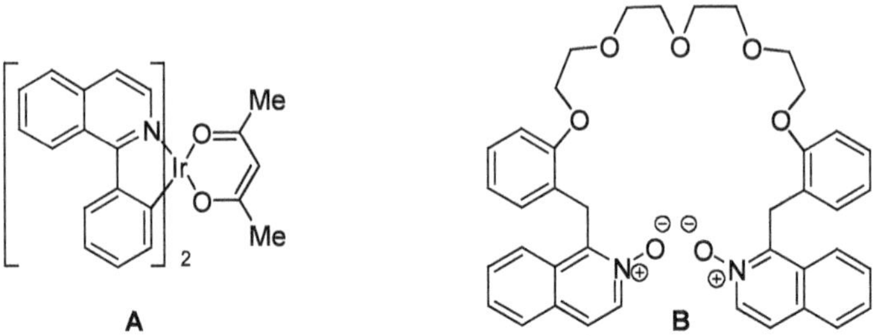

图 8 代表性的含有异喹啉结构的新材料分子

2 喹啉的合成反应综述

2.1 芳胺与 1,3-二羰基化合物的反应

2.1.1 Combes 喹啉合成法

2.1.1.1 Combes 喹啉合成法的定义

由一级芳胺与 β-二酮缩合生成的烯胺中间体在酸催化下通过闭环反应生成喹啉和苯并喹啉的方法被称为 Combes 喹啉合成法 (式 1)。

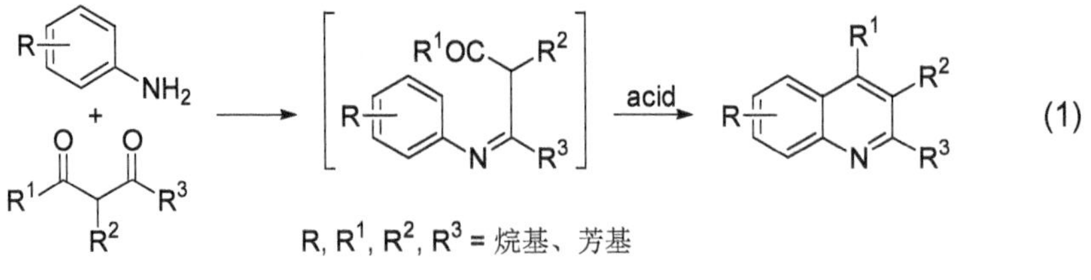

$$(1)$$

R, R^1, R^2, R^3 = 烷基、芳基

1888 年，Combes 等人[15]报道使用苯胺和 2,4-戊二酮 (乙酰丙酮) 在加热条件下生成烯胺中间体，接着在酸催化下得到 2,4-二甲基喹啉 (式 2)。该合成方法由此被命名为 Combes 喹啉合成法。随后，Roberts 等人系统地研究了该反应的范围和限制。

$$\text{(2)}$$

2.1.1.2　Combes 喹啉合成法的机理[16]

Combes 喹啉合成法的机理包括烯胺中间体的生成、芳环亲电取代以及脱水芳构化三个步骤。如式 3 所示：首先，在酸催化下，由芳胺和二酮缩合生成亚胺中间体 **1**，接着异构化成烯胺中间体 **2**；随后，烯胺中羰基上的氧原子被质子化后形成的碳正离子中间体 **3** 发生分子内苯环的亲电取代；最后，经过质子转移、脱水和氮原子去质子化得到相应的喹啉化合物。

$$\text{(3)}$$

2.1.1.3　Combes 喹啉合成法中的酸催化剂

在生成烯胺中间体步骤中，稀盐酸 (2 mol/L HCl)、醋酸和 ZnCl$_2$ 等路易斯酸以及 CaCl$_2$ 等干燥剂可以促进反应的进行。酸也可用于促进后续成环脱水步骤的进行。值得注意的是，当使用硫酸时，一般需用浓硫酸。因为当硫酸的浓度低于 70% 时，会造成亚胺和烯胺中间体的水解，从而影响反应的进行。盐酸、醋酸、多聚磷酸、乳酸、氯乙酸、ZnCl$_2$ 以及 POCl$_3$ 等均已被成功用于该步骤。浓盐酸、p-TsOH 和 HF 有利于生成线形分子，而 ZnCl$_2$ 则有利于生成非线形分子。如式 4 所示[17]：化合物 **4** 在 HF 的作用下生成线形分子 **5**，而使用 ZnCl$_2$ 时则得到非线形分子 **6**。

早在 1927 年，Roberts 等人[18]就已经系统地研究了 Combes 喹啉合成法中
的区域选择性。他们提出：苯胺化合物的碱性越强，缩合反应步骤越容易进行；
位阻对该步骤的影响不大。而在成环步骤中，与 Friedel-Crafts 反应中的定位效
应相同，苯环上的定位基对成环步骤的区域选择性有很大的影响。在氨基的间位
带有强的邻、对位定位基底物的成环步骤容易进行，主要生成 7-取代喹啉化合
物。而当没有其它官能团存在时，在氨基的对位带有强的邻、对位定位基则将阻
碍成环步骤的进行。在该情况下，加入硫酸可以促进成环步骤的进行。Fawcett 等
人[19]报道使用 $ZnCl_2$、HCl/AcOH、P_2O_5 和 $POCl_3$ 等也可以起到与硫酸相同的
作用。如式 5 所示[20]：苯胺化合物 7 与 2,4-戊二酮缩合生成烯胺中间体，然
后在浓硫酸的作用下以几乎定量的产率得到喹啉化合物 8。

当苯胺化合物与不对称二酮反应时，通常是二酮分子中位阻小的羰基与胺缩
合生成亚胺，而活性高的羰基与苯环发生成环反应 (式 6)[21]。

2.1.2 Conrad-Limpach 反应

2.1.2.1 Conrad-Limpach 反应的定义

由一级芳胺与 β-酮酸酯中的酮羰基或 α-甲酰基酯中的醛基缩合生成的烯胺中间体在酸催化下通过闭环反应生成 4-喹诺酮或 4-羟基喹啉的方法被称为 Conrad-Limpach 反应 (式 7)。

$$R, R^1, R^2 = H, \text{烷基、芳基}; R^3 = \text{烷基}$$

(7)

1887 年，Conrad 和 Limpach[22]使用苯胺和乙酰乙酸乙酯在室温混合生成烯胺中间体，接着加热得到喹啉化合物 **9** (式 8)。该合成方法由此被命名为 Conrad-Limpach 反应。随后 Limpach 指出，使用惰性溶剂有利于成环反应的进行。

(8)

2.1.2.2 Conrad-Limpach 反应的机理

Conrad-Limpach 反应的机理包括烯胺中间体的生成、芳环亲电取代以及脱醇异构化三个步骤。如式 9 所示：首先，在酸催化下，由芳胺和 β-酮酸酯中的酮羰基在室温缩合生成亚胺中间体 **10**，接着异构化成烯胺中间体 **11**；随后，烯胺中羰基上的氧原子被质子化后形成的碳正离子中间体 **12** 发生分子内苯环的亲电取代；最后，经过质子转移、脱醇和异构化得到相应的喹啉化合物。

2.1.2.3 Conrad-Limpach 反应的区域选择性

在 Conrad-Limpach 反应中，苯胺的间位带有邻、对位定位基底物的成环步骤容易进行，但生成的是 5-取代和 7-取代喹啉的混合物。如式 10 所示[23]：间位卤代苯胺与化合物 **13** 在催化量盐酸的作用下于室温即可缩合生成烯胺化合物 **14**，接着在高温下成环得到两种异构体。对于间氯苯胺和间溴苯胺，得到几乎等量的异构体；而对于间碘苯胺，则以 7-取代产物 **16** 为主。在成环步骤中，反应体系的浓度可以影响产物中两种异构体的比例。当使用浓缩条件反应时，主要生成 5-取代产物 **15**；而稀释的条件则有利于生成 7-取代产物 **16**[24]。

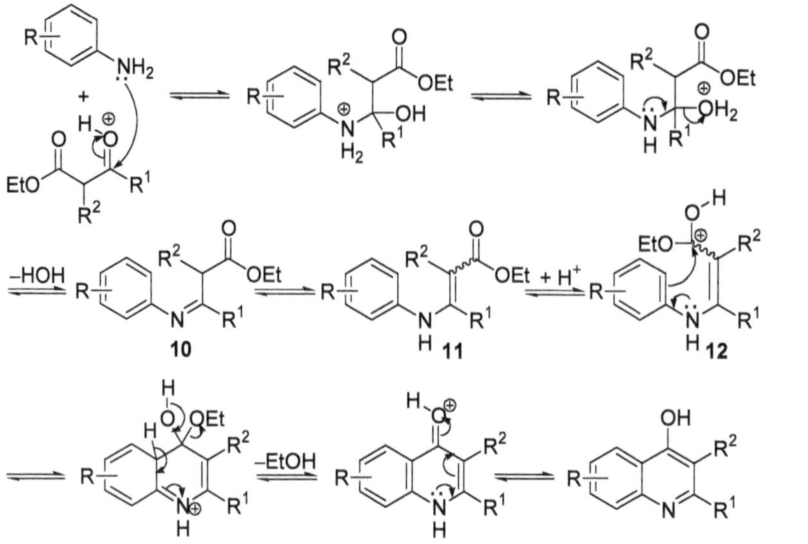

(9)

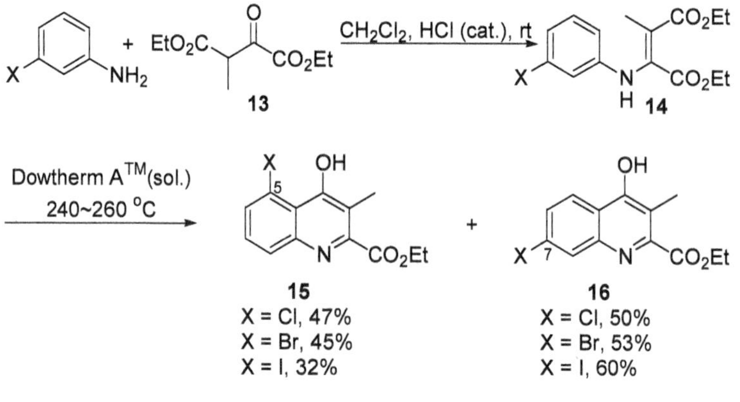

(10)

15
X = Cl, 47%
X = Br, 45%
X = I, 32%

16
X = Cl, 50%
X = Br, 53%
X = I, 60%

2.1.2.4 Conrad-Limpach 反应的烯胺中间体的生成

如式 11 所示[25]：在 Conrad-Limpach 反应中，最常用的与苯胺化合物进行缩合的是 β-酮酸酯。此外，α-甲酰基酯中的醛基也可容易地用于该目的。如式 12 所示[26]：烯醇化合物 **17** 作为醛基化合物的替代物与苯胺的反应得到中等的产率。

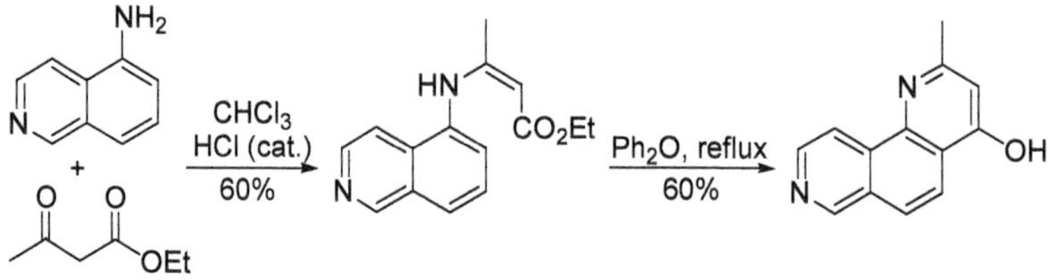

(11)

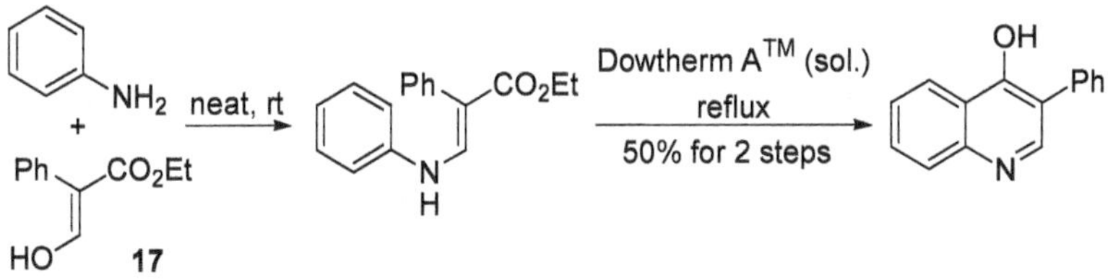

(12)

丁炔二酸酯是另一种常用的生成烯胺中间体的化合物。如式 13 所示[27]：对氟苯胺与丁炔二酸二甲酯在甲醇中反应，可以得到相应的烯胺化合物，接着转化为喹啉酮产物。使用此方法，即使是用常规方法难以反应的邻硝基苯胺，也可顺利生成相应的喹啉酮产物 (式 14)[28]。

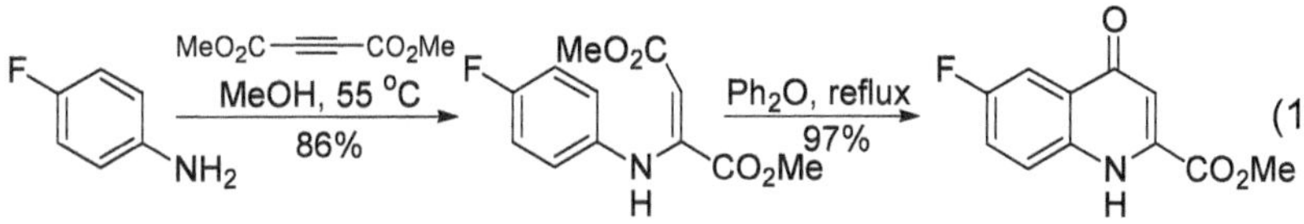

(13)

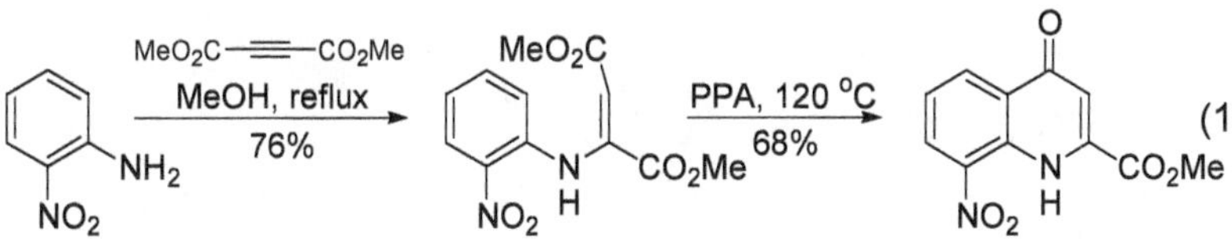

(14)

2.1.3　Knorr 喹啉合成法

Knorr 喹啉合成法是指一级芳胺与 β-酮酸酯中的酯基反应生成的乙酰苯胺中间体在酸催化下发生分子内苯环的亲电取代反应，接着脱水生成 α-羟基喹啉的方法 (式 15)。该方法于 1883 年由 Knorr 首次报道[29]，其所用的底物与 Conrad-Limpach 反应是相同的。但是，Conrad-Limpach 反应中的芳胺是与 β-酮酸酯中的酮羰基反应；而在 Knorr 喹啉合成法中，芳胺是与 β-酮酸酯中的酯基反应。

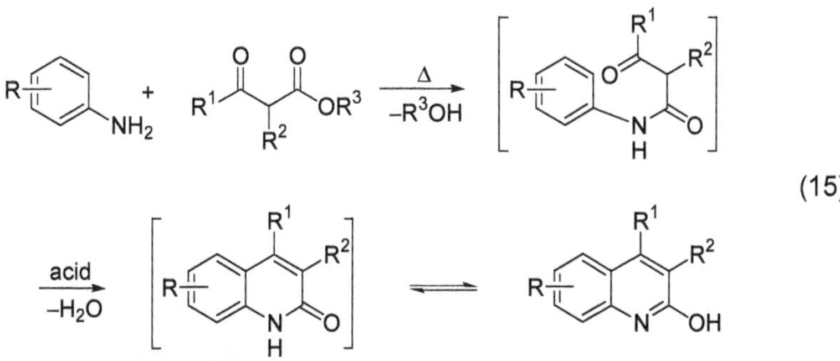

(15)

Hodgkinson 等人对该反应进行了扩展，他们用 2-位不含质子的酮酸酯作为反应底物，所得中间体 **18** 在酸催化下以较高的产率得到 α-羟基喹啉 **19** (式 16)[30]。

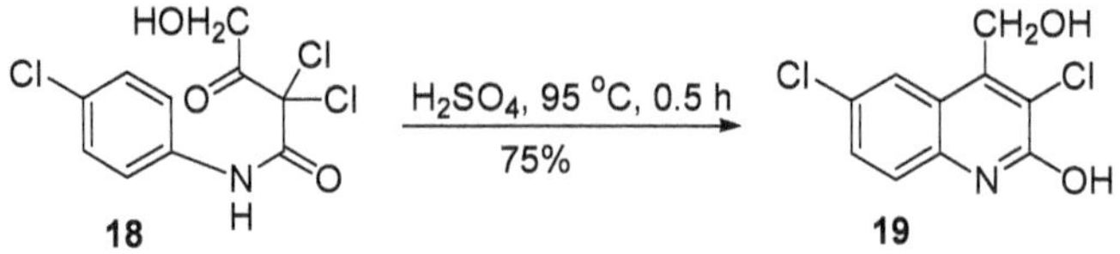

(16)

苯二胺化合物 **20** 与 β-酮酸酯 **21** 反应所得中间体在酸催化下同时进行两次 Knorr 喹啉合成反应，以 95% 的产率得到了天然产物 Dizazdiquinomycin A 和 Dizazdiquinomycin B 全合成中的关键中间体 **22** (式 17)[31]。

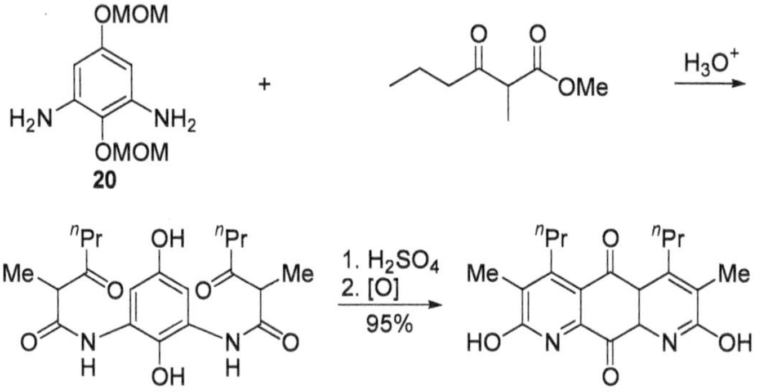

(17)

2.2　芳胺与 αβ不饱和羰基化合物的反应 (Skraup/Doebner-Miller 喹啉合成法[32])

2.2.1　Skraup/Doebner-Miller 喹啉合成法的定义

1880 年，Skraup 报道将苯胺与甘油在浓硫酸和氧化剂的存在下加热可以生成喹啉 (式 18)[33]。不久后，Doebner 和 Miller 对上述方法进行了改进。他们使用 αβ不饱和醛、酮或 1,2-二醇代替甘油，并且将硫酸替换成了盐酸和 ZnCl_2，使合成多取代喹啉化合物成为可能 (式 19)[34]。现在，上述方法被统称为 Skraup/Doebner-Miller 喹啉合成法。

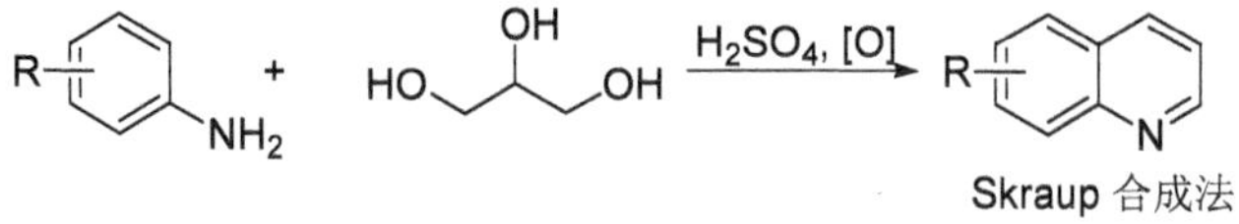

(18)

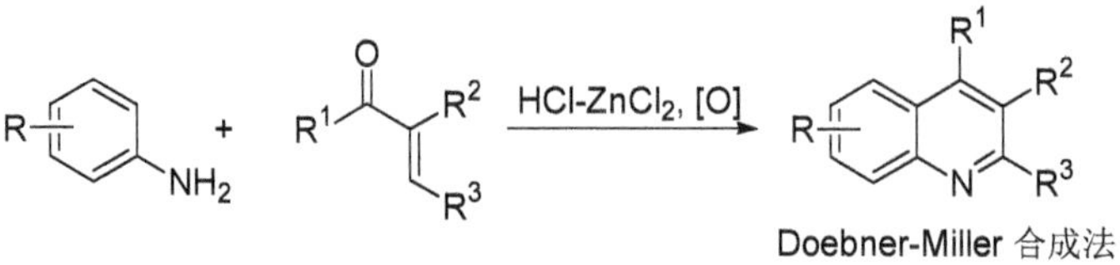

Skraup 合成法

(19)

Doebner-Miller 合成法

通过 Skraup 方法可以方便地获得在苯环上带有取代基的喹啉化合物。而 Doebner-Miller 合成法的应用更为广泛，除可获得上述类型的产物外，还可以容易地获得在吡啶环上带有取代基的喹啉化合物。

当使用间位取代苯胺作为反应底物时，可能得到 5-取代和 7-取代喹啉的混合产物。其中间位带有给电子取代基的苯胺以及间卤苯胺的反应主要得到 7-取代喹啉产物；而间位带有强拉电子取代基的苯胺的反应主要得到 5-取代喹啉产物。

2.2.2　Skraup/Doebner-Miller 反应的机理[35]

在 Skraup/Doebner-Miller 喹啉合成法中，首先是 α,β-不饱和羰基化合物的生成。对于 Skraup 反应，是由甘油脱水形成 α,β-不饱和醛；而在 Doebner-Miller 反应中，如果使用乙二醇为底物，则该化合物脱水形成乙醛再经羟醛缩合得到巴豆醛。

如式 20 所示：首先，在酸催化下，由芳胺和 α,β-不饱和羰基化合物缩合生成亚胺中间体 **23**；随后，由两分子亚胺中间体 **23** 生成不稳定的 1,3-二氮杂四元环正离子 **24**；接着，中间体 **24** 开环生成碳正离子中间体 **25**，随后进行分子内苯环的亲电取代；然后经过一系列电子转移，得到取代的 1,2-二氢喹啉化合物 **26**；最后，经过脱氢芳构化形成相应的取代喹啉化合物。

(20)

2.2.3 Skraup/Doebner-Miller 反应中的氧化剂

在 Skraup/Doebner-Miller 喹啉合成法中，常用的氧化剂为硝基苯、间硝基苯磺酸等。如式 21 所示[36]：3,4,5-三氟苯胺与甘油的 Skraup 反应，以 80% 的产率得到相应的喹啉化合物。

$$(21)$$

当 α,β-不饱和醛被用作反应底物时，溴和苯醌类化合物也可被用作氧化剂。如式 22 所示[37]：在间氟苯胺与 2-溴丙烯醛的反应中使用四氯苯醌作为氧化剂，以中等产率得到相应的喹啉产物。

$$(22)$$

2.2.4 两相体系的 Skraup/Doebner-Miller 反应

虽然 Skraup/Doebner-Miller 喹啉合成法可以方便地合成结构复杂的喹啉衍生物，但是该方法也具有一些缺点：(1) 羰基化合物在强路易斯酸条件下容易生成聚合物，因此该反应一般只能得到中等的产率；(2) 当使用醛作为底物时，醛的滴加速度对反应产率有很大的影响；(3) 反应产物的分离纯化很困难，使得该方法很难用于大量制备。

2000 年，Matsugi 等人使用两相体系进行该反应，解决了清洁制备喹啉衍生物的问题，使大量制备成为可能。如式 23 所示[38]：他们使用 2,4,5-三氟苯胺与巴豆醛在甲苯和水的混合体系中进行反应。在反应过程中，醛的滴加速度对产率没有明显的影响。当反应的规模达到 5 kg 时，在 2 h 内仍然可以达到 80% 的产率。更重要的是，该反应可以在不使用氧化剂的条件下平稳进行。

$$(23)$$

如式 24 所示[39]：使用硅胶负载的 InCl₃ 作为催化剂，4-碘-2-甲基苯胺与甲基乙烯基酮在微波条件下反应，以 83% 的产率得到相应的喹啉衍生物。在该条件下，使用富电子和缺电子的苯胺化合物作为底物均可获得较好的结果。

$$\text{(24)}$$

2.2.5 改进的 Skraup/Doebner-Miller 反应 (Riehm 喹啉合成法)

芳胺与丙酮或异亚丙基丙酮在 I_2 的存在下发生类似 Skraup/Doebner-Miller 类型的反应，生成二氢喹啉化合物。该反应也被称为 Riehm 喹啉合成法。由于在体系中存在聚合的竞争反应，导致反应的产率很低 (式 25[40]和式 26[41])。

$$\text{(25)}$$

$$\text{(26)}$$

改变反应的条件可以提高 Riehm 反应的产率。如式 27 所示[42]：在镧系金属催化剂以及微波的条件下，对甲氧基苯胺与丙酮的反应可以得到几乎定量的产率。

$$\text{(27)}$$

2.3 邻酰基芳胺与羰基化合物的反应 (Friedländer 喹啉合成法[43])

2.3.1 Friedländer 喹啉合成法的定义

1882 年，Friedländer[44]使用邻氨基苯甲醛与乙醛在碱性条件下生成了喹啉 (式 28)。从此，由邻酰基芳胺与含有 α-亚甲基的羰基化合物在酸或碱的催化下，或者在加热的条件下缩合生成喹啉化合物的方法被称为 Friedländer 喹啉合成法 (式 29)。

$$(28)$$

$$(29)$$

2.3.2 Friedländer 喹啉合成法的机理

Friedländer 喹啉合成法存在两种可能的机理[45,46]，两者的差别在于具体反应步骤的先后次序不同。如式 30 所示：第一种机理是由邻酰基芳胺与羰基化合物首先缩合生成亚胺中间体，接着进行分子内 Claisen 缩合，得到相应的喹啉化合物；第二种机理则是邻酰基芳胺与羰基化合物先进行分子间 Claisen 缩合，然后胺基和羰基再进行分子内缩合生成喹啉化合物。这两种反应的中间体 **27** 和 **28** 都已经被证实，因此在实际反应中，机理可能是根据反应条件的不同而不同。

$$(30)$$

2.3.3 Friedländer 喹啉合成法中的邻酰基芳胺化合物

在 Friedländer 喹啉合成法中，邻酰基芳胺化合物中的酰基常为醛基或酮羰基。N-Boc 保护的邻氨基苯甲醛是稳定的晶体化合物，可以在室温长时间保存。Henegar 等人使用其作为反应底物，与化合物 **29** 在乙酸中反应，得到吲哚并喹啉类生物碱 Mappicine 的全合成中间体 **30** (式 31)[47]。如式 32 所示[48]：邻氨基苯乙酮与环戊酮在路易斯酸催化剂 Yb(OTf)₃ 的作用下，以 95% 的产率得到喹啉化合物 **31**。

虽然通过 Friedländer 反应可以方便地合成官能团化的喹啉化合物，但是邻酰基芳胺化合物不易获得，并且容易发生自身缩合，因此人们尝试在反应中使用可原位生成邻酰基芳胺化合物的前体化合物作为底物，扩大了该反应的应用范围。

$$(31)$$

$$(32)$$

Pfitzinger 使用 2,3-二氢吲哚二酮 (靛红) 作为邻酰基芳胺化合物的前体进行 Friedländer 反应，生成喹啉酸化合物。在该反应中，靛红首先在强碱性水溶液中水解生成靛红酸，然后再与含有 α-亚甲基的羰基化合物发生缩合。从此，由靛红与含有 α-亚甲基的羰基化合物在强碱性条件下缩合生成喹啉酸化合物的反应被称为 Pfitzinger 喹啉合成法 (式 33)[49]。如式 34 所示[50]：靛红与甲基乙基酮在 KOH 溶液中回流反应，以 85% 的产率得到相应的喹啉酸化合物。1993 年，Lackey[51]等人改进了 Pfitzinger 反应的条件，使该反应可以在酸性条件下进行。如式 35 所示：氯代靛红与苯丙酮在冰醋酸和浓盐酸中反应得到喹啉酸化合物，产率高达 92%。

$$(33)$$

$$(34)$$

$$(35)$$

2010 年，Zhu 等人[52]使用邻炔基苯胺作为邻酰基芳胺化合物的前体进行 Friedländer 反应生成喹啉化合物 (式 36)。在该反应中，邻炔基苯胺首先在酸催化下水解生成邻酰基芳胺，然后再与含有 α-亚甲基的羰基化合物发生缩合。由于邻炔基苯胺化合物可以方便地通过 Sonogashira 偶联反应获得，该方法成为

Friedländer 反应的一个有意义的扩展。

$$(36)$$

R = n-Bu, R^1 = Ph, R^2 = CO$_2$Et, 91%
R = TMS, R^1 = Ph, R^2 = CO$_2$Et, 99%

2.3.4 Friedländer 喹啉合成法中的羰基化合物

在 Friedländer 喹啉合成法中，最常用的 α-亚甲基的羰基化合物为酮和 β-酮酸酯。此外，内酯、醇和 O-甲基肟等也可用于该反应。如式 37 所示[53]：邻酰基芳胺化合物 **32** 与内酯化合物 **33** 在碱催化下可以温和地转化为相应的喹啉化合物。使用金属催化剂 RuCl$_2$(dmso)$_4$，邻氨基苯乙酮与醇化合物 **34** 的反应可以在无溶剂的条件下以几乎定量的产率进行 (式 38)[54]。使用 O-甲基肟化合物 **35** 和邻氨基苯甲醛作为底物，在碱性条件下以中等产率得到相应的喹啉化合物 (式 39)[55]。

$$(37)$$

$$(38)$$

$$(39)$$

2.3.5 Friedländer 喹啉合成法中的催化剂

2.3.5.1 酸、碱催化剂

酸和碱是 Friedländer 喹啉合成法中常用的催化剂。当使用只有一个活性甲

基、亚甲基或者具有对称结构的酮作为反应的羰基组分时，可以得到单一的产物。如式 40 所示[56]：邻酰基芳胺化合物 **36** 与环己酮在盐酸中加热 1 h 即可完成反应。2-氨基二苯甲酮与 2,4-戊二酮在 $H_3PW_{12}O_{40}$ 的催化下，以高产率完成反应 (式 41)[57]。上述反应在 $KHSO_4$ 的醇-水混合溶液中也可以顺利进行 (式 42)[58]。

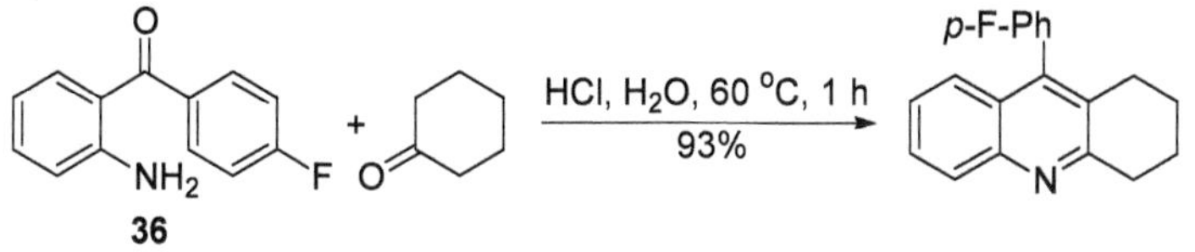

(40)

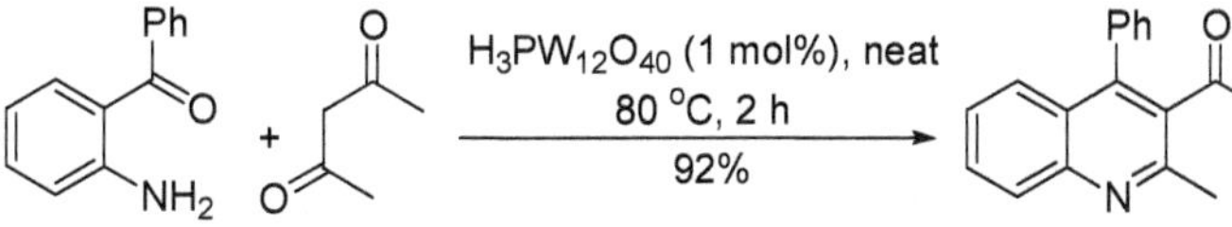

(41)

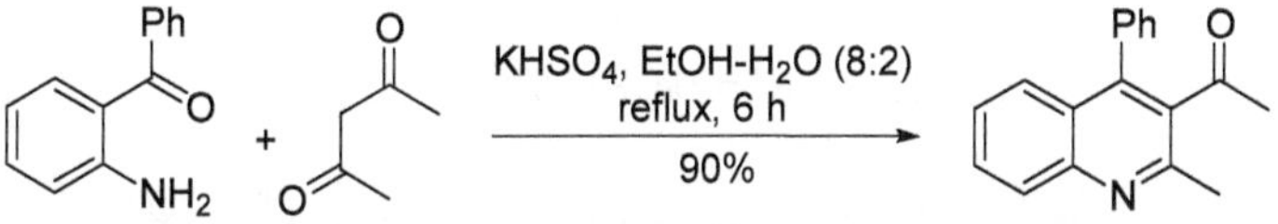

(42)

当羰基组分中存在不止一个反应位点时，产物构成与使用的催化剂有很大关系。如式 43 所示[59]：使用碱催化剂时，主要生成动力学稳定的产物 **37**；而使用酸催化剂得到的主要是热力学稳定的产物 **38**。如式 44 所示[60]：在 2-氨基-3-吡啶甲醛与 2-戊酮的反应中，改变体系中使用的碱也可以改变产物的比例。

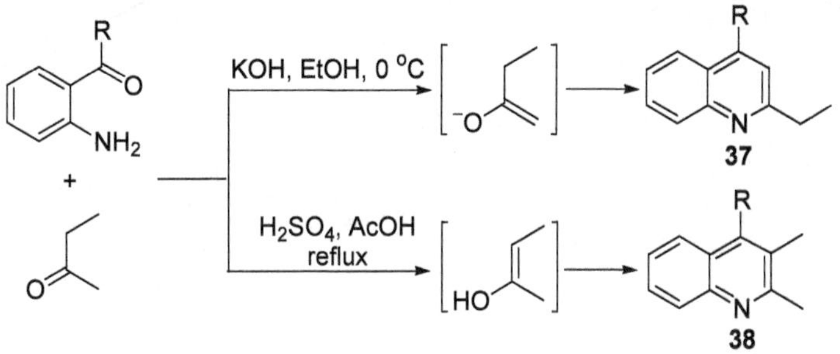

(43)

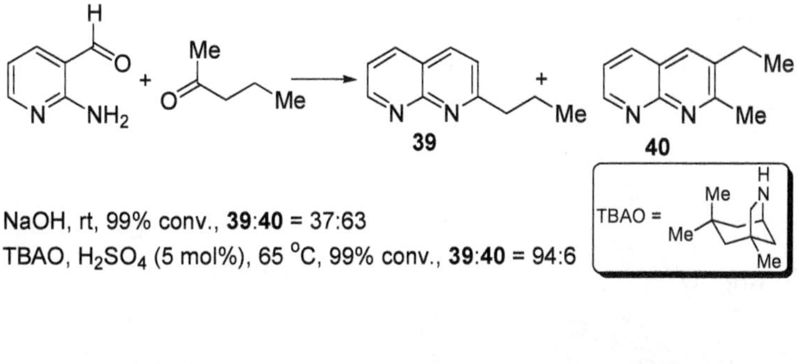

(44)

NaOH, rt, 99% conv., **39**:**40** = 37:63
TBAO, H_2SO_4 (5 mol%), 65 °C, 99% conv., **39**:**40** = 94:6

TBAO =

2.3.5.2 路易斯酸催化剂

近年来，人们使用路易斯酸作为催化剂，使 Friedländer 反应能够在更温和的条件下以更高的效率完成。Yadav 等人使用 Bi(OTf)$_3$ 催化邻酰基芳胺化合物与酮的反应，在室温下即可得到较高的产率 (式 45)[61]。使用路易斯酸和表面活性剂的组合催化剂 Sc(O$_3$SOC$_{12}$H$_{25}$)$_3$，2-氨基二苯甲酮与乙酰乙酸乙酯的反应以 94% 的产率完成 (式 46)[62]。如式 47 所示[63]：2-氨基-5-氯二苯甲酮与乙酰乙酸乙酯的反应在 NaAuCl$_4$ 的催化下，在室温可以得到 89% 的产率。在 Zr(NO$_3$)$_4$ 的催化下，2-氨基-5-氯二苯甲酮与双甲酮的反应可以在 0.5 h 内结束 (式 48)[64]。

$$(45)$$

$$(46)$$

$$(47)$$

$$(48)$$

Perumal 等人使用 SnCl$_2$ 催化 2-氨基-5-氯二苯甲酮与乙酰乙酸乙酯的反应，在 10 g 的反应规模上仍然能够得到 98% 的产率 (式 49)[65]。Borsche 等人使用邻硝基苯甲醛作为反应底物，在 SnCl$_2$ 和 ZnCl$_2$ 的作用下，硝基在原位被还原成氨基，接着与环己酮进行反应，产率高达 94% (式 50)[66]。

$$(49)$$

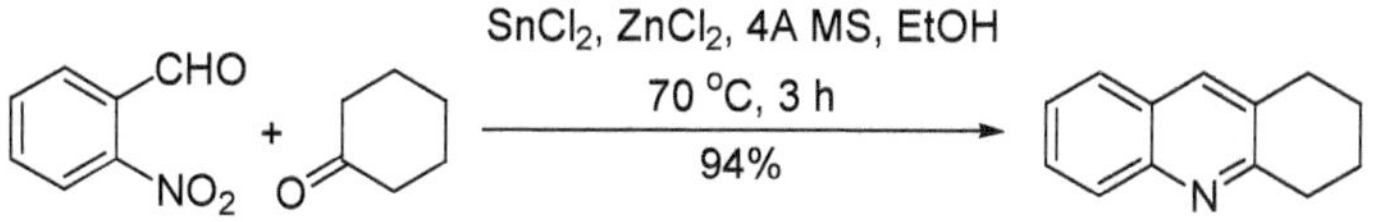

(50)

2.3.5.3 其它催化剂

分子碘也可用作 Friedländer 反应的催化剂。如式 51 所示[67]：在 2-氨基二苯甲酮与乙酰乙酸乙酯的反应中加入 1 mol% 的碘，即可以 96% 的产率得到相应的喹啉化合物。此外，使用 TMSCl 也可以使邻氨基苯乙酮与乙酰丙酸的反应顺利进行 (式 52)[68]。

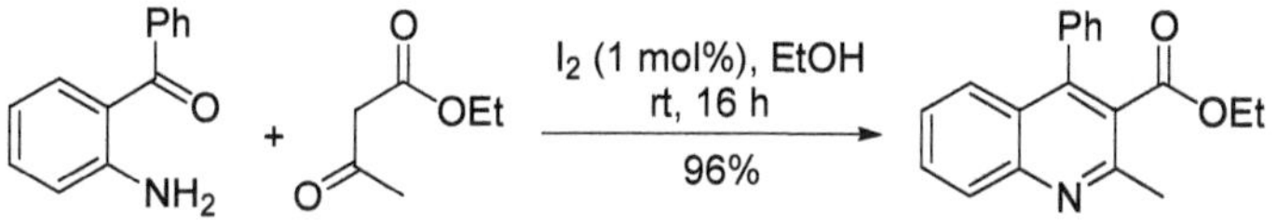

(51)

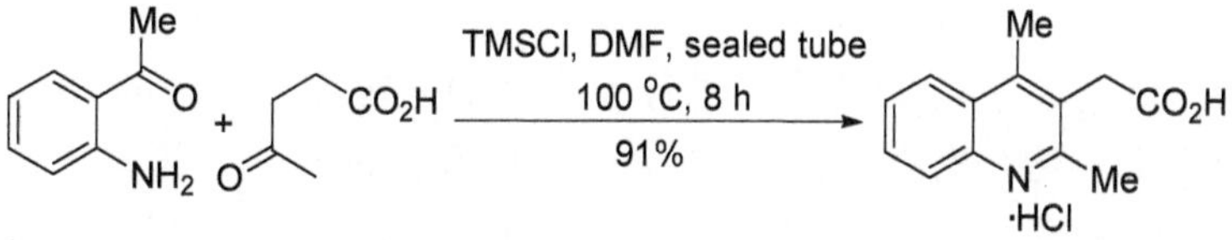

(52)

2.4 通过环加成反应合成喹啉的方法

2.4.1 Povarov 反应[69]

2.4.1.1 Povarov 反应的定义和机理

由 N-芳基亚胺作为二烯体与富电子的亲二烯体在酸催化下通过 [4+2] 环加成反应生成四氢喹啉或喹啉化合物的方法被称为 Povarov 反应 (式 53)。

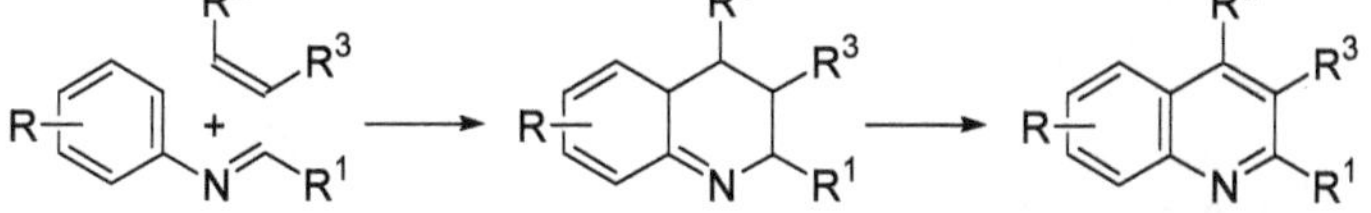

(53)

1963 年，Povarov 等人使用乙基乙烯基醚或乙基乙烯基硫醚与 N-苯亚甲基苯胺在 BF₃·Et₂O 催化下生成 2,4-二取代四氢喹啉，接着再转化为相应的喹啉化合物。这是第一例有关 Povarov 反应的报道 (式 54)[70]。

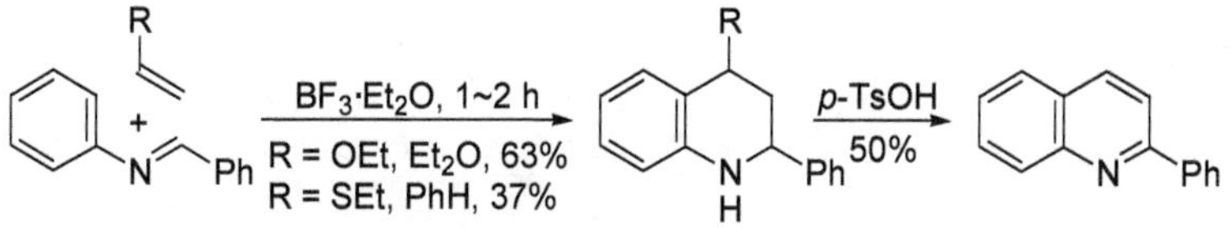

(54)

　　到目前为止，Povarov 反应的机理还存在一定的争议，其中被认为最合理的是一个分步反应的机理。如式 55 所示：以 $BF_3 \cdot Et_2O$ 作为催化剂为例，首先，N-芳基亚胺与亲二烯体生成离子化的中间体 **41**，然后中间体 **41** 发生分子内的苯环亲电取代反应得到的四氢喹啉化合物，最后再转化成相应的喹啉化合物。

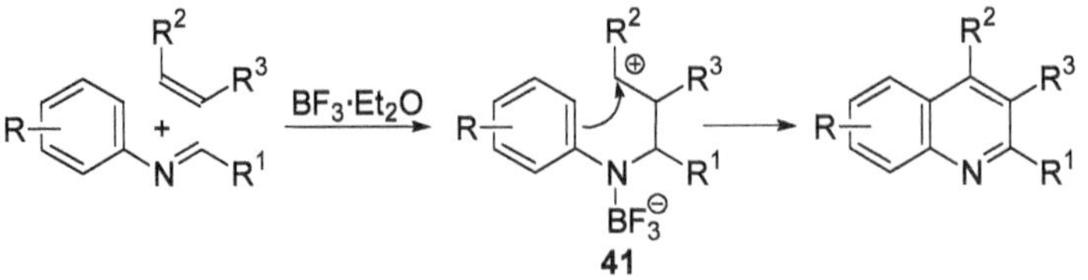

(55)

2.4.1.2　Povarov 反应中的二烯体

　　N-芳基亚胺是 Povarov 反应中的二烯体。当亚胺双键的碳端带有芳基时，反应容易进行，所得产率较高 (式 56)[71]。而亚胺双键的碳端带有烷基的底物在酸性条件容易水解或聚合，造成反应困难，且对产率有一定影响。在这种情况下，增加催化剂的用量有利于反应的进行。如式 57 所示[72]：由苯胺和醛生成的 N-芳基亚胺化合物 **42** 与乙基乙烯基硫醚进行反应，加入等物质的量的 $BF_3 \cdot Et_2O$ 可以得到较高的产率。这是有关三组分的 Povarov 反应的首次报道。亚胺双键的碳端带有三氟甲基的底物反应活性较高，使用催化量的路易斯酸就能使反应顺利进行 (式 58)[73]。

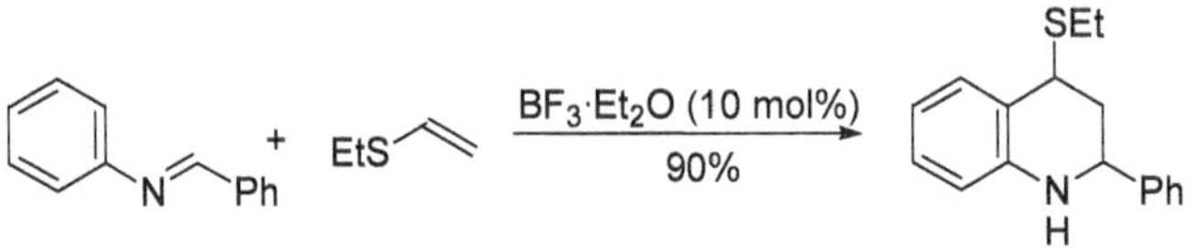

(56)

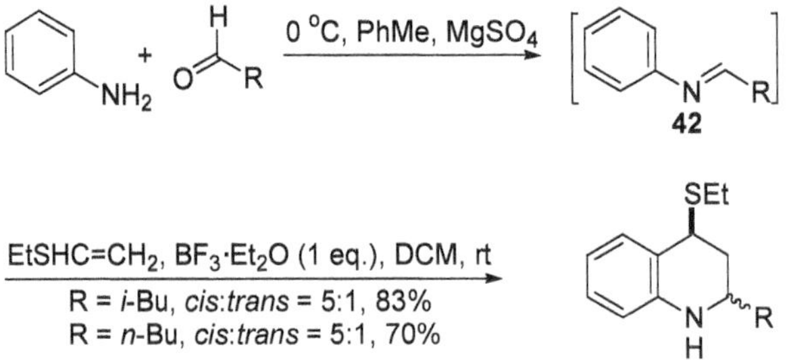

(57)

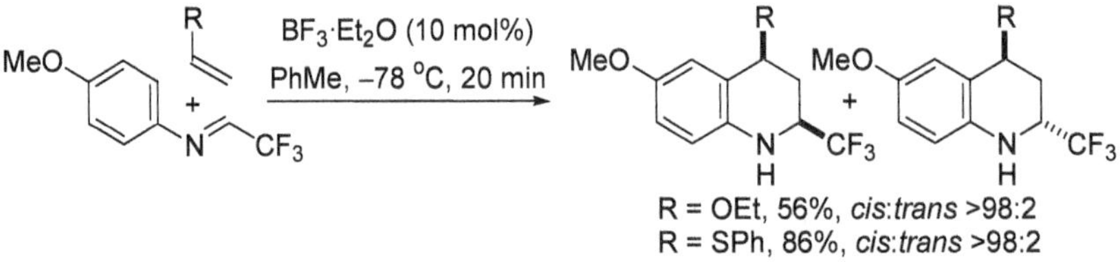

R = i-Bu, cis:trans = 5:1, 83%
R = n-Bu, cis:trans = 5:1, 70%

(58)

R = OEt, 56%, cis:trans >98:2
R = SPh, 86%, cis:trans >98:2

2.4.1.3 Povarov 反应中的亲二烯体

如图 9 所示：乙烯基烯醇醚、乙烯基硫醚以及硅基烯醇醚是 Povarov 反应中常用的亲二烯体。

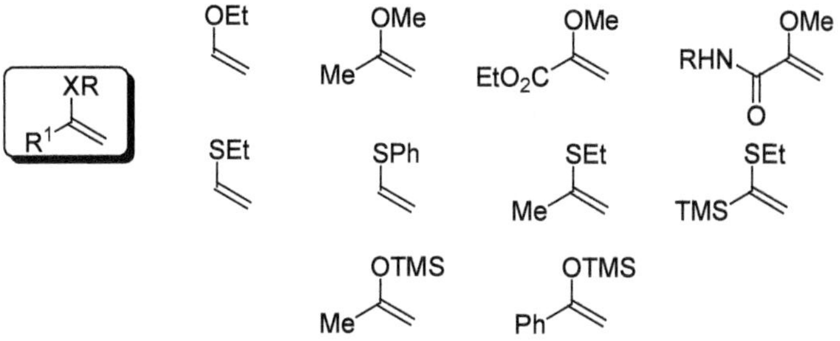

图 9 代表性的乙烯基烯醇醚、乙烯基硫醚以及硅基烯醇醚亲二烯体

Takaki 等人使用 Yb(OTf)$_3$ 催化 N-芳基亚胺化合物 **43** 与乙烯基烯醇醚的反应，在 1.5 h 内即可达到 95% 的产率；而与硅基烯醇醚的反应则产率相对较低 (式 59)[74]。

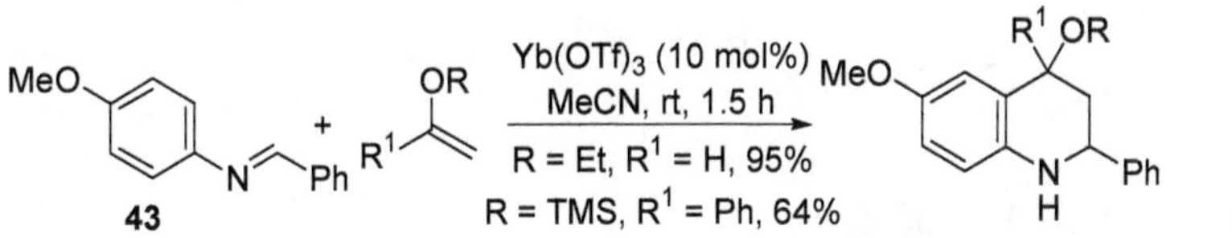

乙烯基酰胺和烯胺也是 Povarov 反应中常用的亲二烯体。如式 60 所示[75]：苯胺和 N-乙烯基乙酰胺在邻苯二甲酸的作用下，以中等产率得到四氢喹啉化合物 **44**。如式 61 所示[76]：Katrizky 提出了使用苯并三氮唑 (Bt) 参与的 Povarov 反应的方法。在 N-甲基苯胺与苯甲醛和 Bt 的三组分反应中，N-甲基苯胺与苯甲醛在酸性条件下首先生成亚胺正离子 **45**，接着与 Bt 反应得到中间体 **46**，再与 N-乙烯基吡咯烷酮发生 Povarov 反应，得到相应的四氢喹啉产物。

此外，在 Povarov 反应中，普通烯烃和炔烃也可用作亲二烯体。如式 62 所示[77]：苯胺化合物 **47** 与甲醛和苯乙烯在三氟乙酸的作用下反应，得到四氢喹啉产物 **48**。炔烃的反应活性弱于相应的烯烃。如式 63 所示[78]：N-苯亚甲基苯胺与苯乙炔的反应，产率只有 30%。

$$(61)$$

$$(62)$$

$$(63)$$

2.4.1.4　Povarov 反应中的催化剂

Povarov 反应中的催化剂包括质子酸和路易斯酸，TsOH 是最常用的质子酸。此外，催化量的盐酸也可用于该反应 (式 64)[79]。

$$(64)$$

BF$_3$·Et$_2$O 是 Povarov 反应中最早使用的路易斯酸催化剂。此外，Yb(OTf)$_3$、Dy(OTf)$_3$、InCl$_3$ 和 BiCl$_3$ 等化合物也常用作该反应的催化剂。如式 65 所示[80]：N-芳基亚胺化合物 **49** 与 化合物 **50** 在 Yb(OTf)$_3$ 的催化下，以 78% 的产率得到 2,3-二取代喹啉化合物。在苯胺化合物 **51** 与 化合物 **52** 的混合物中加入 BiCl$_3$，可使反应在 2 h 内完成，产率都在 90% 以上 (式 66)[81]。如式 67 所示[82]：苯胺与炔基化合物 **53** 在 Dy(OTf)$_3$ 的催化下发生分子内 Povarov 反应中，生成天然产物 Camptothecin 全合成的中间体吡咯并喹啉化合物 **54**。

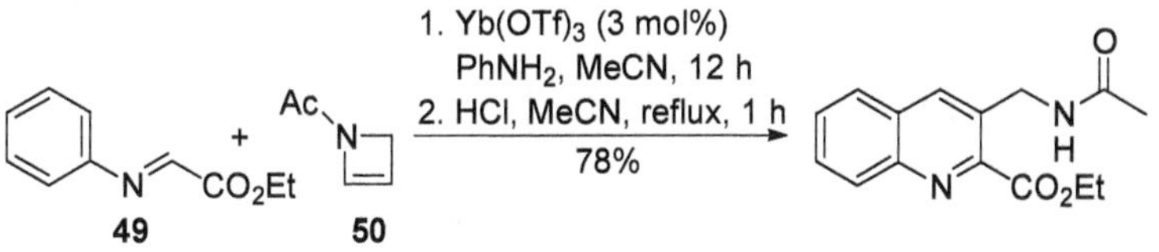

(65)

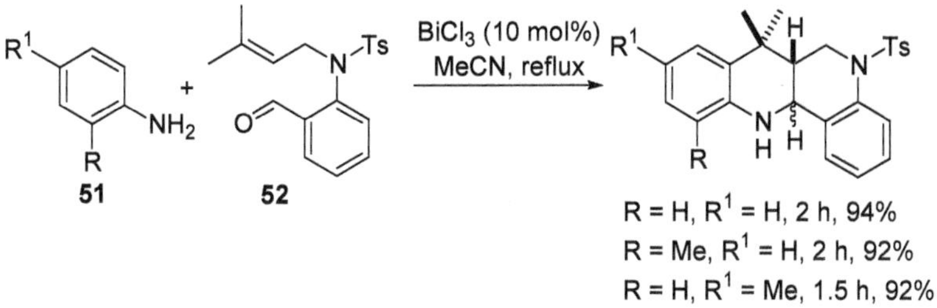

(66)

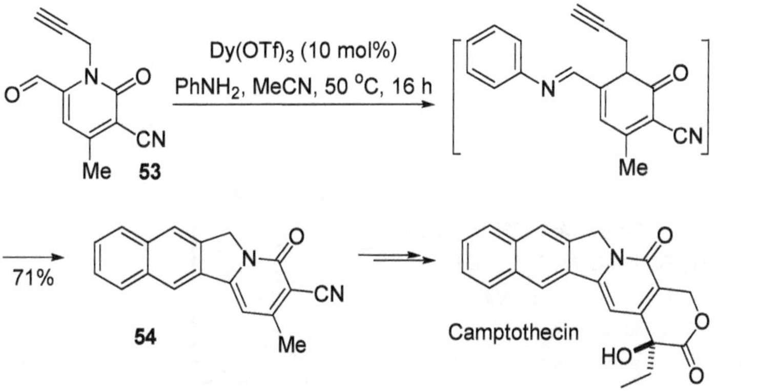

R = H, R^1 = H, 2 h, 94%
R = Me, R^1 = H, 2 h, 92%
R = H, R^1 = Me, 1.5 h, 92%

(67)

1996 年，kobayashi 等人首次报道了使用手性路易斯酸催化剂催化的不对称 Povarov 反应。如式 68 所示[83]：在由 Yb(OTf)$_3$、(R)-(+)-BINOL、DBU 形成的配合物催化剂 **55** 和助剂 2,6-二叔丁基吡啶 (DTBP) 的作用下，N-芳基亚胺 **56** 与乙基乙烯基醚的反应得到中等的产率和对映选择性。2011 年，Masson 等人使用手性磷酸 **57** 催化芳胺、醛与乙烯基烯胺的 Povarov 反应，在 0 ℃ 可以得到很高的产率和对映选择性 (式 69)[84]。此后，他们又使用手性磷酸 **58** 催化芳胺、醛与苯乙烯类化合物的 Povarov 反应，得到大于 70% 的产率和 >90% ee (式 70)[85]。

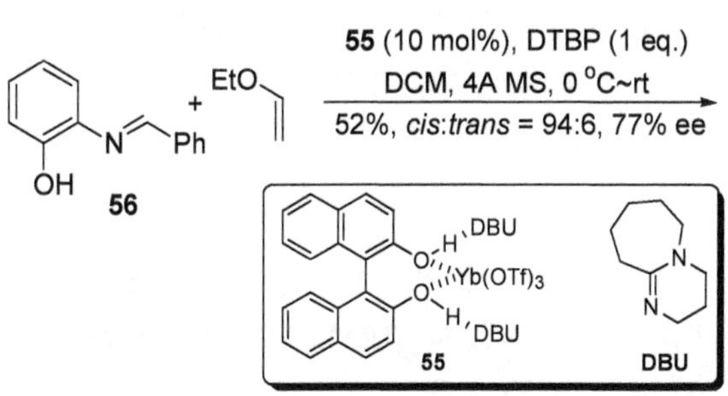

(68)

$$(69)$$

R = 3-MeOC$_6$H$_4$, R^1 = 4-OMe, 87%, 97% ee
R = 2-BrC$_6$H$_4$, R^1 = 4-OMe, 78%, 98% ee
R = Ph, R^1 = Ph, 85%, 96% ee
R = Ph, R^1 = 4-NO$_2$C$_6$H$_4$, 78%, 92% ee
R = Et, R^1 = 4-OMe, 82%, 96% ee

$$(70)$$

R = 4-NO$_2$C$_6$H$_4$, R^1 = 4-OMe, 92%, 98% ee
R = 4-CNC$_6$H$_4$, R^1 = 4-OMe, 70%, 96% ee
R = 4-MeC$_6$H$_4$, R^1 = 4-Cl, 79%, 96% ee
R = Ph, R^1 = 4-Cl, 81%, 96% ee
R = Ph, R^1 = H, 75%, 94% ee

2.4.2 Doebner 喹啉合成法

由苯胺、醛和丙酮酸生成 4-羧基喹啉，接着脱羧形成喹啉化合物的反应被称为 Doebner 喹啉合成法 (式 71)。该反应由 Böttinger[86]于 1883 年首次报道。

$$(71)$$

该反应的机理与 Povarov 反应类似。如式 72 所示：首先，苯胺与醛反应生成 N-芳基亚胺 **59**，然后与丙酮酸烯醇化后的烯醇进行反应，所得中间体 **60** 发生分子内的苯环亲电取代反应，最后再经脱水和芳构化转化成 4-羧基喹啉化合物。

Doebner 喹啉合成法的产率通常不高。如式 73 所示：以间氯苯胺为底物的反应产率只有 35%[87]。在相同反应条件下，使用间氟苯胺作为底物，产率可以达到 72%[88]。

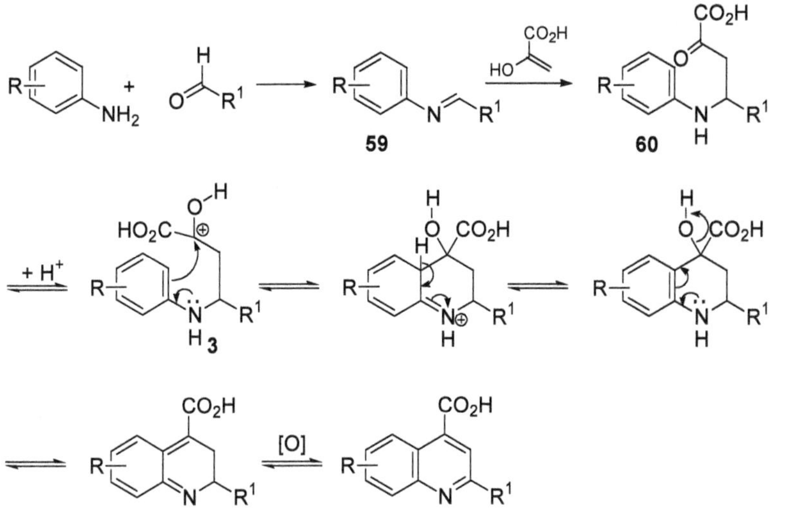

(72)

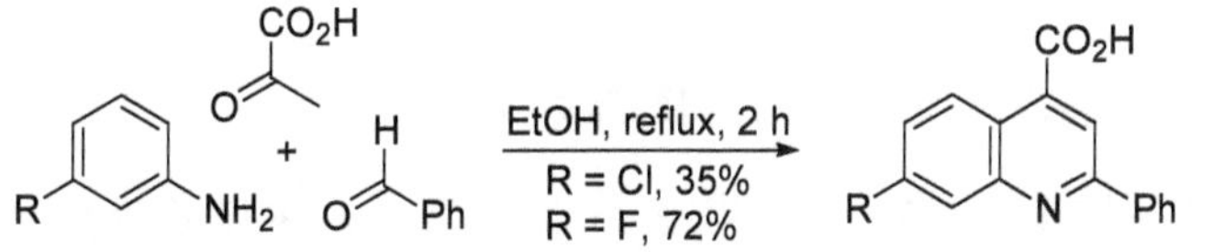

(73)

2.5 其它反应

2.5.1 使用炔酮、烯酮及相关化合物的反应

炔酮和烯酮化合物常被用作喹啉化合物的合成底物。如式 74 所示[89]：炔烃缩醛化合物 **61** 与碘苯在乙酸钯催化下生成中间体 **62**，接着成环形成喹啉化合物 **63**。

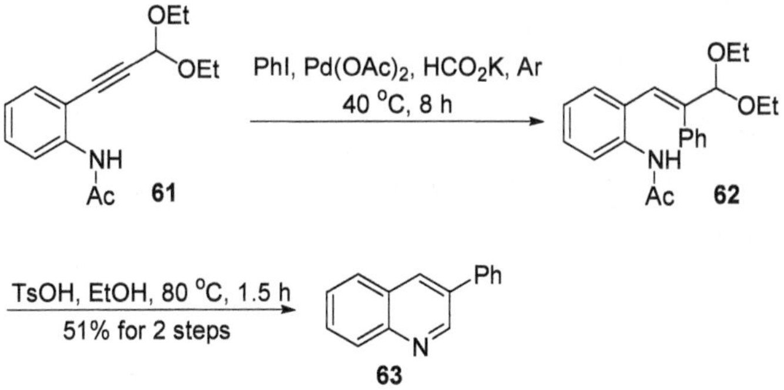

(74)

2.5.2 使用炔烃、炔丙基胺及相关化合物的反应

如式 75 所示[90]：使用 Ru 催化剂和膦配体 DPPE，化合物 **64** 与炔烃 **65**

在甲苯中回流，以较高产率得到多取代喹啉产物 **66**。胺基丙炔化合物 **67** 与卤代物 ICl 反应，生成的氢化喹啉中间体经芳构化后得到喹啉产物 **68** (式 76)[91]。

$$(75)$$

$$(76)$$

2.5.3 使用肟、氮杂二烯及相关化合物的反应

如式 77 所示[92]：从酮肟化合物生成的亚胺 **69** 可以通过分子内环化反应得到喹啉化合物，而当使用从醛肟化合物生成的亚胺作为底物时，反应不能发生。氮杂二烯化合物 **70** 在光照和 HBF$_4$ 的催化下，以高达 95% 的产率得到相应的喹啉化合物 (式 78)[93]。

$$(77)$$

$$(78)$$

2.5.4 使用杂环转化的反应

2007 年，Beutner 等人使用靛红酸酐 **71** 为底物，在碱性条件下与丙二酸二甲酯在 N,N-二甲基乙酰胺 (DMAc) 中反应，可以在公斤级范围内制备喹啉化合物 **72** (式 79)[94]。

$$(79)$$

3 异喹啉的合成反应综述

3.1 传统的合成异喹啉的方法

3.1.1 Pomeranz-Fristsch 合成法[95]

3.1.1.1 Pomeranz-Fristsch 合成法的定义

由芳醛或芳酮与氨基缩醛缩合生成的亚胺中间体在酸催化下通过闭环反应生成异喹啉化合物的方法被称为 Pomeranz-Fristsch 合成法 (式 80)。该反应由 Pomeranz[96]和 Fritsch[97]在 1893 年分别独立报道。

$$(80)$$

3.1.1.2 Pomeranz-Fristsch 合成法的机理

Pomeranz-Fristsch 合成法的机理包括亚胺中间体的生成以及在酸性条件下的成环反应和芳构化三个步骤。如式 81 所示：首先，由芳醛或芳酮和氨基缩醛缩合生成亚胺中间体 **73**；随后，在酸催化下，缩醛脱去一分子醇后形成的碳正离子中间体 **74** 进行苯环的亲电取代；最后，经过芳构化得到相应的喹啉化合物。

$$(81)$$

在 3 位 或 4 位上带有给电子取代基的芳醛或芳酮容易发生 Pomeranz-Fristsch 反应，而在芳香环上带有强拉电子取代基 (例如：硝基) 的芳醛或芳酮则不能生成异喹啉，而是得到噁唑化合物 (式 82)[98]。

$$(82)$$

3.1.1.3　Pomeranz-Fristsch 合成法的改进

Pomeranz-Fristsch 合成法的产率通常不高，因为中间体亚胺在环化过程中容易被水解。使用三氟乙酸或者三氟化硼可以有效地减少亚胺的破坏 (式 83)[99]。

$$(83)$$

另一解决方法是将亚胺中间体转变成胺，然后再进行环化。如式 84 所示[100]：在 (±)-4-Hydroxycrebanine 的全合成中，芳酮化合物 **75** 首先与氨基乙醛缩二乙醇缩合，生成的亚胺中间体在体系中原位被还原成胺化合物 **76**。接着在盐酸水

$$(84)$$

溶液中完成环化反应，得到四氢异喹啉 **77**。现在，这一改进方法也被称为 Pomeranz-Fristsch-Bobbitt 反应。使用该方法，芳酮化合物 **78** 与氨基缩醛的反应也能以很高的产率完成 (式 85)[101]。

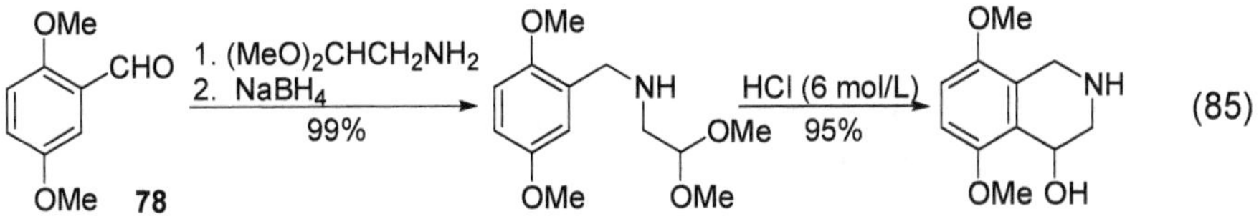

(85)

将亚胺中间体还原成胺，接着转化成磺酰胺后，再进行环化的方法被称为 Jackson 改进的 Pomeranz-Fristsch 反应。其中，胺基缩醛中间体也可由胺化合物和溴代缩醛反应制得。如式 86 所示[102]：将胺基缩醛化合物 **79** 保护成磺酰胺 **80** 后进行环化反应，所得产物为异喹啉。

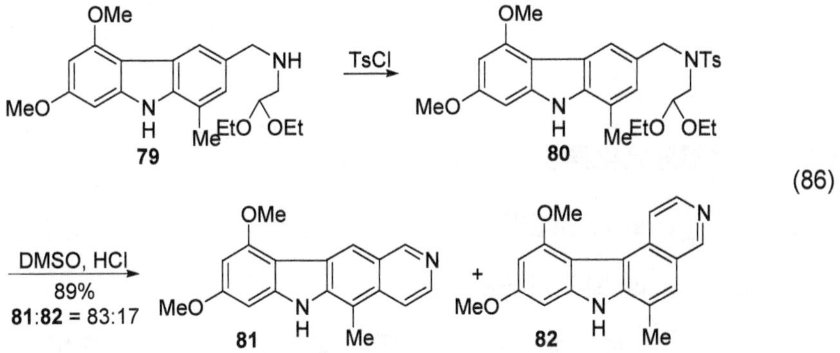

(86)

使用苄胺与乙缩醛化合物生成的亚胺中间体在酸催化下生成异喹啉的方法被称为 Schlittler-Muller 改进的 Pomeranz-Fristsch 反应。如式 87 所示[103]：苄胺 **83** 与缩醛 **84** 反应生成 2,7-菲啰啉。

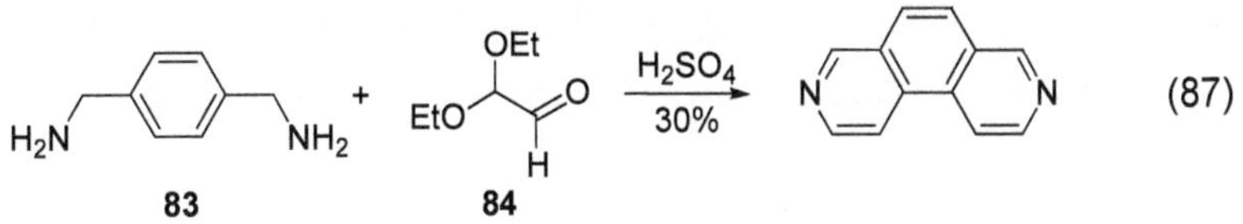

(87)

3.1.2 Pictet-Gams 反应

Pictet-Gams 反应是指 β-羟基-β-苯乙胺的酰化物在脱水试剂 (例如：P_2O_5 和 $POCl_3$) 的作用下，发生分子内成环反应生成异喹啉的方法 (式 88)。该方法于 1909 年由 Pictet 和 Gams 首次报道[104]。通常情况下，Pictet-Gams 反应是在惰性溶剂 (如甲苯、十氢萘等) 中回流完成。

$$(88)$$

如式 89 所示[105]：β-羟基-β-苯乙胺化合物 **85** 与邻氯苯甲酰氯反应生成的酰胺衍生物 **86** 在 P_2O_5 的作用下，以 80% 的产率得到相应的异喹啉化合物。

$$(89)$$

3.2 传统的合成部分氢化异喹啉的方法

3.2.1 Bischler-Napieralski 反应[106]

3.2.1.1 Bischler-Napieralski 反应的定义

苯乙胺的酰胺衍生物在脱水试剂 (例如：P_2O_5 和 $POCl_3$) 的作用下，发生分子内成环反应生成 3,4-二氢异喹啉的方法被称为 Bischler-Napieralski 反应 (式 90)。如果在酰胺的 α-位带有羟基，则生成的 3,4-二氢异喹啉会继续脱水形成异喹啉化合物 (式 91)。苯乙基碳酰胺化合物也可以用作 Bischler-Napieralski 反应的底物，所得产物为 3,4-二氢异喹啉酮化合物 (式 92)。该反应于 1893 年由 Bischler 和 Napieralski 首次报道[107]，是合成异喹啉化合物最常用的方法之一，同样也常用于将 N-酰基色胺衍生物 **87** 转化为 β-咔啉化合物 **88** 的合成中 (式 93)。

$$(90)$$

$$(91)$$

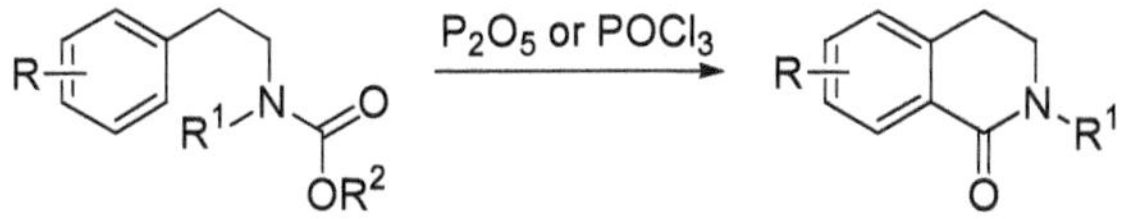

(92)

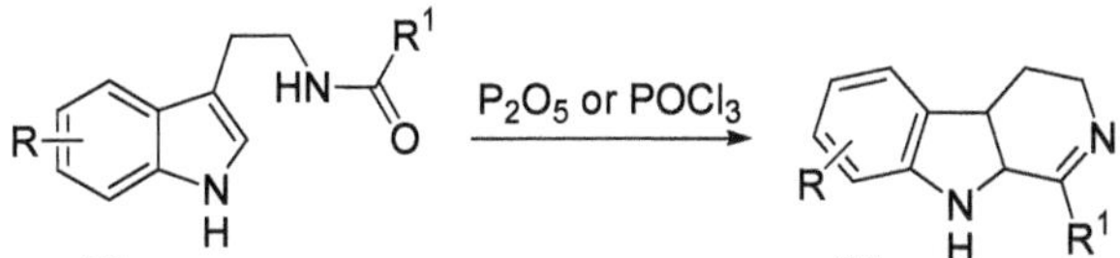

(93)

87　　**88**

　　除 P_2O_5 和 $POCl_3$ 外，其它试剂如 PCl_5、$AlCl_3$、$SOCl_2$、$ZnCl_2$、Al_2O_3、$POBr_3$、$SiCl_4$ 和 Tf_2O 等，也可用于该反应。如式 94 所示[108]：碳酰胺化合物 **89** 在 $POCl_3$ 的作用下不能发生 Bischler-Napieralski 反应，而使用 Tf_2O 和 DMAP 代替 $POCl_3$ 后，却能以 92% 的产率得到相应的异喹啉酮产物。

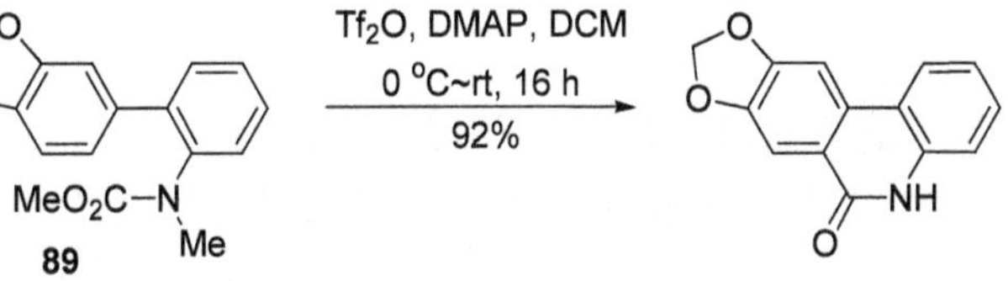

(94)

89

3.2.1.2　Bischler-Napieralski 反应的机理

　　如式 95 所示[109]：以 $POCl_3$ 作为脱水试剂为例，酰胺首先与 $POCl_3$ 结合生成的中间体 **90**。然后，**90** 经过电子转移得到腈盐中间体 **91**。接着，再发生分子内苯环的亲电取代反应得到 3,4-二氢异喹啉化合物。

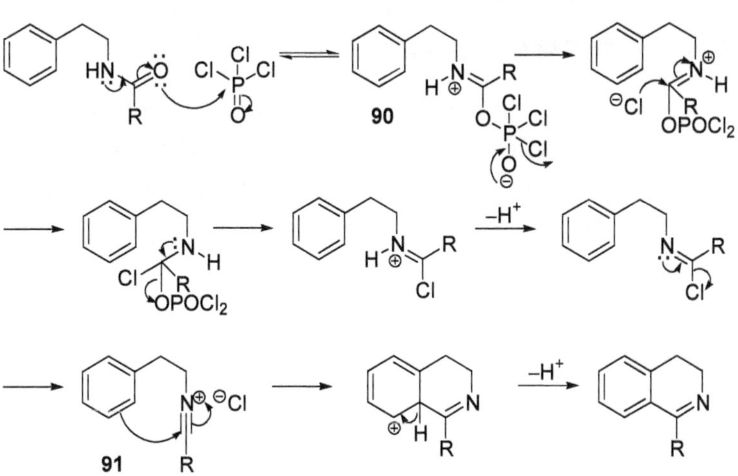

(95)

90

91

　　在该反应中，主要的副反应是腈盐中间体 **92** 发生 *retro*-Ritter 反应和 VonBraun 反应，导致中间体分解产生苯乙烯和氯代产物 (式 96)。

$$\text{(96)}$$

3.2.1.3 底物中取代基的影响

底物分子中苯环上带有给电子取代基有利于 Bischler-Napieralski 反应的进行。如式 97 所示[110]：当酰胺化合物 **93** 中的苯环上带有两个甲氧基时，在聚磷酸乙酯 (EPP) 的作用下以 89% 的产率得到相应的二氢异喹啉产物；而如果苯环上没有取代基，则该反应不能进行。

$$\text{(97)}$$

底物分子中苯乙基链上的取代基一般对反应影响不大。如式 98 所示[111]：碳酰胺化合物 **94** 在 $POCl_3$ 的作用下可以顺利地发生反应，产率达到 81%。

$$\text{(98)}$$

3.2.2 Pictet-Spengler 异喹啉合成法[112]

3.2.2.1 Pictet-Spengler 异喹啉合成法的定义

Pictet-Spengler 反应是指 β-芳基乙胺与醛、酮或 1,2-二羰基化合物在酸催化下反应生成四氢异喹啉的方法 (式 99)。该反应于 1911 年由 Pictet 和 Spengler 首次报道[113]，是合成四氢异喹啉化合物的重要方法之一，同样也常用于将吲哚乙胺化合物 **95** 转化为 β-四氢咔啉化合物 **96** 的合成中 (式 100)。

$$\text{(99)}$$

$$\text{(100)}$$

3.2.2.2　Pictet-Spengler 反应的机理

如式 101 所示：β-芳基乙胺与醛或酮首先在酸催化下生成亚胺中间体 **97**，中间体 **97** 经过质子化后进行分子内苯环的亲电取代反应得到四氢异喹啉化合物。

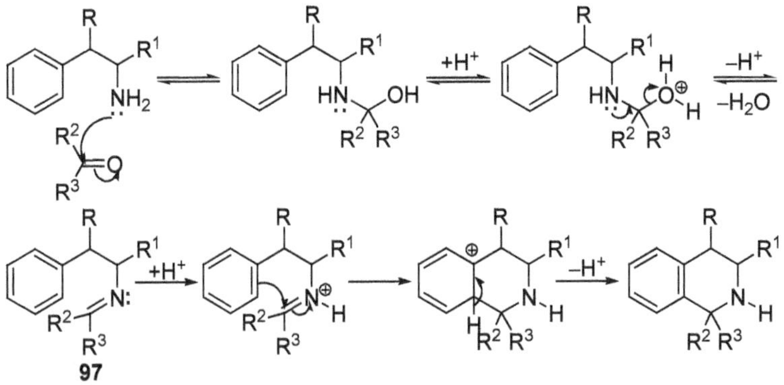

(101)

3.2.2.3　Pictet-Spengler 反应中的区域选择性

当 β-芳基乙胺底物中芳环的间位带有取代基时，在关环步骤会存在区域选择性。如式 102 所示[114]：在底物 **98** 的反应中，主要产物是在 C-6 位发生关环反应的化合物 **99**。同样，在底物 **100** 的反应中，生成的主要产物是化合物 **101**。但是当在底物 **100** 中苯环的 C-2 位引入定位基团 TMS 后，则以 98% 的高产率生成单一的在 C-2 位发生关环反应的产物 **102** (式 103)。

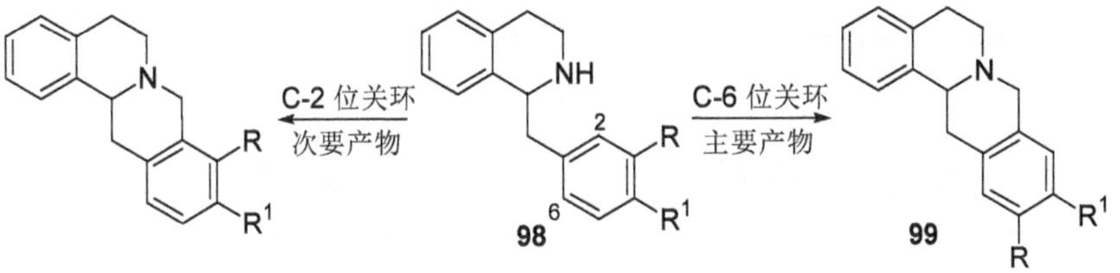

(102)

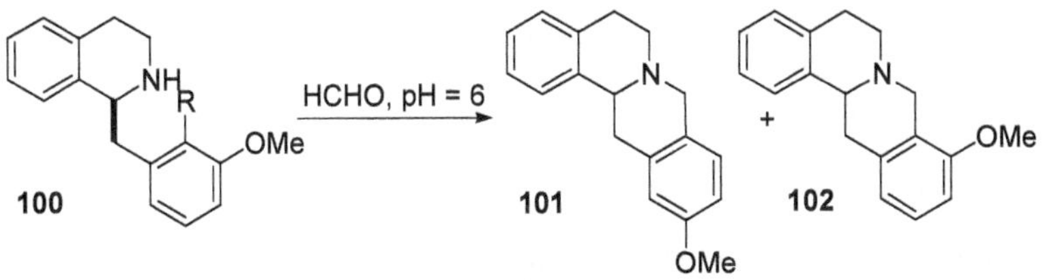

(103)

	R = H	R = TMS
101	31%	0
102	6%	98%

3.2.2.4 不对称 Pictet-Spengler 反应

在使用手性底物进行的 Pictet-Spengler 反应中，温度对产物的非对映选择性有重要的影响。如式 104 所示[115]：使用手性化合物 **103** 作为底物，与苯甲醛在低温时生成的主要是动力学控制的顺式产物 *cis*-**104**。随着温度的升高，热力学控制的反式产物 *trans*-**104** 所占的比例增高。此外，对于手性化合物 **105**，羰基组分中取代基和 *β*-芳基乙胺中氨基上的取代基越大，所生成的反式产物比例越高 (式 105)[116]。

$$\text{(104)}$$

PhCHO, TFA
80 °C, *cis:trans* = 37:63
23 °C, *cis:trans* = 78:72
−70 °C, *cis:trans* = 83:27

103   **104**

$$\text{(105)}$$

R^{1}CHO, TFA

R = Bn, R^1 = Me, *cis:trans* = 12:88
R = Bn, R^1 = *n*-Pr, *cis:trans* = 11:89
R = Bn, R^1 = *c*-Hex, *cis:trans* = 0:100
R = CHPh$_2$, R^1 = Me, *cis:trans* = 0:100

105   **106**

在 *β*-芳基乙胺底物中引入手性辅助试剂是不对称 Pictet-Spengler 反应中常用的方法之一。如式 106 所示[117]：吲哚乙胺与手性辅助试剂形成的碳酰胺化合物 **107** 与醛的反应，以 89% 的产率和 80% de 得到相应的手性产物。吲哚乙胺与手性辅助试剂形成的 *N*-亚磺酰化合物 **108** 与醛在 10-樟脑磺酸 (CSA) 催化下，得到中等的产率和非对映选择性 (式 107)[118]。

i-PrCHO
TMSCl, DCM
−30 °C, 24 h
89%, 80% de

107 $$\text{(106)}$$

RCHO, CSA
DCM, −78 °C

108 $$\text{(107)}$$

R = Me, CSA (0.2 eq.), 4 h, 75%, dr = 76:24
R = Pr, CSA (0.2 eq.), 4 h, 80%, dr = 78:22
R = Bu, CSA (0.2 eq.), 4.5 h, 84%, dr = 81:19
R = *i*-Bu, CSA (0.6 eq.), 8 h, 71%, dr = 81:19
R = *i*-Pr, CSA (0.6 eq.), 20 h, 78%, dr = 86:14

3.3 其它方法

3.3.1 基于亲电成环反应的方法

如式 108 所示[119]：在 2-乙炔基苯甲醛、多聚甲醛、二异丙胺和叔丁胺的多组分反应中，使用 CuI 作为催化剂，在室温反应 1 h 即可得到相应的异喹啉产物。

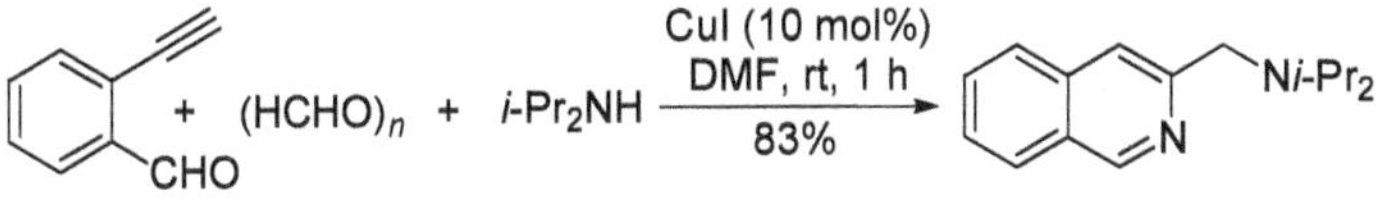
CHO
(HCHO)n
i-Pr2NH
CuI (10 mol%)
DMF, rt, 1 h
83%
N
Ni-Pr2

(108)

3.3.2 基于亲核成环反应的方法

氟取代的异喹啉可以由化合物 **109** 在有机金属试剂的作用下通过分子内亲核成环反应制得。如式 109 所示[120]：使用丁基锂可以获得比使用格氏试剂更短的反应时间和更高的产率。

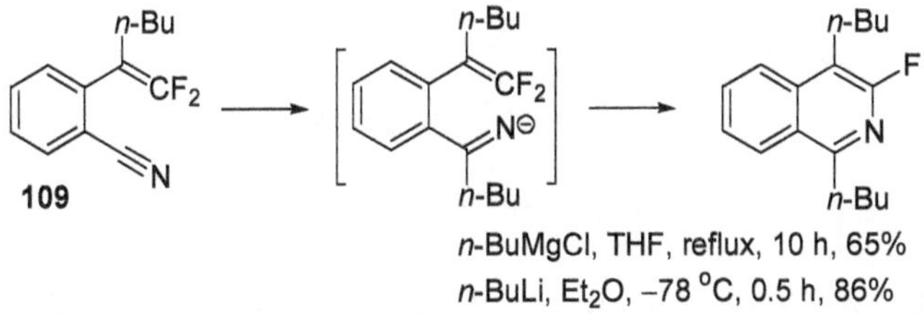
n-Bu
CF2
N
109
n-Bu
CF2
N⊖
n-Bu
n-Bu
F
N
n-Bu
n-BuMgCl, THF, reflux, 10 h, 65%
n-BuLi, Et2O, –78 °C, 0.5 h, 86%

(109)

3.3.3 基于缩合反应的方法

异喹啉中的含氮杂环可以使用带有两个合适邻位取代基的苯环化合物通过缩合反应来构筑。如式 110 所示[121]：化合物 **110** 与胺在三氟乙酸的催化下，缩合生成 3-胺基异喹啉。

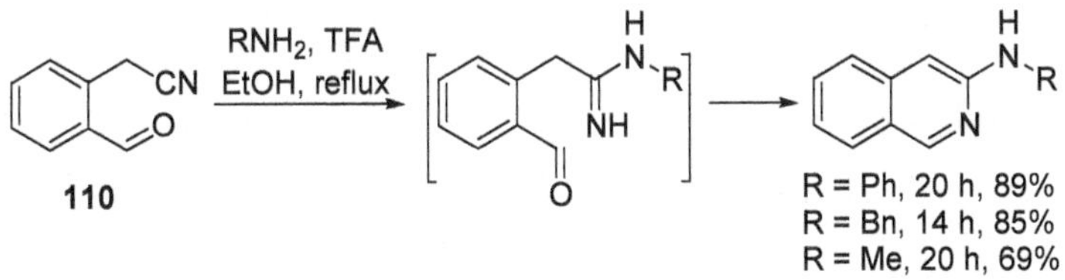
CN
O
110
RNH2, TFA
EtOH, reflux
H
N
R
NH
O
H
N
R
N
R = Ph, 20 h, 89%
R = Bn, 14 h, 85%
R = Me, 20 h, 69%

(110)

3.3.4 基于金属催化的成环反应的方法

Larock 等人使用 $Pd(OAc)_2$ 催化芳基亚胺化合物 **111** 与炔烃的反应，以较高的产率得到 3,4-二取代异喹啉 (式 111)[122]。

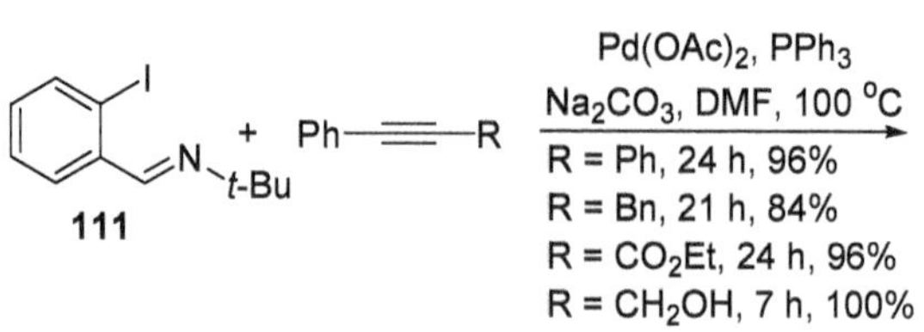

$$(111)$$

R = Ph, 24 h, 96%
R = Bn, 21 h, 84%
R = CO$_2$Et, 24 h, 96%
R = CH$_2$OH, 7 h, 100%

3.3.5 基于电环化反应的方法

如式 112 所示[123]: 化合物 **112** 与三甲基硅基乙烯酮反应生成乙烯酮亚胺衍生物, 接着通过电环化反应成环, 得到海洋生物碱 Renierol 全合成的中间体 **113**。

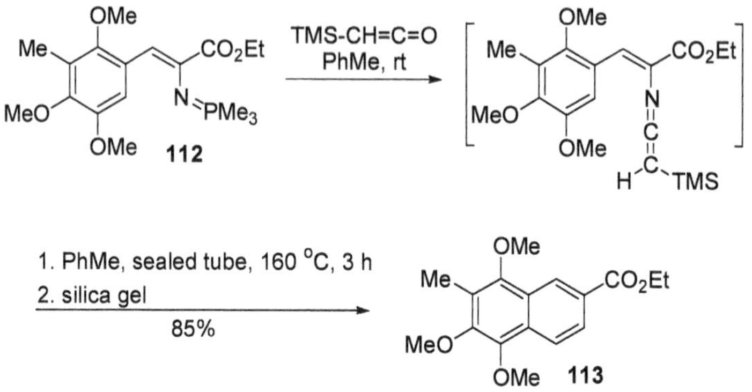

$$(112)$$

4 喹啉和异喹啉的合成反应在天然产物和药物合成中的应用

4.1 Torcetrapib 的全合成

Torcetrapib 是美国辉瑞公司开发的一种胆固醇酯转移蛋白抑制剂, 用于治疗动脉粥样硬化和冠心病。该化合物的核心结构包括在 C-2 位和 C-4 位带有两个手性取代基的四氢喹啉环。

2006 年, 为满足研究用量的需求, 辉瑞公司研究员 Abramov 开发了一条使用苯并三氮唑 (Bt) 参与的 Torcetrapib 的全合成路线[124]。在构筑四氢喹啉环的过程中, Povarov 反应发挥了重要的作用。如式 113 所示: 首先, 对三氟甲基苯胺与丙醛和 Bt 反应生成化合物 **114**。接着, 化合物 **114** 与乙烯基碳酸酯在催化量 TsOH 的作用下发生 Povarov 反应, 经过中间体 **115** 以 76% 的产率得到单一顺式化合物 **116**。最后, 再经过数步官能团转化完成了 Torcetrapib 的全合成。

$$(113)$$

4.2 (–)-Yohimbane 的全合成

(–)-Yohimbane 是从茜草科植物 *Corynanthe Yohimbe* 的树皮中提取的一种生物碱，具有抗高血压和抗精神病的生物活性，同时也被用作区分 α-肾上腺受体的工具。Bergmeier 等人[125]报道了一条使用 Bischler-Napieralski 反应作为关键步骤之一的全合成路线。如式 114 所示：该路线使用氮丙啶化合物 **117** 作为起始原料得到化合物 **118**。接着，**118** 在 K_2CO_3 的作用下与吲哚化合物 **119** 反应生成中间体 **120**。然后，再经过数步反应得到内酰胺化合物 **121**。最后，在 $POCl_3$ 的作用下，通过 Bischler-Napieralski 反应完成了 (–)-Yohimbane 的全合成。在该步骤中，同时以异构体的形式生成了 (+)-Alloyohimbane。

$$(114)$$

4.3 Streptonigrone 的全合成

Streptonigrone 是从链霉菌 *Streptomyces albus var. bruneomycini* 的培养液

中分离得到的一种天然产物。它是一种潜在的抗肿瘤抗生素，并且具有明显的抗逆转录活性。由于 Streptonigrone 具有显著的生物活性和特殊的化学结构，因而引起了有机化学家的合成兴趣。

2007 年，Ciufolini 等人报道了一条使用 Conrad-Limpach 反应合成喹啉中间体的全合成路线[126]。如式 115 所示：该路线使用 2,4,5-三甲氧基苯胺作为起始原料，与丁炔二酸二甲酯反应生成烯胺中间体 **122**。接着，通过 Conrad-Limpach 反应得到喹啉酮化合物 **123**，随后进一步转化得到喹啉化合物 **124**。最后，再与其它片段对接后，经过数步官能团转化完成了 Streptonigrone 的全合成。

$$(115)$$

5 喹啉和异喹啉的合成反应实例

例 一

2-苄基-1,2,3,4-四氢苯并[b][][1,6]-萘啶的合成[127]
(通过 Friedländer 反应合成喹啉化合物)

$$(116)$$

将邻氨基苯甲醛 (12.1 g, 100 mmol)、N-苄基哌啶酮 (20.8 g, 110 mmol)、甲醇钠 (5.9 g, 110 mmol) 和干燥乙醇 (250 mL) 的混合体系回流 3 h 后，减压蒸去溶剂，残留物溶于水和甲苯的混合溶液中。分去水层后，有机相减压蒸去甲苯后得到的粗产物经重结晶 (异丙醇-二氯甲烷) 得到无色棱状晶体 **125** (24.7 g, 90%)。

例 二

3-溴-8-羟基-6-硝基喹啉的合成[128]

(通过 Skraup/Doebner-Miller 反应合成喹啉化合物)

(117)

在室温和搅拌下，将溴 (590 mg, 3.7 mmol) 滴加到化合物 **126** (500 mg, 3.7 mmol) 的冰醋酸 (10 mL) 溶液中。接着将 2-羟基-4-硝基苯胺 (570 mg, 3.7 mmol) 加入到反应混合物中。将混合体系升温至 100 °C 搅拌 1 h 后降至室温。过滤得到沉淀，用缓冲溶液 (Na$_2$HPO$_4$-NaH$_2$PO$_4$, 1 mol/L) 中和，得到浅黄色固体产物 (916 mg, 92%)，熔点 240~241 °C。

例 三

(S)-6,8-二苄氧基-3-[(三异丙基硅氧基)甲基]-3,4-二氢异喹啉的合成[129]

(通过 Bischler-Napieralski 反应合成二氢异喹啉化合物)

(118)

在 0 °C 下，将 POCl$_3$ (0.65 mL, 7.0 mmol) 加入到化合物 **127** (2.1 g, 3.85 mmol)、和 2-甲基吡嗪 (0.77 mL, 8.4 mmol) 的 CH$_2$Cl$_2$ (40 mL) 溶液中。混合物缓慢升至室温，搅拌 4 h 后，将混合体系倾倒在加入乙醚-水-三乙胺的分液漏斗中，并迅速摇动。分出的有机相依次用 NaOH (0.5 mol/L) 和饱和盐水洗涤，无水 Na$_2$SO$_4$ 干燥，过滤及蒸去溶剂后的粗产物经柱色谱分离和纯化得到浅黄色油状液体 **128** (1.48 g, 73%)，$[\alpha]_D^{20}$ = +40.3 (c 1.032, CHCl$_3$)。

例 四

(R)-1-苄氧基-5,7,8-三甲氧基-6-甲基-4-羟基-1,2,3,4-四氢异喹啉的合成[130]

(通过 Pomeranz-Fristsch-Bobbitt 反应合成四氢异喹啉化合物)

$$(119)$$

在 0 ℃ 下，将浓盐酸 (35 mL) 加入到化合物 **129** (1.0 g, 2.17 mmol) 的 THF (35 mL) 溶液中。混合物缓慢升至室温，搅拌 12 h 后再降至 0 ℃。在搅拌下，加入 NaOH (30%) 将体系调节至 pH = 10。将混合物在室温搅拌 0.5 h 后，加入 CH$_2$Cl$_2$ 萃取。合并的有机相用饱和 NaCl 水溶液洗涤和无水 Na$_2$SO$_4$ 干燥，蒸去溶剂后的粗产物经柱色谱分离和纯化得黄色油状液体 **130** (632 mg, 78%)。

例 五

(4S)-4-异丙氧基苯基-5-异丙氧基-6-甲氧基-2-甲基-1,2,3,4-四氢异喹啉的合成[131]

(通过 Pictet-Spengler 反应合成四氢异喹啉化合物)

$$(120)$$

将浓盐酸 (1.4 mL) 加入到化合物 **131** (502 mg, 0.84 mmol) 和甲醛 (37%, 4.34 mL) 的乙醇 (30 mL) 溶液中。混合体系回流 6 h 后，减压蒸去溶剂。残留物溶于 CHCl$_3$ (40 mL)，依次用氨水 (10%, 40 mL)、水 (40 mL) 和饱和 NaCl 水溶液 (40 mL) 洗涤，无水 Na$_2$SO$_4$ 干燥，过滤及蒸去溶剂后的粗产物经柱色谱分离和纯化得到浅黄色油状液体 **132** (466 mg, 75%)，$[\alpha]_D^{20} = -3.4$ (c 0.76, CHCl$_3$)。

6　参考文献

[1] Kaufman, T. S.; Ruveda, E. A. *Angew. Chem., Int. Ed.* **2005**, *44*, 854.

[2]   Harrowven, D. C.; Nunn, M. I. T. *Tetrahedron Lett.* **1998**, *39*, 5875.

[3]   Michael, J. P. *Nat. Prod. Rep.* **2007**, *24*, 223.

[4]   Chen, J. J.; Fang, H. Y.; Duhn, C. Y.; Chen, I. S. *Planta Med.* **2005**, *71*, 470.

[5]   Wall, M. E.; Wani, M. C.; Cook, C. E.; Palmer, K. H.; MacPhail, A. T.; Sim, G. A. *J. Am. Chem. Soc.* **1966**, *88*, 3888.

[6]   Fresneda, P. M.; Molina, P.; Delgado, S. *Tetrahedron* **2001**, *57*, 6197.

[7]   McLaughlin, M. J.; Hsung, R. P. *J. Org. Chem.* **2001**, *66*, 1049.

[8]   Hamer, F. M. (ed.) *The Cyanine Dyes and Related Compounds*; Vol. 18, Wiley-Interscience, 1964.

[9]   Surry, A. R.; Hammer, H. F. *J. Am. Chem. Soc.* **1946**, *68*, 113.

[10] Wiesner, J.; Ortmann, R.; Jomaa, H.; Schlitzer, M. *Angew. Chem., Int. Ed.* **2003**, *42*, 5274.

[11] Duffour, J.; Gourgou, S.; Desseigne, F.; Debrigode, C.; Mineur, L.; Pinguet, F.; Poujol, S.; Chalbos, P.; Bressole, F.; Ychou, M. *Cancer Chemotherapy and Pharmacology* **2007**, *60*, 283.

[12] Ho, C.-L.; Wong, W.-Y.; Gao, Z.-Q.; Chen, C.-H.; Cheah, K.-W.; Yao, B.; Xie, Z.; Wang, Q.; Ma, D.; Wang, L.; Yu, X.-M.; Kwok, H.-S.; Lin, Z. *Adv. Funct. Mater.* **2008**, *18*, 319.

[13] Shin, I.-S.; Kim, J. I.; Kwon, T.-H.; Hong, J.-I.; Lee, J.-K.; Kim, H. J. *Phys. Chem. C* **2007**, *111*, 2280.

[14] Collado, D.; Perez-Inestrosa, E.; Suau, R.; Desvergne, J.-P.; Bouas-Laurent, H. *Org. Lett.* **2002**, *5*, 855.

[15] Combes, A. *Bull. Soc. Chim. Fr.* **1888**, *49*, 89.

[16] Born, J. L. *J. Org. Chem.* **1972**, *37*, 3952.

[17] Johnson, W. S.; Woroch, E; Mathews, F. J. *J. Chem. Soc.* **1947**, *69*, 566.

[18] Roberts, E.; Turner, E. *J. Chem. Soc.* **1927**, 1832.

[19] Fawcett, R. C.; Robinson, R. *J. Chem. Soc.* **1927**, 2254.

[20] Evans, P.; Hogg, P.; Grigg, R.; Nurnabi, M.; Hinsley, J.; Sridharan, V.; Suganthan, S.; Korn, S.; Collard, S.; Muir, J. E. *Tetrahedron* **2005**, *61*, 9696.

[21] Aly, A. A. *Tetrahedron* **2003**, *59*, 1739.

[22] Reitsema, R. H. *Chem. Rev.* **1948**, *47*, 47.

[23] Steck, E. A.; Hallock, L. L.; Holland, A. J. *J. Am. Chem. Soc.* **1946**, *68*, 1241.

[24] List, G. F.; Stacy, G. W. *J. Am. Chem. Soc.* **1946**, *68*, 2686.

[25] Misani, F.; Bogert, M. T. *J. Org. Chem.* **1945**, *10*, 347.

[26] Elderfield, R. C.; Wright, J. B. *J. Am. Chem. Soc.* **1946**, *68*, 1276.

[27] Edmont, D.; Rocher, R.; Plisson, C.; Chenault, J. *Bioorg. Med. Chem.Lett.* **2000**, *10*, 1831.

[28] Peet, N. P.; Baugh, L. E.; Sunder, S.; Lewis, J. E. *J. Med. Chem.* **1985**, *28*, 298.

[29] Manske, R. H. F. *Chem. Rev.* **1941**, *30*, 113.

[30] Hodgkinson, A. J.; Staskun, B. *J. Org. Chem.* **1969**, *34*, 1709.

[31] Kelly, T. R.; Field, J. A.; Li, Q. *Tetrahedron Lett.* **1988**, *29*, 3545.

[32] Manske, R. H. F.; Kulka, M. *Org. React.* **1953**, *7*, 59.

[33] Skraup, Z. H. *Ber. Dtsch. Chem. Ges.* **1880**, *13*, 2086.

[34] Doebner, O.; von Miller, W. *Ber. Dtsch. Chem. Ges.* **1881**, *14*, 2812.

[35] (a) Eisch, J. J.; Dluzniewski, T. *J. Org. Chem.* **1989**, *54*, 1269. (b) Schindler, O.; Michaelis, W. *Helv. Chim. Acta* **1970**, *53*, 776. (c) Forrest, T. P.; Dauphinee, G. A.; Miles, W. F. *Can. J. Chem.* **1969**, *47*, 2121. (d) Dauphinee, G. A.; Forrest, T. P. *J. Chem. Soc., Chem. Commun.* **1969**, 327. (e) Badger, G. M.; Crocker, H. P.; Ennis, B. C.; Gayler, J. A.; Matthews, W. E.; Raper, W. O. C.; Samuel, E. L.; Spotswood, T. M. *Aust. J. Chem.* **1963**, *16*, 814.

[36] Oleynik, I. I.; Shteingarts, V. D. *J. Fluorine Chem.* **1998**, *91*, 25.

[37] Sprecher, A.-v.; Gerspacher, M.; Beck, A.; Kimmel, S.; Wiestner, H.; Anderson, G. P.; Niederhauser, U.; Subramanian, N.; Bray, M. A. *Bioorg. Med. Chem. Lett.* **1998**, *8*, 965.

[38] Matsugi, M.; Tabusa, F.; Minamikawa, J.-i. *Tetrahedron Lett.* **2000**, *41*, 8523.

[39] Ranu, B. C.; Hajra, A.; Dey, S. S.; Jana, U. *Tetrahedron* **2003**, *59*, 813.

[40] Johnson, J. V.; Rauckman, B. S.; Baccanari, D. P.; Roth, B. *J. Med. Chem.* **1989**, *32*, 1942.

[41] Ku, Y.-Y.; Grieme, T.; Raje, P.; Sharma, P.; Morton, H. E.; Rozema, M.; King, S. A. *J. Org. Chem.* **2003**, *68*, 3238.

[42] Theoclitou, M.-E.; Robinson, L. A. *Tetrahedron Lett.* **2002**, *43*, 3907.

[43] Cheng, C.-C.; Yan, S.-J. *Org. React.* **1982**, *28*, 37.

[44] Friedländer, P. *Chem. Ber.* **1882**, *15*, 2572.

[45] Armit, J. W.; Robinson, R. *J. Chem. Soc.* **1922**, *121*, 827.

[46] Fehnel, E. A.; Deyrup, J. A.; Davidson, M. B. *J. Org. Chem.* **1958**, *23*, 1996.

[47] Henegar, K. E.; Baughman, T. A. *J. Heterocycl. Chem.* **2003**, *40*, 601.

[48] Genovese, S.; Epifano, F.; Marcotullio, M. C.; Pelucchini, C. *Tetrahedron Lett.* **2011**, *52*, 3474.

[49] (a) Bergstrom, F. W. *Chem. Rev.* **1944**, *35*, 77. (b) Sumpter, W. C. *Chem. Rev.* **1944**, *34*, 393. (c) Manske, R. H. F. *Chem. Rev.* **1942**, *30*, 113.

[50] Henze, H. R; Carroll, D. W. *J. Am. Chem. Soc.* **1954**, *76*, 4580.

[51] Lackey, K.; Sternbach, D. D. *Synthesis* **1993**, 993.

[52] Peng, C.; Wang, Y.; Liu, L.; Wang, H.; Zhao, J.; Zhu, Q. *Eur. J. Org. Chem.* **2010**, 818.

[53] Wang, J.; Discordia, R. P.; Grispino, G. A.; Li, J. *Tetrahedron Lett.* **2002**, *44*, 4271.

[54] Martinez, R.; Ramon, D. J.; Yus, M. *Eur. J. Org. Chem.* **2007**, 1599.

[55] Boger, D. L.; Chen, J, H. *J. Org. Chem.* **1995**, *60*, 7369.

[56] Wang, G.-W.; Jia, C.-S.; Dong, Y.-W. *Tetrahedron Lett.* **2006**, *47*, 1059.

[57] Dabiri, M.; Bashiribod, S. *Molecules* **2009**, *14*, 1126.

[58] Selvam, N. P.; Saravanan, C.; Muralidharan, D.; Perumal, P. T. *J. Heterocyclic Chem.* **2006**, *43*, 1379.

[59] Fehnel, E. A. *J. Org. Chem.* **1966**, *31*, 2899.

[60] Dormer, P. G.; Eng, K. K.; Farr, R. N.; Humphrey, G. R.; McWilliams, J. C.; Reider, P. J.; Sager, J. W.; Volante, R. P. *J. Org. Chem.* **2003**, *68*, 467.

[61] Yadav, J. S.; Reddy, B. V. S.; Premalatha, K. *Synlett* **2004**, 963.

[62] Zhang, L.; Wu, J. *Adv. Synth. Catal.* **2004**, *349*, 1047.

[63] Arcadi, A.; Chiarini, M.; Giuseppe, S. D.; Marinelli, F. *Synlett* **2003**, 203.

[64] Zolfigol, M. A.; Salehi, P.; Ghaderi, A.; Morteza, S. *Catal. Commun.* **2007**, *8*, 1214.

[65] Arumugam, P.; Karthikeyan, G.; Atchudan, R.; Muralidharan, D.; Perumal, P. T. *Chem. Lett.* **2005**, *34*, 314.

[66] McNaughton, B. R.; Miller, B. L. *Org. Lett.* **2003**, *5*, 4257.

[67] Wu, J.; Xia, H.-G.; Gao, K. *Org. Biomol. Chem.* **2006**, *4*, 126.

[68] Ryabukhin, S. V.; Volochnyukm D. K.; Plaskon, A. S.; Naunchik, V. S.; Tolmachev, A. A. *Synthesis* **2007**, 1214.

[69] (a) Kouznetsov, V. V. *Tetrahedron* **2009**, *65*, 1214. (b) Povarov, L. S. *Russ. Chem. Rev.* **1967**, *36*, 656.

[70] Povarov, L. S.; Mikhailov, B. M. *Izv. Akad. Nauk SSR, Ser. Khim.* **1963**, 953.

[71] Kametani, T.; Kasai, H. *Studies in Natural Products Chemistry*, Elsevier: New York, NY, **1989**; Vol. 3, pp 385.

[72] Narasaka, K.; Shibata, T. *Heterocycles* **1993**, *35*, 1039.

[73]   Crousse, B.; Bégué, J.-P.; Bonnet-Delpon, D. *J. Org. Chem.* **2000**, *65*, 5009.

[74]   Makioka, Y.; Shindo, T.; Taniguchi, Y.; Takaki, K.; Fujiwara, Y. *Synthesis* **1995**, 801.

[75]   Kouznetsov, V. V.; Arenas, D. R. M.; Areniz, C. O.; Gómez, C. M. M. *Synthesis* **2011**, 4011.

[76]   Katrizky, A. R.; Rachwal, B.; Rachwal, S. *J. Org. Chem.* **1995**, *60*, 3993.

[77]   Mellor, J. M.; Merriman, G. D. *Tetrahedron* **1995**, *51*, 6115.

[78]   Bortolotti, B.; Leardini, R.; Nanni, D.; Zanardi, G. *Tetrahedron* **1993**, *49*, 10157.

[79]   Tanaka, S.; Yasuda, M.; Baba, A. *J. Org. Chem.* **2006**, *71*, 800.

[80]   Osborne, D.; Stevenson, P. J. *Tetrahedron Lett.* **2002**, *43*, 5469.

[81]   Sabitha, G.; Reddy, V. E.; Maruthi, Ch.; Yadav, J. S. *Tetrahedron Lett.* **2002**, *43*, 1573.

[82]   Eckert, H. *Angew. Chem., Int. Ed. Engl.* **1981**, *20*, 208.

[83]   Ishitani, H.; Kobayashi, S. *Tetrahedron Lett.* **1996**, *37*, 7357.

[84]   Dagousset, G.; Zhu, J.; Masson, G. *J. Am. Chem. Soc.* **2011**, *133*, 14804.

[85]   He, L.; Bekkaye, M.; Retaileau, P.; Masson, G. *Org. Lett.* **2012**, *14*, 3158.

[86]   Böttinger, C. *Chem. Ber.* **1883**, *16*, 2357.

[87]   Lutz. R. E.; Bailey, P. S.; Clark, M. T.; Codington, J. F.; Deinet, A. J.; Freek, J. A.; Harnest, G. H.; Leake, N. H.; Martin, T. A.; Rowlett, R. J.; Salsbury, J. M.; Shearer, N. H.; Smith, J. D.; Wilson, J. W. *J. Am. Chem. Soc.* **1946**, *68*, 1813.

[88]   Aboul-Enein, H. Y.; Ibrahim, S. E. *J. Fluorine Chem.* **1992**, *59*, 233.

[89]   Cacchi, S.; Fabrizi, G.; Marinelli, F.; Moro, L.; Pace, P. *Tetrahedron* **1996**, *52*, 10225.

[90]   Amii, H.; Kishikawa, Y.; Uneyama, K. *Org. Lett.* **2001**, *3*, 1109.

[91]   Zhang, X.; Campo, M. A.; Yao, T.; Larock, R. C. *Org. Lett.* **2005**, *3*, 763.

[92]   Uchiyama, K.; Hayashi, Y.; Narasaka, K. *Synlett* **1997**, 445.

[93]   Campos, P. J.; Tan, C.-Q.; Gonzalez, J. M.; Rodriguez, M. A. *Synthesis* **1994**, 1155.

[94]   Beutner, G. L.; Kuethe, J. T.; Yasuda, N. *J. Org. Chem.* **2007**, *72*, 7058.

[95]   (a) Chrzanowska, M.; Rozwadowska, M. D. *Chem. Rev.* **2004**, *104*, 3341. (b) Rozwadowska, M. D. *Heterocycles* **1994**, *39*, 903. (c) Bobbitt, J. M.; Bourque, A. J. *Heterocycles* **1987**, *25*, 601. (d) Gensler, W. J. *Org. React.* **1951**, *6*, 191.

[96]   Pomeranz, C. *Monatsh. Chem.* **1893**, *14*, 116.

[97]   Fritsch, P. *Ber. Dtsch. Chem. Ges.***1893**, *26*, 419.

[98]   Brown, E. V. *J. Org. Chem.* **1977**, *42*, 3208.

[99]   Kucznierz, R.; Dickhaut, J.; Leinert, H., Von Der Saal, W. *Synth. Commun.* **1999**, *29*, 1617.

[100]   Kunitomo, J.-I.; Miyata, Y.; Oshikata, M. *Chem. Pharm. Bull.* **1985**, *33*, 5245.

[101]   Mitscher, L. A.; Gill, H.; Filppi, J. A. Wolgemuth. R. L. *J. Med. Chem.* **1986**, *29*, 1277.

[102]   Hall, R. J.; Dharmasena, P.; Marchant, J.; Oliveira-Campos, A.-M. F.; Queiroz, M.-J. R. P.; Raposa, M. M.; Shannon, P. V. R. *J. Chem. Soc., Perkin Trans 1* **1993**, 1879.

[103]   Gill, E. W.; Bracher, A. W. *J. Heterocyclic. Chem.* **1983**, *20*, 1107.

[104]   Pictet, A.; Gams, A. *Chem. Ber.* **1909**, *42*, 2943.

[105]   Manning, H. C.; Goebel, T.; Marx, J. N.; Bornhop, D. J. *Org. Lett.* **2002**, *4*, 1075.

[106]   (a) Whaley, W. M.; Govindachari, T. R. *Org. React.* **1951**, *6*, 74. (b) Jones, G. in *Comprehensive Heterocyclic Chemistry II*, Katrizky, A. R.; Rees, C. W.; Scriven, D. F. V. Eds.; Elsevier: Oxford, **1996**; Vol 5, pp 179. (c) Kametani, T.; Fukumoto, K. *Chem. Heterocycl. Compd.* **1981**, *38*, 139.

[107]   Bischler, A.; Napieralski, B. *Chem. Ber.* **1893**, *26*, 1903.

[108]   Banwell, M. G.; Bissett, B. D; Busato, S.; Cowden, C. J.; Hockless, D. C. R.; Holman, J. W.; Read, R.

W.; Wu, A. W. *J. Chem. Soc., Chem. Commun.* **1995**, 2551.

[109] (a) Fodor, G.; Gal, J.; Phillips, B. A. *Angew. Chem., Int. Ed. Engl.* **1972**, *11*, 919. (b) Nagubandi, S.; Fodor, G. *J. Heterocycl. Chem.* **1980**, *17*, 1457. (c) Doi, S.; Shirai, N.; Sato, Y. *J. Chem. Soc., Perkin Trans. I* **1997**, 2217.

[110] Aguirre, J. M.; Alesso, E. N.; Ibanez, A. F.; Tombari, D. G.; Iglesias, G. Y. M. *J. Heterocycl. Chem.* **1989**, *26*, 25.

[111] Banwell, M. G.; Harvey, J. E.; Hockless, D. C. R.; Wu, A. W. *J. Org. Chem.* **2000**, *65*, 4241.

[112] (a) Rozwadowski, M. D. *Heterocycles* **1994**, *39*, 903. (b) Hino, T.; Nakagawa, M.; *Heterocycles* **1998**, *49*, 499. (c) Czerwinski, K. M.; Cook, J. M. *Adv. Heterocycl. Nat. Prod. Synth.* **1996**, *2*, 217. (d) Cox, E. D.; Cook, J. M. *Chem. Rev.* **1995**, *95*, 1797. (e) Whaley, W. M.; Govindachari, T. R. *Org. React.* **1951**, *6*, 151.

[113] Pictet, A.; Spengler, T. *Chem. Ber.* **1911**, *44*, 2030.

[114] Cutter, P. S.; Miller, R. B.; Schore, N. E. *Tetrahedron* **2002**, *58*, 1471.

[115] Bailey, P. D.; Hollinshead, S. P.; McLay, N. R.; Morgan, K.; Palmer, S. J.; Prince, S. N.; Reynolds, C. D.; Wood, S. D. *J. Chem. Soc., Perkin Trans. I* **1993**, 431.

[116] Czerwinski, K. M.; Deng, L.; Cook, J. M. *Tetrahedron Lett.* **1992**, *33*, 4721.

[117] Tsuji, R.; Nakagawa, M. Nishida, A. *Tetrahedron: Asymmetry* **2003**, *14*, 177.

[118] Gremmen, C.; Willemse, B.; Wanner, M. J.; Koomen, G.-J. *Org. Lett.* **2000**, *2*, 1955.

[119] Ohta, Y.; Oishi, S.; Fujii, N.; Ohno, H. *Chem. Commun.* **2008**, 835.

[120] Ichikawa, J.; Wada. Y.; Miyazaki, H.; Mori, T.; Kuroki, H. *Org. Lett.* **2003**, *5*, 1455.

[121] Zdrojewski, T.; Jonczyk, A. *Tetrahedron* **1995**, *51*, 12439.

[122] Roesch, K. R.; Zhang, H.; Larock, R. C. *J. Org. Chem.* **2001**, *66*, 8042.

[123] Molina, P.; Vidal, A.; Tovar, F. *Synthesis* **1997**, 963.

[124] Damon, D. B.; Dugger, R. W.; Magnus-Aryitey, G.; Ruggeri, R. B.; Wester, R. T.; Tu, M.; Abramov, Y. *Org. Proc. Res. Dev.* **2006**, *10*, 464.

[125] Bergmeier, S. C.; Seth, P. P. *J. Org. Chem.* **1999**, *64*, 3237.

[126] Chan, B. K.; Ciufolini, M. A. *J. Org. Chem.* **2007**, *72*, 8489.

[127] Shiozawa, A.; Ichikawa, Y.-I.; Komuro, C.; Kurashige, S.; Miyazaki, H.; Yamanaka, H.; Sakamoto, T. *Chem. Pharm. Bull.* **1984**, *32*, 2522.

[128] Boger, D. L.; Boyce, C. W. *J. Org. Chem.* **2000**, *65*, 4088.

[129] Huang, S.; Petersen, T. B.; Lipshutz, B. H. *J. Am. Chem. Soc.* **2010**, *132*, 14021.

[130] Zhou, B.; Guo, J.; Danishefsky, S. J. *Org. Lett.* **2002**, *4*, 43.

[131] Couture, A.; Deniau, E.; Grandclaudon, P.; Lebrun, S. *Tetrahedron: Asymmetry* **2003**, *14*, 1309.

福尔布吕根糖苷化反应

(Vorbrüggen Glycosylation Reaction)

姚其正[*]   王朝晖

1 历史背景简述

福尔布吕根糖苷化反应 (Vorbrüggen Glycosylation Reaction，亦称之为 Vorbrüggen 糖基化反应) 是核苷合成化学中最重要的反应之一，在合成天然核苷及其类似物和非天然核苷方面得到广泛的应用[1]。该反应取名为为此做出杰出贡献的德国有机化学家 Helmut Vorbrüggen。

Helmut Vorbrüggen (1930-) 出生于德国波恩 (Born)，1956 年在哥廷根 (Göttingen) 大学获得博士学位。1957-1966 年间，先后在瑞典斯德哥尔摩皇家技术学院 Erdtman 教授、美国加州斯坦福大学 Djerassi 教授和瑞士巴塞尔伍德沃德研究所 Woodward 教授指导下从事研究助理工作。1966-1995 年间，Vorbrüggen 在柏林德国先令 (Schering) 药业集团研究中心担任部门主任。1973-1994 年间，Vorbrüggen 还被聘为柏林技术大学有机化学兼职教授。从 20 世纪 70 年代开始，Vorbrüggen 等人就开展了对核苷合成方法的系统研究，发现了福尔布吕根 (Vorbrüggen) 糖苷化反应并使其得到广泛的应用，对有机合成化学和核苷合成化学做出了重要的贡献[2]。1995 年，Vorbrüggen 从先令集团退休。1995-2004 年，他又被柏林自由大学有机化学系聘为客座教授直到 2005 年完全退休。

核苷是构成 RNA 与 DNA 的基本结构单元，天然核苷都是由核苷碱基 (nucleobases；或称糖苷配基，aglycon) 和核糖 (ribose) 以 C-N 糖苷键的形式连接而成的 (式 1 和式 2)。天然核苷碱基是三种嘧啶和两种嘌呤衍生物，它们在糖环拟平面的上方呈 β-构型。

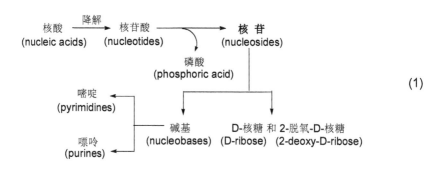

$$(1)$$

从核苷被发现开始，化学家就致力于合成核苷方法的研究。到 20 世纪中叶，人们已经掌握并总结出三种合成核苷 (即建立 C-N 核苷键) 的方法。

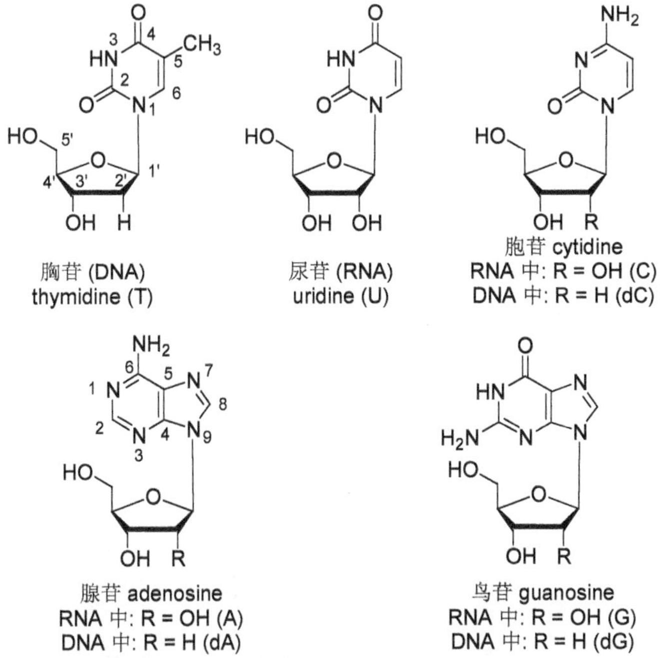

胸苷 (DNA)
thymidine (T)

尿苷 (RNA)
uridine (U)

胞苷 cytidine
RNA 中: R = OH (C)
DNA 中: R = H (dC)

(2)

腺苷 adenosine
RNA 中: R = OH (A)
DNA 中: R = H (dA)

鸟苷 guanosine
RNA 中: R = OH (G)
DNA 中: R = H (dG)

(1) 重金属盐法合成核苷 (Fisher-Helferich-Davoll 合成法)

Fisher 和 Helferich 首次报道了该类合成方法。使用氮杂环化合物 (例如：天然核苷碱基) 的金属盐和 C-1 位 (异头碳) 卤代的酰化糖衍生物反应可以生成核苷。如式 3 所示[3]：他们最初的实验是将 2,6-二氯嘌呤或 2,6,8-三氯嘌呤的银盐和 2,3,4,6-四-O-乙酰基-α-D-吡喃葡糖-1-溴化物在二甲苯中加热回流，分离得到了相应的 9-β-D-吡喃葡糖-2,6-二氯嘌呤苷或 2,6,8-三氯嘌呤苷衍生物。

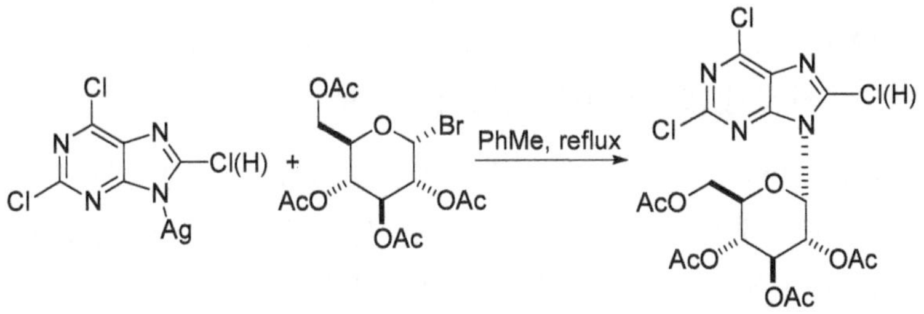

PhMe, reflux

(3)

Davoll 和 Lowy[4]对 Fischer-Helferich 法进行了改进。他们用碱基汞盐代替碱基银盐与多酰化氯代葡糖反应，成功地获得由嘌呤 N-9 和糖 C-1 连接的葡苷键产物。由于汞盐的极性小于银盐，它们在有机溶剂中有较好的溶解性。因此，加快了反应的速度和缩短了反应时间。如果使用 2,3,5-三-O-乙酰基-D-呋喃核糖-1-氯化物代替葡糖衍生物与嘌呤汞盐反应，则可以高收率地得到天然腺苷和鸟苷。许多时候，利用汞盐法 (即 Fischer-Helferich-Davoll 法) 可以成功地得到银盐法不易或不能得到的带有内酰胺结构的嘌呤类核苷。更为重要的是，汞盐法也可以用于制备尿苷、胞苷[5]和 2-脱氧核苷[6]。

但是，使用汞盐法合成的核苷产物中总会含有少量或痕迹量的汞杂质，这些杂质具有生物毒害性质。所以，20 世纪 80 年代以来，人们尝试利用嘌呤类和具有一定酸性的氮杂环体系的钠盐来代替相应的汞盐。在乙腈[7]或丙酮[8]溶液中，这类钠盐与 2-脱氧核糖-1-α-氯化物发生了一种表观 S_N2 取代反应得到相应的核苷。如式 4 所示：该方法得到的主要产物是 $N9$-β-核苷，还可分离到少量的副产物 $N7$-β-核苷或 $N9$-α-核苷。

钠盐法也可用在相转移催化条件下进行，所需的碱基无需事先制成钠或钾盐。例如：在相转移催化剂的存在下，将碱基在 50% NaOH/KOH 和 CH_2Cl_2 体系中与 1-卤代酰化核糖反应即可得到相应的核苷产物[9]。

但是，在 Fischer-Helferich 法的条件下，嘌呤分子中含有内酰胺与/或羟基亚胺互变结构以及含有羟基或巯基的嘧啶衍生物仅能得到 C-O 和/或 C-S 糖苷键的产物[10]。在尿苷和胞苷等天然嘧啶核苷的合成中，Fischer-Helferich 法或Fischer-Helferich-Davoll 法均给出较低的收率。因此，这些方法仍然存在有一定的应用范围限制。

(2) 经典的 Hilbert-Johnson 核苷合成法和 Silyl- Hilbert-Johnson 核苷合成法

经典的 Hilbert-Johnson 合成法是一种无需金属盐帮助的、从 1-卤代糖(Glycosyl-1-X) 和烷氧基化的核苷碱基直接合成嘧啶核苷的方法。如式 5 所示：

该方法部分地弥补了 Fischer-Helferich 合成法的不足。使用乙酰化葡糖-1-溴化物和 2,4-二甲氧基嘧啶反应，便可直接得到嘧啶类葡萄糖苷衍生物：尿苷衍生物[11]和胞苷衍生物[12]。

$$(5)$$

用乙酰化核糖-1-卤化物 (常用溴化物)代替相应的葡糖衍生物时，合成得到的尿苷和胞苷天然核苷的收率均不高。如式 6 所示[13,14b]：经典的 Hilbert-Johnson 反应首先很快形成可分离得到的稳定的季铵盐中间体。但是，决定反应速率的步骤是季铵盐裂解产生卤代烃与核苷衍生物的反应。因此，2-烷氧基对卤负离子亲核进攻的敏感性程度直接影响着核苷的形成。事实上，2,4-二烷氧基嘧啶和乙酰化糖-1-卤化物的反应受到多种因素的影响，例如：溶剂、嘧啶 5-位取代基和 2,4-二烷氧基的性质和体积等。

$$(6)$$

Hilbert-Johnson 核苷合成反应也可用于脱氧嘧啶核苷的合成，常会得到 α/β 脱氧核苷混合物[14]。由于 Hilbert-Johnson 法是以 2,4-二烷氧基嘧啶为原料，该方法可以区域选择性地生成 C-N 键核苷，而不形成 C-O 键核苷。

但是，Hilbert-Johnson 法的缺点也十分明显：(a) 形成核苷衍生物后去除与氧原子相连的烷基较困难 (式 5)，4-位烃氧基在酸性条件下相当稳定。因此，若要将 4-烃氧基转换为氨基形成胞苷衍生物，需要在加热加压的条件下才能进行。由于转换烷氧基的收率均较低，严重地影响了 Hilbert-Johnson 方法的应用。(b) 立体选择性不高。不管是以葡糖还是用核糖或 2-脱氧核糖作糖为底物，在该反

应中均生成 α/β 两种苷类异构体。(c) 由于反应过程中释放出 RX (卤代烃)，因此会产生 4-烷氧基-1-烷基-2(1H)嘧啶酮副产物。

20 世纪 60 年代初，Nishimura[15]和 Birkofer[16]两个课题组先后报道了使用三甲基硅烷氧基嘧啶替代 2,4-二烃氧基嘧啶的反应。由于三甲基硅烷基 (Silyl) 易于分解脱除，它们与保护的核糖反应可以快速和高收率地得到相应的核苷衍生物。现在，人们将这种改进的方法称为 Silyl-Hibert-Johnson 法或直接称为 Silyl-法。

虽然 Silyl-法在修饰嘧啶方面克服了 Hibert-Johnson 反应的缺点，但使用的糖类衍生物的异头碳 C-1 上仍为卤素取代基。因此，还需加入一些汞盐或 AgClO$_4$ 等进行催化才能保证得到较好的立体选择性和反应收率。所以，产品仍有被汞盐污染的问题，使用 AgClO$_4$ 在反应温度高时可引起爆炸等危害。

(3) 熔融缩合法合成核苷 (Helferich 反应)

20 世纪 20 年代末，Helferich 等人报道[17]：在对甲苯磺酸 (p-TsOH) 或 ZnCl$_2$ 的催化下，将苯酚和酰基保护的糖加热至熔融状态即可得到相应的苯基糖苷 (C-O 糖苷键)。1960 年，Sato 等人[18]参考上述结果完成了一项实验。如式 7 所示：在催化剂量的对甲苯磺酸存在下，将 1,2,3,5-四-O-乙酰基-β-D-呋喃核糖 (1) 和 N^6-乙酰基腺嘌呤的混合物在无溶剂和负压条件下加热熔融缩合得到了相应的腺苷衍生物。现在，这种经熔融法合成核苷的方法被称为 Helferich 反应，由该方法得到的核苷产率在 3%~75% 之间。

$$(7)$$

Helferich 反应比较适宜于嘌呤类核苷的合成，无机酸、有机酸和 Lewis 酸均可用于该反应的催化剂。选用适当酸性催化剂，嘧啶或其它类型杂环碱基也可以获得相应的核苷和较好的收率。Helferich 反应仅限用于反应原料熔点不太高的情况，但主要缺点是区域选择性和立体选择性均比较差。

以上三种方法都有自身的优缺点，它们共同的缺点是不适宜于大规模的核苷及其类似物的制备。在大规模合成核苷时不仅收率不高，而且分离纯化比较困难。在上述研究背景下，Vorbrüggen 等人在 20 世纪 70~80 年代间选用 Friedel-Crafts (简写为 F-C) 反应催化剂代替 Silyl-Hibert-Johnson 法中所用的汞盐或银盐等取得了较理想的结果[19]。使用 F-C 催化剂作用下的 Silyl-反应，可以在实验室实现数十克核苷的制备。迄至当时，这是核苷化学合成的巨大进步。Vorbrüggen 等人通过对 F-C 催化剂作用下的 Silyl-反应进行的系统的研究，最终形成了现在的福尔布吕根糖苷化反应。

2 Vorbrüggen 糖苷化反应的定义和反应试剂

2.1 Vorbrüggen 糖苷化反应的定义

Vorbrüggen 糖苷化反应是指：在 F-C 催化剂 (即 Lewis 酸) 作用下，三甲基硅烷化的核苷碱基和全酰基保护的环状糖 (五碳糖或六碳糖等) 缩合生成天然的 β-构型 C-N (核) 苷类化合物的过程[20a,b]。也可以认为：Vorbrüggen 糖苷化反应就是 F-C 催化剂作用下的 Silyl-反应[20c,d]，也常被称为 Vorbrüggen 缩合反应。如式 8 所示：通过 Vorbrüggen 糖苷化反应可以方便地合成尿苷。

$$R = R^1 \text{ or } R \ne R^1, R, R^1: COCH_3 \text{ (Ac)}, COPh \text{ (Bz)}$$
$$\text{Lewis acid} = BF_3 \cdot OEt_2, SnCl_4, TiCl_4, AlCl_3, TMSOTf\dots$$

(8)

2.2 糖基

如式 9 所示：Vorbrüggen 糖苷化反应中选用的糖基主要是易于制备的全酰基保护的核糖衍生物 **1** (1,2,3,5-四-O-乙酰基-D-呋喃核糖，简称四乙酰核糖)、**2** (1-O-乙酰基- 2,3,5-三-O-苯甲酰基-D-呋喃核糖) 和 **3** (1,2,3,5-四-O-苯甲酰基-D-呋喃核糖。这类核糖衍生物较之 1-卤代核糖衍生物具有较好的化学稳定性，在 F-C 催化剂作用下易于转化为活性中间体。这既是 Vorbrüggen 糖苷化反应的一大特点，也是一种和 Silyl-反应的主要区别。因此，Vorbrüggen 糖苷化反应有可靠的原料来源和广泛的应用，该反应已经成为大规模工业化制备核苷的主要方法。

$$(9)$$

将其它糖类 (例如：葡萄糖和木糖等) 转化成为相应的全酰基衍生物后均可用于 Vorbrüggen 糖苷化反应。该反应也可用于 2-脱氧核苷的制备，但同样需要使用全酰基保护的 2-脱氧核糖为底物。在 Vorbrüggen 糖苷化反应中，一般不使用 1-烷氧基或 1-卤代的酰化糖类衍生物。

2.3 糖苷配基 (aglycon) 及其三甲基硅烷化保护

糖苷配基 (aglycon，即核苷碱基) 嘧啶类和嘌呤类分子中含有羟基或氨基等极性基团 (见式 2)，它们常常形成分子间氢键。所以，这些氮杂环碱基的熔点较高且不易或不溶于有机溶剂中。在 Silyl-反应中，它们被三甲基硅烷化 (TMS-) 后可以提高其脂溶性。如式 10 所示：化合物 **4~7** 为常用的三甲基硅烷化的嘧啶和嘌呤衍生物，嘌呤的环外氨基也需全面保护[21]。

$$(10)$$

在糖苷配基的三甲基硅烷化反应中，最常用的试剂包括：六甲基二硅烷胺 (HMDS)、三甲基氯硅烷 (TMSCl)、三甲基溴硅烷 (TMSBr)、三甲基硅烷基三氟甲磺酸酯 (TMSOTf)、*N,O*-二(三甲基硅烷基)乙酰胺 (BSA) 和 *N,O*-二(三甲基硅烷基)三氟乙酰胺 (BSTFA) 等。

HMDS 是最常用的价格最廉的商业化试剂。在嘧啶和嘌呤的三甲基硅烷化反应中，使用过量的 HMDS (兼作溶剂) 与氮杂环碱基一起加热回流直到氨气释放停止即可。通常需加入催化计量的酸性催化剂来提高反应的速度，无水 $(NH_4)_2SO_4$、TMSCl 或 TMSOTf 等常用于该目的。完成硅烷化后，蒸馏回收多余的 HMDS 即可得较纯的三甲基硅烷化碱基。*N*-三甲基硅烷不稳定，它们遇水或潮气易发生水解。

在那些很难溶解的嘌呤碱基的三甲基硅烷化中，常需加入无水极性溶剂来增加它们在 HMDS 中的溶解度，吡啶、乙腈、DMF 或 N-甲基吡咯烷酮等常被用于该目的。在此条件下，不仅可以减少 HMDS 的用量，反应甚至可以在室温下进行[22]。但是，N-酰化的氮杂环碱基的硅烷化反应不宜在吡啶存在下进行，可使用 DMF 或 N-甲基吡咯烷酮作为溶剂以防酰基的脱除。

在嘌呤的三甲基硅烷化反应中，N9-TMS-异构体和 N7-TMS-异构体之间存在一个平衡 (式 11)[23]。通常前者为主要产物，但在与保护的糖基反应中必然生成少量的 N7-核苷产物。

$$\text{(11)}$$

在核苷氮杂环碱基三甲基硅烷化反应中最有效的试剂是 BSA 和 BSTFA[24]。但是，它们的价格与 TMSOTf 一样都非常贵，主要用于实验室研究。

在天然的核酸中除了存在常见的两种嘌呤和三种嘧啶 (见式 10) 外，在天然的核糖核酸 (RNA) 中就分离发现有近百种修饰的核苷。绝大部分修饰核苷是核苷碱基被修饰，仅有少量修饰核苷中同时存在核糖的修饰。在各种 RNA (例如：tRNA、rRNA、mRNA、细胞核小分子 RNA (snRNA) 和病毒 RNA) 中都能够分离得到修饰核苷，tRNA 中存在的修饰核苷碱基的种类最多。

一个多世纪以来，使用 Vorbrüggen 糖苷化反应等方法合成了成千上万的核苷类化合物。这些化合物常常被用于研究核酸与蛋白质之间的关系、探索核酸的结构、发现功能基因、发现和创制有各类有治疗价值的核苷 (酸) 类药物等等。化合物的多样性可以简单地通过改换天然核酸碱基或变换核糖为其它糖类等策略来实现。仅碱基而言，人们变换的碱基种类在近几十年间有百种之多。这只统计到含单个至多个杂原子的所有五元杂环、六元杂环、五元环并六元环、六元环并六元环等母环。若将环上的不同取代基、糖苷键的不同位置等情况也计算在内的话，糖苷碱基的类别数量将成倍扩大[1c,d]。

2.4 催化试剂 Lewis 酸及其与核苷碱基的 σ-配合物

在 Vorbrüggen 糖苷化反应中应用的 F-C 催化剂的种类十分广泛，无机类型的 Lewis 酸包括：$BF_3 \cdot OEt_2$[25]、$AlCl_3$[19c]、$FeCl_3$[19c]、$SnCl_2$[26]、$SnCl_4$[19]、$TiCl_4$[27]、$SbCl_5$[28]、$ZnCl_2$[29]、ZnI_2[30]、$EtAlCl_2$[31]和 SiF_4 等。但是，SiF_4 因沸点很低 (–86 °C) 仅使用于保护 1-位为氟取代的糖[32]。使用频率较高与效果较好

的 Lewis 酸依次有：SnCl₄、BF₃·OEt₂、TiCl₄、ZnCl₂ 和 EtAlCl₂ 等。

在 Vorbrüggen 糖苷化反应中的 F-C 催化剂必须是无水的试剂，否则会直接影响反应产物的收率。Lewis 酸的用量在 0.6~1.4 倍 (物质的量) 之间[1]，但习惯上仍称它们为催化剂。

在 SnCl₄ 等催化剂催化的反应中，后处理必须用 NaHCO₃ 水溶液淬灭反应和洗涤反应液。这些操作常常会产生乳化状态和胶体状沉淀，给产物的分离带来许多麻烦。但是，改用其它新的 F-C 催化剂可以避免上述技术上的困难。这些新的 Lewis 酸主要有两类：无机/有机 Lewis 酸混合型和单质有机 Lewis 酸。例如：SnCl₄/Sn(OTf)₂/LiClO₄[33](Tf = -SO₂CF₃)、Sn(OTf)₂/BuSn(OAc)₂[34]、Cp₂ZrCl₂/AgClO₄[35]、PhCClO₄[36]、对甲苯磺酸 (TsOH)、TMSOSO₂C₄F₉[37] 和 TMSOTf[38]。其中，Vorbrüggen 等人最早将 TMSOTf 用作糖苷化反应的催化剂[39]，并发现它具有多功能作用。在文献中，TMSOTf 也经常被称之为 "Vorbrüggen 催化剂"。

研究表明：当三甲基硅烷化嘧啶环上的电子密度越高 (即其碱性越强) 和 Lewis 酸催化剂的活性越强时，它们间所形成的 σ-配合物越稳定 (式 12)，从而显著地降低三甲基硅烷化嘧啶的反应活性[40]。因此，在嘧啶碱基结构确定后，需要选择适当的催化剂和其它反应条件。

R = NO₂ < H < Me < OMe < —N(morpholine)O

在非极性溶剂中碱性增强

(12)

SnCl₄

σ-配合物

AlCl₃ > BF₃, ZnCl₂, TiCl₄ > SnCl₄ >> TMSOSO₂C₄F₉, TMSOSO₂CF₃ > TMSOClO₃

F-C 催化剂 Lewis 酸的活性递减

Vorbrüggen 的研究认为[19c]：非极性溶剂有利于催化剂和嘧啶的 N-1 位 (电子密度最高中心) 形成配合物，而极性溶剂不利于这种配合物的形成。但是，反应中不可避免地会形成或多或少的 σ-配合物而消耗部分催化剂。所以，为了提高反应的效率就需要使用稍稍过量的催化剂。在该类反应中，σ-配合物的形成和自由的硅烷化碱基很快就形成稳定的平衡。只有自由的硅烷化碱基才能够与糖的活性中间体发生亲核反应得到 N1-嘧啶核苷，而 σ-配合物会导致形成 N3-嘧啶核苷。

三甲基硅烷化嘌呤中的咪唑环的 π-电子密度高于相并的嘧啶环，π-电子有流向嘧啶环的取向。因此，嘌呤与活性大的 Lewis 酸更容易形成 σ-配合物，这就是在制备嘌呤核苷时经常使用活性较小的 Lewis 酸催化剂的原因。如式 13 所示：使用 TMAOTf 产生相应的 σ-配合物达到可逆平衡，可使产生的一些非 N-9 位的 C-N 键嘌呤核苷衍生物转化为 N9-嘌呤核苷衍生物。

以上讨论说明：避免在反应过程中产生较多的 σ-配合物是提高 Vorbrüggen 糖苷化反应产物收率的关键。故应综合考虑多方面因素，并通过实验研究寻得制备核苷的最佳反应条件。

3 Vorbrüggen 糖苷化反应机理与反应选择性

3.1 Vorbrüggen 糖苷化反应机理和区域选择性

3.1.1 Vorbrüggen 糖苷化反应制备嘧啶核苷的机理和区域选择性

如式 14 所示[19e]：Vorbrüggen 等人经多年研究，提出了三甲基硅烷化的嘧啶碱基和全酰基保护的环糖在 SnCl₄ 催化下合成嘧啶核苷衍生物的过程。

该反应过程分为三个步骤: (a) 在 F-C 催化剂 SnCl₄ 的作用下，通过邻位基团的参与使核糖 **2** 的异头碳 (1-位) 上的酰氧基脱去，形成亲电性环状酰氧镓糖正离子 (acyloxonium sugar cation) **8**。(b) 硅烷化的嘧啶碱基 **4** 和 SnCl₄ 形成或多或少的 σ-配合物。Vorbrüggen 等人[19d,e]用 ¹³C NMR 谱对 σ-配合物的结构形式、形成速率和平衡进行了研究和证实。(c) 在负离子 (SnCl₄OAc) 的影响下，硅烷化嘧啶碱基 **4** 中的 N1-原子优先对糖的酰氧镓正离子 **8** 展开亲核进攻，生成 C-N 糖苷键得到嘧啶核苷衍生物。

根据以上的机理，保护的嘧啶碱基与核糖的酰氧内镓盐 **9** 反应可以形成三种不同的 C-N 糖苷区域异构体。如式 15 所示：通过正常反应产生的大量的 *N*1-嘧啶核苷化合物；经 σ-配合物产生的少量的 *N*3-嘧啶核苷化合物；稍过量的原料核糖 **2** 导致的 *N*1,*N*3-双糖苷化产物。以 TMSOTf 等代替 SnCl₄ 亦发生类似的反应过程。

$$(15)$$

与经典的 Hilbert-Johnson 反应机理 (式 6) 相比较，在 Vorbrüggen 糖苷化反应中不形成可以分离得到的糖-嘧啶季铵盐中间体，仅在 SnCl₄ 和嘧啶碱基之间形成可逆转的 σ-配合物。这可能是 Vorbrüggen 糖苷化反应可以提高核苷收率的重要原因。

3.1.2 Vorbrüggen 糖苷化反应制备嘌呤核苷的机理及区域选择性

嘌呤环上含有 4 个 N-原子，它们都有可能与核糖形成 C-N 糖苷键。腺嘌呤仅在 6-位上有一个环外氨基，它与全酰化核糖反应生成相应腺苷衍生物的机理比较简单。通过对腺嘌呤经 Vorbrüggen 糖苷化反应制备嘌呤核苷的机理研究，可以得到如下结论[19e,41,42]：*N*9-腺苷衍生物是稳定的热力学控制产物，是腺嘌呤糖苷化的最终位点。其它区域异构体：*N*1-、*N*3- 和 *N*7-腺苷衍生物是动力学控制产物，它们在一定条件下都可以转化成为 *N*9-腺苷衍生物。其中，*N*3-腺苷衍生物在 Vorbrüggen 糖苷化反应中较少生成 (注：在 Silyl-反应的较强酸性条件下，酰化核糖-1-卤化物与腺嘌呤衍生物的反应主要先形成 *N*3-腺苷衍生物，这一区域异构体产物可分离获得，然后再转化为 *N*9-腺苷衍生物[43])。但是，区域异构体 *N*1- 和 *N*7-腺苷衍生物的形成次序取决于催化剂和其它反应条件。

如式 16 所示：在 SnCl$_4$ 的催化下，不管腺嘌呤 **6** 和 **6'** 的 *N*^{6}-环外氨基上有或无酰基保护基团，都首先分别形成动力学控制产物 *N*7-腺苷衍生物 **10** 和 **10'**。如果延长反应时间，可以将它们分别转化成为热力学控制产物 **11** 和 **11'**。

但是，在 TMSOTf 催化的反应中，腺嘌呤的环外 *N*^{6}-氨基上有无酰基保护至关重要，它们将分别经历不同的反应过程。如式 17 所示：*N*^{6}-氨基上无酰基

保护的 **6′** 首先生成动力学控制产物 *N*7-腺苷衍生物 **13** 和少量的 *N*9-腺苷衍生物 **14**。通过加热和延长反应时间，**13** 经转糖基作用 (transglycosylation) 完全转化成为 **14**。

如果腺嘌呤的 *N*⁶-氨基上有酰基保护时，首先部分形成动力学控制产物 *N*¹-腺苷衍生物 **15** 和 *N*9-腺苷衍生物 **16** 以及少量的 *N*1,*N*9-二糖苷化腺嘌呤衍生物 **17**。通过延长反应时间，**15** 和 **17** 都可以被完全转化成为 **16**(式 18)。

(18)

在上述反应中，*N*1-腺苷衍生物 **15** 和 *N*7-腺苷衍生物 **13** 都可以从反应中分离出来，并可经皂化生成相应的 *N*1-腺苷和 *N*7-腺苷。*N*1-腺苷衍生物 **15** 和 *N*7-腺苷衍生物 **13** 分别转化为终产物 *N*9-腺苷衍生物 **16** 和 **14** 时，都分别以 *N*1,*N*9-二-糖苷化腺嘌呤衍生物 **17** 和 *N*7,*N*9-二糖苷化腺嘌呤衍生物为中间体[41g]。

这种转糖基作用除了可以在糖苷化反应过程 (存在 SnCl₄ 或 TMSOTf 时) 中完成外，也可以在其它反应条件下完成。例如：在对甲基苯磺酸存在下，将 *N*1-腺苷衍生物和 *N*7-腺苷衍生物分别在氯苯中回流即可发生重排，分别定量地发生转糖基反应生成 *N*9-腺苷衍生物。

另外，中间体 *N*1,*N*9-二-糖苷化腺嘌呤 (例如：**17**) 衍生物相当稳定，可以从反应中分离出来。但是，用对甲基苯磺酸的方法处理 **17** 则得到 *N*9-腺苷衍生物 **16** 和 *N*1-腺苷衍生物 **15** 的混合物 (6:1)[42]。

用 Vorbrüggen 糖苷化反应合成鸟苷的结果表明：虽然鸟嘌呤环外有两个取代基，增加了与 TMS-基团结合的机会，并对糖苷化反应和转糖基反应的速度有负面的影响。但是，它们与糖基结合的位点仅在 N-7 和 N-9 原子上[41c,e]，其反应过程并没有合成腺苷复杂。

3.2　Vorbrüggen 糖苷化反应的立体选择性

3.2.1　Vorbrüggen 糖苷化反应合成核苷中的立体选择性

　　以全酰基保护的核糖为原料，不管异头碳上 (1-位) 的取代基是 α- 或 β-构型或 α- 和 β-构型混合物，在 Vorbrüggen 糖苷化反应条件下均得到天然的 β-构型核苷。这种现象也被称之为核苷合成中的反式规律 (trans-rule)[44]：当呋喃核糖或其它环糖类衍生物异头碳的邻位 (即 2-位) 有一个酰氧基时，在 F-C 催化剂促进和邻位酰氧基参与下会脱去 1-位上的取代基，形成一定方位的环糖 1,2-酰氧内镓盐 (取决于糖环 2-酰氧基的取向)。氮杂环碱基将从环状内镓盐的另一侧与糖环的异头碳 (C-1 位) 发生 S_N2 反应，所形成的核苷呈 1',2'-反式 (trans) 构型。也就是说：连在糖 C-1' 位的碱基和糖环 2'-取代基分别处于糖环平面的两侧，互为反式构型。

　　核糖的 2-位酰氧基在糖环拟平面的下方，形成的环状 1,2-酰氧内镓正离子必折叠在原糖环的下方 (例如：式 19 中的 **9**、**12**)。因此，三甲基硅烷化的嘧啶或嘌呤必然从环状糖的上方与糖反应，得到的是 β-核苷 (式 16~式 18)。

$$(19)$$

　　根据反式规律，若参与反应的糖是阿拉伯糖衍生物，如式 20 所示：四乙酰基-D-呋喃阿糖，其 2-位酰氧基在糖环拟平面的上方，则形成的环状 1,2-酰氧内镓正离子部分在原糖环的上方。因此，由此合成方法得到的阿糖苷类化合物必定是 α-构型。

$$(20)$$

四乙酰基-D-呋喃阿糖

3.2.2 Vorbrüggen 糖苷化反应在 2′-脱氧核苷合成中的立体选择性

作为 Vorbrüggen 糖苷化反应的应用扩展，该反应也可用于 2′-脱氧核苷的合成。在合成 2′-脱氧核苷时，常用 2-脱氧核糖-1-卤化物或 1-烷氧基-2-脱氧核糖等衍生物作为原料。因为 2-脱氧核糖的 2-位无取代基，根据反式规律必然得到 α- 和 β 构型 2′-脱氧核苷的混合物 (式 21)[45]。如表 1 所示：异构体的总收率和比例受到多重因素明显的影响。

$$(21)$$

表 1 式 21 中 R-取代基、反应条件及产物的总收率

序号	R	反 应 条 件	总收率/%	文献
1	Me	加少许 MeCN, rt, 2 h	65, β/α = 3/1	45a
2	i-Pr	MeCN [无 Cl(CH$_2$)$_2$Cl], 0~4 °C, 18 h	70, β/α = 10/1	45b
3	-C≡CH	CH$_2$Cl$_2$ [无 Cl(CH$_2$)$_2$Cl], 0 °C, 8 h	85, β/α = 5/6	45c
4	-CH=CBr$_2$	0~5 °C, 18 h	71, β/α = 3/1	45c
5	-CF=CCl$_2$	CH$_2$Cl$_2$ [无 Cl(CH$_2$)$_2$Cl], 0 °C, 8 h, then rt, 24 h	58, β/α = 1/1	45d

在 3,5-保护的 2-脱氧呋喃核糖-1-氯化物或者 1-溴化物中，糖环上的卤素大于 95% 比例处于 α-构型 (端位异构体效应)。根据 S$_N$2 糖苷化反应机理应该形成 β-核苷为主的产物，但有时异构化产物的比例相当高。这种现象说明：该反应不完全遵循 S$_N$2 反应机理，也应当存在有 S$_N$1 机理。

进一步推理认为：由于糖环氧原子的孤对电子促进和 Lewis 酸的作用，1-位的卤素会发生脱除形成碳正离子 (carbocation) 中间体。因此，氮杂环碱基可以从糖平面两侧进攻 C-1 生成 α- 和 β 混合核苷 (式 22)。文献[46]进一步提供了在合成中如何避免或减少 2′-脱氧核苷 α-异构体的策略。

$$(22)$$

4 Vorbrüggen 糖苷化反应条件综述

4.1 Vorbrüggen 糖苷化的常规反应条件和对反应选择性的影响

Vorbrüggen 糖苷化反应的常规反应程序一般是首先将氮杂环碱基三甲基硅烷化。然后，依次将其和全酰化的环糖加到无水溶剂中。接着，在 0 °C 左右缓慢滴加被无水溶剂稀释的 F-C 催化剂溶液。控制滴加期间的温度不超过 16 °C，加完后一段时间即可将反应体系升至所需温度反应数小时。最后，经通常的后处理方法即可得到目标产物。

实际上，糖苷化反应条件对核苷合成的立体和区域选择性有很大的影响。在加入催化剂时会引起放热，有效地控制温度非常重要。若在该操作时温度偏高，则会产生大量的立体异构体 α-核苷。因为高温可以促进 1,2-酰氧内鎓盐转化成为碳正离子，从而增加产物中 α-核苷的含量 (式 23)。研究还表明：使用极性溶剂、减少催化剂用量和延长反应时间都可能使 α-核苷产量增大[1,44]。

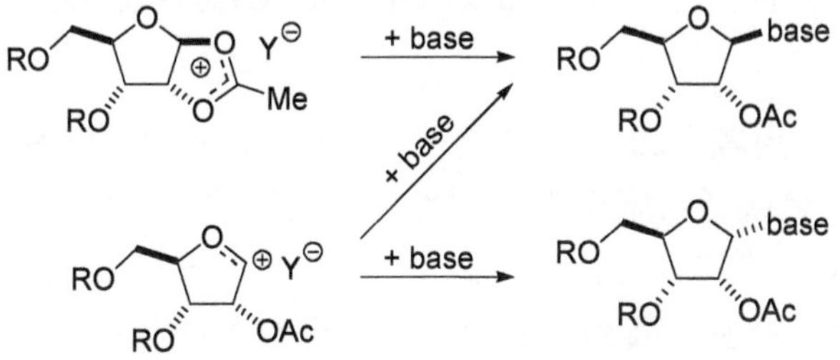
RO
RO
Y⊖
Me
+ base
+ base
+ base
base
OAc
base
OAc
RO
OAc

(23)

核苷类化合物是一类较特殊的产品，其立体异构体与区域异构体将有不同的化学性质和/或生物活性。如式 24 所示：Vorbrüggen 等人对核苷碱基的碱性、

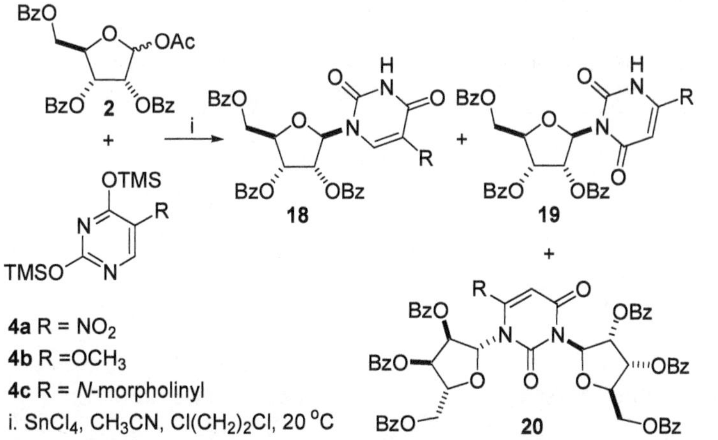
BzO
OAc
BzO
2
OBz
OTMS
R
TMSO
4a R = NO2
4b R =OCH3
4c R = N-morpholinyl
i. SnCl4, CH3CN, Cl(CH2)2Cl, 20 °C
i
18
19
20
BzO
OBz

(24)

溶剂和催化剂的性质对核苷合成中区域选择性的影响进行过比较详细的研究,揭示了这些因素之间的相互影响和部分反应规律。

5-硝基尿嘧啶 **4a** 的碱性比 **4b** 和 **4c** 弱很多,这主要是因为 5-位吸电子的硝基大大地削弱了嘧啶环上 N-1 的碱性 (亲核性)[19d]。所以,在经典的 Hibert-Johnson 反应中,**4a** 几乎完全不能与 2,3,5-三-O-苯甲酰基-D-核糖-1-溴化物发生反应[47]。但是,在 10 mol% 的 SnCl₄ 催化的 Vorbrüggen 糖苷化反应中,从 **4a** 得到 N1-核苷 **18a** 的产率高达 93% (式 24)。由于该反应中没有分离到其它核苷杂质 **19a** 和 **20a**[19e],说明 **4a** 极少或完全没有与 SnCl₄ 在反应中形成 σ-配合物。

但是,在上述反应条件下,必须加入过量的 SnCl₄ 才能将 **4b** 和 **4c** 缓慢地转化成为 N1-核苷 **18b** (53%) 和 **18c** (39%)。该反应不仅产率较低,还同时生成了非天然的 N3-核苷 **19b** 和 **19c**,以及它们的 N1,N3-双糖苷化产物 **20b** 与 **20c** (由于过量的 SnCl₄ 作用所致)[19f,48]。若在上述反应中只使用非极性的 1,2-二氯乙烷作为溶剂,则几乎没有天然的 N1-核苷 **18b** 和 **18c** 产生。由此可见:碱性较大的嘧啶更容易与 SnCl₄ 在反应中形成 σ-配合物,极性溶剂不利于形成 σ-配合物。

以上反应若改用较弱的 F-C 催化剂 TMSOTf 或 TMSOSO₂(CF₂)₃CF₃,无论使用 1,2-二氯乙烷或者乙腈作为溶剂均可使天然的 N1-核苷 **18b** 和 **18c** 的收率达到优秀的水平[19e,f,48]。由此可见:使用更弱的 F-C 催化剂可以有效地避免非天然 N3-核苷的产生,因为它们难以形成稳定性较大的 σ-配合物。

如式 25 所示[49]:咯嗪 (alloxazine,苯并蝶啶类化合物) 具有较强荧光特性。在不同性质的溶剂中进行 Vorbrüggen 糖苷化反应,可以选择性地得到两个区域异构体 N1-咯嗪核苷 **21** 和 N3-咯嗪核苷 **22**。

(25)

从咯嗪分子结构上看，可把它们归属于尿嘧啶衍生物。在极性溶剂乙腈中，它们较难与 $SnCl_4$ 形成稳定的 σ-配合物，因此可以高收率地得到 N1-咯嗪核苷 **21**。在非极性溶剂二氯甲烷中，咯嗪与 $SnCl_4$ 较易在 N1-位形成 σ-配合物，并且在溶剂中能稳定存在。所以，必然高选择性地得到 N3-咯嗪核苷 **22**。

4.2　微波促进的 Vorbrüggen 糖苷化反应

近年来，不少研究者将微波辐射 (microwave irradiation, MW) 的技术应用于 Vorbrüggen 糖苷化反应[50]。实验结果显示：微波能够显著地缩短 Vorbrüggen 糖苷化反应的时间和提高反应的收率，许多反应可以在几分钟内完成。除此之外，还能将 Vorbrüggen 糖苷化反应中的两步过程 (氮杂环碱基的三甲基硅烷化和在 F-C 催化剂作用下与全酰化的环糖反应) 在"一锅煮"条件下完成。

如式 26[50b]与表 2 所示：在微波反应中，常用 N,O-二(三甲基硅烷基)乙酰胺 (BSA) 对氮杂环碱基进行快速三甲基硅烷化反应。反应一般选用 TMSOTf 作为催化剂和乙腈作为溶剂 (100 mg 碱/3 mL MeCN)。

$$\text{(26)}$$

表 2　正常 Vorbrüggen 法与微波促进 Vorbrüggen 法制备核苷的总收率比较

方　法	产　物			
	胞　苷	腺　苷	鸟　苷	1-(吡啶-4-酮-1-基)-D-β-核糖
Vorbrüggen 法[19g]	59%	63%	44%	50%
微波促进反应[50b]	50%	45%	26%①	51%

① 含少量副产物 N7-鸟苷衍生物。

通过对大量的氮杂环碱基化合物的 Vorbrüggen 糖苷化反应研究显示[50]：常规反应条件，微波促进反应制备苷类衍生物的平均总收率提高了 26%。总之，使用微波促进的核苷制备程序具有操作简单和反应时间短的显著优点。

5　Vorbrüggen 糖苷化反应的类型综述

自 Vorbrüggen 糖苷化反应被确立以来，除成功地应用于多种核苷的合成外还广泛地应用于其它类型的糖苷化反应。

5.1 非环糖苷化反应

大多数非环核苷 (acyclo-nucleosides) 都具有抗病毒活性，且毒副作用较小。在这类核苷化合物的合成中，Vorbrüggen 糖苷化反应起到很大的作用。如式 27 所示[51a,b]：使用 SnCl$_4$ 作为催化剂，各种类型嘧啶类和嘌呤类非环核苷产物都能得到很好的收率。

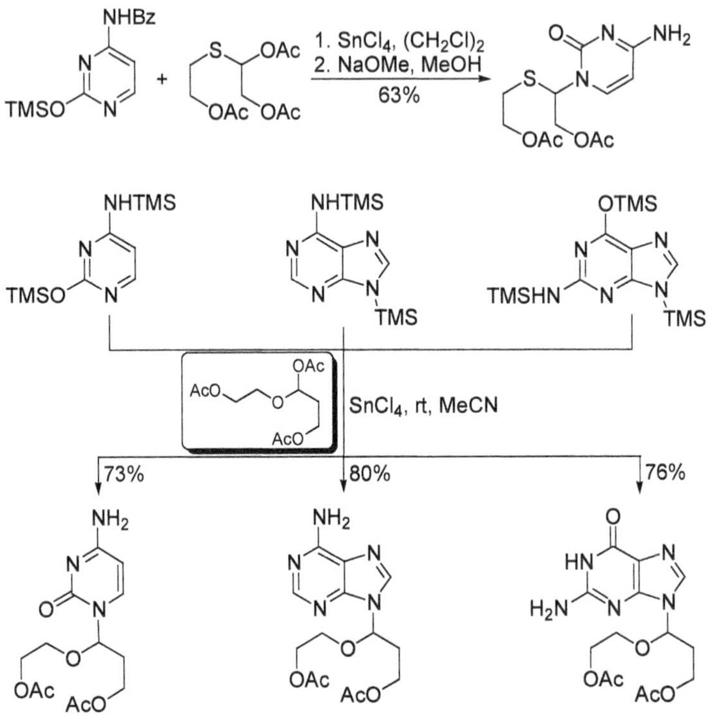

(27)

使用 TMSOTF 催化的非环核苷的合成事例也比较多，但存在有产物收率不高的问题 (式 28)[51c,d]。

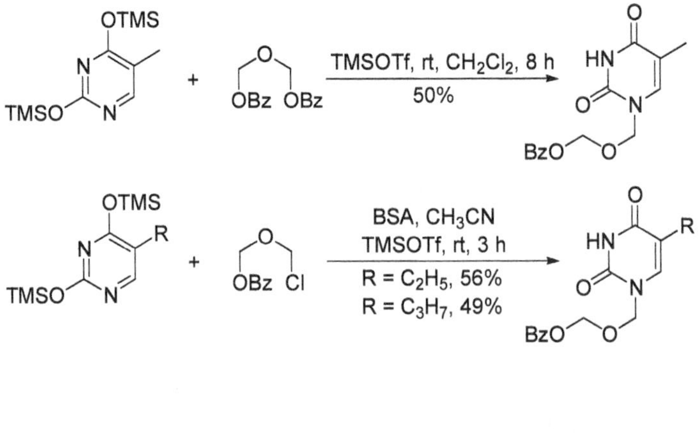

(28)

5.2 糖基转移反应

5.2.1 嘧啶类核苷转化为嘌呤类核苷

研究发现：在一些 Lewis 酸存在下，利用 Vorbrüggen 糖苷化反应合成核苷的反应是一个可逆过程。给定的核苷碱基可以被另一硅烷化碱基所交换，实现糖基转移，成为另一种核苷。TMSOTf、三甲基硅烷高氯酯或 SnCl$_4$ 等 Lewis 酸常被用于该目的。

在糖基转移反应中，嘧啶核苷转化为嘌呤类核苷尤为容易。这主要是因为嘧啶环的缺电子性质，而嘌呤环中咪唑环是富电子环而具有更好的亲核性。因此，易于接受糖基的转移[52]。如式 29 所示：TMSOTf 作用下，尿苷或胞苷的乙酰化核糖都可以发生转移的。嘌呤类核苷收率较高，几乎没有或极少分离到 α-异构体。若以 SnCl$_4$ 代替 TMSOTf，则得到收率很低的 α- 和 β-嘌呤苷的混合物。

$$(29)$$

除了核糖以外，其它种类的糖基也可以在 TMSOTf 作用下发生转移 (式 30)[53]。

$$(30)$$

如式 31 所示[54]：在 TMSOTf 作用下，2-脱氧嘧啶核苷也可以发生这种糖基转移反应。但是，由于大多数 2-脱氧核糖基的 C-2 上无取代基而缺乏立体控制因素。所以，糖基转移后常会得到 α- 和 β-脱氧嘌呤核苷的混合物。有的情况下，α-脱氧嘌呤核苷的产量高于 β-脱氧嘌呤核苷。

$$(31)$$

也有文献[55]报道了其它类型脱氧核糖衍生物的糖基转移现象，例如：2′,3′-二脱氧-3′-氟-核糖 (呋喃型) 等可以在嘧啶与嘌呤间发生转移。

5.2.2　嘌呤类核苷转化为嘧啶类核苷

在 SnCl$_4$ 的催化下，嘌呤类核苷和嘧啶碱基 1,2-二氯乙烷中发生糖基转移反应形成嘧啶类核苷，但收率不很高[56](式 32)。

$$(32)$$

由嘌呤核苷经糖基转移制备尿苷衍生物见文献[57]。用糖基转移反应来合成核苷综述性文章见文献[58]。

5.3　糖基更换与转换反应

糖基更换是指将已有的核苷在 Vorbrüggen 糖苷化反应的条件下用其它糖基进行替换，生成另一种核苷衍生物的反应。在该反应中核苷碱基不发生更变，与糖基转移反应的情况正相反。该反应属于碱基转移反应，即碱基由一糖基转移到另一糖基上。如式 33 所示：在微量的对甲苯磺酸作用下，将鸟苷衍生物和 2-乙酰氧基乙基乙酰氧甲基醚在 DMF 溶液中加热即可得到阿昔洛韦衍生物。如式 33 所示[59]：该反应的总收率可以达到 67%，但含有 19% 的 N7-异构体。

$$(33)$$

有人[60]报道了将其它核苷更换为葡糖基的反应，由此制得的葡糖苷的收率一般比较理想。

在 Vorbrüggen 糖苷化反应的条件下，在糖基更换中还会发生糖基结构上的变化。这种现象被称为糖基转换反应，主要发生在糖基为分支化糖基的情况下。如式 34 所示：N^6-苯甲酰基 Xetanocin-双-氧-乙酰基化合物中的糖基为分支化丁糖。在混合溶剂和 SnCl₄ 的存在下，该化合物和硅烷化尿嘧啶反应 20 min 即可分离得到 68% 的两种呋喃型糖苷衍生物。变化的糖基只有一半转移到嘧啶上，同时留在嘌呤环上的糖基也发生了相同的变化[61]。

$$(34)$$

5.4 嘧啶核苷的区域化反应及其它反应

在使用 SnCl₄ 催化的 Silyl-反应中，合成得到的嘧啶核苷中常含有区域异构体 N3-核苷副产物 (见式 24 和式 25)。在 SnCl₄ 催化下，6-甲基尿嘧啶为原料只能得到 41% 的 N1-嘧啶核苷。但是，在 Vorbrüggen 催化剂 TMSOTf 的存在下，相同的反应可以得到 71% 的 N1-嘧啶核苷[19e]。由此可见，催化剂在区域选择性反应中具有重要的作用。

如式 35 所示：在 TMSOTf 的存在下，将副产物 N3-嘧啶核苷经硅烷化生成的产物在 1,2-二氯乙烷中加热 16 h，则可转换为 N1-6-甲基嘧啶核苷。该反应无需加入核糖衍生物，但同时在产物中分离出少部分 N1,N3-双糖苷化产物[19e]。

该结果说明：在 TMSOTf 作用下，核苷上的糖基又转换为环状 1,2-酰氧鎓离子，从而完成了从 N3- 到 N1-核苷的转换。其中，N1,N3-双糖苷化产物是转换的中间体。

$$\text{i. TMSOTf, } (CH_2Cl)_2, \text{ 16 h} \qquad 56\% \qquad 8\% \tag{35}$$

如式 36 所示：在相同反应条件下，将纯 N1,N3-双糖苷化产物和硅烷化的 6-甲基嘧啶一起共热，有 25% 的 N1,N3-双糖苷被转化成为 N1-6-甲基嘧啶核苷。

$$\text{i. TMSOTf, } (CH_2Cl)_2, \text{ 16 h} \tag{36}$$

如式 37 所示：在室温条件下，将式 35 中的 N1-核苷产品中的 4-位羟基再次硅烷化后的产物和 TMSOTf 一起长时间放置，即可得到 24% 的 2,2'-脱水尿嘧啶核苷衍生物[19e]。

$$\text{i. TMSOTf, } (CH_2Cl)_2, 24\ ^{\circ}C, \text{ 120 h} \qquad 24\% \qquad 23\% \tag{37}$$

如前面的式 17 和式 18 所示：TMSOTf 能够使糖基从核苷中脱除并形成环状 1,2-酰氧鎓离子活性中间体。因此，在室温下即可使单核苷转变为 N1,N3-双糖基化产品。如式 37 所示：双糖基化产物的收率与 2,2'-脱水产物非常接近，由此可见这两种反应过程是同时相互竞争进行的。

5.5　C-C 键糖苷化反应

含有 C-C 键的糖苷也被称之为碳-糖苷 (*C*-糖苷)，这类化合物在自然界生物体中广泛存在。它们中的许多具有抗生素和/或抗肿瘤活性，某些 *C*-糖苷在调节代谢过程中具有重要的作用。它们是由芳香碳环化合物、芳香杂环化合物或一般杂环化合物等与呋喃型或吡喃型戊糖或己糖之间以 C-C 键形式连接起来的化合物。由于该类糖苷键是 C-C 键，它们比天然的核苷有更强的生物和化学稳定性。例如：它们能够耐受酸性水解或酶解等[62]。在有机合成中，C-C 键建立的策略与方法很多。虽然人们已经开发了多种不同的方法来合成碳-糖苷，但经常遇到立体异选择性不高或者收率不高的问题[63]。

从本质上讲，F-C 反应在有机合成中就是用于建立 C-C 键的一种重要方法。因此，Vorbrüggen 糖苷化反应也是一条合成碳-糖苷的有效途径，并且得到了充分的发展和实际应用。如式 38 所示：少量银盐和 SnCl$_4$ 的存在下，可以得到比较满意产率的吡喃型环糖碳-糖苷产物[64]。

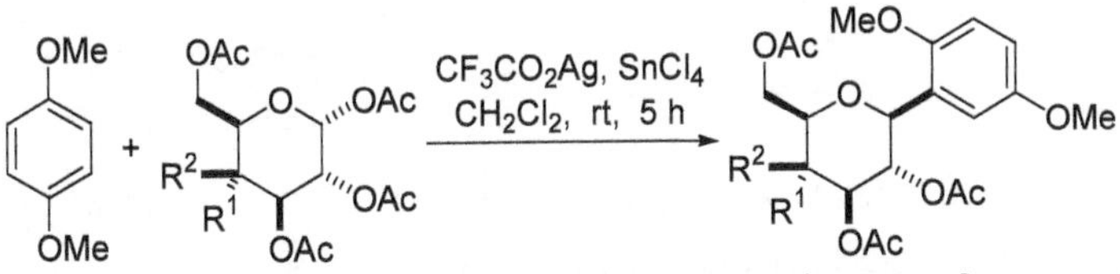

葡萄糖碳苷, R^1 = OAc, R^2 = H, 74%
半乳糖碳苷, R^1 = H, R^2 = OAc, 80%

如式 39 所示[65]：在 SnCl$_4$ 的催化下，四乙酰基呋喃核糖 1 可以与芳香碳环化合物或芳香杂环化合物发生反应，立体选择性地生成相应的 *β*-碳-糖苷。该反应很少能够分离得到 *α*-碳-糖苷，即使有 *α*-异构体也可以被控制在 5% 之内。

研究表明：只有 SnCl$_4$ 可以催化 *C*-糖苷的形成，其它 Lewis 酸都不能催

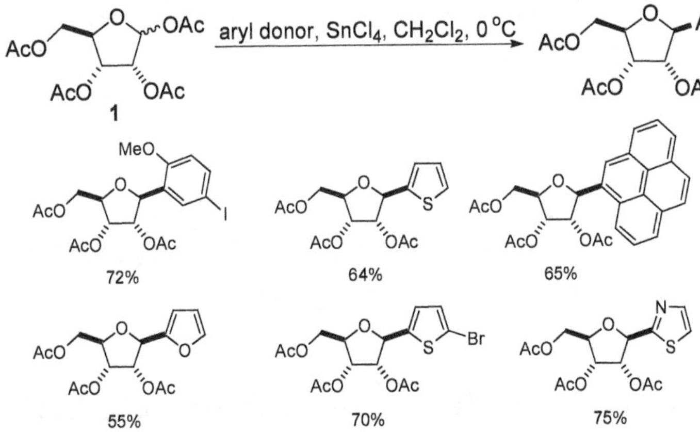

72%　　64%　　65%

55%　　70%　　75%

化上述 *C*-糖苷化作用，例如：TiCl$_4$、TMSOTf、BF$_3$-Et$_2$O 和 Zn(OTf)$_2$ 等。就底物而言，五元环噻吩类化合物在 *C*-糖苷化反应中的效果较好。在延长反应时间的条件下，富电子的芳香环化物 (例如：甲氧基萘和呋喃) 易发生糖基的双芳烃化反应，生成双芳烃化非环 *C*-糖苷化产品 (式 40)。这可能由于糖环在 Lewis 酸催化和富电子芳烃的协助下发生开环反应，随后发生第二个芳烃的加成反应得到双芳烃化产物[65]。

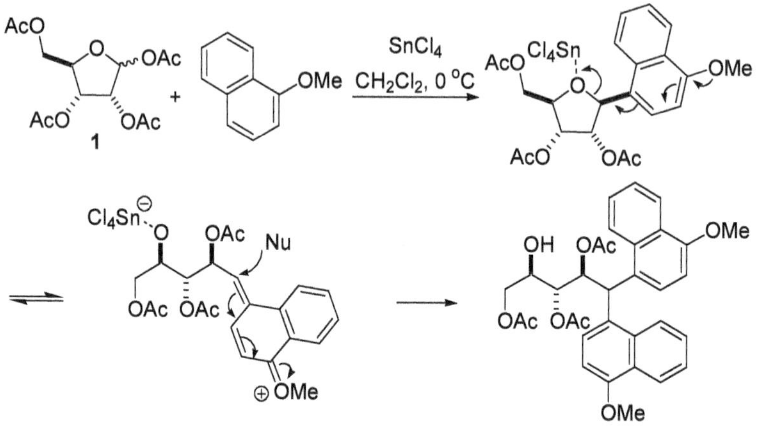

(40)

如式 41 所示：富电子芳香环化物甲氧基萘与化合物 **1** 反应时，SnCl$_4$ 的用量对反应产物收率的影响十分明显，但不影响产物中邻-/对-异构体的比例。SnCl$_4$ 的用量少时有利于增加收率，用量多时易部分发生双芳烃化反应。

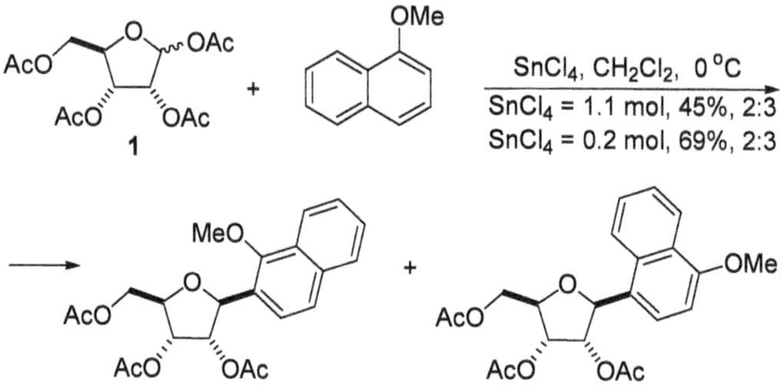

(41)

6 Vorbrüggen 糖苷化反应在天然核苷和药物合成中的应用

由于人们不断地从自然界发现具有新颖结构的糖 (核) 苷衍生物和生物医

药等研究领域对新颖结构核苷类化合物的需求，Vorbrüggen 糖苷化反应从形成起就在天然产物全合成和药物合成中得到广泛的应用。

6.1　Vorbrüggen 糖苷化反应在天然核苷合成中的应用

在 20 世纪 50 年代初，人们从冬虫夏草类菌体中分离出虫草素 (cordycepin) (式 42)，它具有抗菌作用，同时具有抗 RNA 病毒的活性，它也是一种胞毒剂[66]。虫草素是第一个核苷类抗生素，结构上属于 3′-脱氧腺苷衍生物。自从虫草素被发现以来，至今已发现 200 多种核苷类化合物具有抗生素性质。许多核苷类抗生素除了具有抗细菌或抗霉菌作用外，还有抗肿瘤、抗病毒、杀寄生虫、钙拮抗、免疫调节、抑制植物种子发芽等多方面的生物活性。它们除了有部分可在医药上发挥作用外，大部分已作为农药用于防治植物病原性霉菌等。

| Cordycepin (虫草素) | Pyrazomycina A (吡唑霉素 A) | Blasticidin S (杀稻瘟菌素 S) | (42) |

| Neosidomycin (新赛蚯蚓霉素) | Oxoformycin B (氧间型霉素 B) | Nucleocidin (核杀霉素) |

核苷类抗生素的碱基种类十分丰富，主要包括：咪唑、嘌呤、嘧啶、吡咯并嘧啶、吡唑并嘧啶、咪唑并二氢 1,3-二氮草、吲哚、均三嗪、均二氢三嗪等 20 多种。它们的糖基结构也很复杂，按照糖苷键的类型可以分为 N-核苷类抗生素和 C-核苷类抗生素 (式 42)[67]。

从白色链球菌 (Streptomyces alboniger) 中分离得到的嘌呤霉素 (Puromycin，式 43)[68]是一种抗生素，广泛用作蛋白质合成的抑制剂。其结构与缩氨酰 tRNA 3′-端上的 AMP 结构相似，肽基转移酶 (peptidyl transferase) 能够促使氨基酸与嘌呤霉素结合形成肽酰嘌呤霉素，使氨基酸从核糖体上脱落，中断蛋白质合成反应，并释放出 C-末端含有嘌呤霉素的多肽。不断有这种缩氨酸核苷从天然产物中被分离和鉴定,包括近期发现的 Cystocin (一种含硫缩氨酸核苷,式 43)[69]。Cystocin 主要被用作研究蛋白质合成的生物化学工具,现亦用于抗肿瘤研究。

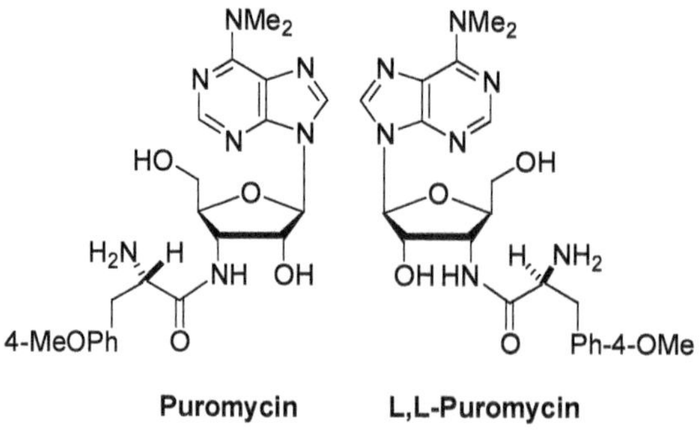

Puromycin   L,L-Puromycin   Cystocin

(43)

研究发现:嘌呤霉素的应用受到几个方面的限制:(1) 缺乏选择性地作用于原核细胞;(2) 嘌呤霉素属于 3′-脱氧-3′-氨基类核苷,它们的代谢产物氨基核苷有肾毒性[70];(3) 细菌对其易产生抗药性[71]。为克服以上问题,人们设计和合成了一系列嘌呤霉素的类似物[72]。其中,令人感兴趣的是含有非天然 L-糖构型的 L,L-嘌呤霉素 (L,L-Puromycin) 类似物[73]。如式 43 所示:它是嘌呤霉素的对映体,其中氨基酸仍保持 L-构型。

如式 44 所示:L,L-嘌呤霉素的合成与嘌呤霉素的全合成几乎相同,只是起始原料是 L-木糖。首先,经 6 步反应获得关键中间体 3-脱氧-3-氨基-L-核糖衍生物 23,6 步总收率为 30%。然后,经 Vorbrüggen 糖苷化反应制得相应的 3′-脱氧-3′-氨基-L-嘌呤核苷类似物。最后,再经 3 步反应获得 L,L-嘌呤霉素。以 L-木糖计算,该全合成的总收率为 4.5%。

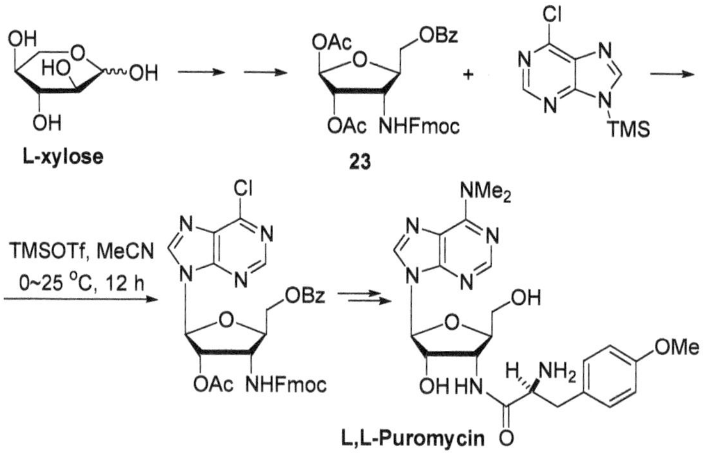

(44)

L,L-Puromycin

1993 年，Takahashi 等人从短密青霉菌 (*Penicillium brevicompactum*) 中分离得到二糖核苷 Adenophostin A (**24**) 和 Adenophostin B (**25**)[74]。它们是较强的 D-肌-纤维糖-1,4,5-三磷酸受体 (D-myo-inositol-1,4,5-trisphosphate receptor, [Ins (1,4,5) P_3R]) 拮抗剂，对调节细胞内 Ca^{2+} 浓度有重要作用。所以，它们及其类似物的合成长期以来受到人们的关注。如式 45 所示：在二糖核苷 **24** 和 **25** 的全合成中，Vorbrüggen 糖苷化反应是获得关键中间体 **26** 的最理想的方法[75]。

(45)

24: R = R^1 = R^2 = H, R^3 = P(O)(OH)$_2$
25: R = R^1 = H, R^2 = Ac, R^3 = P(O)(OH)$_2$

首先，在 TMSOTf 的促进下，嘌呤衍生物与一种核糖和葡萄糖醚化成的二糖偶联得到中间体 **26**。然后，中间体 **26** 再经过多步反应得到最终产物 Adenophostin A 和 Adenophostin B 以及它们的类似物 (例如：R = NH$_2$ 等)[76]。

6.2 Vorbrüggen 糖苷化反应在核苷类药物合成中的应用

核苷是构建核酸的基础原料，在生物体内起着极其重要的作用。因此，很多核苷类化合物可通过选择地抑制肿瘤或病毒复制的相关酶，或者直接作为肿瘤细胞或病毒核酸复制终止物[77]。目前，核苷类化合物已经成为一类治疗肿瘤和病毒感染等疾病的重要药物[78]。

近 20 多年来，对艾滋病 (AIDS) 的防治极大地促进了抗病毒药物和药理以及相关药物化学的发展。现在，用于临床治疗病毒性疾病 (例如：AIDS、乙型肝炎、丙型肝炎等) 的 39 种药物中有 22 种属于核苷类药物 (占 56% 以上)，例如：齐多夫定 (Zidovudine, AZT)、地丹诺辛 (Didanosine, DDI)、扎西他宾 (Zalcitabine, ddC)、司他夫定 (Stavudine, d4T)、拉米夫定 (Lamivudine, 3TC)、阿巴卡韦 (Abacavir, ABC)、恩曲他宾 (Emtricitabine, (−)-FTC)、泰诺福韦 (Tenofovir disoproxil, bis(POC) PMPA)、阿德福韦酯 (Adefovir dipivoxil, bis(POM)PMEA)、碘苷 (Idoxuridine, IDU)、阿昔洛韦 (Acyclovir, ACV)、泛昔洛韦 (Valaciclovir, VACV)、喷昔洛韦 (Penciclovir, PCV)、更昔洛韦 (Ganciclovir, GCV)、更昔洛韦缬氨酸酯 (Valganciclovir, VGCV)、三氟胸苷 (Trifluridine, TFT)、溴乙烯去氧尿苷 (Brivudin, BVDU)、西多福韦 (Cidofovir, HPMPC)、(单磷酸) 阿糖腺苷 (Ara-A (mp))、恩替卡韦 (Entecavir)、替比夫定 (Telbivudine，素比伏 Sebovo，L-dT)、利巴韦林 (Ribavirin) 等 (式 46)[78,79]。

地丹诺辛
Didanosine (DDI)

齐多夫啶
Zidovudine(AZT)

恩替卡韦
Entecavir

(46)

泰诺福韦
Tenofovir disoproxil [bis(POC) PMPA]

替比夫啶
Telbivudine (L-dT)

在合成以上的核苷类抗病毒药物过程中，很多都应用到 Vorbrüggen 糖苷化反应作为关键合成步骤。如式 47 所示：司他夫定 (Stavudine, d4T) (又称 2′,3′-双脱氢-3′-脱氧胸苷) 是 1994 年获得美国 FDA 批准治疗艾滋病的上市药物[80]。关于司他夫定的合成方法按照使用的原料可以分为两种：使用 β-胸苷为原料或者使用 5-甲基尿苷 (5-MU) 为原料。目前，5-甲基尿苷 (5-MU) 就是使用 Vorbrüggen 糖苷化反应制备的[19c,81]。

如式 47 所示：在经典的 Vorbrüggen 糖苷化反应条件下，首先将化合物 **1** 与硅甲化的胸腺嘧啶缩合生成乙酰基保护的 5-MU (**27**)。然后，将 **27** 皂化除去所有的乙酰基即可得到 5-MU。5-MU 通过与酰溴反应得到中间体 **28** 后，再经锌粉-AcOH 还原和脱酰基即可得到司他夫定 (d4T)。若中间体 **28** 依次经 Raney Ni 催化氢解去卤素和皂化脱保护基，便可得到 β-胸苷。显然，以 β-胸苷为原料制备 d4T 步骤过多。所以，大规模制备 d4T 都是直接使用 5-MU 作为原料。

$$(47)$$

如式 48 所示：由 5-MU 酰化溴代成中间体 **28** 经历了形成 2,2′-脱水-5-甲基尿苷衍生物的过程。然后，在溴负离子的作用下，使 2,2′-脱水的环醚键打开得到 2′-溴-2′-脱氧-5-甲基尿苷 (**28**)[82]。也可以先将 5-MU 经碳酸二酯脱水制得 2,2′-脱水-5-甲基尿苷，再与酰溴反应得到中间体 **28**。

$$(48)$$

7 Vorbrüggen 糖苷化反应实例

例 一

2′,3′,5′-三-O-苯甲酰基-5-硝基尿苷的合成[19c]
(SnCl₄ 促进的嘧啶糖苷化反应)

$$\text{(49)}$$

将 5-硝基尿嘧啶 (1.73 g, 11 mmol)、HMDS (8.4 mL, 40 mmol) 和 TMSCl (0.25 mL) 组成的混合物加热回流 1 h，反应混合液呈透明状。减压蒸除过量的 HMDS 后，加入无水 1,2-二氯乙烷 (20 mL) 稀释得到三甲基硅烷化的 5-硝基尿嘧啶溶液。

在搅拌下，将 1-O-乙酰基- 2,3,5-三-O-苯甲酰基-D-呋喃核糖 (**2**, 5.04 g, 10 mmol) 的无水 1,2-二氯乙烷 (75 mL) 组成的溶液和溶有 SnCl₄ (0.35 mL, 3 mmol) 的 1,2-二氯乙烷 (40 mL) 溶液依次加入到上述操作得到的溶液中。室温下反应 1 h 后，依次加入二氯甲烷 (100 mL) 和饱和 NaHCO₃ 水溶液 (200 mL) 淬灭反应。滤去不溶物，滤液经无水 Na₂SO₄ 干燥后蒸除溶剂。生成的粗产品用乙醇重结晶后得到目标产物 (5.79 g, 96%)，熔点 184~185 °C。

例 二

鸟苷的合成[19e]
(TMSOTf 促进的嘌呤糖苷化反应)

$$\text{(50)}$$

反应条件: i. Cl(CH₂)₂Cl, TMSOTf, reflux; ii. NH₃-MeOH.

在搅拌下，将 TMSOTf (1.0 g, 4.5 mmol) 的 1,2-二氯乙烷 (5 mL) 溶液滴加到三甲基硅烷化的 N2-乙酰基鸟嘌呤 (1.7 g, 4.1 mmol) 和 1-O-乙酰基-2,3,5-三-O-苯甲酰基-D-呋喃核糖 (**2**, 1.9 g, 3.8 mmol) 的无水 1,2-二氯乙烷 (45 mL) 溶液中。生成的混合物加热回流 1.5~4 h 后，依次加入二氯甲烷 (100 mL) 和饱和 NaHCO₃ 水溶液 (200 mL) 淬灭反应。分出的有机相经无水 Na₂SO₄ 干燥后，蒸除溶剂。将残留物溶于饱和的氨甲醇溶液 (125 mL) 中，室温反应 42 h 后减压浓缩。将残留物溶于水 (100 mL) 中，用甲基叔丁基醚萃除水相中的苯甲酸甲酯和苯甲酰胺。然后，将水相减压浓缩至 1/3 体积，冷却后滤出固体。经重结晶后得到白色固体目标产物 (0.69 g, 66%)，熔点 240 °C (分解)。

例 三

1-(β-D-呋喃核糖-1-基)吡啶-2(1H)-酮的合成[19c]
(SnCl₄ 促进的吡啶糖苷化反应)

$$(51)$$

将吡啶-2(1H)-酮 (9.51 g, 100 mmol) 和 HMDS (80 mL, 400 mmol) 一起加热回流 1 h，反应混合液呈透明状。减压蒸除过量的 HMDS 后，加入无水 1,2-二氯乙烷 (20 mL) 稀释得到三甲基硅烷化的吡啶-2(1H)-酮溶液。

在搅拌下，将 1-O-乙酰基-2,3,5-三-O-苯甲酰基-D-呋喃核糖 (**2**, 50.4 g, 100 mmol) 和溶有 SnCl₄ (14 mL, 120 mmol) 的 1,2-二氯乙烷 (300 mL) 溶液依次较快地加入到上述操作得到的溶液中。室温下反应 4 h 后，倾倒入经冰冷却的由二氯甲烷 (600 mL) 和饱和 NaHCO₃ 水溶液 (750 mL) 中。滤去不溶物，分出滤液中有机相，经无水 Na₂SO₄ 干燥后蒸除溶剂。生成的粗产品用 CCl₄ 重结晶后得到目标产物 (45.6 g, 85%)，熔点 140~142 °C。

取上述部分产品 (2.75 g, 5 mmol) 溶于饱和的氨甲醇溶液 (150 mL) 中，室温反应 24 h 后减压浓缩。将残留物溶于水 (100 mL) 中，用甲基叔丁基醚萃除水相中的苯甲酸甲酯和苯甲酰胺。然后，将水相减压浓缩至干，残留物用乙醇-异丙醇 (3:1) 重结晶得无色目标产物 (0.9 g, 80%)，熔点 147~150 °C。

例 四

苯甲酸 1′-(5-乙基-6-氮杂尿嘧啶-1-基)甲氧基-乙酯的合成[51d]
(非环糖苷化反应)

$$(52)$$

在室温和氮气保护下，N,O-二(三甲基硅烷基)乙酰胺 (BSA, 3.6 mL, 14.1 mmol) 和 5-乙基-6-氮杂尿嘧啶 (1 g, 7.0 mmol) 在无水乙腈中反应 30 min。然后，加入苯甲酰氧乙基氯甲基醚 (1.4 mL, 8.4 mmol) 的乙腈 (20 mL) 溶液。在冰浴冷却后，再滴加 TMSOTf (2.4 mL, 13.4 mmol)。生成的反应混合物在室温下反应 3 h，用氯仿 (150 mL) 稀释反应。接着，用饱和的 Na_2CO_3 水溶液洗涤 2 次，分出的有机相用 $MgSO_4$ 干燥。减压浓缩得到黄色油状物经硅胶柱色谱 (PE-EtOAc, 1:1) 分离纯化，得到无色固体目标产物 (1.25 g, 56%)，熔点 80~83 ℃。

例 五

2-(2′,3′,4′,6′-四-O-乙酰基-β-D-吡喃葡萄糖-1′-基)-1,4-二甲氧基苯的合成[64]
(C-C 键糖苷化反应)

$$(53)$$

在室温下搅拌下，将 $SnCl_4$-CH_2Cl_2 (1.0 mol/L, 3 mL, 3.0 mmol) 缓慢滴加到 1,2,3,4,6-五-O-乙酰基-D-吡喃葡萄糖 (390 mg, 1.0 mmol) 和 1,4-对甲氧基苯 (276 mg, 2.0 mmol) 的二氯甲烷 (3 mL) 溶液中。室温反应 5 h 后，加入饱和 $NaHCO_3$ 水溶液。滤去不溶物，滤液用二氯甲烷萃取。合并的有机相用饱和 NaCl 水溶液洗涤后经无水硫酸钠干燥，减压蒸去溶剂得到的残留物经硅胶柱色谱 (PE-EtOAc，3:2) 分离纯化，得到无色针状晶体产品 (315 mg, 67%)，熔点 133~134 ℃，$[\alpha]_D^{25}$ = −14.0 (c 0.96, CH_2Cl_2)。

8 参考文献

[1] (a) Vorbrüggen, H. *Acc. Chem. Res.* **1995**, *28*, 509. (b) Vorbrüggen, H. *Acta Biochim. Pol.* **1996**, *43*, 25. (c) Vorbrüggen, H.; Ruh-Pohlenz, C. *Synthesis of Nucleoside*, In *Org. Chem.* Vol. 55. Paquette, L. A., Ed.; John Wiley & Sons. Inc.: New York, **2000**, pp 1-630. (d) Vorbrüggen, H.; Ruh-Pohlenz, C. *Handbook of Nucleoside Synthesis*, John Wiley & Sons. Inc.: New York, **2001**, pp 1-101. (e) Merck & Co., Inc. *The Merck Index-Organic Name Reactions*, Whitehouse Station, New York, **2001**, pp 414.

[2] Vorbrüggen, H. *Silicon-mediated Transformation of Functinal Group*, Wiley-VCH Verlag GmbH & Co. KgaA: Weinheim, **2004**, Author biography [http://www.boomerangbooks.com.au/Silicon-Mediated-Transformation-of-Functional-Groups/H-Vorbrueggen /book_9783527306688. htm].

[3] Fischer, E.; Helferich, B. *Chem. Ber.* **1914**, *47*, 210.

[4] (a) Davoll, J.; Lowy, B. A. *J. Am. Chem. Soc.* **1951**, *73*, 1650. (b) Davoll, J. *J. Am. Chem. Soc.* **1951**, *73*, 3174. (c) Davoll, J.; Lowy, B. A. *J. Am. Chem. Soc.* **1952**, *74*, 1563.

[5] Fox, J. J.; Yung, N.; Wempen, I.; Doerr, I. L. *J. Am. Chem. Soc.* **1957**, *79*, 5060.

[6] (a) Fox, J. J.; Yung, N.; Wempen, I.; Hoffer, M. *J. Am. Chem. Soc.* **1961**, *83*, 4066. (b) Ulbricht, T. L. V.; Rogers, G. T. *J. Chem. Soc.* **1965**, 6125, 6130.

[7] Kazimierczuk, Z.; Cottam, H. B.; Revankar, G. R.; Robins, R. K. *J. Am. Chem. Soc.* **1984**, *106*, 6379.

[8] Kawakami, H.; Matsushita, H.; Naoi, Y.; Itoh, K.; Yoshikoshi H. *Chem. Lett.* **1989**, 235.

[9] (a) Seela, F.; Winkeler, H. -D. *J. Org. Chem.* **1982**, *47*, 226. (b) Seela, F.; Gumbiowski, R. *Heterocycles* **1989**, *29*, 795.

[10] (a) Fischer, E. *Ber. Dtsch. Chem. Ges.* **1914**, *47*, 1377. (b) Levene, P. A.; Sototka, H. *J. Boil. Chem.* **1925**, *65*, 469. (c) Nahn, A.; Laves, W.; Schafer, L. *Z. Boil. Chem.* **1926**, *84*, 411.

[11] (a) Johnson, T. B.; Hilbert, G. E. *Science* **1929**, *69*, 579. (b) Hilbert, G. E.; Johnson, T. B. *J. Am. Chem. Soc.* **1930**, *52*, 4489. (c) Davoll, J.; Lythgoe, B.; Todd, A. R. *J. Chem. Soc.* **1946**, 833. (d) Pliml, J.; Prystas, M. *Adv. Heterocycl. Chem.* **1967**, *8*, 115.

[12] (a) Zorbach, W. *Methods Carbohyd. Chem.* **1972**, *6*, 445. (b) Kim, C. H.; Marquez, V. E.; Mao, D. T.; Haines, D. R.; McCormick, J. J. *J. Med. Chem.* **1986**, *29*, 1374. (c) Mourabit, A. A. *Tetrahedron: Asymmetry* **1996**, *7*, 3455.

[13] Prystas, M.; Sorm, F. *Collect. Czech. Chem. Commun.* **1966**, *31*, 3990.

[14] (a) Howard, G. A.; Lythgoe, B.; Todd, A. R. *J. Chem. Soc.* **1947**, 1052. (b) Prystas, M.; Farkas, J.; Sorm, F. *Collect. Czech. Chem. Commun.* **1965**, *30*, 3123.

[15] (a) Nishimura, T.; Shimizu, B.; Iwai, I. *Chem. Pharm. Bull.* **1963**, *11*, 1470. (b) Nishimura, T.; Iwai, I. *Chem. Pharm. Bull.* **1964**, *12*, 357.

[16] (a) Birkofer, L.;Ritter, A.;Kuehlthau, H. P. *Angew. Chem.* **1964**, *4*, 209. (b) Birkofer, L.; Ritter, A.; Kuehlthau, H. P. *Chem. Ber.* **1964**, *97*, 934.

[17] (a) Helferich, B.; Gootz, R. *Chem. Ber.* **1929**, *62*, 2788. (b) Helferich, B.; Schidz-Hillebrecht, E. *Chem. Ber.* **1933**, *66*, 378.

[18] (a) Sato, T.; Shimadate, T.; Ishido, Y. *J. Chem. Soc. Japn.* **1960**, *81*, 1440. (b) Sato, T. In: *Synthetic Procedures in Nucleic Acid Chemistry*, Zorbach, W. W.; Tipson, R. S., Eds.; Wiley-Interscience: New York, **1968**, pp 264.

[19] (a) Niedballa, U.; Vorbrüggen, H. *Angew. Chem., Int. Ed. Engl.* **1970**, *9*, 461. (b) Vorbrüggen, H.;

Krolikiewicz, K. *Angew. Chem.* **1975**, *87*, 417. (c) Vorbrüggen, H.; Niedballa, U. *J. Org. Chem.* **1974**, *39*, 3654, 3656, 3660, 3664, 3668, 3672. (d) Vorbrüggen, H.; Niedballa, U. *J. Org. Chem.* **1976**, *41*, 2084. (e) Vorbrüggen, H.; Krolikiewicz, K.; Bennua, B. *Chem. Ber.* **1981**, *114*, 1234. (f) Vorbrüggen, H.; Hoefle, G. *Chem. Ber.* **1981**, *114*, 1256. (g) Vorbrüggen, H.; Bennua, B. *Chem. Ber.* **1981**, *114*, 1279.

[20]   (a) Dempcy, R. O.; Kibo, E. B. *J. Org. Chem.* **1991**, *56*, 776. (b) Kawai, S. H.; Just, G. *Nucleos. Nucleot.* **1991**, *10*, 1485. (c) Kristinsson, H.; Nebel, K.; O'Sullivan, A. C.; Struber, F.; Winkler, T.; Yamaguchi, Y. *Tetrahedron* **1994**, *50*, 6825. (d) Wilson, L. J.; Hager, M. W.; El-Kattan, Y. A.; Liotta, D. C. *Synthesis* **1995**, 1465. (e) Liu, G.; Miller, S. C.; Bruenger, F. W. *Synth. Comm.* **1996**, *26*, 2681.

[21]   Vorbrüggen, H.; Lagoja, I. M.; Herdewijn, P. *Curr. Protoc. Nucl. Acid Chem.* **2007**, *27*, 1131.

[22]   Langer, S. H.; Connell, S.; Wender, I. *J. Org. Chem.* **1958**, *23*, 50.

[23]   Clausen, F. P.; Juhl-Christensen, J. *Org. Prep. Proced. Int.* **1993**, *25*, 375.

[24]   (a) Yamaguchi, T.; Saneyoshi, M. *Chem. Pharm. Bull.* **1984**, *32*, 1441. (b) Bhadti, V. S.; Bhan, A.; Hosmane, R. S.; Hulce, M. *Nucleos. Nucleot.* **1992**, *11*, 1137.

[25]   (a) Ienaga, K.; Pfleiderer, W. *Chem. Ber.* **1977**, *110*, 3449. (b) Ritzmann, G.; Ienaga, K.; Pfleiderer, W. *Liebigs Ann. Chem.* **1977**, 1217.

[26]   (a) Mahmood, K.; Vasella, A.; Bernet, B. *Helv. Chim. Acta* **1991**, *74*, 1555. (b) Nagai, M.; Matsutani, T.; Mukaiyama, T. *Heterocycles* **1996**, *42*, 57.

[27]   Hayashi, M.; Hirano, T.; Yaso, M.; Mizuno, K.; Ueda, T. *Chem. Pharm. Bull.* **1975**, *23*, 245. (b) Bobek, M.; Bloch, A. *J. Med. Chem.* **1972**, *15*, 164.

[28]   Kondo, T.; Nakai, H.; Goto, T. *Tetrahedron,* **1973**, *29*, 1801.

[29]   (a) Ott, M.; Pfleiderer, W. *Chem. Ber.* **1974**, *107*, 339. (b) Chow, K.; Danishefsky, S. *J. Org. Chem.* **1990**, *55*, 4211.

[30]   Kim, Y. H.; Kim, J. Y. *Heterocycles,* **1988**, *27*, 11.

[31]   (a) Okabe, M.; Sun, R-C. *Tetrahedron Lett.* **1989**, *30*, 2203. (b) Faivre-Buet, V.; Grouiller, A.; Descotes, G. *Nucleos. Nucleot.* **1992**, *11*, 1651.

[32]   Noyori, R.; Hayashi, M. *Chem. Lett.* **1987**, 57.

[33]   Mukaiyama, T.; Shimpuku, T.; Takashima, T.; Kobayashi, S. *Chem. Lett.* **1989**, 145.

[34]   Mukaiyama, T.; Uchiro, H.; Shiina, I.; Kobayashi, S. *Chem. Lett.* **1990**, 1019.

[35]   Matsumoto, T.; Katsuki, M.; Suzuki, K. *Tetrahedron Lett.* **1989**, *30*, 833.

[36]   (a) Mukaiyama, T.; Kobayashi, S.; Shoda, S. *Chem. Lett.* **1984**, 907. (b) Herscovici, J.; Montserret, R.; Antonakis, K. *Carbohydr. Res.* **1988**, *176*, 219.

[37]   Schmidbaur, H. *Chem. Ber.* **1965**, *98*, 83.

[38]   (a) Marsmann, H. C.; Horn, H-G. *Z. Naturforsch. Teil B,* **1972**, *27*, 1448. (b) Novori, R.; Murata, S.; Suzuki, M. *Tetrahedron* **1981**, *37*, 3899.

[39]   Vorbrüggen, H.; Krolikiewicz, K.; Niedballa, U. *Liebigs Ann. Chem.* **1975**, 988.

[40]   (a) Lukevics, E.; Zablocka, A. *Nucleoside Synthesis-Organosilicon Methods,* Ellis Horwood: Chichester, West Sussex, **1991**, and references cited therein. (b) Watanabe, K. A.; Hollenberg, D. H.; Fox, J. J. *J. Carbohyd. Nucleos. Nucleot.* **1974**, *1*, 1.

[41]   (a) Itoh, T.; Mizuno, Y. *Heterocycles,* **1976**, *5*, 285. (b) Dudycz, L. W.; Wright, G. E. *Nucleos. Nucleot.* **1984**, *3*, 33. (c) Boryski, J. *Nucleos. Nucleot.* **1996**, *15*, 771 and references cited therein. (d) Vorbrüggen, H. *Acta. Biochim. Polon.* **1996**, *43*, 25 and references cited therein. (e) Boryski, J. *J. Chem. Soc., Perkin Trans. II,* **1997**, 649. (f) Moyroud, E.; Strazewski, P. *Tetrahedron* **1999**, *55*, 1277. (g)

Manikowski, A.; Boryski, J. *Nucleos. Nucleot.* **1999**, *18*, 1057.

[42] Framski, G.; Gdaniec, Z.; Gdaniec, M.; Boryski, J. *Tetrahedron* **2006**, *62*, 10123.

[43] Shimizu, B.; Miyaki, M. *Chem. Pharm. Bull.* **1970**, *18*, 732. *Chem. Pharm. Bull.* **1970**, *18*, 1446.

[44] Bredereck, H.; Simchen, G.; Rebsdat, S.; Kantlehner, W.; Horn, P.; Wahl, R.; Hoffmann, H.; Grieshaber, P. *Chem. Ber.* **1968**, *101*, 41.

[45] (a) Wierenga, W.; Skulnick, H. I. *Carbohyd. Res.* **1981**, *90*, 41. (b) Draminski, M.; Zgit-Wroblewska, A. *Pol. J. Chem.* **1980**, *54*, 1085. (c) Perman, J.; Sharma, R. A.; Budesinsky, M.; Cihak, A.; Vesely, J. *Nucleic Acid Res., Symp. Ser.* **1981**, *9*, 83. (d) Coe, P. L.; Harnden, M. R.; Jones, A. S.; Noble, S. A.; Walker, R. T. *J. Med. Chem.* **1982**, *25*, 1329.

[46] (a) Kazimierczuk, Z.; Cottam, H.; Robins, R. K. *J. Am. Chem. Soc.* **1984**, *106*, 6379. (b) Seela, F.; Gumbiowski, R. *Liebigs Ann. Chem.* **1992**, 679. (c) Lavallee, J. F.; Just, G. *Tetrahedron Lett.* **1991**, *32*, 3469. (d) Seela, F.; Chen, F.; Bindig, U.; Kazimierczuk, Z. *Helv. Chim. Acta* **1994**, *77*, 194. (e) Lipshutz, B. H.; Hayakawa, H.; Kaneyoshi, K.; Lowe, R. F.; Stevens, K. L. *Synthesis* **1994**, 1476. (f) 姚其正，核苷化学合成，北京:化学工业出版社，**2005**, pp 219-221.

[47] Prystas, M.; Sorm, F. *Collect. Czech. Chem. Commun.* **1965**, *30*, 1900.

[48] Vorbrüggen, H.; Niedballa, U.; Krolikiewicz, K.; Bennua, B.; Hoefle, G. In: *On the Mechanism of Nucleoside Synthesis, Chemstry and Biology of Nucleosides and Nucleotides,* Harmon, R. E.; Robins, R. K.; Townsend, L. B. Eds, Academic Press: New York, **1978**, pp251~265.

[49] Wang, Z. W.; Rizzo, C. J. *Org. Lett.* **2000**, *2*, 227.

[50] (a) Nikolaus, N. V.; Bozilovic, J.; Engels, J. W. *Nucleos. Nucleot. Nucl. Acids,* **2007**, *26*, 889. (b) Bookser, B. C.; Raffaele, N. B. *J. Org. Chem.* **2007**, *72*, 173.

[51] (a) Kelley, J. L.; Kelsey, J. E.; Hall, W. R.; Krochmal, M. P.; Schaeffer, H. J. *J. Med. Chem.* **1981**, *24*, 753. (b) Kim, C. U.; Misco, H. R.; Luh, B. Y.; Martin, J. C. *Heterocycles* **1990**, *31*, 1571. (c) Shchaveleva, I. L.; Smirnov, I. P.; Kochetkova, S. V.; Tsilevich, T. L.; Khorlin, A. A.; Gottikh, B. P.; Florent'ev, V. L. *Bioorg. Khim.* **1988**, *14*, 824 (CA: **1989**, *110*, 24210J). (d) Jasamai, M.; Simons, C.; Balzarini, J. *Nucleos. Nucleot. Nucl. Acids,* **2010**, *29*, 535.

[52] Azuma, T.; Isono, K. *Chem. Pharm. Bull.* **1977**, *25*, 3347.

[53] (a) Azuma, T.; Isono, K.; Crain, P. F.; McCloskey, J. A. *Tetrahedron Lett.* **1976**, 1687. (b) Mizuno, Y.; Tsuchida, K.; Tampo, H. *Chem. Pharm. Bull.* **1984**, *32*, 2915.

[54] (a) Imazawa, M.; Eckstein, F. *J. Org. Chem.* **1978**, *43*, 3044. (b) Yamaguchi, T.; Saneyoshi, M. *Chem. Pharm. Bull.* **1984**, *32*, 1441.

[55] Robins, M. J.; Wood, S. G.; Dalley, N. K.; Herdewijn, P.; Balzarini, J.; De Clercq, E. *J. Med. Chem.* **1989**, *32*, 1763.

[56] Sugiura, Y.; Furuya, S.; Furukawa, Y. *Chem. Pharm. Bull.* **1988**, *36*, 3253.

[57] Suhadolnik, R. J.; Uematsu, T. *Carbohydr. Res.* **1978**, *61*, 545.

[58] Boryski, J. *Nucleos. Nucleot.* **1996**, *15*, 771.

[59] (a) Boryski, J. *Collect. Czech. Chem. Commun. Special Issue* **1993**, *58*, 3. (b) Shiragami, H.; Koguchi, Y.; Izawa, K. *EP 0532878,* **1993** (*CA*: **1993**, *119*, 226348g).

[60] Lichtenthaler, F. W.; Kitahara, K. *Angew. Chem., Int. Ed. Engl.* **1975**, *14*, 815.

[61] Kato, K.; Minami, T.; Takita, T.; Nishiyama, S.; Yamamura, S.; Naganawa, H. *Tetrahedron Lett.* **1989**, *30*, 2269.

[62] (a) Sehgel, S. N.; Czerkawski, H.; Kudelski, A.; Pander, K.; Saucier, R.; Vezina, C. *J. Antibiot.* **1983**, *36*, 355. (b) Kool, E. T. *Acc. Chem. Res.* **2002**, *35*, 936. (c) Bililign, T.; Griffith, B. R.; Thorson, J. S.

Nat. Prod. Rep. **2005**, *22*, 742. (d) Chen, L.; Pankiewicz, K. W. *Curr. Opin. Drug Discov. Devel.* **2007**, *10*, 403.

[63] (a) Ren, R. X. F.; Chaudhuri, N. C.; Paris, P. L.; Rummey, S.; Kool, E. T. *J. Am. Chem. Soc.* **1996**, *118*, 7671. (b) Guianvarch, D.; Fourrey, J. L.; Tran Huu Dau, M. E.; Guerineau, V.; Benhida, R. *J. Org. Chem.* **2002**, *67*, 3724. (c) Batoux, N. E.; Paradisi, F.; Engel, P. C.; Migaud, M. E. *Tetrahedron* **2004**, *60*, 6609. (d) Singh, I.; Seitz, O. *Org. Lett.* **2006**, *8*, 4319. (e) Harusawa, S.; Matsuda, C.; Araki, L.; Kurihara, T. *Synthesis* **2006**, 793.

[64] Kuribayashi, T.; Mizumo, Y.; Gphya, S.; Satoh, S. *J. Carbohydr. Res.* **1999**, *18*, 371.

[65] Spadafora, M.; Mehiri, M.; Burger, A.; Benhida, R. *Tetrahedron Lett.* **2008**, *49*, 3967.

[66] (a) Cunningham, K. G.; Hutchinson, S. A.; Manson, W.; Spring, F. S. *J. Chem. Soc.* **1951**, 2299. (b) Siev, M.; Weinberg, R.; Penman, S. *J. Cell Biol.* **1969**, *41*, 510. (c) Ahn, Y. J.; Park, S. J.; Lee, S. G.; Shin, S. C.; Choi, D. H. *J. Agric. Food Chem.* **2000**, *48*, 2744.

[67] (a) Shuman, D. A.; Robins, M. J. *J. Am. Chem. Soc.* **1970**, *92*, 3434. (b) Koyama, G.; Maeda, K.; Umezawa, H.; Litaka, Y. *Tetrahedron Lett.* **1966**, 597. (c) Suhadolnik, R. J. *Nucleoside Antibioties,* John Wiley & Sons. Inc.: New York, **1970**, pp 390.

[68] Porter, J. N.; Hewitt, R. I.; Hesseltine, C. W.; Krupka, G.; Lowery, J. A.; Wallace, W. S.; Bohonos, N.; Williams, J. H. *Antibiot. Chemother.* **1952**, *2*, 409.

[69] Lee, H. C.; Liou, K.; Kim, D. H.; Kang, S. -Y.; Woo, J. -S.; Sohng, J. K. *Arch. Pharm. Res.* **2003**, *26*, 446.

[70] (a) Derr, R. F.; Alexander, C. S.; Nagasawa, H. T. *Proc. Soc. Exp. Biol. Med.* **1967**, *125*, 248. (b) Kmetec, E.; Tirpack, A. *Biochem. Pharmacol.* **1970**, *19*, 1493.

[71] Vara, J.; Perez-Gonzalez, J.; Jimenez, A. *Biochemistry* **1985**, *24*, 8074. (b) George, A. M.; Hall, R. M.; Stokes, H. W. *Microbiology* **1995**, *141*, 1909.

[72] (a) Daluge, S.; Vince, R. *J. Chem. Med.* **1972**, *15*, 171. (b) Robins, M. J.; Miles, R. W.; Samano, M. C.; Kaspar, R. L. *J. Org. Chem.* **2001**, *66*, 8204. (c) Nguyen-Trung, N. Q.; Terenzi, S.; Strazewski, P. *J. Org. Chem.* **2003**, *68*, 2038.

[73] Gilbert, C. L. K.; Lisek, C. R.; White, R. L.; Gumina, G. *Tetrahedron* **2005**, *61*, 8339.

[74] Takahashi, M.; Kagasaki, T.; Hosoya, T.; Takahashi, S. *J. Antibiot.* **1993**, *46*, 1643.

[75] (a) Efimtseva, E. V.; Mikhailov, S. N. *Russ. Chem. Rev.* **2004**, *73*, 401. (b) Borissow, C. N.; Black, S. J.; Paul, M.; Tovey, S. C.; Dedos, S. G; Taylor, C. W.; Potter, B. V. L. *Org. Biomol. Chem.* **2005**, *3*, 245. (c) Mochizuki, T.; Kondo, Y.; Abe, H.; Taylor, C. W.; Potter, B. V. L.; Matsuda, A.; Shuto, S. *Org Lett.* **2006**, *8*, 1455.

[76] Sureshan, K. M.; Trusselle, M.; Tovey, S. C.; Taylor, C. W.; Potter, B. V. L. *J. Org. Chem.* **2008**, *73*, 1682.

[77] (a) Orr, D. C.; Figueiredo, H. T.; Mo, C. L.; Penn, C. R.; Cameron, J. M. *J. Biol. Chem.* **1992**, *267*, 4177. (b) Turner, M. A.; Yang, X.; Yin, D.; Kuczera, K.; Borchardt, R. T.; Howell, P. L. *Cell Biochem. Biophys.* **2000**, *33*, 101. (c) Maga, G.; Spadari, S. *Curr. Drug Metab.* **2002**, *3*, 73.

[78] (a) Pankiewicz, K. W. *Carbohydr. Res.* **2000**, *327*, 87. (b) Chu, C. K. *Recent Advances in Nucleosides Chemistry and Chemotherapy*, Elsevier Science B. V.: London, New York, **2002.** (c) Isanbor, C.; O'Hagan, D. *J. Fluorine Chem.* **2006**, *127*, 303.

[79] (a) Huryn, D. M.; Okabe, M. *Chem. Rev.* **1992**, *92*, 1745. (b) Mansour, T. S.; Storer, R. *Curr. Pharm. Design* **1997**, *3*, 227. (c) Liu, P.; Sharon, A.; Chu, C. K. *J. Fluorine Chem.* **2008**, *129*, 743. (d) Qiu, X. L.; Xu, X. H.; Qing, F. L. *Tetrahedron* **2010**, *66*, 789.

[80]   DeClercq, E. *Curr. Med. Chem.* **2001**, *8*, 1543.

[81]   (a) Hampton, A.; Nichol, A. W. *Biochemistry* **1966**, *5*, 2076. (b) Furukawa, Y.; Honjo, M. *Chem. Pharm. Bull.* **1968**, *16*, 2286. (c) Hubbard, A. J.; Jones, A. S.; Walker, R. T. *Nucleic Acids Res.* **1984**, *12*, 6827. (d) Horwitz, J. P.; Chua, J.; Da Rooge, M.; Noel, M.; Klundt, I. L. *J. Org. Chem.* **1966**, *31*, 205. (e) Classon, B.; Garegg, P. J.; Samuelsson, B. *Acta. Chem. Scand.* **1983**, *B36*, 251. (f) Dueholm, K. L.; Pedersen, E. B. *Synthesis* **1992**, 1. (g) Hori, N.; Uehara, K.; Mikami, Y. *Biosci. Biotechnol. Biochem.* **1992**, *56*, 580.

[82]   Marumoto, R.; Honjo, M. *Chem. Pharm. Bull.* **1974**, *22*, 128.

温克尔氮杂环丙烷合成

(Wenker Aziridine Synthesis)

许家喜

1　历史背景简述

　　1935 年，美国有机化学家亨利·温克尔 (Henry Wenker) 首先报道了由氨基乙醇制备氮杂环丙烷的反应，他首先将氨基乙醇与硫酸在 250 °C 下进行脱水反应生成以内盐形式存在的氨基乙醇硫酸酯盐。然后，用 40% 的氢氧化钠中和得到氨基乙醇硫酸酯钠盐，并同时发生分子内亲核取代反应环化生成氮杂环丙烷。生成的氮杂环丙烷粗品用氢氧化钾和金属钠干燥后，再在 55~56 °C 下蒸馏得到 26.5% 的氮杂环丙烷[1](式 1)。因此，人们就把由邻氨基醇经过硫酸酯转化成氮杂环丙烷的反应称为 Wenker 反应或者 Wenker 氮杂环丙烷合成。由于氮杂环丙烷是非常重要的有机合成中间体，通过对其开环可以得到多种双官能团的有机化合物[2~6]。经 Wenker 反应可以方便地由邻氨基醇来合成氮杂环丙烷，因此在有机合成中备受重视。

$$H_2N\diagup\diagdown OH \xrightarrow{H_2SO_4,\ 250\ ^oC} H_3N^+\diagup\diagdown OSO_3^-$$

$$(1)$$

$$\xrightarrow{NaOH} H_2N\diagup\diagdown OSO_3^- \xrightarrow{NaOH} \overset{H}{\underset{N}{\triangle}}$$

　　在 Mitsunobu 反应[7~10]发现以前，Wenker 氮杂环丙烷合成一直是将邻氨基醇直接转化成氮杂环丙烷的有效方法 (式 2)。虽然许多综述论文都介绍过 Wenker 氮杂环丙烷合成[11~15]，也有文献对该反应进行了简单的讨论和总结[16,17]，但很难找到对该反应的创始人亨利·温克尔的文字介绍。

$$R^5\underset{H}{\overset{H}{\underset{N}{}}}\overset{R^2\ R^1}{\underset{R^4\ R^3}{|}}OH \xrightarrow[\triangle]{H_2SO_4} R^5\underset{H}{\overset{H}{\underset{N^+}{}}}\overset{R^2\ R^1}{\underset{R^4\ R^3}{|}}OSO_3^- \xrightarrow{NaOH} \overset{R^5}{\underset{R^3}{\overset{R^4}{\underset{}{N}}}}\overset{R^2}{\underset{R^1}{}} \qquad (2)$$

　　后来，人们将由邻氨基醇经过磺酸酯转化成氮杂环丙烷的方法也称为 Wenker 氮杂环丙烷合成[18,19]，这其实是广义的 Wenker 氮杂环丙烷合成 (式 3)。

$$PG\underset{H}{\overset{}{N}}\overset{}{\underset{OH}{}}R \xrightarrow{MsCl,\ Py,\ CHCl_3,\ 0\sim10\ ^oC} PG\underset{H}{\overset{}{N}}\overset{}{\underset{OMs}{}}R \xrightarrow{base} \overset{PG}{\underset{R}{N}} \qquad (3)$$

与广义的 Wenker 氮杂环丙烷合成反应密切相关的是从 β-卤代胺来合成氮杂环丙烷。该方法也是非常通用的合成氮杂环丙烷的方法，通常称为 Gabriel 合成法 (式 4 和式 5)。由于羟基也可以被转化成为卤素而活化，因此也有人称该反应为 Wenker 氮杂环丙烷合成。这更是一种广泛意义上的 Wenker 氮杂环丙烷合成，因为 β-卤代胺很容易在碱性条件下经过分子内亲核取代环化形成氮杂环丙烷[20,21]。其中的 β-卤代胺可以通过多种方法来制备，例如：邻卤代酰胺[22]、α-卤代腈[23~25]或亚胺[26~28]的还原等。

$$(4)$$

$$(5)$$

2　Wenker 氮杂环丙烷合成的定义和机理

Wenker 氮杂环丙烷合成是指邻氨基醇与硫酸在加热条件下进行脱水反应首先生成氨基醇的硫酸酯，然后用碱氢氧化钠处理得到氮杂环丙烷的反应 (式 6)。在反应过程中，最常用的邻氨基醇是邻氨基伯醇。该反应主要适用于邻氨基伯醇和仲醇[8~10]，邻氨基叔醇参与该反应的例子很少[22~25]。如果使用手性邻氨基醇，与氨基相连的手性碳原子的构型在合成过程中保持不变，而与羟基相连的手性碳原子的构型在反应过程中会发生完全构型翻转[2]。

$$(6)$$

该反应的机理非常清楚：首先邻氨基醇与硫酸成盐使氨基得到保护，然后在加热条件下进行脱水反应生成以内盐形式存在的邻氨基醇硫酸单酯。最后用浓氢氧化钠溶液进行中和生成氮杂环丙烷。如式 7 所示：环化步骤经历了邻氨基醇硫酸单酯钠盐的形成及其分子内亲核取代反应。

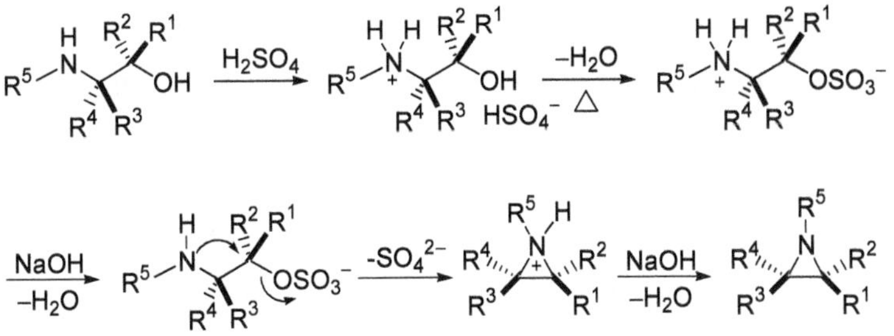

(7)

3   Wenker 氮杂环丙烷合成的基本概念

3.1   邻氨基醇

Wenker 氮杂环丙烷合成中使用的邻氨基醇通常是邻氨基伯醇和邻氨基仲醇,很少使用邻氨基叔醇是因为它们容易在硫酸存在下加热发生消除反应。所用的邻氨基醇的氨基上可以带有一个烃基取代基。在经典的 Wenker 氮杂环丙烷合成中,许多在羟基的 α-位或 β-位连有芳基或烯基的邻氨基醇都不合适作为 Wenker 氮杂环丙烷合成的底物 (图 1)。这些底物可能在硫酸中加热生成硫酸酯时发生消除反应,也有可能在使用强碱处理硫酸酯时发生消除反应[29]。但是,在改进的、比较温和的 Wenker 反应条件下,这些化合物中的一部分还是可以直接被转化成为氮杂环丙烷产物[30]。

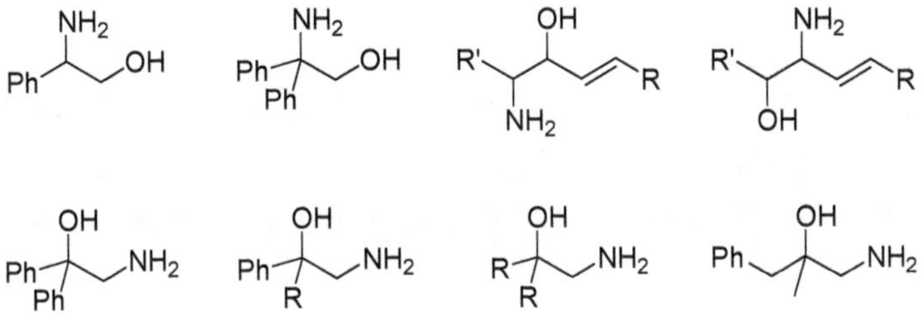

图 1   不适合作为经典 Wenker 氮杂环丙烷合成的底物

3.2   酯化试剂

在经典的 Wenker 氮杂环丙烷合成中,最常用的酯化试剂是硫酸。由邻氨基醇和硫酸制备邻氨基醇硫酸酯时需要在加热条件下进行,而硫酸在加热条件下容易对某些邻氨基醇发生消除反应得到烯类中间体,其进一步互变异构生成醛酮等副产物。为了在温和的条件下制备硫酸酯来扩大 Wenker 反应的应用范围,用氯磺酸代替硫酸可以实现在温和的条件下直接由邻氨基醇来制备其硫酸酯

[30~33]。在广义的 Wenker 反应中，还可以将邻氨基醇的氨基保护后再与磺酰氯反应得到磺酸酯。然后，经过正常的分子内亲核取代环化得到氮杂环丙烷[34~36]。

3.3 碱

在 Wenker 反应的环化步骤中，需要使用碱性试剂首先中和以内盐形式存在的邻氨基醇硫酸单酯中氨基上的质子。将其转变成为含有游离氨基的邻氨基醇硫酸单酯钠盐后，再发生分子内的 S_N2 反应环化得到相应的氮杂环丙烷。通常所用的碱性试剂是碱金属氢氧化物，氢氧化钠和氢氧化钾最常用于该目的。在碱性条件下，硫酸酯还可以发生消除反应和氢氧根取代反应。特别是当羟基的 α-位和 β-位连有芳基或烯基的邻氨基醇被用作底物时，它们所形成的硫酸酯更容易发生消除反应生成共轭的烯烃。但是，使用温和的、无亲核性的弱碱碳酸钠[30]可以有效地减少消除反应和氢氧根取代等副反应的发生。如式 8 所示：在改进的 Wenker 反应条件下，部分这类邻氨基醇也可以被转化成为氮杂环丙烷。

$$\underset{\overset{|}{Ph}}{\overset{OSO_3^-}{\underset{NH_3^+}{Ph}}} \xrightarrow[\text{41\%}]{Na_2CO_3, H_2O, 70\ ^{\circ}C, 3\ h} \underset{Ph}{\overset{Ph}{\underset{}{\triangle}}} NH \tag{8}$$

4　Wenker 氮杂环丙烷合成的条件综述

4.1　反应溶剂

Wenker 反应最常用的溶剂是水。当使用那些在水中溶解性不好的邻氨基醇底物时，在酯化步骤中使用乙醚[31,32]、二氧六环、氯仿和乙腈等溶剂及其混合物也可以取得较好结果[30]。在环化步骤中也有使用水和甲苯混合物作为溶剂的报道[33]。

4.2　反应温度

Wenker 本人最早报道的 Wenker 反应是直接将氨基乙醇与浓硫酸混合，然后在 250 °C 进行脱水酯化[1]。后来，Leighton 等人[37]为了避免在酯化过程中发生炭化，将氨基乙醇和浓硫酸事先分别用其质量一半的冰水稀释。然后，在 0 °C 的冰水浴中搅拌下慢慢混合。生成的混合物在水泵减压条件下经 145 °C 脱水酯化后，再在 155~160 °C 的温度下实现彻底脱水。以 90%~95% 的产率得到了无色晶体的酯化产物，确实避免了炭化副反应的发生。Talukdar 等人在使用反式邻氨基环烷醇制备相关的氮杂环丙烷时,为了避免消除反应而将酯化的反应温度降至 135~140 °C 下进行,也实现了氮杂环丙烷的高效合成[38]。由于羟基的 α-位连有芳基的邻氨基醇在酸性条件下加热易发生消除反应,在 Wenker 最初报道的反应条件下很难得到相应的硫酸酯,而是发生消除反应得到烯胺。Brois 等人[39]简单地将酯化反应温度降至 120~130 °C,便以较好的产率得到了相应的氮杂环丙烷。除羟基的 α-位连有芳基的邻氨基仲醇外,β-位连有烯基的邻氨基醇在酸性条件下加热也非常容易发生消除反应。为了实现这两类邻氨基醇在 Wenker 反应中转化成氮杂环丙烷,使用氯磺酸做酯化试剂是比较明智的选择。当使用该试剂的反应在 0 °C 进行时,能够以 95%~97% 的产率得到相应的邻氨基醇的硫酸酯[30,33]。

碱性试剂处理的环化步骤通常在室温下进行。但是,反应位点位阻比较大的邻氨基醇通常需要较高的反应温度,有时需要在 70~100 °C 才可以保证反应的顺利进行[30,33,40]。

5   Wenker 氮杂环丙烷合成的类型综述

通过 Wenker 氮杂环丙烷合成,既可以合成氮原子上无取代的氮杂环丙烷和氮原子上有取代的氮杂环丙烷,也可以合成具有光学活性的氮杂环丙烷。对于邻氨基醇底物分子中含有对强酸和强碱试剂不稳定的结构时,还可以使用改进的 Wenker 氮杂环丙烷合成或广义的 Wenker 氮杂环丙烷合成来实现目标。

5.1   氮原子上无取代的氮杂环丙烷的合成

使用氮原子上无取代基的邻氨基醇底物,通过 Wenker 反应就可以制备氮原子上无取代的氮杂环丙烷。Wenker 反应是由邻氨基醇合成这类氮杂环丙烷最有效的方法,在制备这类氮杂环丙烷中也应用最广泛。

5.1.1   氮原子上无取代的单环氮杂环丙烷的合成

经典的 Wenker 反应,由于需要用强酸和强碱在剧烈条件下进行,因此使得反应的应用范围受到一定的限制。后来,很多学者都致力于优化该方法的条件[41,42],力图扩大其应用范围。如式 9 所示[43,44]:Brewster 等人首先将苯丙氨醇或取代苯丙氨醇溶于水,然后在冷却的条件下慢慢加入冷却的浓硫酸。接着,在 120 °C 和减压条件下进行脱水得到硫酸酯中间体。最后,用氢氧化钠处理得到较好产率的氮杂环丙烷产物。

$$
\text{R} \underset{\qquad}{\overset{\qquad}{\bigcirc}} \underset{NH_2}{\overset{OH}{\bigwedge}} \xrightarrow[\substack{R = H, Cl, MeO}]{\substack{1.\ H_2SO_4,\ 120\ ^oC \\ 2.\ NaOH}} \text{R} \underset{}{\overset{}{\bigcirc}} \underset{NH}{\triangle} \qquad (9)
$$

如式 10~式 12 所示[29,45~47]：以同碳双取代氨基乙醇为原料，该方法也可以用于制备 2,2-双取代的氮杂环丙烷产物。

$$
\underset{OH}{\overset{NH_2}{\bigvee}} \xrightarrow[\substack{2.\ NaOH}]{\substack{1.\ H_2SO_4,\ 120\sim130\ ^oC}} \underset{}{\overset{H}{\underset{N}{\triangle}}} \qquad (10)
$$

$$
\text{Ph} \underset{OH}{\overset{NH_2}{\bigvee}} \xrightarrow[\substack{2.\ NaOH}]{\substack{1.\ H_2SO_4,\ 120\sim130\ ^oC}} \text{Ph} \underset{}{\overset{NH}{\triangle}} \qquad (11)
$$

$$
\text{Ph} \underset{OH}{\overset{NH_2}{\bigvee}} \xrightarrow[\substack{2.\ NaOH}]{\substack{1.\ H_2SO_4,\ 120\sim130\ ^oC}} \text{Ph} \underset{}{\overset{NH}{\triangle}} \qquad (12)
$$

使用邻氨基仲醇可以制备 2-取代氮杂环丙烷产物。如反应式 13~式 15 所示[29,39]：Brois 等人首先将邻氨基仲醇溶于水，然后在冷却的条件下慢慢加入冷却后的稀硫酸。接着，在 120~130 ℃ 和减压条件下进行脱水得到硫酸酯中间体。最后，用氢氧化钠处理得到较好产率的 2-取代氮杂环丙烷产物。

$$
\underset{\substack{OH \\ NH_2}}{\bigwedge} \xrightarrow[\substack{2.\ NaOH}]{\substack{1.\ H_2SO_4,\ 120\sim130\ ^oC}} \underset{NH}{\triangle} \qquad (13)
$$

$$
\text{Ph} \underset{\substack{OH \\ NH_2}}{\bigwedge} \xrightarrow[\substack{2.\ NaOH}]{\substack{1.\ H_2SO_4,\ 120\sim130\ ^oC}} \text{Ph} \underset{NH}{\triangle} \qquad (14)
$$

$$
\text{Ph} \underset{\substack{OH}}{\overset{}{\bigwedge}} NH_2 \xrightarrow[\substack{2.\ NaOH}]{\substack{1.\ H_2SO_4,\ 120\sim130\ ^oC}} \text{Ph} \underset{NH}{\triangle} \qquad (15)
$$

如式 16 和 17 所示[29,39]：Brois 的反应条件也可以用于制备 2,2- 和 2,3-双取代氮杂环丙烷产物以及 2,2,3-三取代氮杂环丙烷产物。

$$
\text{Ph} \underset{\substack{OH}}{\overset{NH_2}{\bigwedge}} R \xrightarrow[\substack{R = Me,\ Et}]{\substack{1.\ H_2SO_4,\ 120\sim130\ ^oC \\ 2.\ NaOH}} \text{Ph} \underset{NH}{\overset{}{\triangle}} R \qquad (16)
$$

$$\text{Ph} \overset{NH_2}{\underset{OH}{\bigvee}} \quad \xrightarrow[\text{2. NaOH}]{\text{1. H}_2\text{SO}_4,\ 120\sim130\ ^{\circ}\text{C}} \quad \text{Ph} \overset{NH}{\bigvee} \qquad (17)$$

5.1.2 氮原子上无取代的双环氮杂环丙烷的合成

在 Wenker 反应中，其环化步骤是一个简单的分子内亲核取代反应。因此，使用普通的环状（五、六和七元环）反式邻氨基环烷醇为底物时，可以制备桥环型的顺式双环氮杂环丙烷产物[29,46,48~51]（式 18）。

$$\underset{n}{\overset{OH}{\bigcirc}}\!\!-\!NH_2 \quad \xrightarrow[\substack{\text{2. NaOH}\\ n=1,\ 46\%\\ n=2,\ 41\%\\ n=3,\ 61\%}]{\text{1. H}_2\text{SO}_4,\ 120\sim130\ ^{\circ}\text{C}} \quad \underset{n}{\overset{NH}{\bigcirc}} \qquad (18)$$

由于八元环或比八元环更大的环可以形成凹环，这些环上的顺式和反式邻氨基醇都可以发生 Wenker 反应。但是，它们的反应除了得到桥环型的双环氮杂环丙烷外，还会得到环烷酮类化合物[52]。如式 19 所示：反式邻氨基环辛醇经 Wenker 反应可以得到 65% 的氮杂环丙烷衍生物和环辛酮的混合物。使用简单的盐酸成盐反应即可达到分离的效果，分别得到 33% 的顺式氮杂环丙烷衍生物和 14% 的环辛酮[40]。

$$\overset{OH}{\underset{NH_2}{\bigcirc}} \quad \xrightarrow[\text{2. NaOH}]{\text{1. H}_2\text{SO}_4,\ 120\sim130\ ^{\circ}\text{C}} \quad \overset{NH}{\bigcirc} \quad + \quad \overset{O}{\bigcirc} \qquad (19)$$

$$\qquad\qquad\qquad\qquad\qquad\qquad\qquad 33\% \qquad\qquad 14\%$$

Fanta 等人通过 Wenker 反应将环状的反式-4-氨基四氢呋喃-3-醇转变成为含有氧杂原子的桥环型顺式双环氮杂环丙烷[53]（式 20）。

$$\overset{OH}{\underset{O}{\bigcirc}}\!\!-\!NH_2 \quad \xrightarrow[\substack{\text{2. NaOH}\\ 48\%}]{\text{1. H}_2\text{SO}_4,\ 120\sim130\ ^{\circ}\text{C}} \quad \overset{NH}{\underset{O}{\bigcirc}} \qquad (20)$$

由环状 (1-氨基环烷基)甲醇通过 Wenker 反应可以用于制备螺环氮杂环丙烷产物[29,46]（式 21）。

$$\underset{n}{\overset{NH_2}{\bigcirc}}\!\!-\!OH \quad \xrightarrow[\substack{\text{2. NaOH}\\ n=1,\ 76\%\\ n=2,\ 67\%\\ n=3,\ 86\%}]{\text{1. H}_2\text{SO}_4,\ 120\sim130\ ^{\circ}\text{C}} \quad \underset{n}{\overset{NH}{\bigcirc}} \qquad (21)$$

5.1.3 含有烯基单环氮原子上无取代氮杂环丙烷的合成

在酸性条件下,羟基的 α-位和 β-位上连有烯基的邻氨基醇受热时容易发生消除反应生成共轭烯烃衍生物。但是,Stogryn 等人在温和条件下还是得到了这些底物的 Wenker 反应产物。如式 22 和式 23 所示:他们将 4-氨基-1-丁烯-3-醇在 0 °C 的乙醚中与氯磺酸反应首先得到硫酸酯,然后用 33% 氢氧化钠处理后得到 2-乙烯基氮杂环丙烷。在相同的反应条件下,4-氨基-1,5-己二烯-3-醇可以较低的产率转化成为反式-2,3-二乙烯基氮杂环丙烷[31]。

$$\text{(22)}$$

$$\text{(23)}$$

5.2 氮取代氮杂环丙烷的合成

通过 Wenker 反应,氮原子上有单取代基的邻氨基醇可以生成氮原子上有取代的氮杂环丙烷产物。Wenker 反应已在这类氮杂环丙烷的制备中得到了广泛的应用。

5.2.1 氮取代单环氮杂环丙烷的合成

Wenker 反应不仅可以制备氮原子上没有取代基的氮杂环丙烷,也可以用于合成氮原子上有取代基的氮杂环丙烷。如式 24 所示[39]:Brois 以 N-苯基氨基乙醇为原料,通过 Wenker 反应制备了 N-苯基氮杂环丙烷。

$$\text{(24)}$$

Minoura 等人以 1-甲基氨基-2-丙醇为原料,通过 Wenker 反应制备了 1,2-二甲基氮杂环丙烷[54](式 25)。

$$\text{(25)}$$

早在 1957 年,Ghirardelli 等人就研究了使用 Wenker 反应制备三取代的氮杂环丙烷以及该反应的立体化学问题。如式 26 所示[55]：他们通过乙胺对 *meso*-2,3-二甲基环氧乙烷进行开环得到了苏式 3-乙基氨基-2-丁醇的外消旋混合物。然后，通过 Wenker 反应将该混合物转化成为氮杂环丙烷，得到了 *meso*-2,3-二甲基-1-乙基氮杂环丙烷。

$$(26)$$

Bottini 等人报道：首先，由顺式-和反式-环氧乙烷通过甲胺开环得到赤式和苏式-4-甲基-2-甲氨基-3-戊醇的外消旋混合物。然后，通过 Wenker 反应将该混合物分别转化成三取代的顺式和反式-氮杂环丙烷，得到了顺式和反式-1,2-二甲基-3-异丙基氮杂环丙烷[56](式 27 和式 28)。

$$(27)$$

$$(28)$$

5.2.2　氮取代双环氮杂环丙烷的合成

Gassman 等人由 3-羟基哌啶经 Wenker 反应合成了氮原子位于桥头的桥环型双环氮杂环丙烷化合物 1-氮杂双环[3.1.0]己烷[57](式 29)。

$$(29)$$

Fanta 等人由环状的反式-4-甲氨基四氢呋喃-3-醇通过 Wenker 反应制备了含有氧杂原子和桥环型的顺式 *N*-甲基双环氮杂环丙烷化合物[53](式 30)。

$$(30)$$

5.2.3　含有烯基单环氮取代氮杂环丙烷的合成

　　Stogryn 等人报道：使用乙胺对顺式和反式-2,3-二乙烯基环氧乙烷的混合物进行胺解，首先得到了顺式和反式-4-乙基氨基-1,5-己二烯-3-醇的混合物。接着，在乙醚中形成盐酸盐后与氯磺酸反应得到相应的硫酸酯。最后，用 50% 的氢氧化钠处理得到反式-1-乙基-2,3-二乙烯基氮杂环丙烷和 1-乙基-4,5-二氢杂䓬化合物[31](式 31)。为了进一步研究反应过程，他们还分别制备了顺式和反式-4-乙基氨基-1,5-己二烯-3-醇及其硫酸酯。然后分别用氢氧化钠处理进行了环化反应发现：反式-4-乙基氨基-1,5-己二烯-3-醇硫酸酯得到 34% 的反式-1-乙基-2,3-二乙烯基氮杂环丙烷，没有 1-乙基-4,5-二氢杂䓬生成 (式 32)。而含有 90% 顺式异构体的顺式和反式-4-乙基氨基-1,5-己二烯-3-醇硫酸酯则得到 6% 的反式-1-乙基-2,3-二乙烯基氮杂环丙烷和 48% 的 1-乙基-4,5-二氢杂䓬 (式 33)。

$$(31)$$

$$(32)$$

$$(33)$$

　　他们认为：6% 的反式-1-乙基-2,3-二乙烯基氮杂环丙烷产生于其中含有的 10% 的反式-4-乙基氨基-1,5-己二烯-3-醇硫酸酯 (式 33)。该结果表明：顺式-4-乙基氨基-1,5-己二烯-3-醇硫酸酯首先发生反式分子内亲核取代环化得到顺式-1-乙基-2,3-二乙烯基氮杂环丙烷，然后再发生 Cope 重排得到 1-乙基-4,5-二氢杂䓬 (式 31)。

5.3　光学活性氮杂环丙烷的合成

　　由光学活性的邻氨基醇通过 Wenker 反应就可以制备光学活性的氮杂环丙

烷，Wenker 反应是制备光学活性的氮杂环丙烷的重要方法之一。

5.3.1 光学活性单环氮杂环丙烷的合成

早在 1952 年，Dickey 等人就研究了 Wenker 反应中的立体化学问题。如式 34 所示：首先，他们通过氨水对 *meso*-2,3-二甲基环氧乙烷进行开环得到了苏式的 3-氨基-2-丁醇外消旋混合物。然后，通过 Wenker 反应将该混合物转化成氮杂环丙烷，得到了 *meso*-2,3-二甲基氮杂环丙烷。为了研究反应的立体化学，他们分别使用 L-(+)-酒石酸和 L-(−)-苹果酸对苏式 3-氨基-2-丁醇外消旋混合物进行手性拆分，得到了光学纯的 D-(−)-3-氨基-2-丁醇和 L-(+)-3-氨基-2-丁醇。有趣的是，它们经过 Wenker 反应都生成了 *meso*-2,3-二甲基氮杂环丙烷 (式 35 和式 36)。由于酯化反应步骤不会影响 3-氨基-2-丁醇中手性碳原子的构型，说明在环化步骤中进行分子内亲核取代时发生了一次 Walden 构型翻转。他们还使用氨水对 (*R*,*R*)-(+)-2,3-二甲基环氧乙烷进行开环得到了 (2*R*,3*S*)-(+)-3-氨基-2-丁醇，再通过 Wenker 反应得到了 (*S*,*S*)-(−)-2,3-二甲基氮杂环丙烷。使用氨水对氮该杂环丙烷开环后得到了 *meso*-2,3-丁二胺，从而进一步确定了该氮杂环丙烷的立体结构 (式 37)。该结果为 Wenker 反应中环化步骤中分子内亲核取代反应引起 Walden 构型翻转提供了直接的证据[58]。

Ghirardelli 等人报道：首先，通过乙胺对 (*R*,*R*)-(+)-2,3-二甲基环氧乙烷进行开环得到 (2*R*,3*S*)-(+)-3-乙基氨基-2-丁醇。然后，再通过 Wenker 反应得到 (*S*,*S*)-2,3-二甲基-1-乙基氮杂环丙烷[55](式 38)。

$$(37)$$

$$(38)$$

在 Wenker 反应中,使用光学活性的邻氨基伯醇可以制备与氨基醇具有相同立体构型的手性氮杂环丙烷[46,51,54,59](式 39)。

$$(39)$$

(R)-amino alcohol to (R)-product
(S)-amino alcohol to (S)-product

使用光学活性的邻氨基仲醇作为底物时,通过 Wenker 反应可以制备与氨基醇具有相反立体构型的手性氮杂环丙烷[59](式 40)。

$$(40)$$

(R)-amino alcohol to (S)-product
(S)-amino alcohol to (R)-product

5.3.2 光学活性双环氮杂环丙烷的合成

Gassman 等人由脯氨醇经 Wenker 反应合成了光学活性的桥环型双环氮杂环丙烷 (S)-1-氮杂双环[3.1.0]己烷[46,57](式 41)。

$$(41)$$

5.3.3 含有烯基光学活性单环氮杂环丙烷的合成

Somfai 等人报道:在 0 ℃ 的乙醚中,(3S,4R)-1-苯基-4-氨基己-5-烯-3-醇与氯磺酸反应可以得到 (3S,4R)-1-苯基-4-氨基己-5-烯-3-醇硫酸酯盐。然后,将其溶于水和甲苯的混合溶剂中，在 33% 的氢氧化钠溶液存在下加热回流生成 (2R,3R)-2-苯乙基-3-乙烯基氮杂环丙烷[33](式 42)。

$$(42)$$

5.4 改进的 Wenker 氮杂环丙烷合成

在酸性条件下，羟基的 α-位或 β-位连有芳基或烯基的邻氨基醇受热易发生消除反应生成共轭烯烃。其中的部分共轭烯烃为烯胺结构，容易互变成为亚胺并水解生成醛酮类化合物[29]。在碱性条件下，羟基的 β-位连有芳基或烯基的邻氨基醇的硫酸酯也容易发生消除反应。因此，这些邻氨基醇都不适合在经典的 Wenker 反应条件下被转化成为氮杂环丙烷。但是，在改进的、比较温和的 Wenker 反应条件下，还是有一些这类邻氨基醇可以直接被转化成为氮杂环丙烷。

在 5.1.3 节和 5.2.3 节中已经介绍过：在低温下，使用氯磺酸代替硫酸作为羟基活化试剂 (通常为在冰水浴中) 就可以实现羟基的硫酸酯化。然后，再用氢氧化钠处理发生分子内亲核取代环化得到氮杂环丙烷产物 (见式 22，式 23，式 31~式 33 和式 42)[32,33]。

Xu 等人最近报道：在低温下，羟基的 α-位和/或 β-位连有芳基的邻氨基醇与氯磺酸反应可以很好的产率得到硫酸酯。然后，再用氢氧化钠或更弱的且没有亲核性的弱碱碳酸钠处理就能够得到含有芳基的氮杂环丙烷。实验结果还发现：在环化步骤中使用弱碱碳酸钠比使用强碱氢氧化钠可以得到更好的产率 (式 43~式 46)[30]。

$$(43)$$

$$(44)$$

$$(45)$$

$$(46)$$

5.5 广义的 Wenker 氮杂环丙烷合成

将 β-氨基醇转化成磺酸酯 (常用对甲苯磺酸酯或甲磺酸酯) 后再发生分子内亲核取代环化是由 β-氨基醇在温和条件下合成氮杂环丙烷的有效方法[18,19]。Gaertner 等人报道：首先，使用 1-叔丁基氨基-3-氯-2-丙醇与甲磺酸反应生成相应的铵盐。然后，再与甲磺酰氯反应将其转换成为甲磺酸酯。最后，甲磺酸酯与碳酸钠和二乙烯三胺反应生成相应的氮杂环丙烷 (式 47)。由于形成三元环比四元环容易，γ 位上的氯原子没有发生对氨基的分子内亲核取代反应形成氮杂环丁烷产物。类似地，1-叔丁基氨基-3-乙酰氧基-2-丙醇在该反应条件下也可以得到相应的氮杂环丙烷产物 (式 48)[18]。

$$(47)$$

$$(48)$$

Xu 等人报道：在通过广义的 Wenker 反应条件下，可以从 D- 和 L-丝氨酸甲酯盐酸盐分别得到光学活性的 (R)- 和 (S)-1-三苯甲基氮杂环丙烷-2-甲酸甲酯。如式 49 所示[59]：他们用三苯基氯甲烷 (TrCl) 将氨基保护后再与对甲苯磺酰氯反应，将羟基转化成为对甲苯磺酸酯。然后，在三乙胺的存在下发生环化得到 (R)- 和 (S)-1-三苯甲基氮杂环丙烷-2-甲酸甲酯。

$$(49)$$

L-SerOMe HCl to (S)-product
D-SerOMe HCl to (R)-product

使用相同的策略，从 L-丝氨酸甲酯和 L-苏氨酸甲酯可以分别得到光学活性的 (S)-1-三苯甲基氮杂环丙烷-2-甲酸甲酯和 (S,S)-3-甲基-1-三苯甲基氮杂环丙烷-2-甲酸甲酯 (式 50 和式 51)[60]。实验结果显示：甲磺酸酯比对甲苯磺酸酯具有更高的反应活性，它们可以直接发生环化反应得到目标产物。

$$(50)$$

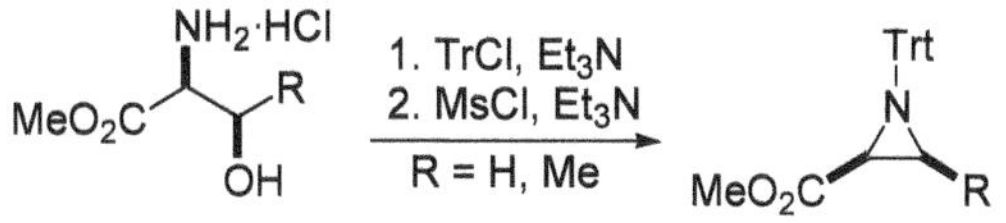

(51)

Kim 等人研究了以天门冬氨酸为原料通过广义的 Wenker 反应合成2-(氮杂环丙烷-2-基)乙酸衍生物的方法。如式 52 所示[61]：他们首先以把氨基用叔丁氧羰基 (Boc) 保护的天门冬氨酸双苄酯为原料，将其中的一个酯基还原成为醇羟基。然后，再将该羟基转化成为对甲苯磺酸酯。最后，脱除 Boc 保护后直接环化得到 2-(氮杂环丙烷-2-基)乙酸衍生物。

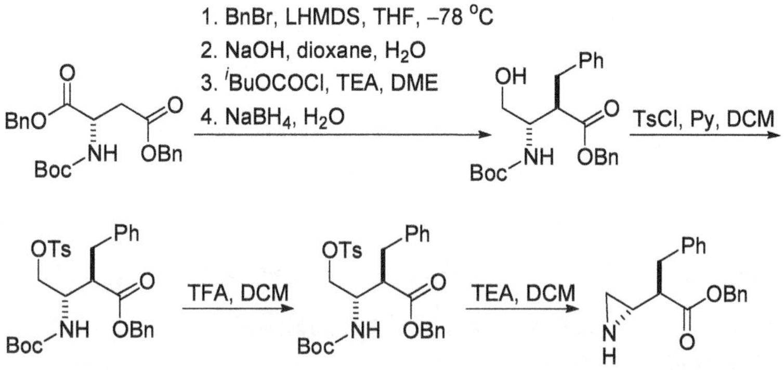

(52)

Somfai 等人报道：首先，将 (3S,4R)-1-苯基-4-氨基己-5-烯-3-醇的氨基用三苯基氯甲烷 (TrtCl) 进行保护。然后，在三乙胺存在下用甲磺酰氯对其羟基进行酯化得甲磺酸酯。由于该甲磺酸酯在三乙胺存在下不稳定，直接发生环化反应得到 (2R,3R)-2-苯乙基-3-乙烯基-1-三苯甲基氮杂环丙烷[33](式 53)。

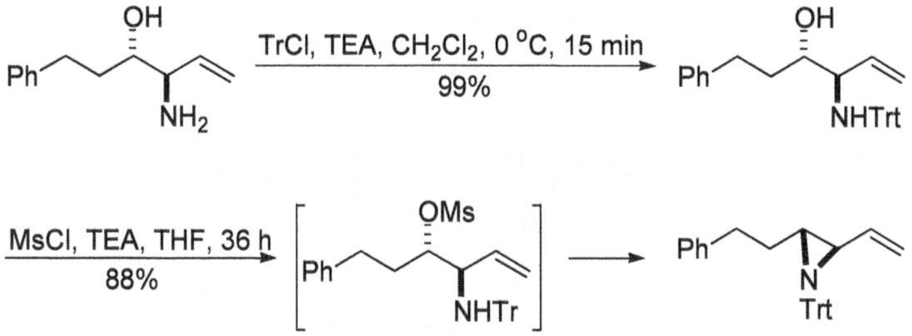

(53)

Bieber 等人报道：在 4 倍量 (物质的量) 的碳酸钾的存在下，光学活性的邻氨基醇与 2.2 倍量的对甲苯磺酰氯反应可以直接生成光学活性的 N-对甲苯磺酰基氮杂环丙烷[62](式 54)。

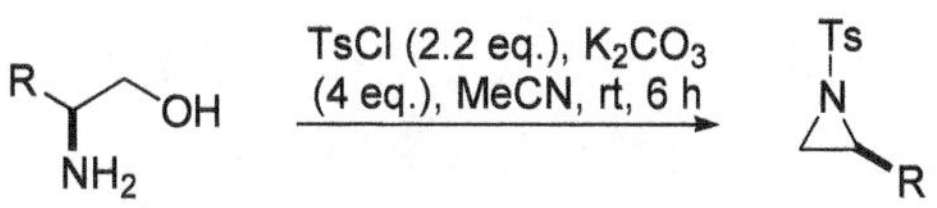

(54)

将 *N*-二茂铁甲基化的 L-丝氨酸甲酯与对甲苯磺酰氯在三乙胺存在下的 THF 溶液中回流，可以直接得到 (*S*)-*N*-二茂铁甲基氮杂环丙烷-2-甲酸甲酯[63] (式 55)。

$$\text{(55)}$$

由于 β-氨基醇的选择性磺酰化反应制备磺酸酯并不是一件容易的工作，因此通常需要首先将氨基保护起来或者隐蔽起来。通常，叠氮可以简单地看作是一个隐蔽的氨基。因此，可以使用叠氮醇来制备磺酸酯，然后将叠氮还原得到 β-氨基醇磺酸酯。最后，在碱性条件下发生环化得到需要的氮杂环丙烷衍生物。若是用三苯基膦作为还原剂，叠氮醇可以直接被转变成为氮杂环丙烷。在该合成策略中，叠氮醇可以很方便地通过叠氮化钠与环氧乙烷反应得到。

Blum 等人报道：通过叠氮化钠对环氧乙烷的开环可以得到相应的邻氨基醇，然后在三苯基膦的作用下直接环化得到相应的氮杂环丙烷衍生物 (式 56~式 58)。在同样的条件下，从菲的环氧乙烷得到的叠氮醇无法生成游离的氮杂环丙烷，而是得到其氮原子上含有羟基三苯基磷的季磷盐。但是，使用三正丁基膦代替三苯基膦就可以得到相应的氮杂环丙烷衍生物[64](式 59)。后来，他们又合成了含有更多个苯环的稠环氮杂环丙烷衍生物[65]。

$$\text{(56)}$$

$$\text{(57)}$$

$$\text{(58)}$$

Close 等人由四取代乙烯经邻氯代胺制备了几种 2,2,3,3-四烷基取代氮杂环丙烷。如式 60 所示[66]：他们首先将四取代乙烯与氯化亚硝反应得到邻亚硝基氯代烷。然后，经氯化亚锡和盐酸还原得到邻氯代胺。最后，用碱氢氧化钠处理后得到了相应的 2,2,3,3-四烷基取代氮杂环丙烷。

$$(59)$$

$$(60)$$

6　Wenker 氮杂环丙烷合成在天然产物合成中的应用

　　经典的 Wenker 氮杂环丙烷合成方法由于反应条件剧烈的原因,很少直接应用于天然产物的全合成中,但是,广义的 Wenker 氮杂环丙烷合成反应在天然产物的全合成中得到应用。既可以合成含有氮杂环丙烷的天然产物,也可以合成含有氮杂环丙烷结构的中间体。

　　丝裂霉素 (Mitomycin) 是一类含有氮杂环丙烷结构的天然产物,具有毒杀破坏癌细胞和促使癌细胞死亡的功效。1987 年,日本科学家从微生物 *Streptomyces sandaensis* No. 6897 中分离得到了一种具有很高抗肿瘤活性的丝裂霉素类化合物,并将其命名为 FR-900482[67]。1995 年,Danishefsky 等人完成了 FR-900482 的全合成[68]。如式 61 所示:他们从简单原料 3-硝基-5-苄氧基-4-碘苯甲酸甲酯出发,首先制备了重要中间体邻叠氮基醇衍生物。将醇羟基用三氟甲磺酸酐酯化后,再用三苯基膦将叠氮还原为氨基。然后,在氨水中通过广义的 Wenker 氮杂环丙烷合成反应,成功地引入了氮杂环丙烷结构。最后,再经过多步转化得到了天然产物 FR-900482。

　　2002 年,Ducray 等人报道了一条丝裂霉素类化合物 FR66979 的全合成路线。与上述方法不同的是,他们在合成的最后阶段才构建氮杂环丙烷结构单元。如式 62 所示:他们使用简单的原料经过多步反应合成了邻叠氮基醇的甲磺酸酯。然后,用三苯基膦将叠氮还原成氨基。最后,在碱性条件下直接发生广义的 Wenker 反应得到天然产物 FR66979[36]。

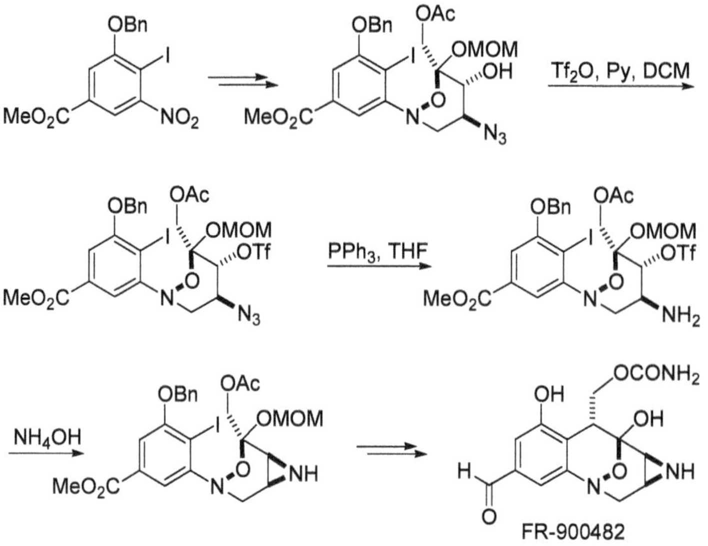

(61)

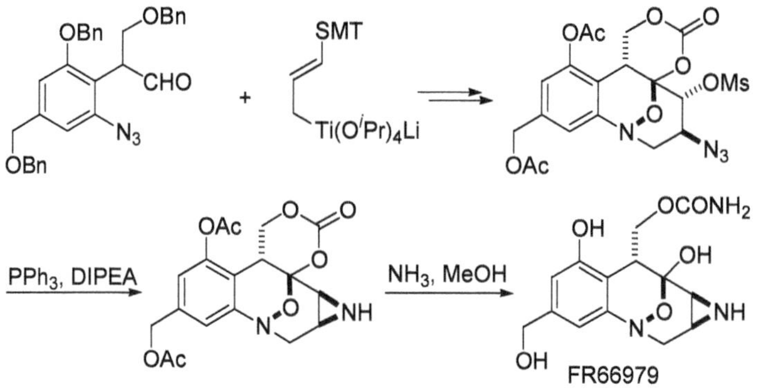

(62)

石蒜碱类化合物是从水仙花类植物中分离得到的一大类生物碱，它们一般具有较好的抗肿瘤活性。1984 年，有人从水仙花类植物 *Pancratium littorale* 中分离得到了一种生物碱 Pancristatin，其具有高度的含氧结构和广谱的抗肿瘤活性[69]。1996 年，Hudlicky 等人完成了该天然产物的全合成。如式 63 所示：他们从光学活性的环己烯二醇的缩丙酮开始，首先制备了重要中间体邻叠氮基醇衍生物。将醇羟基用甲磺酰氯酯化后，再用四氢锂铝将叠氮基还原为氨基。然后，在碱性反应条件下直接发生广义的 Wenker 氮杂环丙烷合成反应，成功地引入了氮杂环丙烷关键中间体。再经芳基铜锂试剂对合成的氮杂环丙烷开环，得到了全合成的关键中间体。最后，再经过多步转化得到了天然产物 Pancristatin[35]。

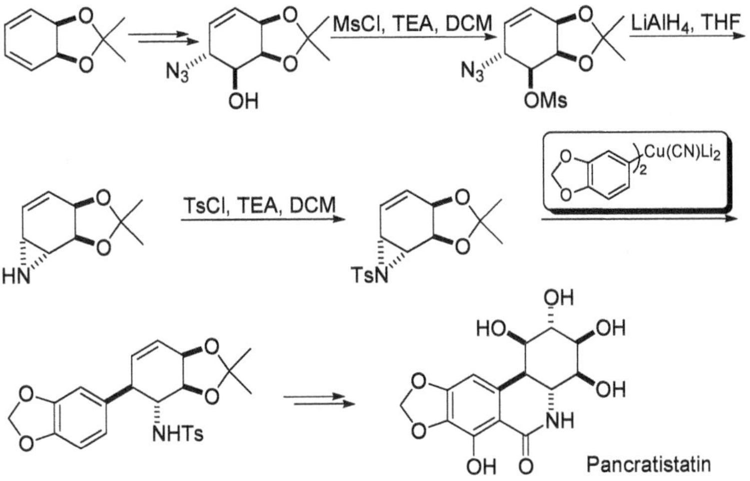

(63)

Pancratistatin

　　(+)-石蒜西定 [(+)-Lycoricidine] 也是从石蒜科中分离得到的一种具有抗肿瘤活性的生物碱[70,71]。如式 64 所示[72]：Yadav 等人以 D-甘露糖为原料，经多步反应首先得到邻叠氮基醇前体化合物。将醇羟基用甲磺酰氯酯化后，再用三苯基膦将叠氮基还原为氨基。然后，在碱性条件下直接发生广义的 Wenker 氮杂环丙烷合成反应，得到了氮杂环丙烷中间体。在缩合试剂的存在下，该中间体与邻碘代苯甲酸反应得到 N-苯甲酰化的氮杂环丙烷后。然后，依次发生去乙酰基反应和 Dess-Martin 试剂氧化反应得到关键的酰胺中间体。最后，再经过多步转化得到了天然产物 (+)-石蒜西定。

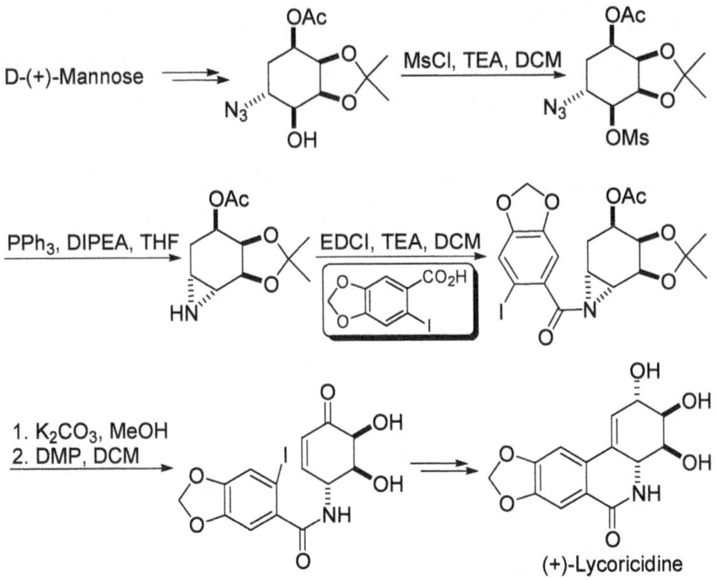

(64)

(+)-Lycoricidine

血液中的色胺类化合物是一类重要的神经传递物质，控制着信号传导和肌肉的运动。美国礼来制药公司的研究人员经过构效关系研究，确定生物碱 LY228729 可以作为色胺类受体的候选药物。1997 年，他们开发了一条有关该化合物的合成路线。如式 65 所示[73]：他们以 L-色氨酸为原料，经过多步转化首先得到邻氨基醇中间体。然后，用甲磺酰氯活化羟基后直接关环得到了氮杂环丙烷衍生物。最后，再经过多步转化得到了生物碱类化合物 LY228729。

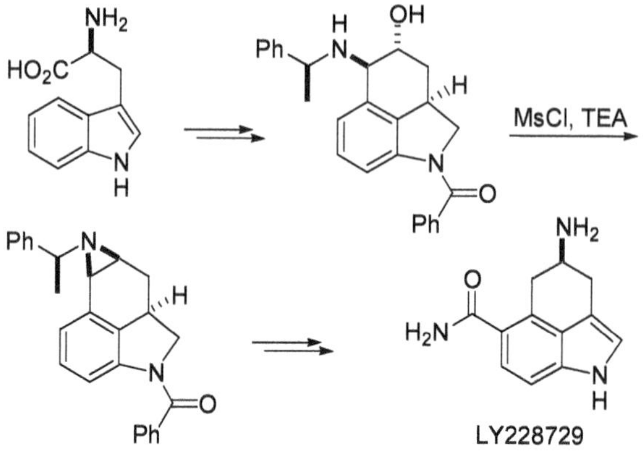

(65)

LY228729

(−)-Renieramycin G 和 M 以及 (−)-Jorumycin 都是从海洋海绵体植物中分离得到的四氢异喹啉类生物碱，它们是一类具有抗肿瘤活性的抗生素。如式 66 所示[34]：Zhu 等人发展了一条以丝氨酸为原料的合成方法。他们首先将 N-三苯甲基-L-丝氨酸甲酯的羟基进行甲磺酰化，经广义的 Wenker 反应一步得到了 (S)-N-三苯甲基氮杂环丙烷-2-甲酸甲酯。然后，再经过一系列反应把其分别转化成为 (S)-N-Boc-氮杂环丙烷-2-甲酸叔丁酯和 (S)-N-Boc-氮杂环丙烷-2-甲醛。然后，以这两种氮杂环丙烷衍生物为主要中间体，经过亲核开环反应和一系列的转

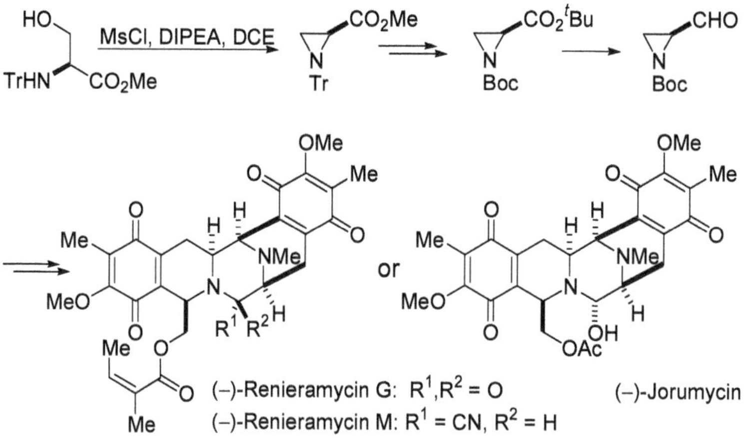

(66)

(−)-Renieramycin G: R[1],R[2] = O
(−)-Renieramycin M: R[1] = CN, R[2] = H

(−)-Jorumycin

化，分别合成了天然产物 (–)-Renieramycin G 和 M 以及 (–)-Jorumycin。

7　Wenker 氮杂环丙烷合成实例

例 一

8-氮杂双环[5.1.0]辛烷的制备[50]

(经典的 Wenker 反应)

$$\text{(H}_2\text{N, OH)} \xrightarrow[\text{78\%}]{\text{H}_2\text{SO}_4,\ 135\sim140\ ^\circ\text{C}} \text{(}^+\text{H}_3\text{N, OSO}_3^-\text{)} \xrightarrow[\text{78\%}]{\text{NaOH}} \text{(N–H)} \tag{67}$$

将冷却的 95% 浓硫酸 (8.1 g, 78.5 mmol) 小心地加入到反式邻氨基环庚醇 (10.0 g, 77.5 mmol) 的水 (10 mL)悬浮液中。然后，在常压下加热将反应混合物中的水慢慢蒸出。接着，在 135~140 ℃/20 mmHg 小心加热蒸出所有的水。生成的浅棕色固体反式邻氨基环庚醇的硫酸酯盐用水重结晶，得到 12.6 g (78%) 针状产物，熔点 282~284 ℃ (分解)。

将反式邻氨基环庚醇的硫酸酯盐 (12.0 g, 57.4 mmol) 和氢氧化钠 (24 g, 0.6 mol) 的水 (30 mL) 溶液加热蒸馏，馏出物用含有固体氢氧化钠和少量乙醚的烧瓶接收。分出乙醚层，水相用乙醚萃取。合并的有机相加入氢氧化钠干燥，然后蒸馏收集 171~172 ℃ 的馏分，得到 5.0 g (78%) 无色液体状 8-氮杂双环[5.1.0]辛烷。在该反应中，所使用的初始原料反式邻氨基环庚醇的合成见文献[40]。

例 二

(S)-2-苄基氮杂环丙烷的合成[59]

(经典的 Wenker 反应)

$$\text{(苄基-CH(NH}_2\text{)-CH}_2\text{OH)} \xrightarrow[\text{88\%}]{\substack{1.\ \text{H}_2\text{SO}_4,\ 120\ ^\circ\text{C} \\ 2.\ \text{NaOH}}} \text{(苄基-氮杂环丙烷)} \tag{68}$$

在 0~5 ℃ 条件下，将冰冷的浓硫酸 (98%, 4 g) 和水 (4 mL) 混合溶液滴加到含有 (S)-苯丙氨醇 (6.048 g, 40 mmol) 的水 (2.4 mL) 溶液中。在减压下，将得到的反应混合物在 120 ℃ 的油浴中小心加热蒸出水，得到白色固体 (S)-苯丙氨醇的硫酸酯盐。将其溶解在氢氧化钠水溶液 (6.2 mol/L, 20 mL) 中后，进行水蒸气蒸馏。馏出物用固体氢氧化钾饱和后，分出有机相并加入氢氧化钾干燥。然后，使用短分馏柱进行分馏并收集在 73~74 °C/1 mmHg 的馏分，得到 4.68 g (88%) 具有臭鱼腥味的无色液体 (S)-2-苄基氮杂环丙烷。

例　三

(2R,3R)-2-苯乙基-3-乙烯基氮杂环丙烷的合成[33]
(改进的 Wenker 反应)

$$\text{(69)}$$

在 0 °C 和剧烈搅拌下，将氯磺酸 (21.2 μL, 0.319 mmol) 慢慢滴加到含有 (3S,4R)-1-苯基-4-氨基己-5-烯-3-醇 (49.8 mg, 0.26 mmol) 的乙醚 (1.5 mL) 溶液中，可以观察到有黄色沉淀产生。继续搅拌 4.5 h 后，减压浓缩除去溶剂。得到的固体依次用乙醚、异丙醇和乙醚洗涤，真空干燥后得到 66 mg (97%) 黄色固体 (3S,4R)-1-苯基-4-氨基己-5-烯-3-醇硫酸酯盐，熔点 > 250 °C。

将上述操作得到的硫酸酯盐 (66 mg, 0.243 mmol) 加入由水 (0.3 mL)、甲苯 (0.2 mL) 和 33% 的氢氧化钠溶液 (0.9 mL) 组成的混合溶剂中。生成的混合物加热回流 16 h 后用水洗涤，合并的水相用乙醚萃取。合并的有机相用无水硫酸钠干燥，浓缩后生成的残余物用柱色谱 [戊烷-乙醚, (5:1)~(0:1)，10% 三乙胺中和过的硅胶] 分离，得到 27 mg, (76%) 无色油状物 (2R,3R)-2-苯乙基-3-乙烯基氮杂环丙烷。

例　四

2,2-二苯基氮杂环丙烷的合成[30]
(改进的温和 Wenker 反应)

$$\text{(70)}$$

在 0 °C 和剧烈搅拌下，将氯磺酸 (1.17 g, 10 mmol) 慢慢滴加到含有 1,1-二苯基-2-氨基乙醇 (2.13 g, 10 mmol) 的氯仿 (9 mL) 和乙腈 (91 mL) 的混合溶剂中，可以观察到有无色固体沉淀生成。继续搅拌 2 h 后，减压浓缩除去溶剂。得到的固体用乙醚洗，真空干燥后得到 2.78 g (95%) 无色固体状 1,1-二苯基-2-氨基乙醇硫酸酯盐。

将上述操作得到的硫酸酯盐 (1.47 g, 5 mmol) 加入到饱和的碳酸钠溶液或氢氧化钠溶液 (6.2 mol/L) 中。生成的混合物在 70 ℃ 加热搅拌反应 3 h, 冷却后用乙醚萃取。合并的有机相用无水硫酸钠干燥, 浓缩生成的残余物用柱色谱 (石油醚-乙酸乙酯, 5:1, 1% 的三乙胺中和过的硅胶) 分离, 得到 0.40 g (41%) 无色油状物 2,2-二苯基氮杂环丙烷。

例 五

(2R,3R)-2-苯乙基-3-乙烯基氮杂环丙烷的合成[33]
(广义的 Wenker 反应)

(71)

在 0 ℃ 和剧烈搅拌下, 将三乙胺 (73 μL, 0.52 mmol) 加入到含有 (3S,4R)-1-苯基-4-氨基己-5-烯-3-醇 (50 mg, 0.26 mmol) 和三苯基氯甲烷 (80 mg, 0.26 mmol) 的二氯甲烷 (0.5 mL) 溶液中。在 0 ℃ 继续搅拌反应 15 min 后, 反应混合物用水洗涤, 合并的水相用乙醚萃取。合并的有机相用无水硫酸钠干燥后, 浓缩生成的残余物用硅胶柱色谱 (戊烷/乙酸乙酯 = 20:1~5:1) 分离, 得到 112 mg (99%) 无色油状物 (3S,4R)-1-苯基-4-三苯甲基氨基己-5-烯-3-醇。

将上述操作得到的醇 (51 mg, 0.115 mmol) 溶解到 THF (1 mL) 溶剂中。然后, 在室温和搅拌下在 1 h 内依次加入三乙胺 (48 μL, 0.346 mmol) 和甲磺酰氯 (9.0 μL, 0.117 mmol), 生成的混合物加热回流 36 h。然后, 反应体系用二氯甲烷稀释, 并用饱和的碳酸氢钠水溶液洗涤。分出的有机相用无水硫酸钠干燥后, 浓缩生成的残余物用柱色谱 (戊烷-乙酸乙酯, 50:1~20:1, 10% 的三乙胺中和过的硅胶) 分离, 得到 42.7 mg (88%) 无色油状 (2R,3R)-2-苯乙基-3-乙烯基-1-三苯甲基氮杂环丙烷。

将上述操作得到的氮杂环丙烷 (63.2 mg, 0.152 mmol) 溶解到二氯甲烷 (7 mL) 溶剂中。将所得溶液冷却到 –15 ℃ 后, 加入甲醇 (0.1 mL)。然后, 在搅拌下向该混合物中加入由甲酸 (1 mL) 和二氯甲烷 (1 mL) 组成的溶液。生成的反应混合物在 2 h 内自然升温至 –5 ℃ 后, 加入氢氧化钠溶液 (2 mol/L, 3 mL)。继续搅拌 10 min 后, 反应混合物用水洗涤, 合并的水相用乙醚萃取。合并的有机相用无水硫酸钠干燥后，浓缩生成的残余物用柱色谱 (戊烷-乙醚，5:1~0:1，10% 的三乙胺中和过的硅胶) 分离，得到 20.5 mg (78%) 无色油状 (2*R*,3*R*)-2-苯乙基-3-乙烯基氮杂环丙烷。

8 参考文献

[1] Wenker, H. *J. Am. Chem. Soc.* **1935**, *57*, 2328.

[2] Kametani, T.; Honda, T. *Adv. Heterocycl. Chem.* **1986**, *39*, 181.

[3] 马琳鸽, 许家喜. *化学进展* **2004**, *16*, 220.

[4] Hu, X. E. *Tetrahedron* **2004**, *60*, 2701.

[5] Schneider, C. *Angew. Chem., Int. Ed.* **2009**, *48*, 2082.

[6] Lu, P. F. *Tetrahedron* **2010**, *66*, 2549.

[7] Mitsunobu, O.; Eguchi, M. *Bull. Chem. Soc. Jpn.* **1971**, *44*, 3427.

[8] Mitsunobu, O. *Synthesis* **1981**, 1.

[9] Hughes, D. L. *The Mitsunobu Reaction*, in *Organic Reactions*, Vol. 42, Chapter 2. John Wiley & Sons, Inc. **1992**, New York.

[10] But, T. Y. S.; Toy, P. H. *Chem. Asian J.* **2007**, *2*, 1340.

[11] Dermer, O. C.; Ham, G. E. *Ethyleneimine and other aziridines*, Academic Press, **1969**, New York.

[12] Deyrup, J. A. In *Small Ring Heterocycles*, Part 1, Hassner, A. Ed. Wiley-Interscience, **1981**, 1-214, New York.

[13] Maitland, D. J. *Saturated Heterocycl. Chem.* **1975**, *3*, 1.

[14] Padwa, A.; Kinder, F. R. *Prog. Heterocycl. Chem.* **1990**, *2*, 22.

[15] Osborn, H. M. I.; Sweeney, J. *Tetrahedron: Asymmetry* **1997**, *8*, 1693.

[16] Laue, T.; Plagens, A. *Named Organic Reactions*, John Wiley & Sons, **1999**, New York.

[17] Li, J. J. *Named Organic Reactions*, Springer-Verlag GmbH & Co. KG, **2002**, Berlin.

[18] Gaertner, V. R. *J. Org. Chem.* **1970**, *35*, 3952.

[19] Shudo, K.; Okamoto, T. *Chem. Pharm. Bull.* **1976**, *24*, 1013.

[20] Rudeshill, J. T.; Severson, R. F.; Pomonis, J. G. *J. Org. Chem.* **1971**, *36*, 3071.

[21] Funke, W. *Angew. Chem., Int. Ed. Engl.* **1969**, *8*, 70.

[22] Langlois, Y.; Poupat, C.; Husson, H.-P.; Potier, P. *Tetrahedron* **1970**, *26*, 1967.

[23] Ichimura, K.; Ohta, M. *Bull. Chem. Soc. Jpn.* **1967**, *40*, 432.

[24] Ichimura, K.; Ohta, M. *Bull. Chem. Soc. Jpn.* **1970**, *43*, 1443.

[25] Carlson, R. M.; Lee, S. Y. *Tetrahedron Lett.* **1969**, 4001.

[26] Duhamel, L.; Valnot, J.-Y. *Tetrahedron Lett.* **1974**, 3167.

[27] Dekimpe, N.; Schamp, N.; Verhe, R. *Synth. Commun.* **1975**, *5*, 403.

[28] Dekimpe, N. Verhe, R.; Debuyck, L.; Schamp, N. *Synth. Commun.* **1975**, *5*, 269.

[29] Zhu, M.; Hu, L. B.; Chen, N.; Du, D. M.; Xu, J. X. *Lett. Org. Chem.* **2008**, 5, 212.

[30] Li, X. Y.; Chen, N.; Xu, J. X. *Synthesis* **2010**, 3423.

[31] Stogryn, E. L.; Brois, S. J. *J. Org. Chem.* **1965**, *30*, 88.

[32] Stogryn, E. L.; Brois, S. J. *J. Am. Chem. Soc.* **1967**, *89*, 605.

[33] Olofsson, B.; Wijtmans, R.; Somfai, P. *Tetrahedron* **2002**, *58*, 5979.

[34] Wu, Y. C.; Zhu, J. P. *Org. Lett.* **2009**, *11*, 5558.

[35] Hudlicky, T.; Tian, X. R.; Konigsberger, K.; Maurya, R.; Rouden, J.; Fan, B. *J. Am. Chem. Soc.* **1996**, *118*, 10752.

[36] Ducray, R.; Ciufolini, M. A. *Angew Chem., Int. Ed.* **2002**, *41*, 4688.

[37] Leighton, P. A.; Perkins, W. A., Renquist, M. L. *J. Am. Chem. Soc.* **1947**, *69*, 1540.

[38] Talukdar, P. B.; Fanta, P. E. *J. Org. Chem.* **1959**, *24*, 555.

[39] Brois, S. J. *J. Org. Chem.* **1962**, *27*, 3532.

[40] Kashelikar, D. V.; Fanta, P. E. *J. Am. Chem. Soc.* **1960**, *82*, 4927.

[41] Allen, C. F. H.; Spangler, F. W.; Webster, E. R. *Org. Synth.* **1950**, *30*, 38.

[42] Reeves, W. A.; Drake Jr., G. L.; Hoffpauir, C. L. *J. Am. Chem. Soc.* **1951**, *73*, 3522.

[43] Kashelikar, D. V.; Fanta, P. E. *J. Am. Chem. Soc.* **1960**, *82*, 4930.

[44] Brewster, K.; Pinder, R. M. *J. Med. Chem.* **1972**, *15*, 1078.

[45] Cairns, T. L. *J. Am. Chem. Soc.* **1941**, *63*, 871.

[46] Hu, L. B.; Zhu, H.; Du, D. M.; Xu, J. X. *J. Org. Chem.* **2007**, *72*, 454.

[47] Chen, N.; Zhu, M.; Zhang, W.; Du, D. M.; Xu, J. X. *Amino Acids* **2009**, *37*, 309.

[48] Fanta, P. E. *J. Chem. Soc.* **1957**, 1441.

[49] Paris, O. E.; Fanta, P. E. *J. Am. Chem. Soc.* **1952**, *74*, 3007.

[50] Talukdar, P. B.; Fanta, P. E. *J. Org. Chem.* **1959**, *24*, 555.

[51] Chen, N.; Jia, W. Y.; Xu, J. X. *Eur. J. Org. Chem.* **2009**, 5841.

[52] Fanta, P. E.; Golden, R.; Hsu, H.-J. *J. Chem. Eng. Data* **1964**, *9*, 246.

[53] Fanta, P. E.; Waksh, E. N. *J. Org. Chem.* **1966**, *31*, 59.

[54] Minoura, Y.; Takebayashi, M.; Price, C. C. *J. Am. Chem. Soc.* **1959**, *81*, 4689.

[55] Ghirardelli, A.; Lucas, H. J. *J. Am. Chem. Soc.* **1957**, *79*, 734.

[56] Bottini, A. T.; Vanetten, R. L.; Davidson, A. J. *J. Am. Chem. Soc.* **1965**, *87*, 755.

[57] Gassman, P. G.; Fentiman, A. *J. Am. Chem. Soc.* **1967**, *32*, 2388.

[58] Dickey, F. H.; Fickett, W.; Lucaus, H. J. *J. Am. Chem. Soc.* **1952**, *74*, 944.

[59] Xu, J. X. *Tetrahedron: Asymmetry* **2003**, *13*, 1129.

[60] Willems, J. G. H.; Hersmis, H. C.; de Gelder, R.; Smits, J. M. M.; Hammink, J. B.; Dommerholt, F. J.; Thijs, L.; Zwanenburg, B. *J. Chem. Soc., Perkin Trans. 1*, **1997**, 963.

[61] Park, J. I.; Tian, R. G.; Kim, D. H. *J. Org. Chem.* **2001**, *66*, 3696.

[62] Bieber, L. W.; de Araujo, M. C. F. *Molecules* **2002**, *7*, 902.

[63] Wang, M. C.; Wang, D. K.; Zhu, Y.; Liu, L. T.; Guo, Y. F. *Tetrahedron: Asymmetry* **2004**, *15*, 1289.

[64] Ittah, Y.; Sasson, Y.; Shahak, I.; Tsaroom, S.; Blum, J. *J. Org. Chem.* **1978**, *43*, 4271.

[65] Blum, J.; Yona, I.; Tsaroom, S.; Sasson, Y. *J. Org. Chem.* **1979**, *44*, 4178.

[66] Closs, G. L.; Brois, S. J. *J. Am. Chem. Soc.* **1960**, *82*, 6068.

[67] Uchada, I.; Takase, S.; Kayakiri, H.; Kiyato, S.; Hashimoto, M.; Tada, T.; Koda, S.; Morimoto, Y. *J. Am. Chem. Soc.* **1987**, *109*, 4108.

[68] Schkeryantz, J. M.; Danishefsky, S. J. *J. Am. Chem. Soc.* **1995**, *117*, 4722.

[69] Pettit, G. R.; Gaddamidi, V.; Cragg, G. M.; Herald, D. L.; Sagawa, Y. *J. Chem. Soc., Chem. Commun.* **1984**, 1693.

[70] Ceriotti, G. *Nature* **1967**, *213*, 595.

[71] Piozzi, C.; Fuganti, C.; Mondelli, R.; Ceriotti, G. *Tetrahedron* **1968**, *24*, 1119.

[72] Yadav, J. S.; Satheesh, G.; Murthy, C. V. S. R. *Org. Lett.* **2010**, *12*, 2544.

[73] Carr, M. A.; Creviston, P. E.; Hutchison, D. R.; Kennedy, J. H.; Khau, V. V.; Kress, T. J.; Leanna, M. R.; Marshall, J. D.; Martinelli, M. J.; Peterson, B. C.; Varie, D. L.; Wepsiec, J. P. *J. Org. Chem.* **1997**, *62*, 8640.

索　引